学好电工技术500个问与答

王俊峰 王兰君 等编著

机械工业出版社
CHINA MACHINE PRESS

本书共14章，分别是电工常用元器件，变电与配电装置，动力用电设备与控制，机床电路，照明电路，实用电子技术，仪表电工应知应会，外线电工应知应会，内线电工应知应会，维修电工应知应会，安全用电、防雷、防火与防震，电工实用电路举例，变频器与软起动器，数控机床与可编程序控制器等内容。

本书的编写，力争做到回答问题简练、准确和实用。本书荟萃电工技术之技巧，浓缩电工技术之精华，是学习电工技术的好帮手，是电工技术爱好者的良师益友。

本书可作为广大电工从业人员、下岗再就业者学习电工技术用书，也可作为职业培训学校学生的学习教材及电工技术爱好者自学参考用书。

图书在版编目（CIP）数据

学好电工技术500个问与答/王俊峰等编著. —2版. —北京：机械工业出版社，2017.8

ISBN 978-7-111-57206-0

Ⅰ.①学… Ⅱ.①王… Ⅲ.①电工技术-问题解答 Ⅳ.①TM-44

中国版本图书馆CIP数据核字（2017）第146469号

机械工业出版社（北京市百万庄大街22号 邮政编码100037）

策划编辑：吕 潇 责任编辑：吕 潇

责任校对：樊钟英 张 薇 封面设计：马精明

责任印制：孙 炜

北京玥实印刷有限公司印刷

2017年8月第2版第1次印刷

184mm×260mm · 19.75印张 · 631千字

0001—3000册

标准书号：ISBN 978-7-111-57206-0

定价：59.00元

凡购本书，如有缺页、倒页、脱页，由本社发行部调换

电话服务	网络服务
服务咨询热线：010-88361066	机 工 官 网：www.cmpbook.com
读者购书热线：010-68326294	机 工 官 博：weibo.com/cmp1952
010-88379203	金 书 网：www.golden-book.com
封面无防伪标均为盗版	教育服务网：www.cmpedu.com

前　言 *Preface*

自《学好电工技术495个问与答》出版以来，深受广大电工人员的青睐，应广大电工读者人员的反映和要求，对该书进行了修订，编写成了这本《学好电工技术500个问与答》，去掉了一些过时的内容，增加了电工近年来较普及而又常用的新技术变频器与软起动器、数控机床与可编程序控制器，使广大电工能更实惠地学到真本领。

本书以问答的形式，从电工常用元器件开始，由浅入深地解答了人们在实际生产中遇到的问题。本书的编写，力争做到回答问题简练、准确和实用。本书省略了基本理论知识、简单工具和大量烦琐的公式计算，强化操作技能和容易混淆的概念，让广大读者学得会、用得上。

全书共14章，分别是电工常用元器件，变电与配电装置，动力用电设备与控制，机床电路，照明电路，实用电子技术，仪表电工应知应会，外线电工应知应会，内线电工应知应会，维修电工应知应会，安全用电、防雷、防火与防震，电工实用电路举例，变频器与软起动器，数控机床与可编程序控制器等内容。本书荟萃电工技术之技巧，浓缩电工技术之精华，是学习电工技术的好帮手，是电工爱好者的良师益友。

本书通俗易懂，理论与实践结合，概括了电工技术的主要内容，便于读者自学。

本书可作为电气工作人员、各类职业技术学校的学生学习教材及电工技术爱好者自学参考用书。

参加本书编写人员有王俊峰、王兰君、黄海平、黄鑫、李燕、凌万泉、王文婷、凌黎、李渝陵、张杨、邢军、朱雷雷、刘守真、凌玉泉、高惠瑾、李霞、凌珍泉、贾贵超、刘彦爱等。

由于时间仓促，加上作者水平所限，书中难免有不足之处，欢迎读者提出宝贵意见。

编　者

Contents

目　录

第1章　电工常用元器件

1. 什么是高压电器？它包括哪些设备？

答： 凡是工作电压在1000V以上的电器，通常称为高压电器。通常高压电器包括断路器、隔离开关、负荷开关、接地开关、测量仪表和高压母线等。

2. 什么是高压断路器？

答： 高压断路器又称为高压自动开关。它用来接通和断开高压电路中的电流，当电路中出现过载或短路时，它能自动断开电路，它的断流能力通常以kA计算。

3. 高压断路器是如何分类的？

答： 高压断路器是按灭弧和绝缘介质情况分类的，有油断路器（其中包括多油断路器和少油断路器）、压缩空气断路器、断路器、真空断路器、磁吹断路器和空气断路器。目前用得较多的是少油断路器、真空断路器等。

4. 什么是操动机构？它有什么用途？

答： 操动机构是高压开关设备不可缺少的重要组成部分。其中断路器的要求最高，它不仅要求操动机构具有保证断路器准确无误地关闭和切断短路电流，使断路器可靠地保持在分闸或合闸位置上的功能，而且还需要完成快速自动重合闸动作，具备防跳跃、自动复位和闭锁等功能。由于断路器在分、合闸时需要很大的操作力、很快的动作速度和很高的工作可靠性，因此操动机构的制造难度很大。隔离开关所用的操动机构，其分、合闸速度要求不高，但必须操作平稳，且具有足够的操作力和操作功。

5. 什么是高压隔离开关？

答： 高压隔离开关中设有专门的灭弧装置，在分闸状态下具有明显的断口（包括直接和间接可见）的开关电器，使运行人员能够明确地判断其工作状态。高压隔离开关的断口在任何状态下都不能被击穿，因此它的断口耐压一般需要比对地绝缘的耐压高出10%~15%。必要时，应该在高压隔离开关上附设接地刀开关，供检修时接地用。

6. 高压隔离开关主要有哪些用途？

答： 在配电装置中，它的容量通常是断路器的2~4倍。其主要用途有：

① 为设备和线路检修与分段进行电气隔离。

② 在断口两端接近等电位条件下，倒换母线改变接线方式。

③ 分、合一定长度母线或电缆、绝缘套管和断路器的并联均压电容器中通过的小电容电流。

④ 分、合一定容量的空载变压器和电压互感器。

7. 高压隔离开关有哪几种？

答： ① 按安装地点不同可分为户内式和户外式。

② 按用途不同可分为一般输配电用、发电机引出线用、变压器中性点接地用和快分用4种。

③ 按断口两端是否安装接地刀的情况可分为单接地（一侧有接地刀）、双接地（两侧有接地刀）和不接地（无接地刀）3种。

④ 按触头的运动方式不同可分为水平回转式、垂直回转式、伸缩式（即折架式）和直线移动式（即插拔式）4种。

8. 什么是高压负荷开关？

答： 高压负荷开关是带有简单灭弧装置的一种开关电器。高压负荷开关按不同的介质分为压缩空气式、有机材料气体、真空式、矿物油和六氟化硫（SF_6）气体开关5种，它适合用于交流50Hz，3.6kV、7.2kV、12kV、40.5kV和72.5kV电压等级的电网中。

9. 高压负荷开关的主要用途是什么?

答: 高压负荷开关是在额定电压和电流条件下，接通或断开高压电路的开关电器。它和限流熔断器串联组合，可代替断路器使用，即由高压负荷开关承担关合和开断负荷电流，而由熔断器承担开断过大的过载电流和短路电流。

高压负荷开关分为通用型和专用型两种。通用型高压负荷开关除了能在额定电流范围内完成正常的闭合和断开的任务以外，还能关合短路电流。专用型高压负荷开关是用来闭合和切断空载变压器、空载电路或电容器组的。

高压负荷开关应满足以下要求：①放在分闸位置时，要有明显可见的间隙，无需串联隔离开关，在检修电气设备时，只要开断高压负荷开关即可。②要能经受频繁的开断次数。③高压负荷开关不要求开断短路电流，但要求能关合短路电流。

10. 高压负荷开关与高压隔离开关有什么不同?

答: 高压负荷开关能用来接通和断开高压电路中的负载电流，但不能断开短路和过载等故障电流。在容量较小的高压电路中，如 1000kV·A 以下的配电变压器，在保护要求不高时，可选用高压负荷开关来代替断路器，以节省设备投资。

高压隔离开关不允许用来接通或断开正常的负载电流，只能供隔离高压电源用，以确保高压电气设备或高压线路在维修时的安全。

11. 常用的高压油断路器有哪些类型? 它有何用途?

答: 高压油断路器按场地分为户内式和户外式；按内部储油量的多少分为多油断路器和少油断路器。其中 10kV、35kV 多油断路器有 DW 系列，油起绝缘和灭弧的作用。少油断路器有 SN 和 SW 系列，油起息弧的作用。在正常运行或故障情况下，接通或切断电路。高压油断路器的外形如图 1-1 所示。

12. 高压油断路器的检修周期是多少?

答: 高压油断路器的检修周期：一般事故跳闸 4 次，检修一次；正常操作 30~35 次，检修一次。检修内容为：换油、加润滑油、动静触点烧伤和弯曲变形等情况。

13. 什么是高压熔断器?

答: 高压熔断器的主要元件是熔丝，在电气设备工作正常情况下，流过熔丝的电流不应该使熔丝熔断。当系统中出现过载或短路时，熔丝将因为过热而自行熔断，切断电路，保护其他设备不受到损害。如自动重合闸高压跌落式熔断器，每相装有两只熔丝管，一只为常用，另一只为备用。在备用熔丝管下面装置一个重合机构，当常用熔丝管熔断跌落下来后，隔一定时间(在 0.3s 以内)，借助重合机构而自动重合。高压熔断器的外形如图 1-2 所示。

图 1-1　高压油断路器

图 1-2　高压熔断器

14. 高压跌落式熔断器的安装应符合哪些要求?

答: ① 安装应牢固可靠，向下应有 20°~30°的倾斜角。

② 熔丝管长度应适当，合闸后被鸭嘴舌头扣住部分要在 2/3 以上，以防运行中产生自掉，但熔丝管也不能顶住鸭嘴以防熔丝熔断后，熔丝管不能跌落。

③ 重合保险的重合传动杆，不宜过高或过低，应与熔丝管保持 45°角。

④ 熔丝机械强度不应小于 15kg，熔丝额定电压不能大于跌落熔丝管的额定电流。

⑤ 10kV 用跌落式熔断器间的安装距离不应小于 600mm。

15. 什么是低压电器? 常用的低压电器有哪些?

答: 凡用在 500V 以下的电器，通常称为低压电器。它在供配电系统中对电能的发送、分配与应用起着转换、控制、保护与调节等作用。

常用的低压电器通常分为配电电器和控制电器两类。配电电器是指断路器、熔断器、万能开关和转换开关；控制电器是指接触器控制继电器、起动器、控制器、主令电器、电阻器、变阻器、电磁铁等。

16. 刀开关、封闭式负荷开关和转换开关各有什么用途?

答: 刀开关、封闭式负荷开关和转换开关都是手动操作的电器，一般用于不频繁地接通和分断容量不很大的低压供电电路，也可作为电源隔离开关。在工、农业生产和小型工厂中还经常用来直接起动小容量的笼型异步电动机。它广泛应用于发电、输电、配电等场所与电气传动和自动控制设备中。

17. 刀开关的外形结构、符号有哪些?

答: 刀开关由刀开关和熔断器两部分组成。根据刀开关的构造，可分为开启式负荷开关和封闭式负荷开关两种，如图 1-3a 所示。刀开关分为单极、双极和三极 3 种。其结构如图 1-3b 所示。开关的文字符号为 Q，图形符号如图 1-3c 所示，常用于绘制电路图。

刀开关的主要特点是容量小，常用的有 15A、30A，最大为 60A；没有灭弧能力，容易损伤刀片，只用于不频繁操作的场合；构造简单，价格低廉；常用于家庭、建筑工地等场合。

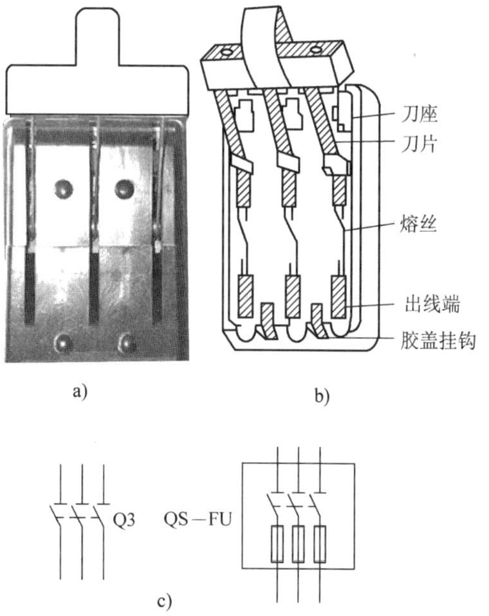

图 1-3　刀开关

a) 外形　b) 结构　c) 图形符号

18. 刀开关的型号有哪些?

答: 刀开关的型号有 HK1、HK2 等系列。

19. 封闭式负荷开关的型号有哪些? 它由哪些部分组成?

答: 封闭式负荷开关的型号有 HH3、HH4、HH10、HH11 等系列。其基本结构如图 1-4 所示。封闭式负荷开关常用的型号为 HH10 系列。

封闭式负荷开关的主要特点是：有灭弧能力、铁壳保护和联锁装置(即带电时不能开门)，所以操作安全；有短路保护能力，可用在不频繁操作的场合。

20. 封闭式负荷开关的容量有多大?

答: 封闭式负荷开关的容量有 10A、15A、20A、30A、60A 和 100A；HH11 系列的容量有 100A、200A、300A 和 400A 等。封闭式负荷开关的容量一般选择为电动机额定电流的 3 倍。

21. 什么是转换开关?

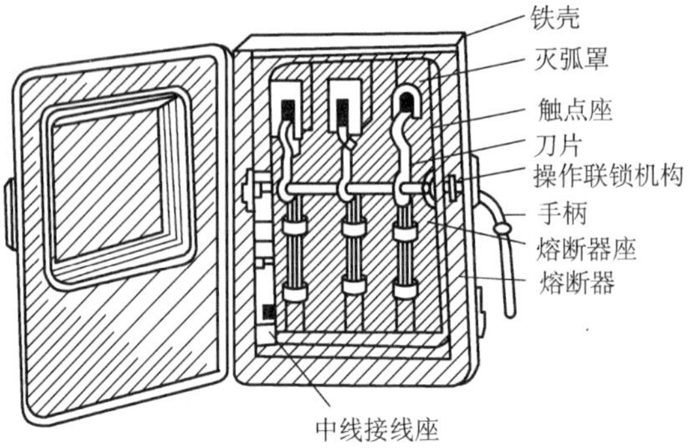

图 1-4　封闭式负荷开关

答： 转换开关又叫组合开关，常用在机床电气控制设备上。它是一种由多组触点组合而成的刀开关，具有结构紧凑、体积小的特点。转换开关也可用作交流 380V 和直流 220V 以下的电路电源引入开关，控制 5kW 以下小容量电动机的直接起动，以及电动机正、反转控制和机床照明电路控制。在机床电气设备上，转换开关多用作电源开关，一般不带负载，作为空载断开电源或维修切断电源用。转换开关的外形如图 1-5a 所示。

转换开关的型号为 HZ 系列，图形符号如图 1-5b 所示。

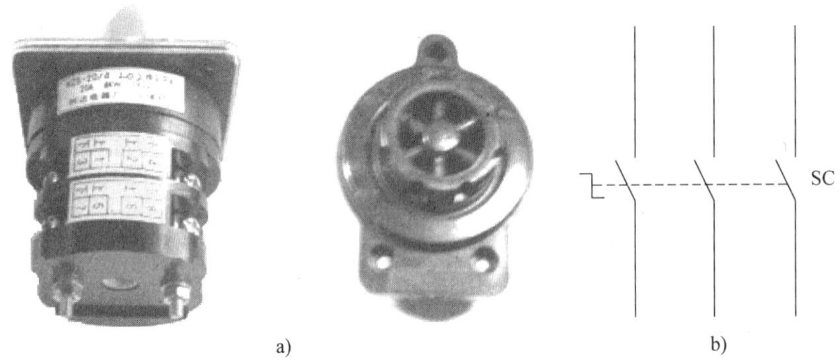

图 1-5　转换开关

a）外形　b）图形符号

转换开关的型号有 HZ5-10、HZ5-20、HZ5-40、HZ5-60。

22. 怎样选择转换开关？

答： 根据电源种类、电压等级、所需触点数及电动机的容量来选择。转换开关的额定电流一般为电动机额定电流的 1.5~2 倍。

23. 按钮的结构、用途有哪些？

答： 电工在电气安装过程中常会用到按钮。按钮是一种手动操作接通或分断小电流控制电路的装置。

按钮由按钮帽、复位弹簧、桥式动触点、静触点和外壳等组成，其触点导电容量很小。按钮可分为停止按钮(常闭按钮)、启动按钮(常开按钮)及复合按钮(常闭、常开组合为一体的按钮)。各种不同的按钮外形如图 1-6a 所示，按钮结构如图 1-6b 所示，图形符号如图 1-6c 所示。

按钮的型号为 LA 系列，含义如下：

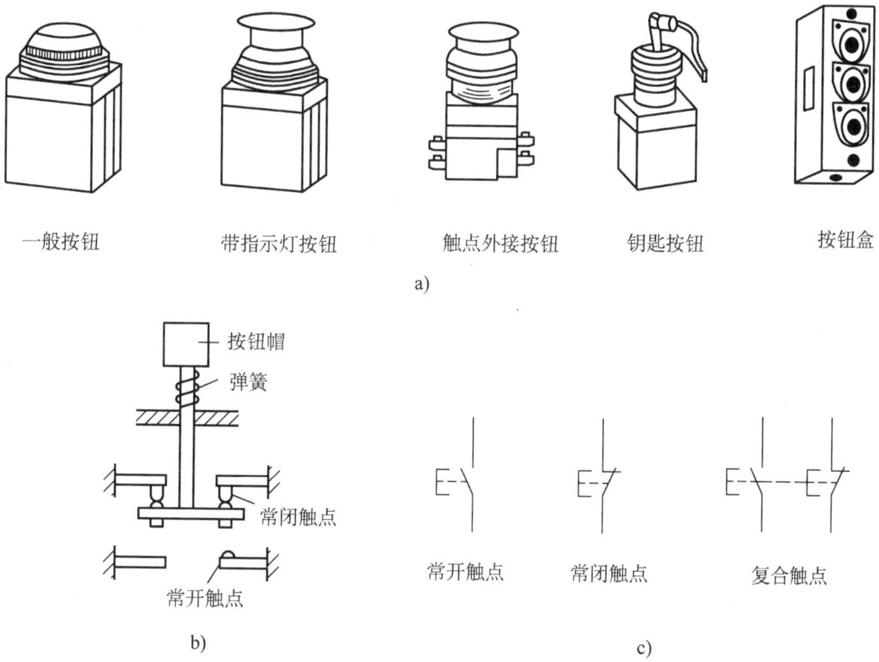

图 1-6　按钮
a）按钮外形　b）按钮结构　c）图形符号

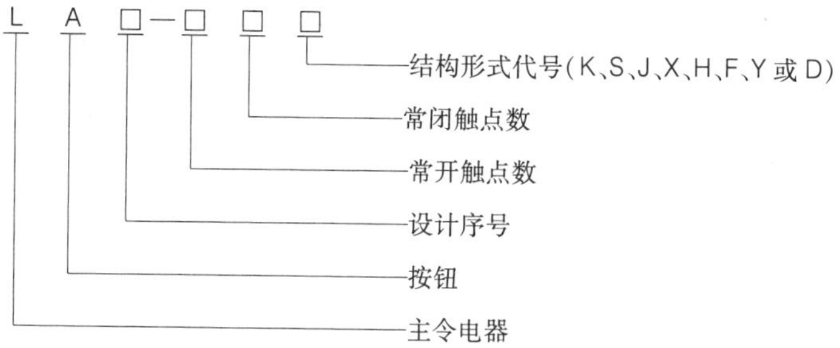

一般情况下它不直接控制主电路的通断，而是在控制电路中发出“指令”去控制接触器或继电器等器件的线圈吸合或断开，再由它们对主电路进行控制。

24. 怎样选择按钮?

答：按钮的选择方法如下：

① 根据使用场合选择按钮的种类。

② 根据用途选择合适的形式。

③ 根据控制回路的需要确定按钮数。

④ 根据工作状态指示和工作情况要求选择按钮和指示灯的颜色。

25. 什么是低压断路器? 低压断路器的型号是怎样命名的?

答：低压断路器是低压电路中重要的保护电器之一。它主要用于保护交、直流电路内的电气设备，使电气设备免受短路、严重过载或欠电压等不正常情况的危害。同时，也可以用于不频繁地起、停电动机等。

低压断路器的特点是：有多种保护功能、动作后不需要更换元件、动作电流可按需要整定、工作可靠、安装方便和分断能力较高等。因此，在各种动力线路和机床设备中应用较广泛。

尽管各种低压断路器型式各异，但其基本结构和动作原理却都相同。它主要由触点系统、灭弧装置、操作机构和保护装置(各种脱扣器)等几部分组成，如图1-7a所示为2极漏电保护开关的结构外形，如图1-7b所示为3极漏电保护开关的结构外形，如图1-7c所示为原理图，如图1-7d所示为低压断路器在电路中使用的图形符号。开关的主触点是靠操作机构进行合闸与分闸的。

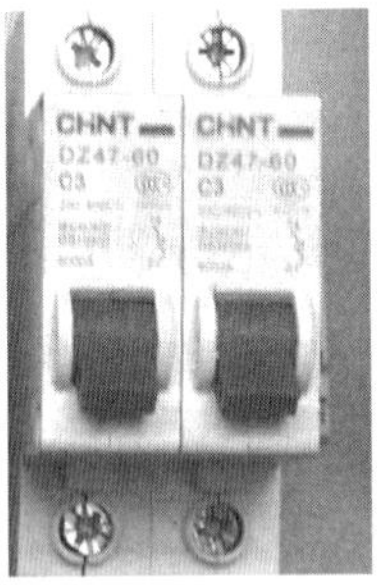

a)

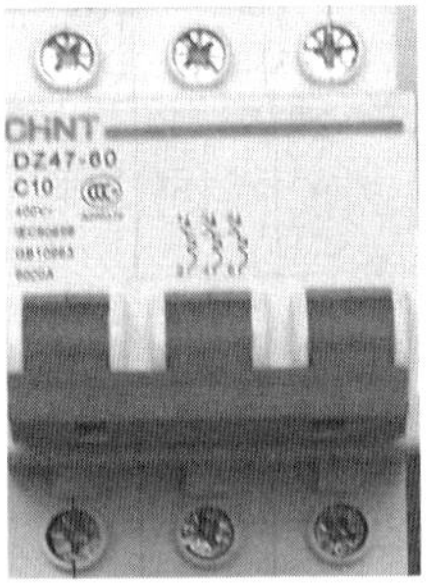

b)

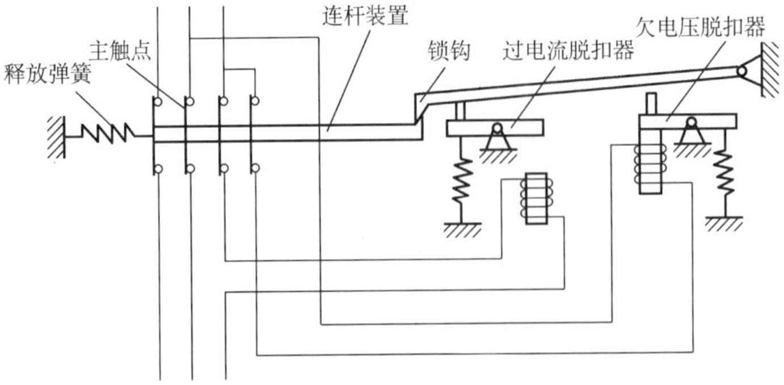

c)

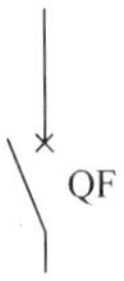

d)

图1-7　低压断路器

a) 2极漏电保护开关的结构外形　b) 3极漏电保护开关的结构外形

c) 结构原理　d) 图形符号

一般容量的低压断路器采用手动操作，较大容量的低压断路器往往采用电动操作。合闸后，主触点被钩子锁在闭合位置。

低压断路器的型号命名如下：

D　Z　5 —20 /□　□　□

- □ 辅助触点(0— 无辅助触点，2— 有触点式)
- □ 脱扣方式(0— 无脱扣式，1— 热脱扣式，2— 电磁脱扣式，3— 复式)
- /□ 极数
- 20 额定电流
- 5 设计序号
- Z 塑壳式
- D 低压断路器

26. 低压断路器的保护装置有哪些？

答：（1）电磁脱扣器

当流过的电流在整定值以内时，电磁脱扣器线圈所产生的吸力不足以吸动衔铁。当发生短路故障时，短路电流超过整定值，强磁场的吸力克服弹簧的拉力拉动衔铁，顶开钩子，使开关跳闸。电磁脱扣器起到熔断器的作用。

（2）失压脱扣器

失压脱扣器的工作过程与电磁脱扣器的工作过程恰恰相反。当电源电压在额定值时，失压脱扣器线圈产生的磁力足以将衔铁吸合，使开关保持合闸状态。当电源电压下降到低于整定值或降为零时，在弹簧作用下衔铁被释放，顶开钩子而切断电源。

（3）热脱扣器

热脱扣器的作用和基本原理与前面介绍的热继电器相同。

（4）分励脱扣器

分励脱扣器用于远距离操作。在正常工作时，其线圈是断电的。在需要远距离操作时，使线圈通电，电磁铁带动机械机构动作，使开关跳闸。

（5）复式脱扣器

开关同时具有电磁脱扣器和热脱扣器时，称为有复式脱扣器。

27. 怎样选择低压断路器？

答：选择低压断路器的方法如下：

（1）电压、电流的选择

低压断路器的额定电压和额定电流应不小于电路的额定电压和最大工作电流。

（2）脱扣器整定电流的计算

热脱扣器的整定电流应与所控制负载（如电动机等）的额定电流一致。电磁脱扣器的瞬时动作整定电流应大于负载电路正常工作的最大电流。

28. 什么是低压熔断器？

答：熔断器是电网和用电设备的安全保护电器之一。其主体是用低熔点金属丝或金属薄片制成的熔丝，串联在被保护的电路中。它是根据电流的热效应原理工作的。在正常情况下，熔丝相当于一根导线；当发生短路或过载时，电流很大，熔丝因过热熔化而切断电路。

熔断器作为保护电器，具有结构简单、价格低廉、使用方便等优点，应用极为广泛。熔断器的结构外形如图 1-8a、b、c、d 所示，熔断器的图形符号如图 1-8e 所示。

熔断器由熔丝和绝缘底座（或称熔丝管）组成。熔丝为丝状或片状。熔丝材料通常有两种：一种由铅锡合金和锌等熔点较低的金属制成，由于不易灭弧，多用于小电流的电路；另一种由银、铜等熔点较高的金属制成，易于灭弧，多用于大电流的电路。当正常工作的时候，流过熔丝的电流小于或等于它的额定电流，由于熔丝发热的温度尚未到达熔丝的熔点，所以熔丝不会熔断，当流过熔丝的电流达到其额定电流的1.3~2 倍时，熔丝缓慢熔断，当流过熔丝的电流达到其额定电流的 8~10 倍时，熔丝迅速熔断。电流越大，熔丝熔断越快。电流通常取熔断器的熔断电流的 2 倍，其熔断时间约为 30~40s（秒）。熔断器对轻度过载反应比较迟钝，一般只能作短路保护用。

29. 短路保护元件是怎样命名的？用什么符号表示？

答：熔断器型号命名方法如下：

① 插式熔断器。

② 螺旋式熔断器 RL□—□/□（其中 R—熔断器，L—螺旋式，□—设计序号，□/□—熔断器额定电流/熔丝额定电流）。

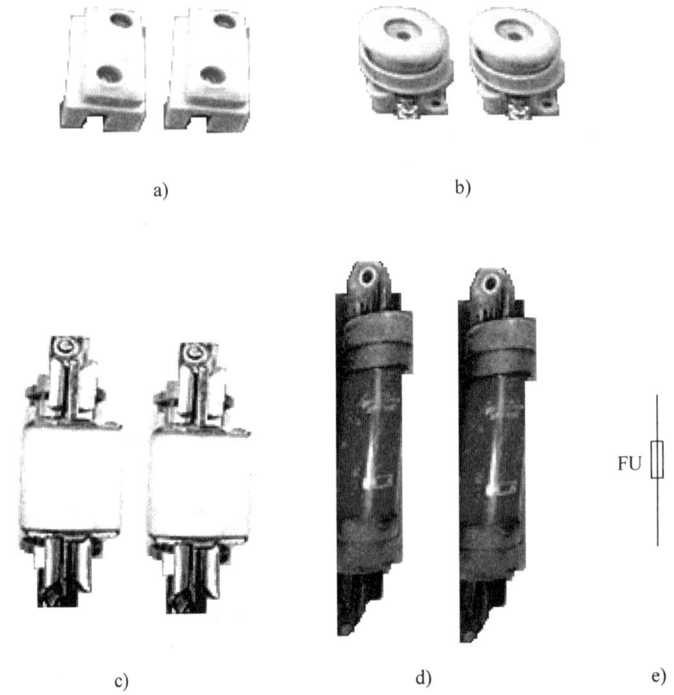

图 1-8　熔断器

a）插式　b）螺旋式　c）填料式　d）跌落式　e）图形符号

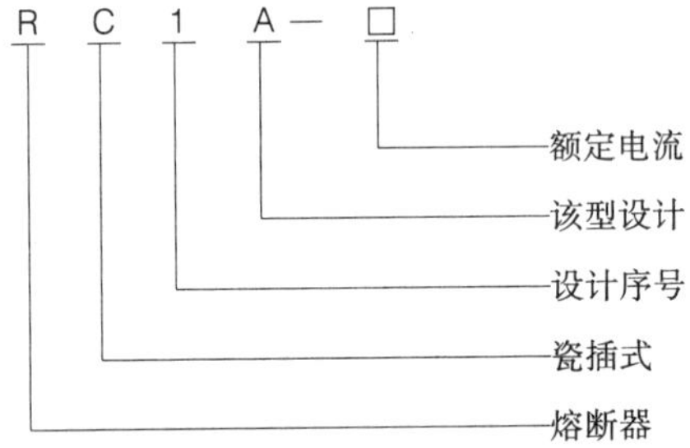

③ 快速熔断器 RLS—□(其中 R—熔断器,L—螺旋式,S—快速,□—熔断器额定电流)。

④ 快速熔断器 RS—□□(其中 R—熔断器,S—快速,□—设计序号,□—熔断器额定电流)。

⑤ 封闭管式熔断器 RM(T)□—□□[其中 R—熔断器,M—无填料封闭管式(T—有填料),□—设计序号,□—额定电流,□—接线形式(Q—板前,H—板后)]。

熔断器的安秒特性见表 1-1。

表 1-1　熔断器的安秒特性

熔丝通过的电流/A	$1.25I_N$	$1.6I_N$	$1.8I_N$	$2.0I_N$	$2.5I_N$	$3I_N$	$4I_N$	$8I_N$
熔断时间/s	∞	8600	1200	40	8	4.5	2.5	1

快速熔断器主要用于半导体功率器件或变流装置的短路保护。由于半导体器件的过载能力很低，只能在极短时间内承受较大的过载电流(例如，70A 的晶闸管能承受 6 倍额定电流的时间仅为 10ms)，因此要求短路保护具有快速熔断的特性。常用快速熔断器有 RS 和 RLS 系列，应当注意，快速熔断器的熔丝不能用普通的熔丝代替，因为普通的熔丝不具有快速熔断的特性。

30. 什么是电气执行元件?

答: 接触器是一种用来自动接通或断开大电流电路的执行电器。大多数情况下其控制对象是电动机，也可用于其他电力负载，如电阻炉、电焊机等。接触器不仅能自动地接通和断开电路，还具有控制容量大、低电压释放保护、寿命长、而且能远距离控制等优点，所以在电气控制系统中应用十分广泛。

接触器的种类很多，按驱动方式不同可分为电磁式、气动式和液压式，以电磁式的应用最广泛；按接触器主触点通过电流的种类，可分为交流接触器和直流接触器两种；按其冷却方式，可分为自然空气冷却、油冷和水冷3种，以自然空气冷却的应用最多；此外，按其主触点的极数，还可分为单极、双极、三极、四极和五极等多种，如图1-9所示。

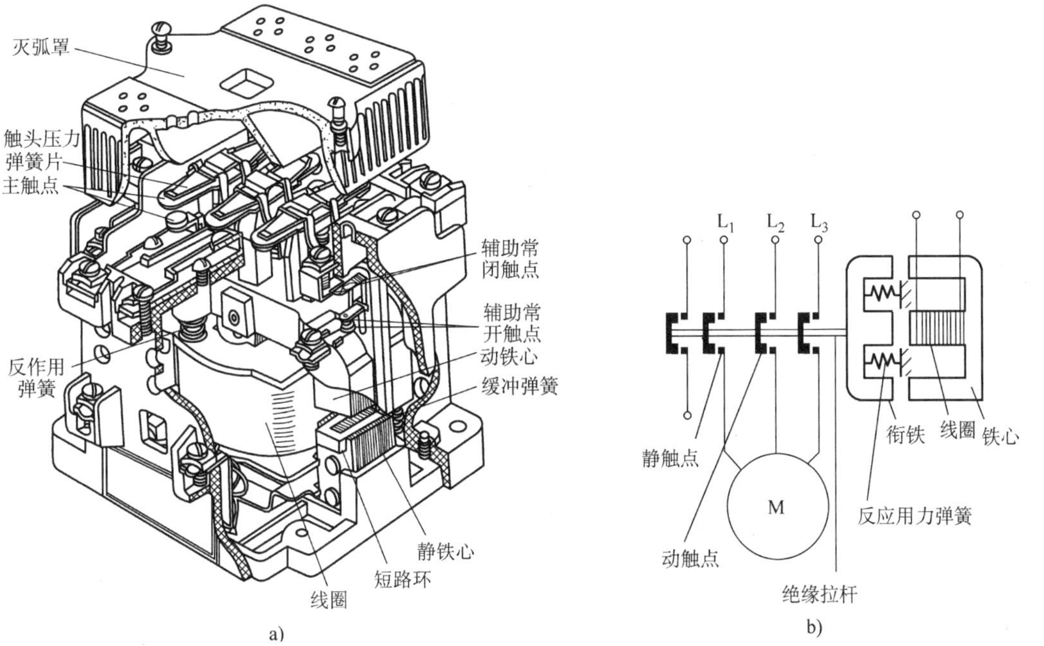

图1-9　交流接触器

a）交流接触器的外形　b）交流接触器的结构

交流接触器的图形符号如图1-10所示。

图1-10　交流接触器的图形符号

交流接触器常用的型号有CJ0、CJ10、CJ12等系列产品。CJ0与CJ10系列一半用于控制交流电动机，CJ12用于冶金、轧钢以及起重机等电气设备中。

31. 电气执行元件由几部分组成?

答:（1）电磁机构

电磁机构包括线圈、铁心(静铁心)和衔铁(动铁心)3部分。

CJ0—20型交流接触器一般采用衔铁直线运动的螺管式，如图1-9所示。铁心和衔铁形状均为E型，一般都是用硅钢片叠压铆成，以减少交变磁场在铁心中产生的磁滞损耗和涡流，防止铁心过热。

(2) 接触器线圈

交流接触器的线圈是用绝缘性能较好的电磁线绕制而成，它一般并接在电源上。线圈的匝数多、阻抗大、额定电流较小。由于构成磁路的铁心存在磁滞损耗和涡流，铁心发热是主要的，所以线圈一般做成粗而短的圆筒形且绕在绝缘骨架上，使铁心与线圈之间隔有一定间隙，这样既增加了铁心的散热面积，又能避免线圈受热损坏。

(3) 交流接触器触点系统

CJ0—20 型交流接触器触点一般采用双断点桥式触点。动触点桥一般用紫铜片冲压而成，并且有一定的刚性，触点块用银或银基合金制成，镶焊在触点桥的两端；静触点桥一般用黄铜板冲压而成，一端焊在触点块上，另一端为接线座。交流接触器的符号如图 1-10 所示。制作触点的材料很多，材料的优劣决定了触点的工作性能和使用寿命。

触点分为主触点和辅助触点。主触点用于通断电流较大的主电路，体积较大，一般由 3 对常开触点组成；辅助触点用于通断电流较小的控制电路，体积较小，一般由两对常开触点和两对常闭触点组成。所谓触点的常开和常闭，是指接触器未通电动作前触点的原始状态。

(4) 交流接触器灭弧装置

CJ0—20 型交流接触器一般采用半封闭式绝缘栅片陶土灭弧罩。它通常由耐弧陶土、石棉水泥或耐弧塑料制成，它的作用有两个：一是引导电弧散发，防止发生相间短路；二是使电弧与灭弧罩的绝缘壁接触，从而迅速冷却，促使电弧熄灭。

(5) 交流接触器辅助部分

CJ0—20 型交流接触器的辅助部分包括反作用弹簧、缓冲弹簧、动触点固定弹簧、动触点压力弹簧片及传动杠杆等。

32. 电气执行元件的工作原理是什么?

答: 当交流接触器的电磁线圈通电后，线圈中流过的电流产生磁场，使静铁心产生足够的电磁吸力，克服反作用弹簧与动触点压力弹簧片的反作用力，将动铁心吸合，同时带动传动杆使动触点和静触点的状态发生改变，其中 3 对常开主触点闭合，主触点两侧的两对常开辅助触点闭合，两对常闭辅助触点断开。当电磁线圈断电后，由于铁心电磁吸力消失，动铁心在反作用弹簧力的作用下释放，各触点也随之恢复原始状态。交流接触器的线圈在 85%~105% 的额定电压下工作时，能保证正常吸合和释放。电压过高时，磁路趋于饱和，线圈电流将增大，严重时会烧毁线圈；而电压过低时，电磁吸力不足，动铁心吸合不上或延时释放，线圈电流增大，也会造成线圈过热而被烧毁。

33. 电气执行元件有哪些特点?

答: ① 电流很小，控制安全可靠。当环境潮湿时，可选用电磁线圈为 36V 的安全电压。

② 它是用按钮控制电磁线圈的，电流很小，控制安全可靠。建筑工地的搅拌起重机等常用接触器控制电器。

③ 电磁力动作迅速，可以频繁操作。如建筑工地的搅拌机等设备。

④ 可以用附加按钮实现多处控制一台电动机或遥控功能。

⑤ 要有失电压或欠电压保护作用，当电压过低时，电磁线圈吸力变小，拉力弹簧使衔铁和拉杆动作，接触器自动断电。

34. 交流接触器可以通入直流电流吗?

答: 由于交流接触器线圈的匝数较少，直流电阻较小，当通入交流电流时，则产生较大的感抗和足够的电磁吸力，使衔铁动作，接触器主触点闭合；如果将直流电流通入吸引线圈时，感抗为 0，电阻又小，流过线圈的电流将很大，使线圈发热，甚至烧毁。所以，交流接触器在一般情况下是不能通入直流电流，作为直流接触器使用的。

35. 什么是过载保护元件?

答: 热继电器是一种过载保护电器，主要用于电动机的过载保护、断相保护、电流不平衡保护以及设备发热状态时的控制。

热继电器的外形如图 1-11a 所示，结构如图 1-11b 所示，在电路中的符号如图 1-11c 所示。

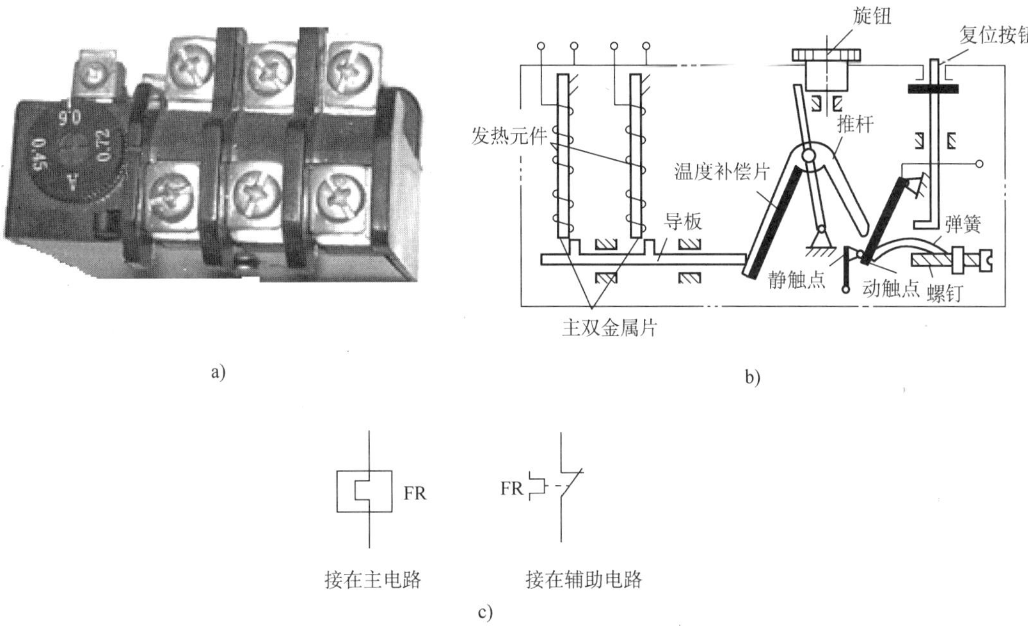

图 1-11　热继电器

a）外形　b）结构原理　c）图形符号

36. 保护元件的工作原理是什么？

答：如图 1-11b 所示为热继电器的结构原理图，有两个主双金属片与两个发热元件。两个发热元件分别串联在主电路的两相中。动触点与静触点接在控制电路的接触器线圈回路中。当负载电流超过额定电流值并经过一定时间后，发热元件所产生的热量足以使双金属片受热向右弯曲，并推动导板向右移动一定距离，导板又推动温度补偿片与推杆，使动触点与静触点分开，从而使热继电器线圈断电释放，将电源切断，起到保护作用。电源切断后，电流消失，双金属片逐渐冷却，经过一段时间后恢复原状，于是动触点在失去作用力的情况下，靠自身弹簧的弹性自动复位，经触点闭合。

如 JR16—20/2 型热继电器（间接加热方式）由镍铬合金材料制成。使用时加热元件串接加热元件，热继电器的加热元件一般用康铜、镍铬合金材料制作，被用在被保护电路中。电流通过时，加热元件产生的热量使主双金属片弯曲变形成。双金属片材料多为铁-镍-铬合金或铁-镍合金。受热时主双金属机构大多数利用杠杆传递及弹簧跳跃式机构完成触动作机构和触点系统，热继电器动作机构大多数利用杠杆传递弹簧的动作。触点系统多为单断点弹簧跳跃式动作，一般触点为一个常开触点和一个常闭触点。

温度补偿元件：温度补偿元件也是双金属片，它能使热继电器的动作性能在 -30~40℃内基本上不受周围介质温度变化的影响，其弯曲方向与主双金属片的弯曲方向相同，起补偿作用。

电流整定装置：它通过调整外盘刻度轮来调整推杠间隙，改变推杠移动距离，以达到电流整定值的目的。

复位机构：复位机构有手动和自动两种形式。

37. 怎样选择保护元件？

答：① 一般情况下可选用两相结构的热继电器。对于电网电压均衡性较差、无人看管的电动机或与大容量电动机共用一组熔断器的电动机，宜选用三相结构的热继电器。定子三相绕组进行三角形接法的电动机，应采用有断相保护装置的三元件热继电器作过载和断相保护。

② 热元件的额定电流等级一般略大于电动机的额定电流。热元件选定后，再根据电动机的额定电流调整热继电器的整定电流，使整定电流与电动机的额定电流相等。对于过载能力较差的电动机，所选的热继电器的额定电流应适当小一些，并且整定电流调到是电动机额定电流的 60%~80%。目前，我国生产的热

继电器基本上适用于轻载起动，长期工作或间断长期工作的电动机过载保护。当电动机因带负载起动而起动时间较长或电动机的负载是冲击性的负载（如冲床等）时，则热继电器的整定电流应稍大于电动机的额定电流。

③ 对于工作时间较短、间歇时间较长的电动机（如摇臂钻床的摇臂升降电动机等），以及虽然长期工作但过载的可能性很小的电动机（如排风机电动机等），可以不设置过载保护。

④ 双金属片式热继电器一般用于轻载、不频繁起动电动机的过载保护。对于重载、频繁起动的电动机，则可用过电流继电器（延时动作型的）做它的过载和短路保护。因为热元件受热变形需要时间，故热继电器不能做短路保护。

38. 在三相控制主电路中，为什么热继电器有时装三相，有时装两相？

答： 当热继电器所保护的回路中出现过载时，三相电流都会增大，即使是单相运行造成的过载，一般地说也有两相电流增大。由于两相保护式在热继电器的制造上节省材料和工时，故应尽量选用两相保护式。只有在下列情况下，才不宜选用两相保护式，而采用三相保护式。

① 电源电压明显不平衡。

② 电动机定子绕组一相断线。

③ 多台电动机的共用电源断相，并且电动机的功率差别明显。

④ Y/△（或△/Y）联结的电源变压器一次断线。

39. 什么是中间继电器？

答： 中间继电器在结构上是一个电压继电器。它是用来转换控制信号的中间元件。它输入的是线圈的通电信号或断电信号，输出信号为触点的动作。它的触点数量较多，各触点的额定电流相同，多数为5A，小型的为3A。输入一个信号（线圈通电或断电）时，较多的触点动作，所以可以用来增加控制电路中信号的数量。它的触点额定电流比线圈大得多，所以可以用来放大信号。

常用的中间继电器的型号有JZ7和JZ8系列，还有小型的JZ12、JZ13和J等系列。

JZ7系列继电器的外形如图1-12a所示，与小型的接触器相似，结构原理图如图1-12b所示，它由线圈、静铁心、衔铁、触点系统、作用弹簧和复位弹簧等组成。触点有8对，没有主辅之分，可以组成4对常开触点4对常闭触点、6对常开触点2对常闭触点或8对常开触点3种形式，多用于交流控制电路。

JZ8系列为交、直流两用的中间继电器。其线圈电压有交流110V、127V、220V、380V和12V、24V、48V、110V、220V。触点有6对常开2对常闭、4对常开4对常闭和2对常开、1对常闭等。如果把触点簧片反装便可使常开与常闭触点相互转换。

中间继电器的图形符号如图1-12c所示，文字标注KA。

中间继电器的选择主要为：线圈的电压或电流应满足电路的要求，触点的数量与容量（即额定电压和额定电流）应满足被控制电路的要求，还应注意电源是交流的还是直流的。

40. 中间继电器在电路中起什么作用？

答： 中间继电器触点数量较多，当负载较小时，可用它代替交流接触器。它在电路中起中间联系和控制作用。

41. 什么是延时元件？

答： 在电气配电设备应用中，为了达到自动控制电器动作的目的，常常用到一种延时开关，这种延时开关就是时间继电器。时间继电器是一种利用电磁原理或机械动作原理来延迟触点闭合或分断的自动控制元件。在交流电路中应用较广泛的是空气阻尼式时间继电器，它是利用气囊中的空气，通过小孔节流的原理来获得延时动作的。

时间继电器的型号为JS系列，根据触点延时的特点，时间继电器可分为通电延时动作（JS7—1A、JS7—2A）与断电延时复位（JS7—3A、JS7—4A）两种。JS7—A系列空气阻尼式时间继电器由电磁系统、触点系统（两个微动开关）、空气室及传动机构等部分组成，如图1-13所示。

42. 怎样选择延时元件？

答：（1）线圈电压的选择

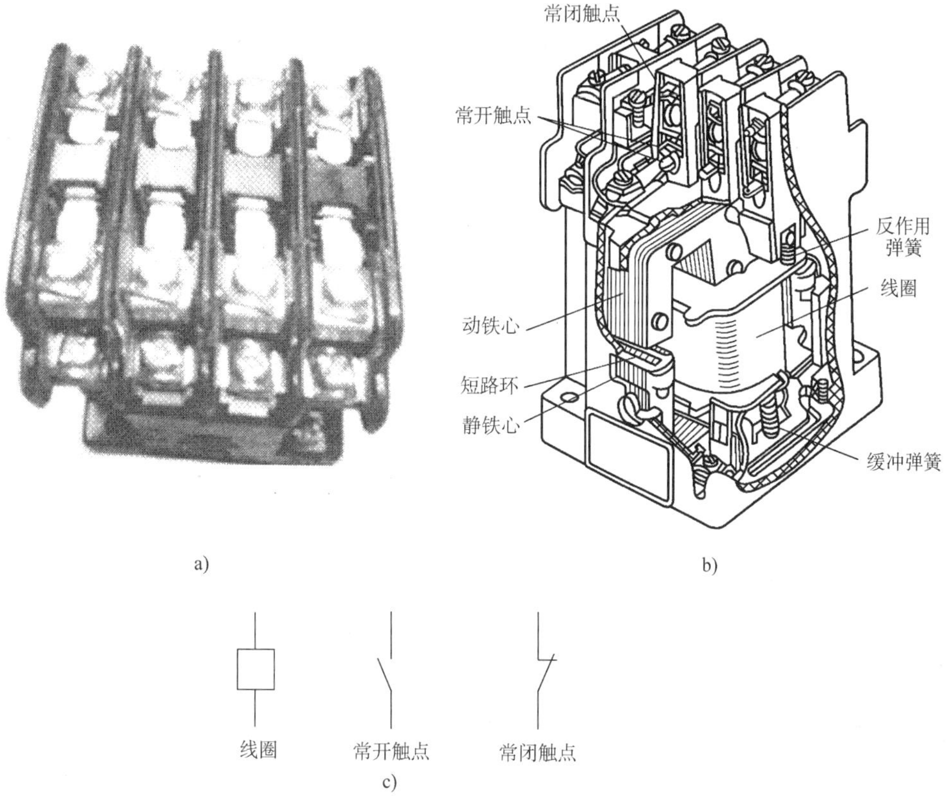

图 1-12　JZ7 型中间转换器件
a）外形　b）结构原理图　c）图形符号

根据控制电路电压来选择时间继电器的线圈电压。

（2）延时方式的选择

时间继电器有通电延时和断电延时两种，应根据控制电路的要求来选择延时方式。

（3）JS7—A 系列阻尼式时间继电器

该系列时间继电器的型号有 JS7—1A、2A、3A、4A 4 种。1A、2A 为通电延时，3A、4A 为线圈断电后延时。1A 和 3A 只有一对延时触点；2A 和 4A 多一对瞬动触点。触点容量为 380V，3A。延时范围有 0.4~60s 和 0.4～180s 两种。线圈电压为交流电压，分 24V、36V、110V、127V、220V、380V、420V 7 种。

（4）JS11 系列电动式时间继电器

该系列的时间继电器延时范围有 0～8s、40s、4min、20min、2h、12h、72h 7 种。其触点电压为 380V，持续电流为 5A，接通电流为 3A，分断电流为 0.3A。继电器有 1 组瞬动触点、3 个延时动合触点、2 个动断触点，有线圈通电延时或断电延时 2 种。电源电压为交流，分 100V、127V、220V、380V 4 种，其频率为 50Hz。

（5）晶体管时间继电器

该系列的时间继电器最大延时范围有 1s、5s、10s、30s、60s、120s、180s、240s、300s、600s 10 种。电源电压为交流电压，电压分为 110V、220V、380V 3 种，其频率为 50Hz。转换方式：E 为 1 常开 1 常闭；L 为 2 常开 2 常闭；y 为调节电位器外接式。

43. 什么是行程开关？它的外形、结构与符号如何？

答：行程开关又叫限位元件或位置开关，其作用与按钮相同，只是触点的动作不是靠手动控制，而是

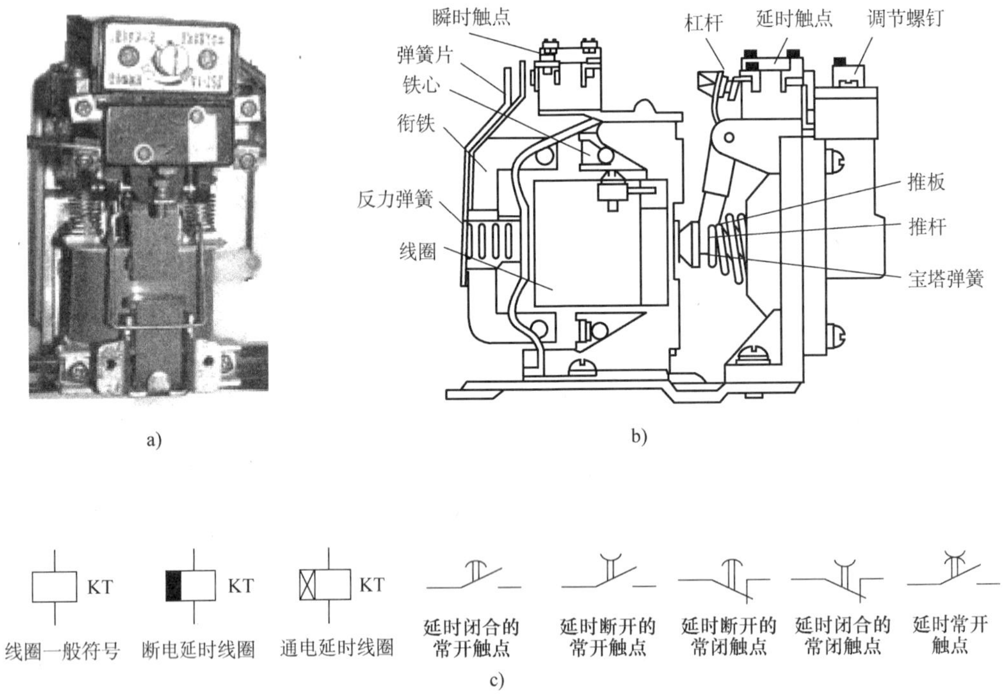

图 1-13　延时时间继电器

a）外形　b）结构原理　c）图形符号

通过生产机械运动部件的碰撞，使触点动作来实现接通或分断控制电路，达到一定的控制目的。通常这类开关被用来限制机械运动的位置或行程，使运动机械按一定位置或行程自动停止、反向运动、变速运动或自动往返运动等。常用行程开关的型号为 LX19、LX33、JLXK1 等系列。

行程开关由操作头、触点系统和外壳组成。它分为直动式(按钮式)、旋转式(滚动式)和微动式 3 种。行程开关的外形、结构原理和图形符号如图 1-14a~c 所示。

44. 若将额定电压为 220V 的交流励磁线圈误接到交流 380V 或交流 110V 的电路上，分别会引起什么后果?

答: 若将额定电压为 220V 的交流励磁线圈误接到交流 380V 的电路上，因电压太高，会把线圈烧掉；若误接到交流 110V 的电路上，因电压太低，线圈无法吸合，不能正常工作。

45. 什么是速度继电器?

答: 速度继电器又叫反接制动继电器。速度继电器是由转子、定子及触点等 3 个主要部分组成。它们均有 2 个常开触头和 2 个常闭触头。

速度继电器主要用于三相异步电动机反接制动的控制电路中。它的任务是当三相电源的相序改变以后，电动机在制动状态下迅速降低转速。在转速接近零时，立即发出信号，切断电动机的电源，使之停车。

46. 速度继电器是怎样工作的?

答: 速度继电器的转子是一个永久磁铁，它与电动机或机械轴连接，随着电动机旋转而转动。定子和笼型转子相似，内有短路导体，定子也能围绕着转轴转动。当转子随电动机转动时，它的磁场与定子的短路导体相互切割，而产生感应电动势和电流，和电动机的工作原理相同，使定子随着转子转动起来。定子转动时带动杠杆，杠杆推动触点，使之闭合与开启。电动机旋转方向改变时，继电器的转子和定子也随之改变，这时定子就可以触动另一组触点，使之断开或闭合。电动机停止时，继电器的触点即恢复静止状态。

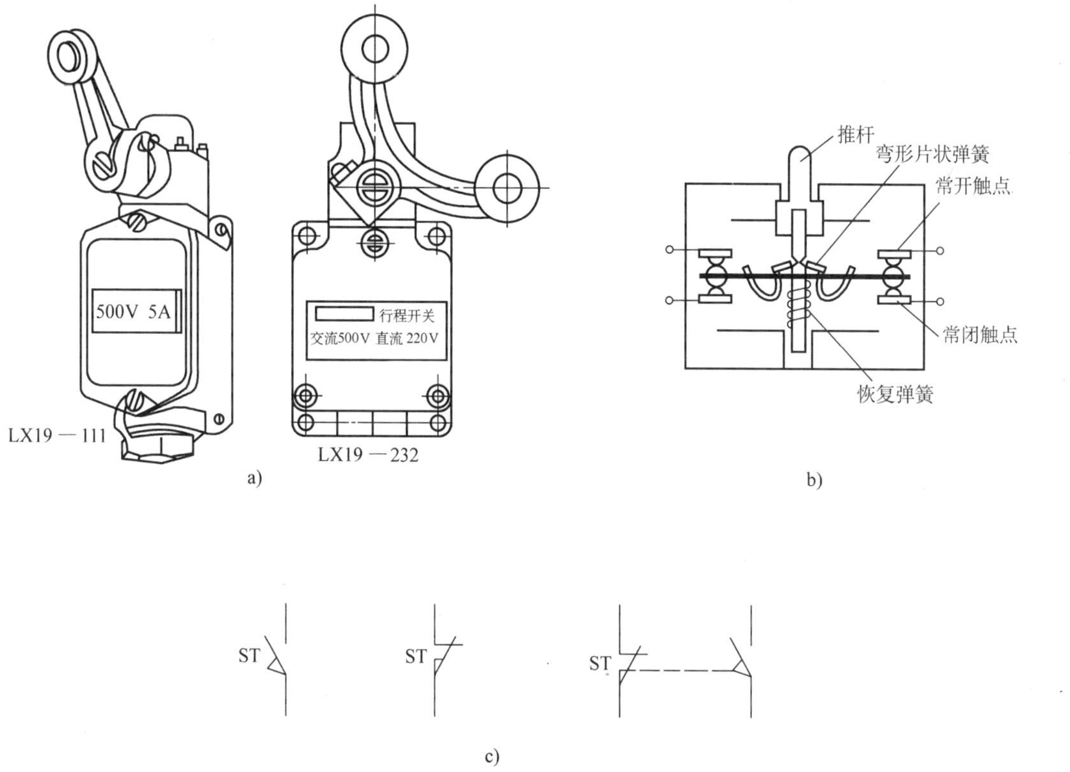

图 1-14　行程开关
a）外形　b）结构原理　c）图形符号

47. 什么是温度继电器?

答: 温度继电器是用来控制温度状态的元件，多用在温度自动控制的电路中，继电器的外壳是用黄铜管做成的感热管。它的内部有一副不锈钢做的弹簧片，触点固定在弹簧片上，弹簧片顶端还有可以调节温度的调整螺钉，并伸至外部。

当继电器安装处的介质温度升高到整定值时，继电器外壳(感热管)伸长，通过小轴，使触点断开。温度降低后，感热管缩短，使触点闭合，接通电路。

温度继电器型号：3UX-9F，国外对应型号：24D70CTSW；外形尺寸：21mm ×12.5mm ×6mm；输入参数：输入电压 DC 5~10V，输入电流 DC 5mA；输出参数：输出电流 DC 3mA，输出电压降 0.1V；动作温度为 60℃ ±2℃。

48. 什么是压力继电器?

答: 压力继电器是一种可调的开关式压力调节器。它是控制水，油、气体及蒸气压力给定值的。当超过给定值或低于给定值时，通过感受元件产生动作，从而断开或闭合触点、发出警报，切断或接通控制电路，以保证控制给定值，如图 1-15 所示。

49. 接近开关有什么用途?

答: 接近开关的作用是当某物体与之接近并达到一定距离时，能发出信号。它不需要外力施加，是一种无触点式的主令电器。它的用途已远远超出行程开关所具备的行程控制。

它还可用于高速计数、检测金属体的存在、测速、液面控制。

50. 接近开关的工作原理是什么?

高频振荡型的接近开关是由传感器、振荡器、开关器、输出电器以及稳压电源等组成，如图 1-16 所示。高频振荡型接近开关是目前最常见的接近开关类型。它占接近开关产量的 80% 以上。通常做成插接式、螺纹式或感应头外接式等，它可以根据不同的安装方式与使用场合来选定。在电路上又可做成高电位输出式及带延时动作的。

JPS 型　　　　MJCS 型

图 1-15　压力继电器

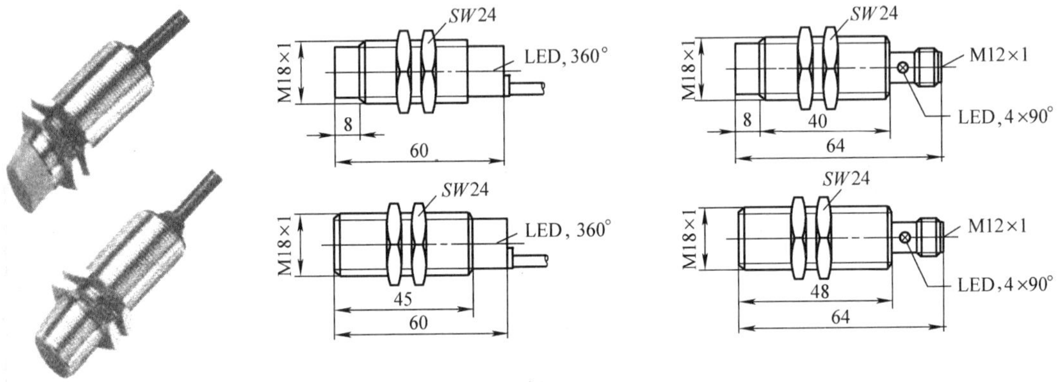

a)

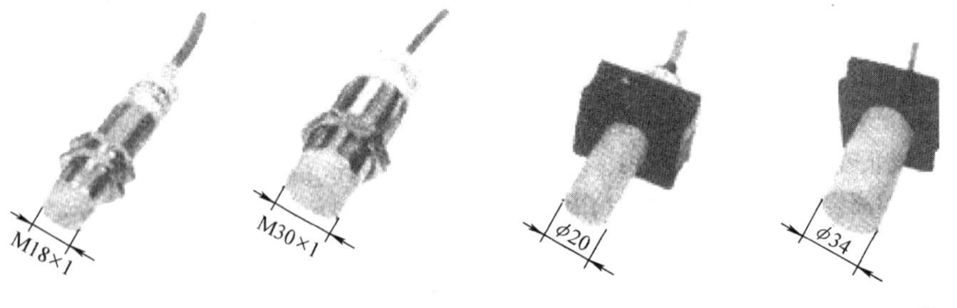

S18 型　　　　S30 型　　　　j20 型　　　　j34 型

b)

图 1-16　接近开关

a）电感式接近开关　b）电容式接近开关

接近开关工作时，将电源接通，使振荡器起振。当某金属物体进入以一定频率稳定振荡的高频振荡器的线圈磁场时，由于金属物体内部有涡流损耗，如果是铁磁物体还会有磁滞损耗。这时，振荡器的回路电阻增大，能量损耗增加，从而使振荡减弱，直至停振。因此，接在振荡电路后面的开关动作，发出相应的信号，即能检测出金属物体的存在。这就是接近开关的工作原理。

第2章　变电与配电装置

1. 什么是变压器？

答： 变压器是在交流电路中，将电压升高或降低的设备。它可以把任一数值的电压转变成频率相同的高、低电压值，满足电能的输送、分配和使用。例如，发电厂发出来的电压等级较低，必须经升压变压器，把电压升高到110kV，才能输送到很远的配电所，配电所又必须经过降压变压器把电压变成适用的电压等级，如380V/220V等，供给动力用电及生活照明用电的需要。

2. 变压器分为哪些类型？

答： 常用的变压器有单相变压器、三相变压器、电力变压器，电源变压器、调压变压器、自耦变压器、测量变压器(电压互感器、电流互感器)、脉冲变压器等。按结构特点分为单绕组、双绕组和多绕组；按冷却方式又分为油浸式和空气冷却式。

3. 什么是电力变压器？它有哪些功能和特点？

答： 电力变压器的容量等级有：5kV·A、10kV·A、20kV·A、35kV·A、50kV·A、75kV·A、100kV·A、135kV·A、180kV·A、240kV·A、320kV·A、560kV·A、750kV·A、1000kV·A。

下面以35kV级电力变压器S11系列为例，介绍其功能和特点。

S11系列低损耗节能电力变压器是国家推广使用的更新换代产品，产品性能均优于GB/T 6451—1999，主要使用于变电站，大型厂矿企业，如图2-1所示。

图2-1　35kV级电力变压器

其特点如下：

① 铁心采用优质冷轧硅钢片，剪切毛刺小于0.02m，全斜接缝，不冲孔，不叠上铁轭工艺。铁心柱叠好后用双H粘胶使铁心三柱两轭成为一个紧固、平整、紧实的整体，有效降低了变压器的空载损耗、空载电流和噪声。

② 变压器线圈采用高纯度的无氧铜，有效降低了铜损、垫块、撑条倒圆角，电场均匀，可靠性增加，内绕组支撑加强，提高其稳定性和防止变形。

③ 板式夹件与侧梁形成坚固的框架结构，器身与油箱“六面刚性定位”使器身能承受各种运输条件下的冲击而不发生位移。

4. 什么是自耦变压器？它有哪些特点？

答： 自耦变压器仅有一组绕组，一次绕组和二次绕组共用一个绕组线圈，而二次绕组是从一次绕组抽头出来的，利用它进行电能传递与调节改变电压，如图2-2所示。

自耦变压器与一般变压器相比，所用的硅钢片和铜线数量要少得多。

QZB系列自耦变压器适用于三相交流50~60Hz，额定电压为380V(660V)，功率为14~315kW，三相笼型异步电动机用做不频繁起动的场合，如图2-3所示。自耦变压器的参数见表2-1。

表2-1　自耦变压器参数表

型　　号	起动电动机功率/kW	最长工作时间/s	最大工作电流/A
QZB—14	14	30	28

（续）

型　　号	起动电动机功率/kW	最长工作时间/s	最大工作电流/A
QZB—20	20	30	40
QZB—28	28	30	56
QZB—30	30	30	59
QZB—40	40	30	80
QZB—55	55	30	110
QZB—75	75	30	142
QZB—115	115	50	230
QZB—135	135	50	270
QZB—190	190	70	370
QZB—225	225	70	410
QZB—260	260	70	475
QZB—315	315	70	535

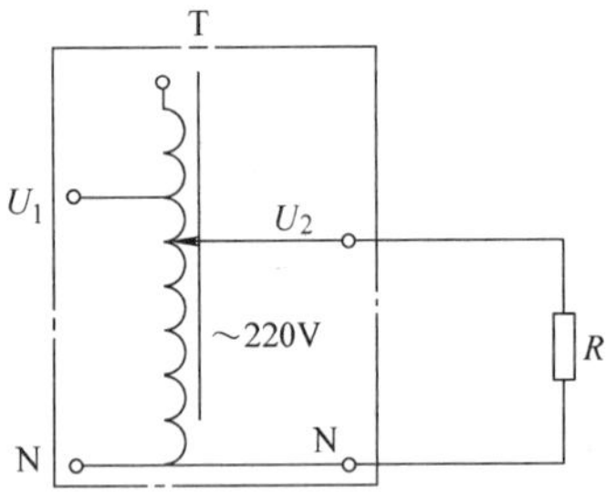

图 2-2　自耦变压器的原理

图 2-3　自耦变压器

利用变压器降压的特点，降低电动机的起动电流，以改善电动机起动时对输电网络的影响，1h 内电动机的连续起动时间不得超过 120s。

5. 什么是照明行灯变压器？

答：JMB(DJMB)系列照明行灯变压器适用于交流 50~60Hz 电子工业或工矿企业安全照明，还可作为指示灯的电源用。

一、二级绕组分开绕制，当二次只有一个绕组时，它担负变压器的全部额定容量，二次兼有控制、照明及指示灯绕组时，则按各绕组容量分配分别绕制，对单绕组有中间抽头的变压器，其各中间抽头容量皆小于变压器的额定容量，只有最高电压输出端可担负额定容量，如图 2-4 所示。

6. 什么是箱式电力变压器？它有哪些用途？

答：箱式电力变压器用于建筑、居民小区、高新技术开发区、中小型厂、矿山石油以及临时施工用电等场所。

ZBW 系列箱式变电站，具有成套性强、体积小、结构紧凑、运行安全、维护方便以及可移动等特点，它的体积比土建配电房小，减少了设计工作量及施工量，减少了建设费用。

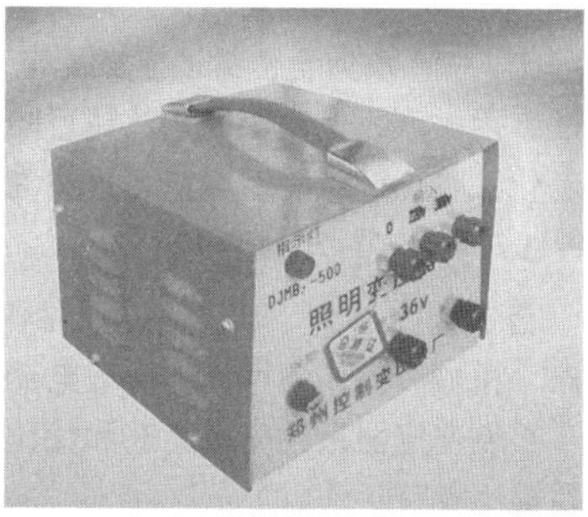

图 2-4　照明行灯变压器

ZBW 系列箱式变电站，根据排列方式分为“目”字形和“品”字形。本产品由高压配电装置、变压器及低压配电装置连接而成，分三个功能隔离室，即高压室、变压器室和低压室。高压室、低压室功能齐全，高压侧一次供电系统可布置成环网供电、终端供电、双电源供电等多种供电方式，还可选装高压计量元件，满足高压计量的要求。变压器可选择 S9—M、S11—M 型全密封电力变压器和干式电力变压器；变压器室设有自起动强迫风冷及照明系统，低压室根据用户要求可采用面板柜装式结构组成用户所需供电方案，有动力配电、照明配电、无功功率补偿、电能计量等多种功能，满足用户的不同要求，如图 2-5 所示。

变压器室采用自然通风和强迫通风两种方式，使通风冷却良好。变压器室和低压室均有通风道，排风扇有温控装置，按整定温度能自动起动和关闭，保证变压器满负荷运行。

7. 什么是节能电力变压器？它有哪些特点？

答：新 S9 系列低损耗节能电力变压器是国家推广使用的更新换代产品，与 S7 系列电力变压器相比，空载损耗平均降低了 10.3%，空载电流平均降低了 22.4%，产品符合国家标准 GB 1094.1～2—1996、GB 1094.3—2003、GB 1094.5—2003《电力变压器》、GB/T 6451—1999《三相油浸式电力变压器技术参数和要求》和产品技术条件，该产品达到国际先进水平，被国家经贸委推荐为全国城乡电网建设与改造所需主要设备产品，如图 2-6 所示。

图 2-5　箱式电力变压器

图 2-6　节能电力变压器

8. 什么是全密封油浸式配电变压器？

答：S11—M 系列全密封油浸式配电变压器是在新型 S9 系列产品结构设计的基础上进行开发的科技新产品。设计的主导思想是满足产品的可靠性，提高产品的性能，根据新型 S9 系列产品的实际情况，重新调整了一些损耗系数和结构，使损耗设计值更符合实际测量值，同时进行了优化设计，合理确定铜铁比例，使材料成本最低，结构合理，如图 2-7 所示。

铁心：采用高导磁、低损耗的优质高性能硅钢片 27ZH100，降低了空载损耗。S11—M 系列全密封油浸式配电变压器器身装配总结了新型 S9 系列配电变压器的成熟经验，器身装配后组成一个牢固的整体，保证产品满足电气性能和突发短路时的机械强度的要求。

S11—M 系列全密封油浸式配电变压器由波纹油箱的波翅做冷却散热器。波纹散热器是由优质冷轧薄板在专用生产线上制造的，波翅可随变压器油体积的胀缩而胀缩，从而使变压器油、器身与大气隔绝，减缓老化，防止绝缘受潮，增强可靠性，正常运行下可免维护。

9. 什么是控制变压器？

答： BK、JBK、BKC 系列控制变压器是一种小型干式变压器，适用于 50~60Hz 的交流电路中的各类机床、机械设备，还可作为一般电器的控制电源、局部照明和指示灯的电源，如图 2-8 所示。

控制变压器采用先进工艺和优化设计进行制造，具有性能优良、工作可靠、适用性广的特点，可在额定负载下长期工作。

图 2-7　全密封油浸式配电变压器

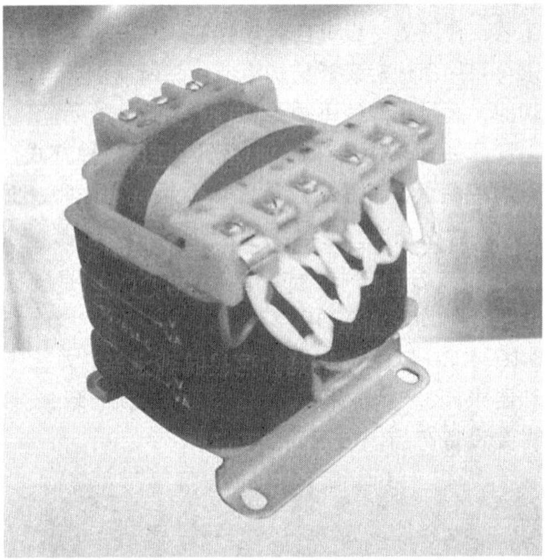

图 2-8　控制变压器

10. 什么是专用单相干式变压器？

答： 专用单相干式变压器是为人造金刚石等加工行业自行设计的 DG 系列产品，具有结构合理、安全可靠、维护方便、安装方便和生产周期短等特点，产品性能达到国内先进水平，如图 2-9 所示。

专用单相干式变压器铁心采用高导磁取向硅钢片，降低变压器铁心损耗，一次导线采用双玻璃丝包扁铜线，二次导线采用紫铜，绕组采用整体浸漆工艺，从而达到绝缘、耐热和防潮的要求。

图 2-9　专用单相干式变压器

11. 什么是电抗器？

答： 电抗器按功能分为并联电抗器、限流电抗器和中性点接地电抗器、阻尼电抗器、调谐电抗器或滤波电抗器、接地变压器、消弧线圈、平波电抗器等。使用于交流系统中用以补偿电容电流，限制故障电流或操作涌流，降低、限制或过滤谐波或通信频率；或使用于直流系统中用以减少谐波电流、限制电流脉动和抑制暂态过电流等，如图 2-10 所示。

12. 什么是 SG10 型绝缘干式电力变压器？它有哪些特点？

答： SG10 型绝缘干式电力变压器引进国外先进技术，具有设计先进、结构合理、外形美观的特点。

其主要技术指标优于国内标准，适用于防火要求高、负荷波动大、经常超负荷的环境，如高层住宅、机场、车站、码头等，如图 2-11 所示。其主要特点如下：

（1）安全

SG10 型绝缘干式电力变压器耐热绝缘等级在 H 级以上。变压器具有难燃、阻燃、自熄、无毒和防火的特点。

图 2-10　电抗器

图 2-11　SG10 型绝缘干式电力变压器

线圈不龟裂。采用先进的 VPI 设备和真空浸渍技术，使产品有卓越的耐潮、耐湿性，防污、防尘、防霉、防盐雾等性能极佳，更能承受热冲击，不龟裂、无局部放电产生。

体积小、重量轻。采用杜邦 NOMEX 纸为主绝缘材料，并将其作为变压器最热点处的混合绝缘系统，产品的耐热等级高，因而变压器的体积小、重量轻。

（2）可靠

超铭牌运行能力强，由于采用新结构、新材料、新工艺，散热条件好、热寿命长，过负荷能力极强，在 120% 过负荷下可长期安全可靠地运行。

（3）环保

在制造、运输、储存和运行时都不会对环境造成污染。线圈可分解回收处理，不会对环境造成危害，保护环境、符合潮流。

不助燃，能阻燃、不爆炸。750℃以下时，变压器不会释放出有害气体。

噪声低。该变压器可满足城市人口密集地区对噪声的要求。

13. 什么是调压器？它是怎样调节电压的？

答：调压器是一种平滑改变电压的变压器，它能在很大范围内平滑地调节电压。其结构基本与自耦变压器相同，只不过它的铁心做成环形，线圈就绕在这个环形铁心上，二次绕组用一个可以滑动的电刷触头，使触头沿线圈表面环形滑动，实现平滑调节电压的作用。调压器的外形如图 2-12 所示。

图 2-12　调压器

14. 什么是电子变压器？

答：电子变压器一般指容量在 1kV · A 以下的单相变压器。多数用做电气控制和照明用的电源变压器，电子仪器、仪表设备用的电源变压器及无线电装置用的变压器等。分别介绍如下：

① 控制用电源变压器，用在各种电动机设备的控制电源以及信号灯、指示灯等。一次绕组电压有 380V 和 220V 两种。二次绕组可以有 127V、110V、36V、24V、12V 和 6.3V。

② 安全照明用电源变压器，其二次绕组电压为常用安全电压为36V、24V、12V 3种。为防止误操作触电，安全照明用电源变压器常用于理发店、煤矿井下及建筑用电场合。

③ 电子仪器设备用电源变压器，如将交流电变为直流电的稳压电源。用户可根据直流电源的需要，到电器市场购买或专门设计制作。

④ 无线电收音机、电视机用的变压器，如输入/输出变压器、中周变压器等。电子变压器的外形如图2-13所示。

图2-13 各种电子变压器

15. 变压器的结构与变压原理是什么?

答: (1) 三相变压器的结构

① 铁心多采用导磁性能很好的硅钢片叠成，片厚一般只有0.35~0.5mm，并且两面涂漆，以减少损耗。铁心的主要作用是导磁。

② 绕组，一个变压器内有一次绕组和二次绕组，都是由绝缘铜线或铝线绕成的多层线圈，用来套在铁心上。线圈主要用于磁电转换。

③ 油箱是变压器的外壳，内装铁心、线圈和变压器油。使铁心与线圈浸在变压器油内，起散热的作用。

④ 储油柜就是储油器，当变压器运行时，温度升高油膨胀，油箱内的油流入储油柜；当温度下降油收缩时，储油柜里的油又流入油箱中，这样就保证了油箱中的油始终是满的。储油柜起着储油和补油的作用。

⑤ 绝缘套管是一次绕组和二次绕组引出到油箱外部的绝缘装置，同时起着对地绝缘的作用。

⑥ 分接开关是调整电压比的装置。为了使二次电压符合用户要求，在一次绕组末端相应留有3~5个抽头，并将这些抽头分别接到一个开关上，这个开关就叫分接开关。分接开关一般可以调整的范围是额定电压的±5%。注意，分接调节时必须切除电源。电力变压器的结构如图2-14所示。

(2) 变压器的变换电压原理

变压器是根据电磁感应原理制成的。它由硅钢片叠成的铁心和绕在铁心上的两个绕组构成。铁心与绕组间彼此相互绝缘，没有任何电的联系。连接变压器和电源的绕组叫作一次绕组，连接变压器和负载的绕组叫作二次绕组。变压器变换电压的原理图如图2-15所示。

当将变压器的一次绕组接到交流电源 U_1 上时，铁心中就会产生变化的磁力线。由于二次绕组绕在同一铁心上，磁力线切割二次绕组，二次绕组上必然产生感应电动势 E_2，从而使绕组两端出现电压 U_2。因为磁力线是交变的，所以二次绕组的电压 U_2 也是交变的。而且频率与电源频率完全相同。理论证明，变压器一次绕组与二次绕组的电压比和一次绕组与二次绕组的匝数比值有关，即

$$\frac{U_1}{U_2}=\frac{N_1}{N_2} \tag{2-1}$$

式中　U_1——一次绕组电压；

U_2——二次绕组电压；

N_1——一次绕组匝数；

N_2——二次绕组匝数。

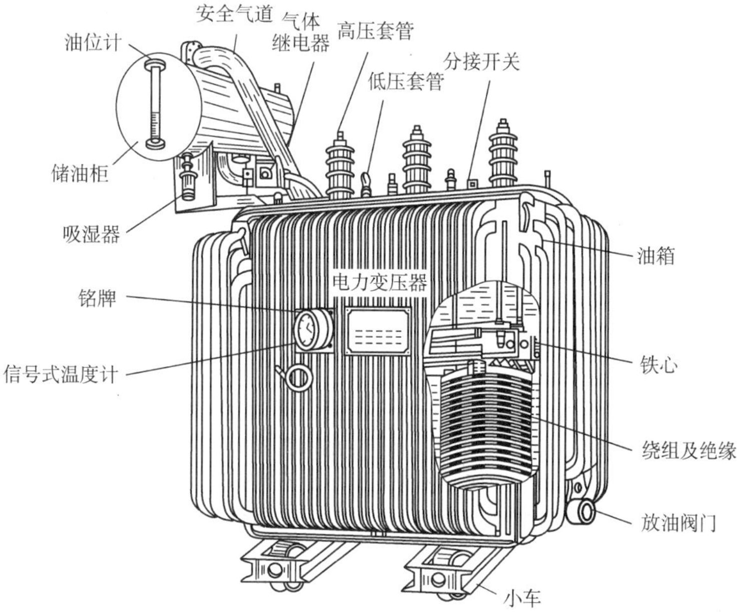

图 2-14　电力变压器的结构

公式(2-1)表明：绕组匝数越多，电压就越高。二次绕组匝数比一次绕组匝数少，则为降压变压器；二次绕组匝数比一次绕组匝数多，则为升压变压器。

总之，变压器的工作过程是一个电生磁和磁生电的过程。

需要说明的是，变压器不能改变直流电压，因为直流电压的大小和方向不随时间变化，所以如果恒定直流电通入一次绕组，变压器铁心内产生的磁通也恒定不变，因此变压器就不能在二次绕组内感应出电势，所以不能改变直流电压。

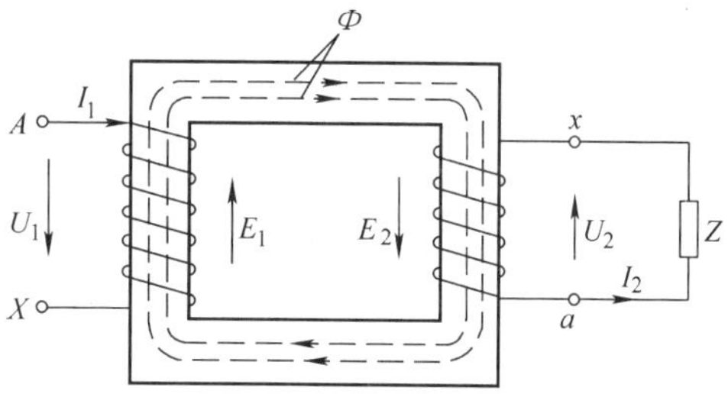

图 2-15　变压器变换电压的原理图

16. 变压器可以改变直流电压吗？

答： 不能。因直流电的大小和方向不随时间变化，所以，如果恒定直流电通入一次绕组，变压器铁心内产生的磁通也恒定不变，因此变压器就不能在二次绕组内感应出电动势，所以不能改变直流电压。

另外，绕组的直流电阻很小，直流电压加在绕组上，电流非常大，相当于短路。

交流电是随着时间变化而交替变化的，当一次绕组通入交流电时，铁心内产生的磁通也随着变化，于是在二次绕组内感应出交流感应电动势，其交流感应电动势与绕组的匝数成正比。若二次绕组匝数大于一次绕组匝数时，叫做升压变压器，能够升高电压。反之，二次绕组匝数小于一次绕组匝数时，叫做降压变压器，能够降低电压。

17. 电力变压器油有什么用处？

答： 电力变压器油有三个作用：①增加线圈的绝缘；②散热冷却；③消灭电弧。

18. 变压器对环境条件的要求是什么?

答: ① 变压器周围严禁有灰尘、腐蚀性气体。

② 变压器室必须是砖墙，不得用木质材料做墙。屋顶也不准用木质材料、油毡建造。

③ 变压器室门要用金属制成并向外开，门外要写有“高压危险”字样。门用铁锁，铁锁要采取防雨措施(如用塑料布包扎)。

④ 对于6~10kV，800kV·A及其以上的变压器，变压器下边应有储油坑，坑内铺上卵石，地面向坑边要稍有倾斜。

⑤ 变压器室门侧下方应有通风道，墙上高处应装有通风孔。

⑥ 变压器室内要装有照明灯。

⑦ 变压器室屋顶应装有变压器吊心大修用的吊环。

⑧ 变压器室必须保持整洁，不得堆放杂物或其他易燃、易爆物品。

19. 变压器运行过程中有哪些要求?

答: ① 运行中的变压器低压侧电压不应与额定电压相差±5%。

② 变压器最大不平衡电流(中性线电流)不得超过低压侧额定电流的25%。

③ 一般变压器不提倡满负荷运行，因其经济运行负荷率为40%~70%，因此，各相电流不得超过额定电流。

④ 变压器上层油温不得超过85℃。

⑤ 变压器油绝缘强度要合格：35kV以上的变压器，新油为40kV/2.5mm，运行中的油为35kV/2.5mm，6~10kV的变压器，新油为30kV/2.5mm，运行中的油为25kV/2.5mm。不合格者要及时更换或过滤。

⑥ 变压器不得有漏油、渗油现象，变压器器身要干净，不得有油垢、灰尘。油位计内的油位应正常。

⑦ 装有防爆管的变压器，防爆管端部玻璃应完整无缺，不得有裂纹。

⑧ 变压器呼吸器内吸潮剂(硅胶)要经常检查，发现吸潮剂潮湿时要更换。

⑨ 装有压力式温度计的变压器，从感温元件(温包)到表头的一段连线(毛细管,其内部是空心的)，不得有压扁、折断现象。表头电接点指针应整定在85℃处。

⑩ 变压器外壳及中性点与室外接地极相接，接地电阻不得大于4Ω。变压器运行时，其声音应正常，不应有“吱吱”放电声或“爆豆”声。发现声音异常时，必须及时检查原因并妥善处理。

20. 10kV 变配电所对变压器有哪些要求?

答: 大、中型城市除居住小区的杆上变压器变电所外，民用建筑中采用露天或半露天的变电所。如确因需要设置时，宜选用带防护外壳的成套变电所。配电变压器宜选择装设两台及两台以上的变压器。有大量一级负荷或虽为二级负荷但从安全角度需要设置时(如消防等)、季节性负荷变化较大时或负荷比较集中时，常采用两台以上电力变压器。

变压器外廓(防护外壳)与变压器室墙壁和门的净距不应小于表2-2中所列数值。干式变压器的金属网状遮栏高度不低于1.7m。

表2-2 变压器外廓(防护外壳)与变压器室墙壁和门的净距

项目与净距/m \ 变压器容量/kV·A	100~1000	1250~1600
油浸变压器外廓与后壁、侧壁的净距	0.6	0.8
油浸变压器外廓与门的净距	0.8	1.0
干式变压器带有IP2X及以上防护等级金属外壳与后壁、侧壁的净距	0.6	0.8
干式变压器有金属网状遮栏与后壁、侧壁的净距	0.6	0.8
干式变压器带有IP2X及以上防护等级金属外壳与门的净距	0.8	1.0
干式变压器有金属网状遮栏与门的净距	0.8	1.0

油浸变压器外廓与变压器室四壁的最小净距见表2-3。

表 2-3　油浸变压器外廓与变压器室四壁的最小净距

变压器容量/kV·A 项目与净距/m	≤1000	≥1250
变压器与后壁、侧壁之间的最小净距	0.6	0.8
变压器与门之间的最小净距	0.8	1

对于就地检修的室内变压器，变压器室的室内高度可按吊心所需的最小高度再加 0.7m 确定，宽度可按变压器两侧各加 0.8m 确定。设置与室内的干式变压器，其外廓与四周墙壁的净距应不小于 0.6m，干式变压器之间的距离应不小于 1m。

厂区内的户外配电装置，其周围设置的围栏高度不应小于 1.5m。配电装置中电气设备的栅栏高度不小于 1.2m，最低栏杆至地面的净距不大于 200mm。

21. 怎样根据用电负荷确定变压器数量？

答： ① 在有一、二级负荷时可设置两台或两台以上主变压器；在低压电力网能取得足够的备用电源时，可设置一台主变压器；对于大型枢纽变电所，可设置 2~4 台主变压器。

② 当动力和照明采用共用变压器，严重影响照明质量及灯泡寿命时，季节性负荷容量较大时，可设照明专用变压器。

③ 低压为 0.4kV 变电所中单台变压器的容量不宜大于 1000kV·A，当用电设备容量较大、负荷集中且运行合理时，可选用较大容量的变压器。设置在二层以上的三相变压器，其容量不宜大于 630kV·A。居住小区变电所内单台变压器的容量不宜大于 630kV·A。

④ 总降压变电所变压器数量及容量的确定。总降压变电所中设置两台变压器，即一台工作，一台备用。两台变压器均按 100% 计算负荷选择。

⑤ 车间变电所变压器容量的确定。

车间变电所采用一台容量不大于 1000kV·A 的变压器。如果用电设备容量大、负荷集中且运行合理时，方可选用两台变压器。

22. 变压器的安装有哪些要求？

答： ① 变、配电工程中的各种铁件均需进行防锈处理并做好接地工作。

② 三相四线电源母线均应涂刷有色油漆，涂色要求见表 2-4。

表 2-4　10kV 及以下三相交流铜、铝母线的涂色

相　　序	需 涂 颜 色	涂 色 长 度
U	黄色	沿全长
V	绿色	沿全长
W	红色	沿全长
N	黑色	沿全长

③ 铜母线连接应采用机械连接，搭接部分表面应刷锡。铝母线可采用机械连接或焊接。焊接时，焊缝应饱满。

④ 母线水平安装时，用卡板固定，垂直安装时，用夹板固定。

⑤ 凡多股导线与电器设备端子连接时，均应用接线端子，严禁不经接线端子直接接入。

⑥ 当铜导线与铝接线端子连接时，应将铜导线刷锡或加垫锡箔纸。

⑦ 当导线或接线端子截面大于电器设备的接线槽截面时，应采用铜连接板过渡。铜连接板的截面应不小于导线截面。铜连接板与铝接线端子连接处应刷锡。

⑧ 所有接线端子与电器设备连接时，均应加垫圈和弹簧垫圈。

⑨ 母线间距应均匀一致，最大允许误差为 5mm。

⑩ 母线调直应采用木质工具，切断母线时，严禁用电、气焊切割。

23. 户外变压器怎样安装？

答： 图2-16a为户外地台上安装变压器实物图，图2-16b为户外地上变压器的安装图。在户外做好地坪，埋上固定螺栓，用吊车把变压器吊起放在固定螺栓上，加固螺母，即可。

a)

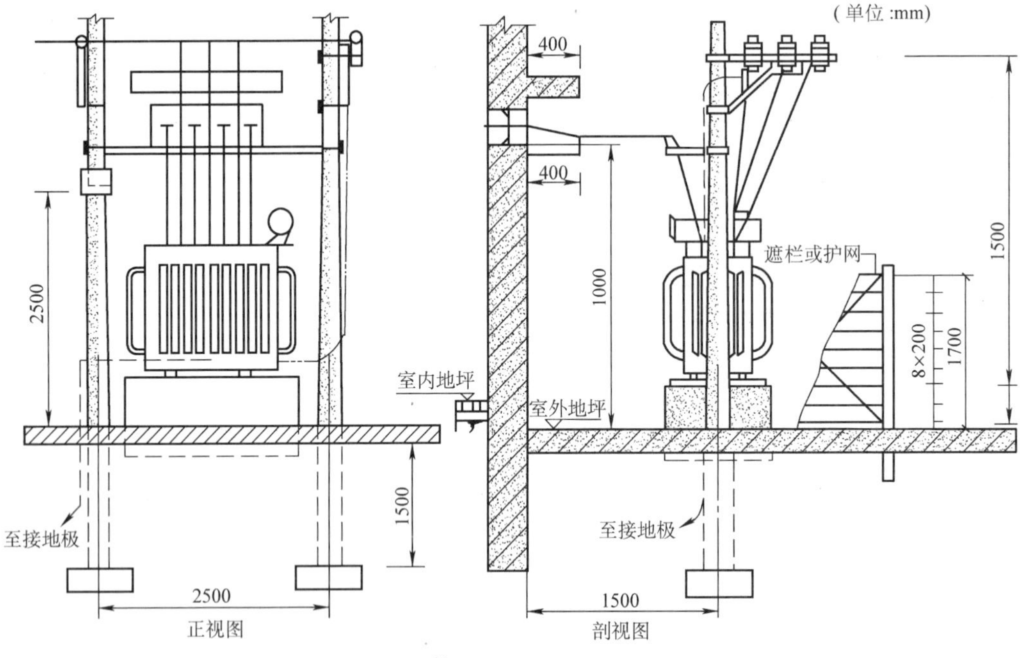

b)

图2-16　户外地上变压器的安装

a）户外地台上安装变压器实物图　b）户外地上变压器的安装图

24. 户内变压器怎样安装？

答： 图2-17为户内安装变压器的安装图。在户内变压器室，挖好地沟，预埋好螺钉，将变压器放在地沟，拧紧加固螺母，即可。

25. 怎样在双电线杆上安装变压器？

答： 在双电线杆上安装变压器比在单电线杆上安装变压器更牢固、稳定，适用于40~200kV·A的变

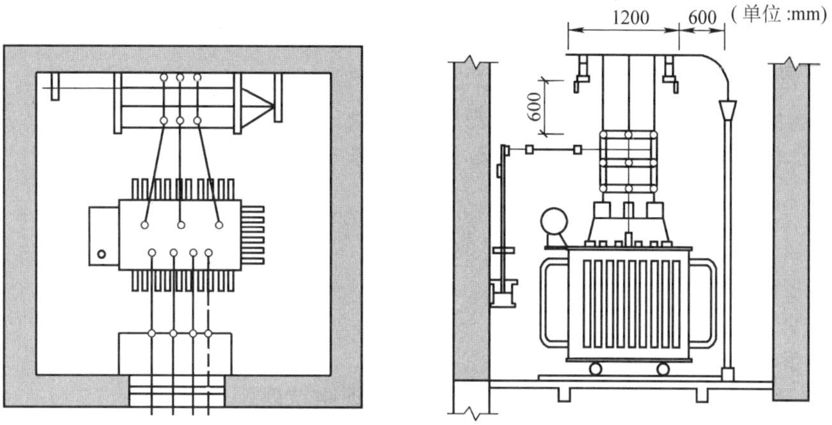

a)　　b)

图 2-17　户内变压器的安装

a）变压器的平面安装图　b）变压器的立面安装图

压器，如图 2-18 所示。

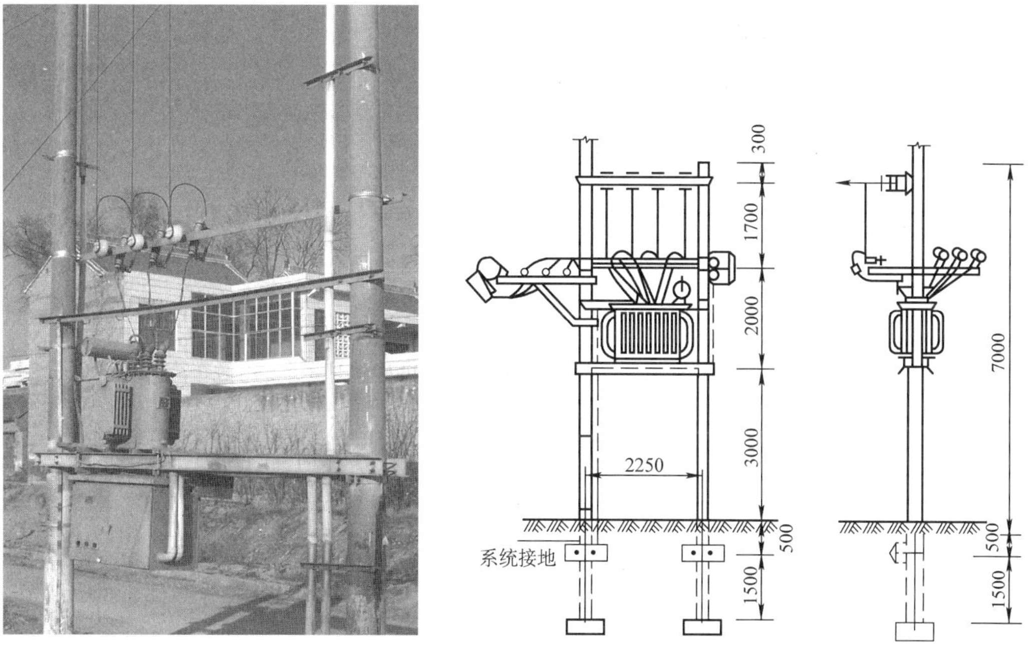

a)　　b)

图 2-18　户外杆上变压器

a）立面　b）剖面

26. 变压器一、二次绕组的电流是什么关系？

答：当变压器带有负载运行时，二次绕组电流的变化，会引起一次绕组电流相应的变化。根据磁势平衡原理推导出，一次绕组与二次绕组的电流和绕组匝数成反比，匝数多的一边电流就小，匝数少的一边电流就大，即

$$I_1/I_2=N_1/N_2 \tag{2-2}$$

式中　I_1——一次绕组电流；

I_2——二次绕组电流；

N_1——一次绕组匝数；

N_2——二次绕组匝数。

27. 什么是变压器的电压变化率？

答：变压器的电压变化率是变压器的主要性能指标之一。当变压器向负载供电时，在负载端产生压降，将负载的压降与额定电压值相比，取百分数即为变压器的电压变化率，即

$$\delta = \frac{U_{2e} - U_{RL}}{U_{2e}} \times 100\% \tag{2-3}$$

式中 δ——电压变化率；

U_{2e}——二次额定电压；

U_{RL}——负载电压。

28. 什么是匹配？采用变压器耦合为什么能实现阻抗匹配？

答：能使放大器输出阻抗与负载阻抗适当配合，从而使放大器获得最大输出功率，这种阻抗的配合，叫作阻抗匹配。变压器具有变换阻抗的作用，改变它的一、二次绕阻的匝数比，就可得到合适的输出阻抗，与放大器实现阻抗匹配。

29. 变压器在运行中有哪些损失？怎样减少损失？

答：变压器的损耗主要是铜损和铁损两种。

(1) 铜损

铜损(短路损失)是指变压器一、二次电流流过该线圈电阻所消耗的能量之和。由于线圈多用铜导线做成，故简称铜损。铜损与一、二次电流的平方成正比，铭牌上所标的千瓦数系指线圈在75℃时通过额定电流的铜损。

(2) 铁损

铁损是指变压器在额定电压下(二次开路)，在铁心中消耗的功率，其中包括激磁损耗和涡流损耗。

铁损、铜损与变压器容量、电压和设备利用率有关。因此，在选用变压器时，应尽量使设备容量和实际使用容量一致，以提高设备利用率，使变压器满载运行，减少损失。

30. 变压器有哪些接线方式？

答：变压器的接线方式有：单相变压器仅有高、低压线圈，只供给单相电源，用途非常广泛，如图2-19a所示；如图2-19b所示为三相四线制，为Yy，这种接法应用较多；三相变压器则有Yd，如图2-19c所示为三相三线制；如图2-19d所示为Dy，也是三相三线制。

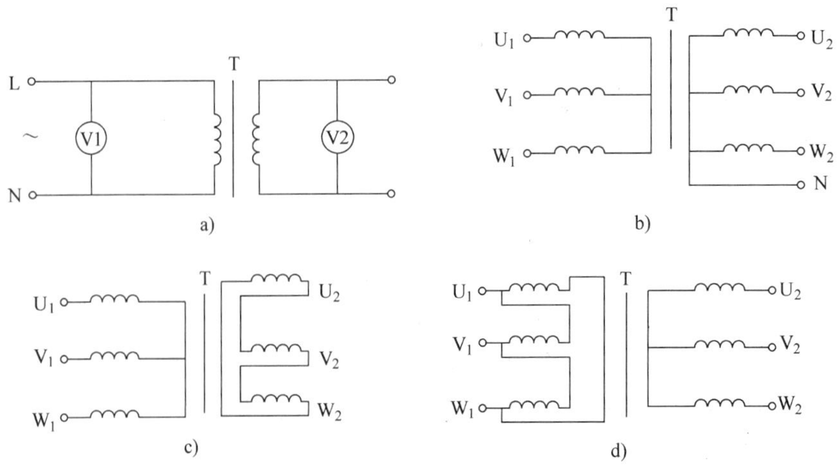

图2-19 变压器的接线方式

a) 单相变压器 b) 三相四线制 Yy c) 三相三线制 Yd d) 三相三线制 Dy

31. 怎样选择变压器？

答： ① 根据电源电压等级、用电负荷量。在正常运行时，应使变压器承受的用电负荷为变压器额定容量的 75%~90%。

② 根据变压器铭牌标示的技术数据逐一选择。一般应从变压器容量、电压、电流及环境条件等方面综合考虑。

③ 不要大马拉小车，造成浪费。运行中如实测出变压器实际承受负荷小于 50% 时，应更换小容量的变压器，如大于变压器额定容量应立即更换大容量的变压器。同时，在选择变压器时要根据电路电源决定变压器。

④ 根据照明和动力用电，最好选择低压三相四线制供电。对电流的选择要能满足电动机起动电流是额定电流的 4~7 倍。

32. 变压器为什么不能轻载和过负荷运行？

答： 轻载运行是相当于大马拉小车，浪费电能；过负荷运行相当于小马拉大车，过负荷运行是指变压器运行时超过了电流的额定值。过负荷分为正常过负荷和事故过负荷两种情况。正常过负荷是指在正常供电情况下，用户用电量增加而引起的，它往往使变压器温度升高，促使变压器绝缘老化，减少使用寿命。所以不允许变压器过负荷运行。

特殊情况下变压器短时间内的过负荷运行，也不能超过额定负荷的 20%。对事故过负荷与允许过负荷的时间要求见表 2-5。如果变压器过负荷运行，应立即调整。

表 2-5 允许过负荷的时间表

额定负荷的倍数	过负荷允许时间/min	
	室外变压器	室内变压器
1.30	120	60
1.60	30	15
1.75	15	8
2.00	7.5	4

33. 什么是变压器的极性？在实际中应注意什么？

答： 变压器极性是用来标志在同一时刻一次绕组的线圈端头与二次绕组的线圈端头彼此电位的相对关系。因为电动势的大小与方向随时变化，所以在某一时刻，一、二次绕组必定会出现同时为高电位的两个端头，和同时为低电位的两个端头，这种同时刻为高电位的对应端叫变压器的同极性端，有时也叫同名端。由此可见，变压器的极性决定于线圈的绕向。绕向改变了，极性也改变。在实际应用中，变压器的极性是变压器并联的依据，按极性可以组合接成多种电压型式。如果极性接反，往往会出现很大的短路电流，以致烧坏变压器。因此，使用变压器时必须注意铭牌上的标志。

34. 如何识别变压器绕组极性？

答： 当无法分清变压器绕组时，可通过以下方法测试，进行识别。

（1）直流仪表测量法

测单相变压器时，如图 2-20a 所示，用万用表欧姆挡分别测量每两个抽头的电阻值，如果电阻值很小，表针指向“0”附近，说明是一个绕组；否则，表针指向无穷大，说明不是一个绕组或者断线；如此循环测量每一个绕组。表针摆动方向一致的为同名端。同理，测试三相变压器的极性和组别。

（2）交流测量法

把一次绕组和二次绕组的一对同名端 Aa 用导线相连，如图 2-20b 所示。然后在 AX 一次绕组间接入较低的交流电，用电压表分别测量 AX 间电压 V_1，Xx 间电压 V_2，以及 ax 间电压 V_3。如果 V_2 等于 V_1 与 V_3 电压之差，则 A、a 是同极性端，如果 V_2 等于 V_1 与 V_3 电压之和，则 A、x 是同极性端。

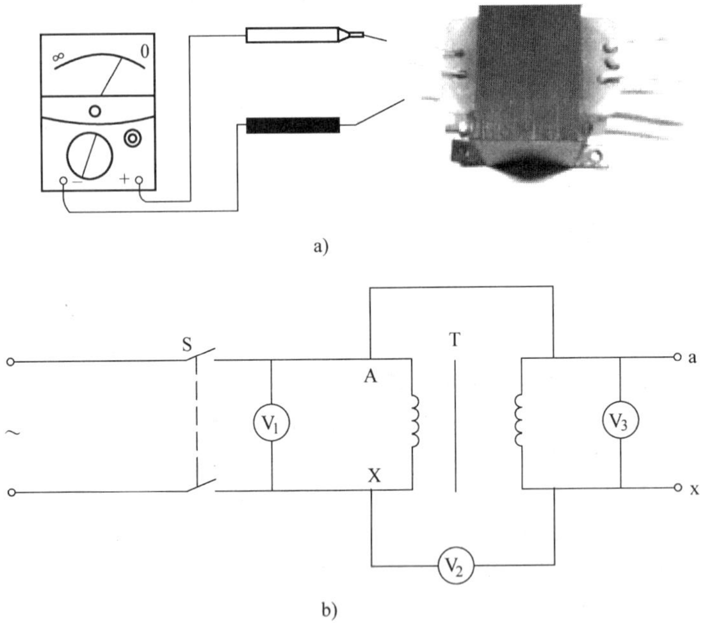

图 2-20　变压器绕组极性的判别

a）直流仪表测量法　b）交流测量法

35. 为什么变压器在运行中中性点有一定的电压和电流?

答: 变压器的中性点是三相线圈引出的公共点，称为中性点。根据基尔霍夫电流定律可知，三相电流向量之和等于零，所以当变压器三相负载平衡时，中性点电压、电流均为零。

但变压器在实际运行中，当三相负载不对称时，三相电流之和就不再等于零，这时变压器中性点就会出现如 100V 的电压和 0. 14A 的电流，此电压的大小是由三相不平衡电流引起的，通常称为零序电压。一般要求运行变压器中性点对地的零序电压应不大于相电压的 20%。

36. 如何根据变压器发出的不同声音来判断运行中出现的故障?

答: 可以根据变压器在运行中的声音来判断运行是否正常，或者故障部位所在。方法是用木棒的一端放在变压器的油箱上，另一端则放在耳边仔细听声音，如果是连续的“嗡嗡”声，则故障比正常严重，需要检查电压和油温，若无异常，则多是铁心松动引起的声音；如果听到“吱吱”声，需要检查套管表面是否有闪络的现象。当听到“噼啪”声，则说明变压器内部绝缘有被击穿的可能。

37. 国家标准规定变压器线圈温升为多少? 为什么?

答: 国家规定变压器线圈温升为 65℃，是根据使用变压器的材料和自然温度确定的，温升不能高于 65℃，防止温度过高而烧坏。变压器在运行中，产生铜损和铁损，都转换成热能，使线圈和铁心发热，致使绝缘老化，减少变压器的使用寿命。

变压器线圈温升为 65℃，是以 A 级绝缘为基础的。由于环境温度一般都低于 40℃，65℃ + 40℃ = 105℃是变压器线圈的极限工作温度，A 级绝缘的耐温度为 105℃。

变压器线圈的温度不会超过极限工作温度，即使在短时间内达到 105℃，但由于时间短暂，不会破坏线圈的绝缘程度。

38. 怎样选择配电变压器的一次、二次熔丝容量?

答: ① 变压器一次熔丝是作为变压器内部故障保护用的。其容量应按变压器一次额定电流的 1. 5~3 倍选择，考虑到熔丝的机械强度，一般高压熔丝容量不小于 10A。

② 变压器二次熔丝是作为变压器过负荷、二次短路保护用的。二次熔丝的容量应根据二次额定电流选择，以既不影响变压器出力又不使变压器过负荷或因二次短路而烧毁为原则。

39. 为什么说变压器一次绕组电流的大小与二次绕组有关？

答： 变压器在带负载运行过程中，当二次绕组电流变化时，一次绕组电流也相应变化，这是因为变压器的一次、二次电流的方向是相反的，二次电流产生的磁动势，对一次磁动势而言，是起去磁作用的。当二次电流增大时，变压器要维持铁心中的主磁通不变，一次电流也必须相应增大来平衡二次电流的去磁作用。这说明二次电流变化时，一次电流也相应变化，所以说一次电流是由二次电流决定的。

40. 什么是电压互感器？它有什么作用？

答： 电压互感器又叫仪用变压器，简称 PT。其结构、工作原理和接线方式都与变压器类似，主要区别在于电压互感器容量较小。电压互感器能把高电压按一定的比例缩小，使低压元件能够反映高压量值的变化，解决测量高压的困难。还可以保证测量人员、仪表及保护装置的安全，扩大仪表量程等。电压互感器的外形如图 2-21a 所示。其连接电路如图 2-21b 所示。

电压互感器的二次电压均为 100V，这样可使仪表及继电器标准化。

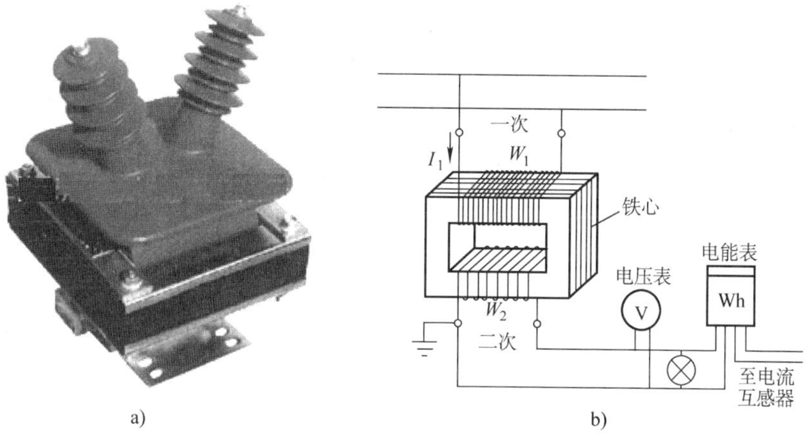

图 2-21　电压互感器

a）电压互感器的外形　b）电压互感器的连接电路

41. 电压互感器和普通变压器在原理上有什么不同？

答： 电压互感器和普通变压器的主要不同之处是由于接在电压互感器二次侧的电压线圈阻抗很大，使电压互感器总是处于空载状态，故二次电压基本上等于二次感应电动势值。因此，电压互感器可以用来间接测量电压，而不会因为二次接上测量仪表引起电压降，产生测量误差。在准确度所允许的负载范围内，如果电压互感器二次负载超过额定范围，则也会影响二次电压，使误差增大。

42. 电压互感器的准确等级分几种？

答： 电压互感器分 4 种准确等级，即 0.2 级、0.5 级、1 级和 3 级。0.2 级用于试验室的精密测量；0.5 级和 1 级一般用于发配电设备的测量和保护；3 级用于非精密测量。

43. 电压互感器二次回路为什么必须接地？

答： 电压互感器在运行中，一次绕组处于高电压而二次绕组则为一固定的低电压。如果电压互感器一次绕组电压为 10000V，二次绕组则是固定的 100V。二次电压为一次电压的1/100。如果电压互感器的绝缘击穿，高电压将直接加到二次绕组，由于二次绕组接有各种仪表和继电器，经常和人接触，这样不但损坏二次设备，而且威胁到工作人员的人身安全。因此，为了保证安全，要求除了电压互感器的外壳接地外，同时在二次回路中也应接地。

44. 电压互感器为什么要装一次熔丝？如何选择熔丝容量？

答： 电压互感器一次熔丝的作用是保护系统不会因为互感器内部故障而引起系统事故。35kV 和 10kV 屋内电压互感器装设充填硅砂的瓷管熔断器。这两种熔丝的容量为 0.5A，熔断电流为 0.6~1.8A。

45. 电压互感器二次熔丝有什么作用？怎样选择熔丝容量？哪些情况下不装熔断器？

答：因为电压互感器的一次熔丝容量是电压互感器一次额定电流的 2.5 倍，二次过电流不易熔断。为了防止电压互感器二次回路短路产生过电流烧坏电压互感器，所以需要装设二次熔丝。选择二次熔丝容量必须满足下列条件：

① 熔丝的熔断时间必须保证在二次回路发生短路时小于保护装置的动作时间。

② 熔丝额定电流应大于最大负荷电流，但不应超过额定电流的 1.5 倍。

下列情况可不装熔断器：

① 在二次开口端的出线上一般不装熔断器。因为在正常运行时开口端无电压，无法监视熔断器的接触情况。一旦熔断器接触不良，则系统接地时不能发出接地信号。但是，供零序过电压保护用的开口三角出线例外。

② 中性线上不装熔断器。这是因为一旦熔丝熔断或接触不良，就会使断线闭锁装置失灵或使绝缘电压表失去指示故障的作用。

③ 接自动电压调整器的电压互感器二次不装熔断器。这是为了防止熔断器接触不良或熔丝熔断时电压调整器误动作。

④ 110kV 及以上的电压互感器二次不用熔断器。

46. 电压互感器在运行中，为什么二次不允许短路？

答：电压互感器在正常运行时，由于二次负载是一些仪表和继电器线圈，阻抗很大，基本上相当于变压器的空载线圈，通过的电流很小，它的大小决定于二次负载阻抗的大小。

电压互感器本身阻抗很小，容量不大，当电压互感器二次发生短路时，二次电流很大，二次熔丝熔断，影响到仪表的正确指示工作；当二次熔丝容量选择不当，二次发生短路时熔丝不能熔断，则电压互感器极易被损坏。

47. 什么是电流互感器？它有什么作用？

答：电流互感器又叫变流器，简称 CT。它的工作原理和变压器相似，一次线圈匝数很少，而二次线圈匝数很多。电流互感器也是把高电压大电流的电路和低电压小电流的电路分开，使大电流按着一定的比例缩小，供给各种仪表和继电保护装置的电流电源。电流互感器的二次额定电流一律为 5A 或者 1A，这样便于系列化生产，保证了仪表在使用中安全，使仪表和继电器等制造标准化。电流互感器的外形及电路图如图 2-22 所示。

a)

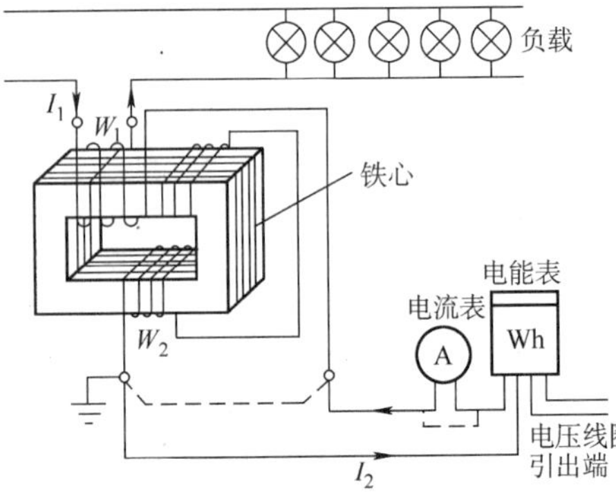

b)

图 2-22　电流互感器

a）电流互感器的外形　b）电流互感器的电路图

48. 电流互感器在原理特点上和普通变压器有什么区别？

答：电流互感器和普通变压器在原理特点上的区别是：

① 电流互感器在正常运行时，因为二次接的测量仪表和继电器的电流线圈阻抗很小，相当于二次短

路，而普通变压器的低压侧是不允许短路的。

② 电流互感器二次电流的大小随一次电流而变化，即一次电流起主导作用。而变压器则相反，一次电流的大小随二次电流的变化而变化，即二次电流起主导作用。

③ 普通变压器的一次电压决定了铁心中的主磁通，主磁通又决定了二次电动势。因此，一次电压不变，二次电动势也基本上不变。电流互感器二次回路的阻抗加大，会导致电流互感器铁心内的磁通增大，出现磁饱和现象，造成二次回路内的电流波形失真，导致二次回路的测量精度下降。

④ 因为电流互感器是一个恒流源，加上二次回路仪表和继电器的电流线圈阻抗很小，串接在二次回路时，对回路电流影响大。而普通变压器则不然，当二次负载增加时，对各个量的影响都很大。

49. 电流互感器的准确等级分几种？其最大误差是多少？适用于哪些范围？

答：电流互感器按其准确度可分为 5 级，即 0.2 级、0.5 级、1 级、3 级、10 级，各级电流互感器的最大误差可根据级别查表。

各种等级的电流互感器的适用范围如下：0.2 级用于精密测量；0.5 级和 1 级用于配电盘电流表和电力表；3 级一般用于继电保护；10 级用于非精密测量。

50. 什么是电流互感器的极性？

答：当电流互感器一、二次线圈同时在同极性端子通入电流时，它们在铁心中产生磁通的方向应相同。标注电流互感器极性的方法，是用相同符号或相同注脚表示同极性端子。可任意选定一个端子为始端(另一个端子为终端)。当一次电流 I_1 瞬时由始端流入终端时，二次线电流 I_2 流出的那一端，就为二次线的始端(另一端为终端)。

51. 为什么电流互感器在运行中二次回路不允许开路？

答：① 由于电流互感器二次回路中所串联的电流线圈阻抗都很小，基本上呈短路状态，故在正常运行时，电流互感器的二次电压很低。如果电流互感器二次回路断线，则电流互感器铁心严重饱和，磁通密度高达 15000Gs 以上。

② 由于二次线圈的匝数比一次线圈多很多倍，所以电流互感器二次回路开路之后，会导致电流互感器的铁心磁通严重饱和，从而在二次回路中感应出尖峰脉冲波型的电压，其峰值可以达到几千伏，对与其连接的装置和操作人员会造成伤害。

③ 铁心中产生了剩磁会加大电流互感器误差。因此，在运行中，电流互感器的二次回路不允许开路，必须保持通路状态。为了防止断路，保证电流互感器二次回路的正常工作，二次回路中使用的导线必须是 $1.5mm^2$ 以上的绝缘铜线，不允许使用钢线或铝线，更不允许使用熔丝。

52. 怎样选用电流互感器？

答：① 额定一次电流应在运行电流的 20%～120% 的范围内。

② 电流互感器的额定一次电压和运行电压相同。

③ 注意，使二次负载(如仪表及继电器等)所消耗的功率不超过电流互感器的额定容量，否则，电流互感器的准确等级将下降。

④ 根据系统的供电方式，选择使用电流互感器的台数和不同的接线方式。

⑤ 根据测量的目的和保护方式的要求，选择电流互感器的准确等级。

53. 高压是怎样传输的？

答：高压传输的过程如图 2-23 所示。从发电厂或变电站升压把电力输送到降压变电站的高压电力线路叫输电线路，电压一般在 35kV 以上。

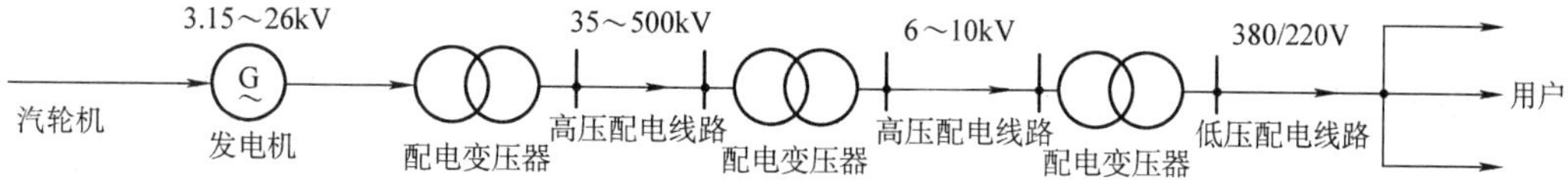

图 2-23　高压传输示意图

从降压变电站把电力送到配电变压器的电力线路，叫高压配电线路，电压一般为3kV、6kV、10kV。

从配电变压器把电力送到用电点的线路叫低压配电线路，电压一般为380V、220V。

就配电线路来讲，一般电压在1~10kV者叫高压配电线路，电压1kV以下者为低压配电线路。

目前，我国电力线路电压等级有：6kV、8kV、10kV、35kV、110kV、220kV、330kV。

54. 配电装置应满足哪些要求？

答：① 配电装置的可靠性除了与设备的选择和使用有关外，还与设备的安装布置有关。因此总体布置中必须考虑独立带电体之间的安全距离、可靠接地、封团隔离(如成套配电装置)、灰尘、有害气体及小动物侵入的预防等，以提高配电装置的可靠性。

② 维护方便。有安全可靠供电的环境保证，在总体布置上必须设置运行通道、检修通道等，留有一定的宽度。

③ 安全性。总体布置必须保证运行人员的安全及防火要求。为此，在组织上应加强对运行人员的教育、技术培训并健全岗位责任制；在技术上必须采取保证措施，对载流体设置遮栏、护栏等进行隔离，或将载流体布置在人不易接触并有一定安全距离的地方。

④ 经济性。在保证上述要求的前提下，布置中应尽量节省器材和占地面积及工程量，以降低造价。

55. 电力线路如何连接？

答：电力线路的连接如图2-24所示。高、低压电力线路公用一根电线杆时，其中高压电力线路在上边(3根高压线)，低压电力线路在下边(5根线,3根电源线,1根保护线,1根接地线)。经横担上的高、低压绝缘子连接输送。

图2-24　电力线路的连接图

56. 什么是接户线？

答：从架空线路电杆到建筑物电源入口的一段架空线路称为接户线，如图2-25所示。若要求设计美观，可以用电缆架空引入线，也可以采用电缆沟进线方式。

接户线的长度一般不大于25m。必须采用绝缘导线。接户线横担距室外地平高度不低于2.7m。导线跨越通汽车街道时，距地面高度不低于6m；导线跨越人行小巷时，距地面高度不低于3m。如果建筑物太低矮，接户线的支持绝缘子应用角钢支起。

接户线应使用耐压500V以上的绝缘导线，一般不得有接头。接户线导线的横截面积应根据用电设备负荷的大小而定，在负荷电流不超过导线安全载流量的情况下，其导线的最小横截面积为：0~10m时，铜线为2~5mm^2，铝线为4mm^2；10~25m时，铜线为4mm^2，铝线为6mm^2，并应该满足用电设备的负荷电流不超过导线额定安全载流接户线与建筑物的有关部分距离。如接户线与窗户的距离不得小于0.3m，与上方阳台的垂直距离不得小于0.8m，水平距离不得小于0.75m，与墙及构架的距离不得小于0.05m。

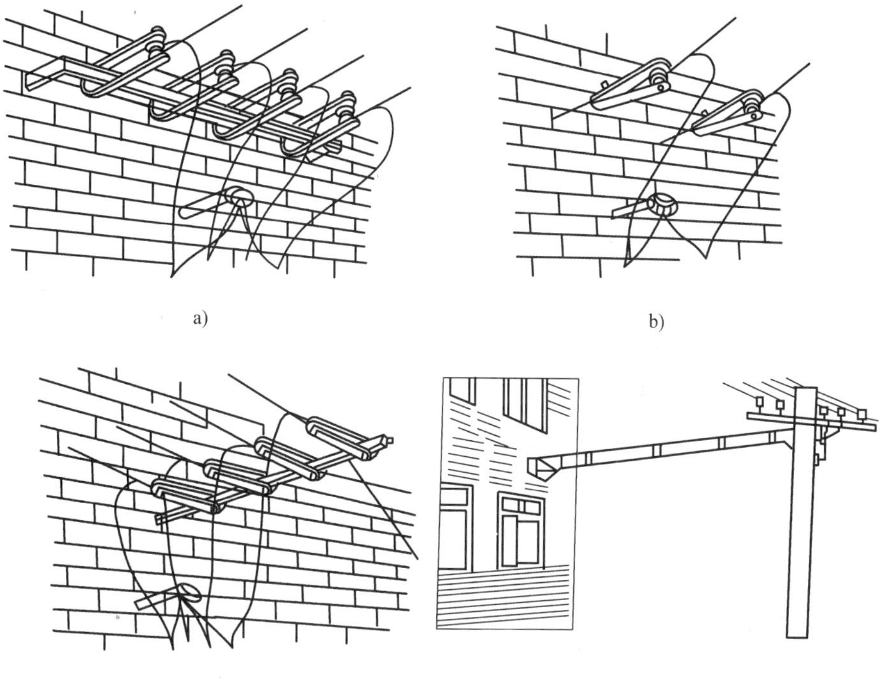

a)　b)　c)　d)

图 2-25　接户线引入方法

a）三相接户线垂直墙体　b）单相接户线垂直墙体　c）三相接户线平行墙体　d）电缆架空接户线

57. 怎样引入高压 10kV 架空线路？

答：高压 10kV 架空引入线穿墙的做法如图 2-26 所示。高压线经穿墙套管引入，固定在绝缘子上，出线与电力变压器高压侧相连。

58. 导线在绝缘子上怎样接线？

答：导线在绝缘子上的连接方法如图 2-27 所示。

图 2-27a 中，将绑线与电源线交叉连接后，缠绕固定在绝缘子上。图 2-27b 中，绑线平绕后，将电源线固定在绝缘子上。图 2-27c 中，将绑线与电源线缠绕后，最后固定在绝缘子上。

59. 高压电器供电的要求有哪些？

答：对工业、企业来讲，变(配)电室是全厂的供电心脏。因此，变(配)电所是全厂产品产量指标的保证。对高压供电要求如下：

① 所有高压开关分合闸动作，必须灵活、可靠，其位置标志牌必须正确。

② 高压隔离开关与高压油断路器的联锁必须可靠。

③ 高压油断路器、电压互感器，不得有漏油、渗油现象，油位应正常。

④ 所有高压电气设备在运行时，除个别电压互感器有轻微“嗡嗡”声外，其他高压电气设备均不应有响声，特别是放电声。

⑤ 高压停电回路，长期不用或有人作业，一定悬挂“有人作业，禁止合闸”的警告牌。

⑥ 高压开关柜底下地沟，应保持干净、干燥，不得有积水现象。

⑦ 高压系统模拟板上的各路开关分合闸表示位置，必须与实际情况符合。

⑧ 雨季之前，对进出线电缆保护管的管口密封情况，进行检查。防止雨水漏入、渗入室内高压地沟里。如果发现地沟有积水，要及时排水。

(单位:mm)

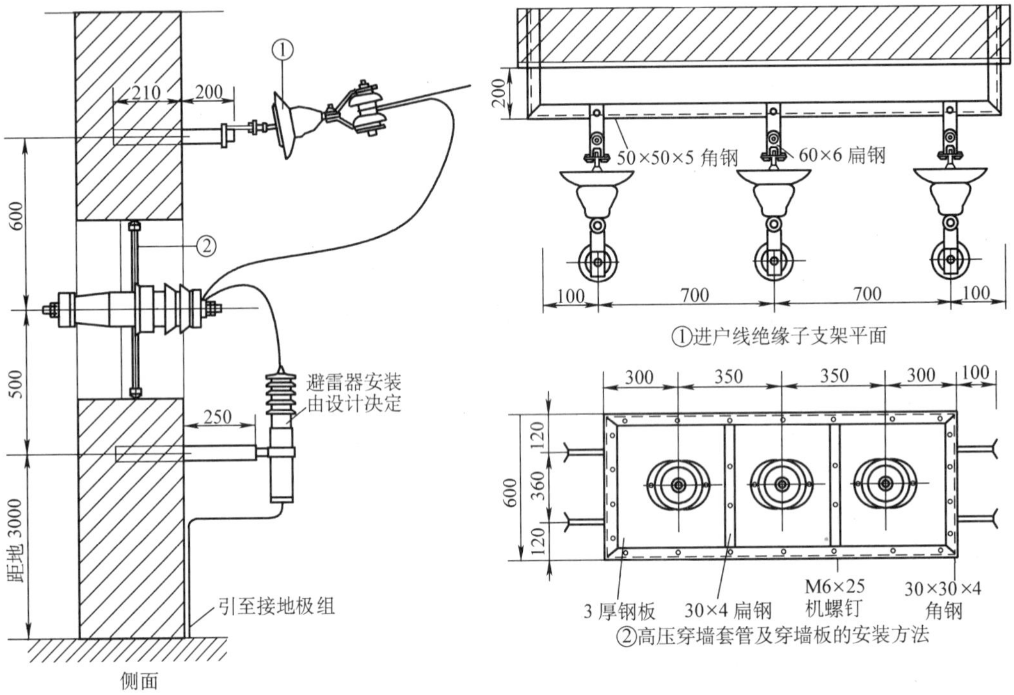

图2-26　高压10kV架空引入线穿墙的做法

(单位:mm)

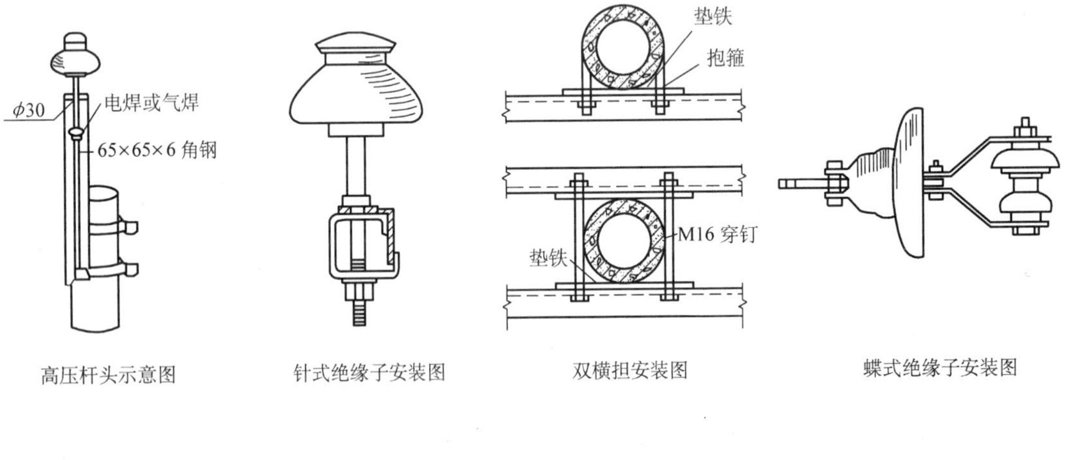

高压杆头示意图　　针式绝缘子安装图　　双横担安装图　　蝶式绝缘子安装图

图2-27　导线在绝缘子上的连接

⑨ 为了测量监视准确和继电器保护可靠，对高压开关柜上各种显示仪表、继电保护装置，要定期进行校验、整定。

⑩ 由高压电缆头或高压穿墙套管到变压器高压侧一段导线，一般是用铝母线。此种做法有缺点：一是铝母线裸露带电，当变压器容量很小时，高压母线距地很低，万一值班人员偶而绕过高压侧，头容易碰触到铝母线，很不安全；二是检查变压器吊心时，铝母线碍事。安全措施是此段母线用绝缘导线，外边再套 2~3 层软塑料管，则安全、美观、方便、经济。

60. 高压配电柜有哪些常用型号？怎样安装？

答： 高压开关柜的型号有：固定式 GG-1A、GG-10、GG-11、GG-15 等系列；推拉手车式如 KYN1-10 型等，如图 2-28 所示。

图 2-28　高压配电室

高压开关柜母线桥的安装方法如图 2-29 所示。

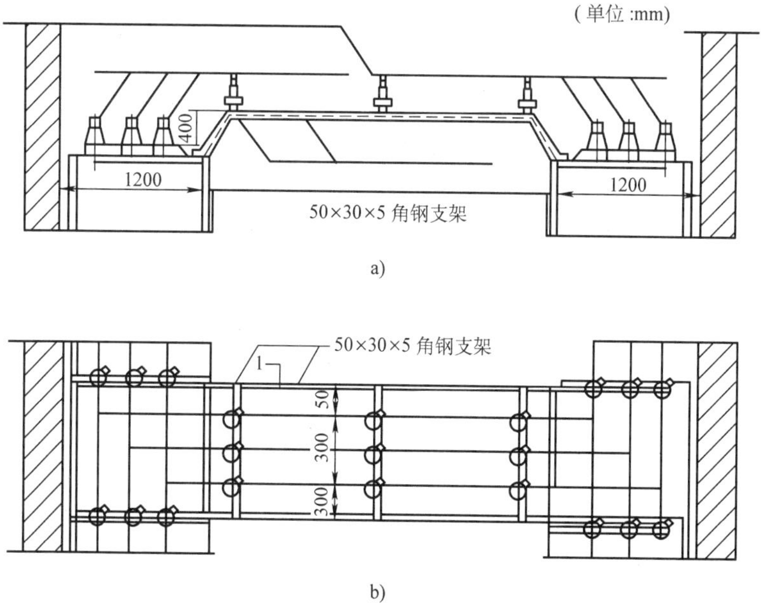

图 2-29　高压开关柜母线桥的安装图
a）立面　b）平面

61. 对低压配电室的要求是什么?

答: ① 选择低压配电装置时，除应满足所在网络的标称电压、频率及所在回路的计算电流外，尚应满足短路条件下的动、热稳定。对于要求断开短路电流的通、断保护电器，应能满足短路条件下的通断能力。

② 配电装置的布置，应考虑设备的操作、搬运、检修和试验的方便。屋内配电装置裸露且带电部分的上方不应有明敷的照明或动力线路跨越(顶部具有符合 IP4X 防护等级外壳的配电装置可例外)。

③ 成排布置的配电屏，长度超过 6m 时，配电屏后面的通道应有两个通向本室或其他房间的出口，分布在通道的两端。当两出口之间的距离超过 15m 时，其间还要增加出口。其配电屏前屏后的通道宽度，不能小于表 2-6 中给出的数值。

④ 低压配电室通道上方裸露带电体不应低于下列数值。

a. 配电屏前通道内者为 2.5m，加护网后其高度可降低，但护网最低高度为 2.2m。

b. 配电屏后通道内者为 2.3m，否则应加护网，护网的高度不应低于 1.9m。

表 2-6　低压配电屏前后的通道宽度　　(单位:m)

装置种类	单排布置		双排对面		双排背对背		多排同向布置	
	屏前	屏后	屏前	屏后	屏前	屏后	屏前	屏后
固定式	1.5 1.3	1.0 0.8	2.0	1.0 0.8	1.5 1.3	1.5	2.0	
抽屉式 手车式	1.8 1.6	0.9 0.8	2.3 2.0	0.9 0.8	1.8	1.5	2.3 2.0	
控制屏(柜)	1.5	0.8	2.0	0.8			2.0	靠墙

62. 低压配电柜有哪些型号?

答: 低压配电柜的型号有 BSL、BDL、PGL 型，抽屉式 BFC 型等。用户可根据需要选用，如图 2-30 所示。

图 2-30　低压配电柜

低压母线穿墙做法如图 2-31 所示。

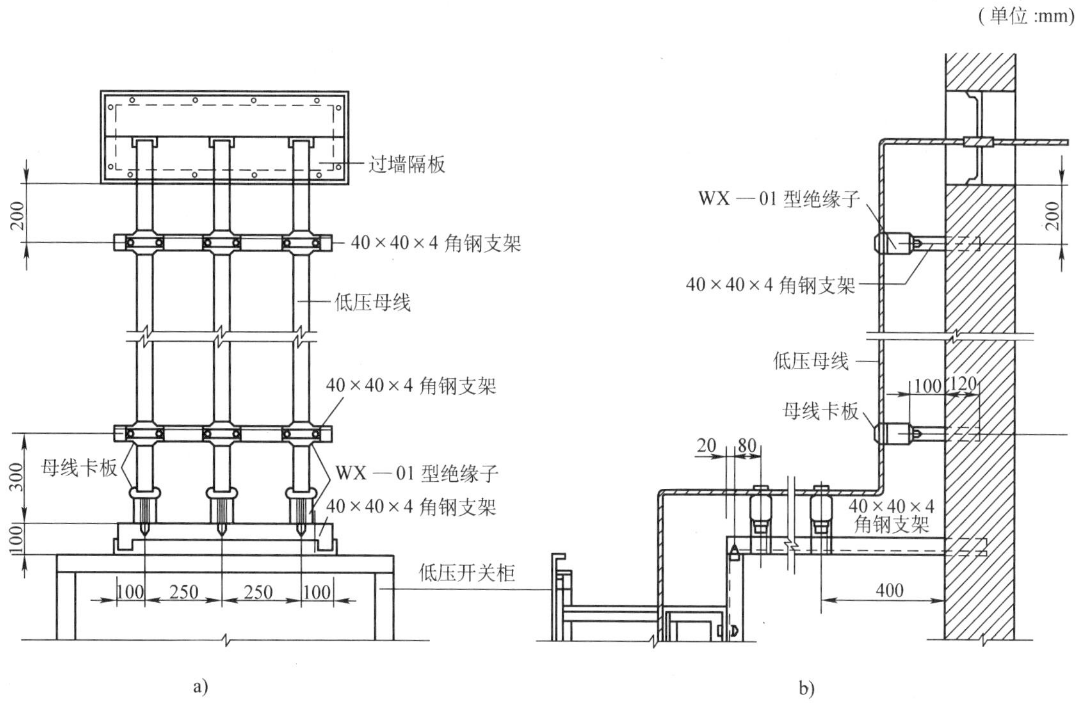

图 2-31　低压母线穿墙做法图
a）立面　b）侧面

63. 什么叫作低压电路?

答：低压电路是指从配电间或小型发电站将电能输送到用电设备上的电路。它包括架设在屋外的电路即低压架空电路，和敷设在屋内的低压电路。在布线时要因地制宜地推广四合一环形供电。四合一环形供电就是按区域实行工厂之间用电合一；工厂内部动力与照明用电合一；工业用电与居民用电合一；工厂电网与公用电网合一。实现集中统一供电的新体系，实行多源供电，消除了设备重叠，电路迂回，近电远送等现象，提高了供电质量，使供电更加适应战备和工农业发展的需要。低压架空电路一般是指 500V 以下的相电压为 220V、线电压为 380V 的电路。低压电路主要由导线、电杆、横担、绝缘子、金属材料和拉线等组成，如图 2-32 所示。

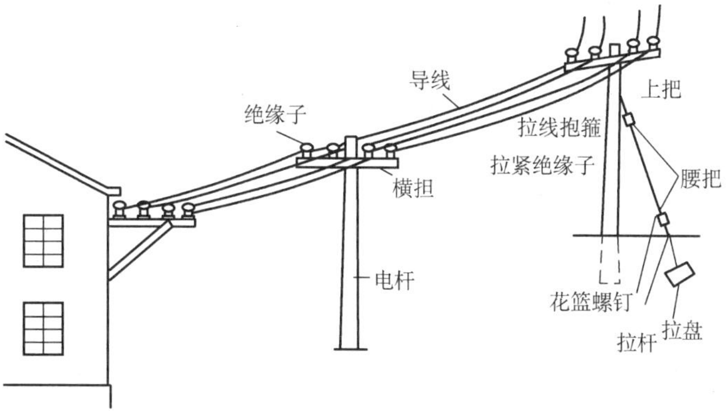

图 2-32　低压架空电路

传送电能的架空导线经常承受外力作用，它必须具有足够的机械强度和良好的导电性。由于导线具有一定的电阻，在电路中就有电压损失，因此电路上各点的电压并不相同。用电设备的额定电压并非是电路的起点电压，起点电压往往略高于终点电压。

64. 低压电路内线安装连接的方法有哪些？

答：根据铜心导线股数的不同，有以下几种连接方法：

(1) 单股导线的连接方法(见图2-33)

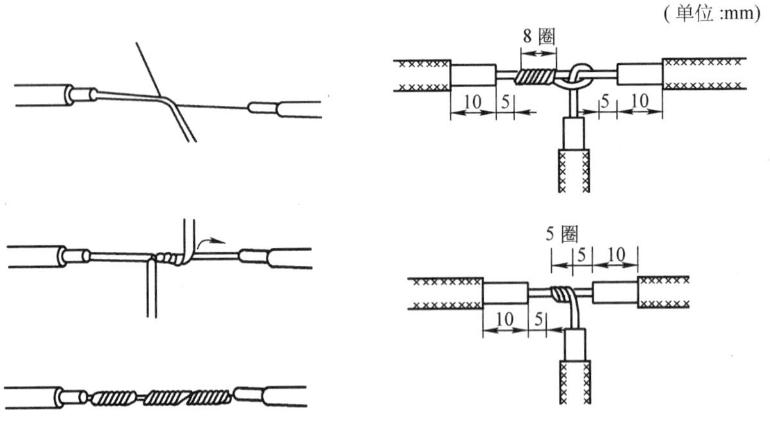

a)　　b)

图2-33　单股导线的连接

a）直接连接　b）T字形连接

(2) 多股铜芯导线的连接(见图2-34)

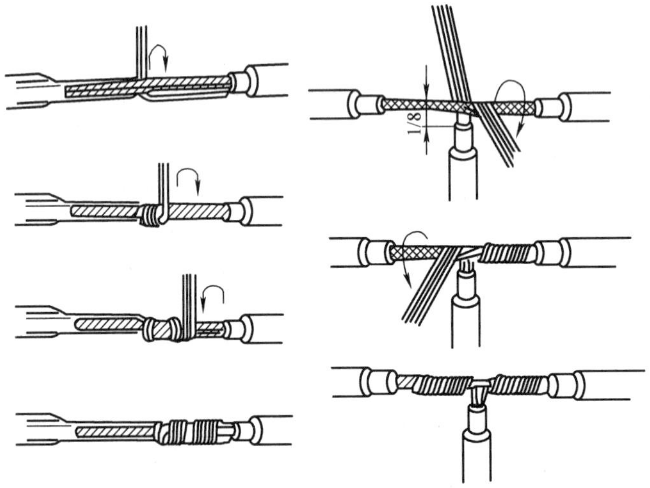

a)　　b)

图2-34　多股铜芯导线的连接

a）直线连接　b）T字形连接

(3) 焊接连接法

① 横截面积为10mm² 及以下的铜芯导线接头，可用30~150W的电烙铁进行锡焊。锡焊前，在铜芯导线表面涂一层无酸焊锡膏，待电烙铁烧热后即可锡焊。

② 横截面积为16mm² 及以上的铜芯导线采用浇焊法，首先在化锡锅内用喷灯加热锡，达到一定温度后，锡表面呈磷黄色，然后将导线接头放在化锡锅上方，用勺盛熔锡浇接头处，如图2-35所示。刚开始浇时，接头温度低，锡在接头上流动性差，继续浇下去，使接头温度升高。直至全部焊牢，擦除焊渣，使

接头表面光滑。

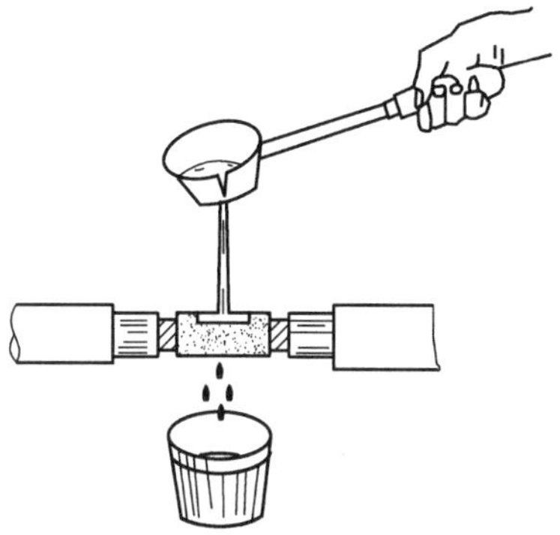

图 2-35　铜芯导线接头浇焊法

(4) 铝-铝相接(铝线与铝线的连接)

由于铝的表面极易氧化，而氧化铝薄膜的电阻率又很高，所以铝芯导线主要采用压接管压接和沟线夹螺栓压接。

铝芯线的连接。铝金属材料易氧化，且铝氧化膜的电阻率大，铝导线不宜采用铜导线的连接方法。单股铝芯线一般采用螺钉压接法连接，如图 2-36所示。

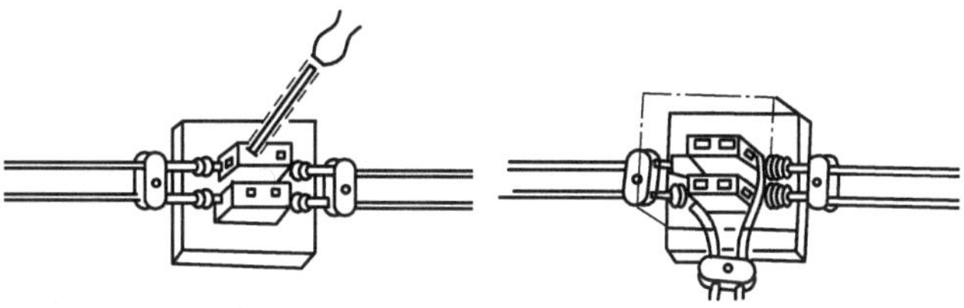

图 2-36　单股铝芯线螺钉压接法连接

多股铝芯线常采用压接管压接法连接，如图 2-37 所示。

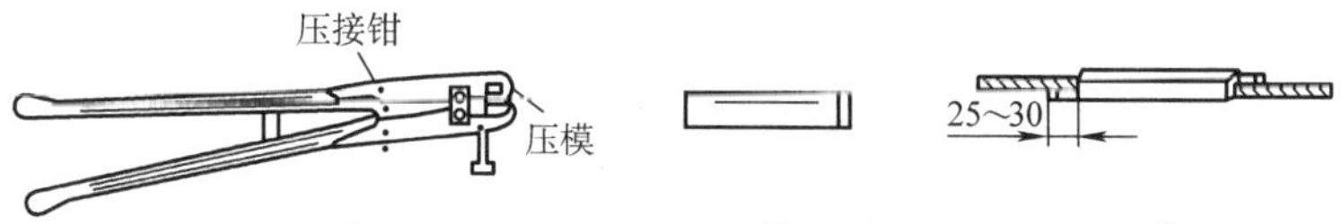

图 2-37　多股铝芯线常采用压接管压接法连接

(5) 铜-铝(铜线与铝线的连接)

铜、铝导线连接时，由于材料不同，不可忽视电化腐蚀问题。如果简单地用绞接或绑接方法使二者直接连接，则铜、铝间的电化腐蚀会引起接触电阻增大而造成接头过热。实践表明铜铝相接时，最好的办法采用压接和焊接的方法，即用一个管子压接的办法，或者用焊接的方法进行，如图 2-38 所示。

65. 在供电线路中，为什么用电容补偿?

答: 为了提高变压器的利用率，提高功率因数，采用电容补偿，如图 2-39 所示。

低压开关柜在工矿企业的电力线路中，有大量的感性负载存在，这种感性负载使功率因数降低。

在交流电路中，纯电阻负载中的电流与电压同相位；纯电感负载中的电流滞后于电压 90°；而纯电容负载中的电流超前于电压 90°。

可见，电容中的电流与电感中的电流相差 180°，它们能够相互抵消。电力系统中的负载绝大部分是电感性和电阻性的。因此，总电流将滞后于电压一个角度，如果仍将电容器与负载并联，则电容器中的电流

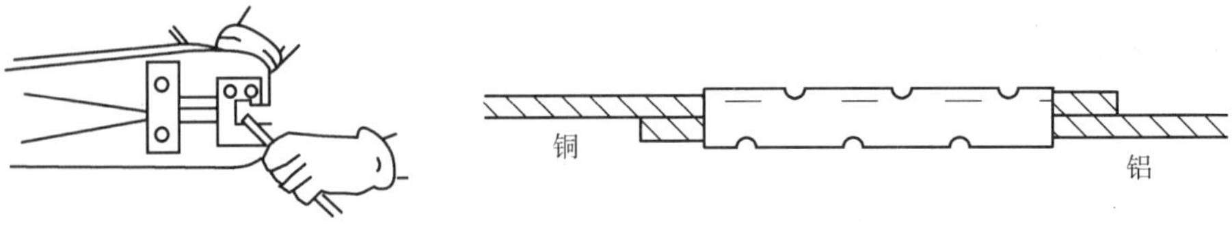

a)　b)

图2-38　铜-铝压接与焊接
a）压接　b）焊接

图2-39　电容器补偿柜

将抵消电感中的一部分电流，从而使电感电流减小，总电流也随着减小，而功率因数将提高。

66. 电容补偿的工作条件是什么?

答: 海拔高度不超过1000m；周围空气温度不低于 −20℃，不高于40℃；相对湿度不超过85%；没有引起火灾，爆炸危险，严重污秽，化学腐蚀的环境；垂直倾斜度不超过5°，没有剧烈震动颠簸的场所。

67. 电容补偿有哪些技术数据?

答: 电容补偿的技术数据如下：

① 工作电压：380×(1±10%)V。

② 输出容量：电容器组成若干组，可自动投入和切除，也可以手动投入和切除，其容量的组成情况有以下4种，可供用户根据需要选择。

a. 3台并列使用，10个电容器分成一路，10路控制，总容量为360kvar。

(台指一台机器,完整的;个指机器上的某一零件、部件;路指这种台有多少路分布。)

b. 2台并列使用，电容器分8组，8路控制，总容量为252kvar(264kvar)。

c. 1台使用，电容器分8组，8路或总容量为108kvar(120kvar)。

d. 若总容量不能满足用户的需要，可组成4台以上并列使用，以增加总容量。

68. 补偿电容量怎样计算?

答: 补偿电容量原则上是在最大感性负载时，使功率因数为1时的电容补偿量，一般情况下是根据改进前后的功率因数来确定所需电容的补偿量。

已知有功功率为P补偿前的功率因数为$\cos\varphi_1$，需要把功率因数提高到$\cos\varphi_2$，所需电容器的容量Q可按下列公式计算：

$$Q=P\left(\sqrt{\frac{1}{\cos^2\varphi_1}-1}-\sqrt{\frac{1}{\cos^2\varphi_2}-1}\right)(\text{kvar}) \tag{2-4}$$

或 $Q=P(\tan\varphi_1-\tan\varphi_2)(\text{kvar})$

$(\tan\varphi_1-\tan\varphi_2)$值，即每千瓦负荷所需补偿用电容量的千乏数，为了便于计算，将$(\tan\varphi_1-\tan\varphi_2)$

常用值列入附表，按照补偿前功率因数和补偿后的功率因数之值，由附表中查出。

如 $\cos\varphi_1=0.6$，$\cos\varphi_2=0.9$ 查核算表得每千瓦负荷所需补偿电容量为0.85kvar，若有功功率 $P=200\text{kW}$，则所需补偿电容器的总容量为

$$Q=P(\tan\varphi_1-\tan\varphi_2)$$
$$=200\times0.85\text{kvar}=170\text{kvar}$$

69. 高(低)压变配电室的形式有哪些？如何布局？

答：同一房间内布置高(低)压配电装置时，当高压开关柜或低压配电屏顶面有裸露导体时，两者之间的净距不应小于2m；当高压开关柜和低压配电屏的顶部和侧面的外壳防护等级符合IP2X级时，两者可以靠近布置。

有人值班的变配电室，应设单独的值班室(可兼作控制室)。当有低压配电装置室时，值班室可与低压配电装置室合并，此时在值班人员经常工作的一端，低压配电装置到墙的距离不应小于3m。高压配电装置室与值班室应直通或经过走廊相通，值班室应有门直接通向走廊。独立变电所宜单层布置，当采用双层布置时，变压器应设在底层。设于二层的配电装置应有吊运设备的吊装孔或吊装平台。

高(低)压配电装置室内宜留有适当数量的开关柜(屏)的备用位置。油浸变压器和充油电器的布置，应考虑在带电时对地的油位、油温等观察是否方便和安全，是否易于抽取油样。由同一配电所供给二级负荷用电时，母线分段处应有防火隔板或隔墙。供给一级负荷用的两路电缆不应通过同一电缆沟，当无法分开时，该两路电缆应采用绝缘和护套均为非延燃性材料的电缆，且应分别置于电缆沟两侧支架上。

配电室供给一级负荷用电时，母线分段处应有防火隔板或隔墙。供给一级负荷用的两路电缆不应通过同一电缆沟，当无法分开时，该两路电缆应采用绝缘和护套均为非延燃性材料的电缆，且应分别置于电缆沟两侧支架上。

配电装置室内各种通道的最小宽度(净距)见表2-7。

表2-7　配电装置室内各种通道的最小宽度　　　　(单位:mm)

通道种类 / 布置方式	维护通道	操作通道	
		固定式	手车式
设备单列布置	800	1500	单车长+1200
设备双列布置	1000	2000	双车长+900

70. 变配电室的电气主接线有几种？

答：从总配电室放射式向本部门的分配电室供电时，如图2-40所示。该分配电室的电源进线开关宜采用隔离开关QS或手车式隔离触头组。变配电所6~10kV非专用电源线的进线侧，应装带负荷操作的开关设备。变配电室的高压和低压母线，宜采用单母线或分段单母线接线。

6~10kV母线分段处，宜装设断路器，但属于下列情况之一时，可装设隔离开关或负荷开关或隔离触头组。

① 事故时手动切换电源能满足要求。

② 不需要带负荷操作。

③ 对继电保护或自动装置无要求。

④ 出线回路较少。

变配电室变压器电源侧开关的装设，如果以树干式供电时，如图2-41所示，应装设带保护的开关设备。以放射式供电，宜装设隔离开关或负荷开关。当变压器在高压配电室贴邻时可不装设开关。

当低压母联断路器采用自投方式，应符合下列要求。

应装设“自投自复”、“自投手复”、“自投停用”三种状态的位置选择开关。低压母联断路器自投延时0~1s。当低压侧主断路故障分闸时，不允许自动接通母联断路器。低压侧主断路器与母联断路器应有

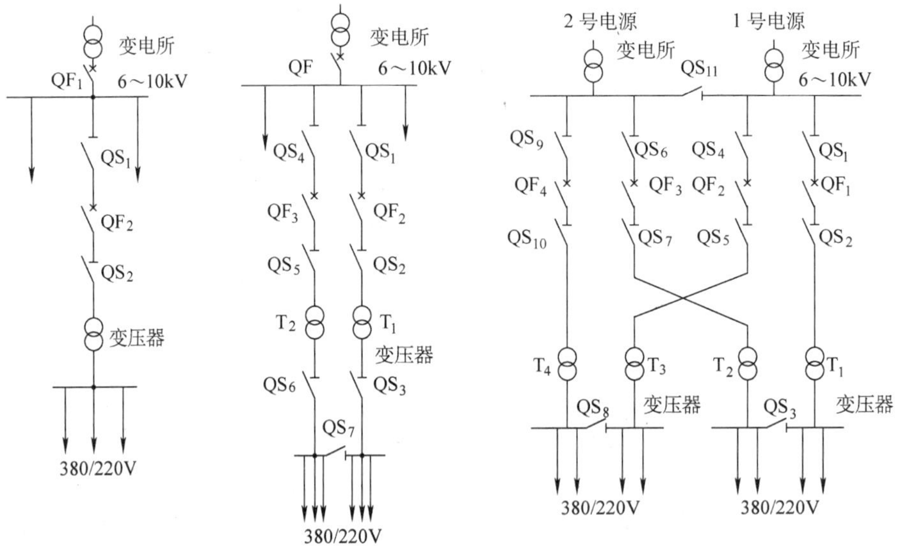

a) b) c)

图 2-40 放射式接线系统

a）单回路树干式 b）单电源双回路放射式 c）双电源双回路放射式

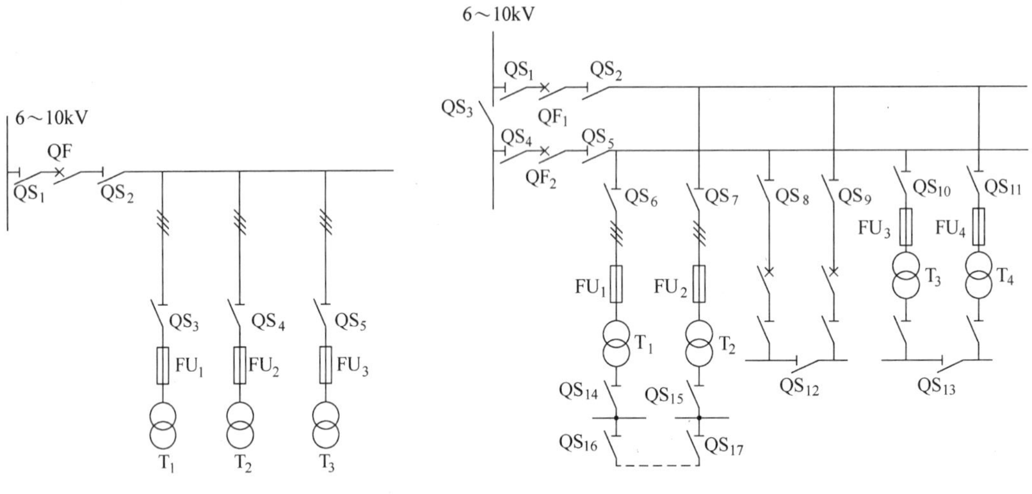

a) b)

图 2-41 树干式接线系统图

a）单回路树干式 b）双回路树干式

电气联锁，不得并网运行。

应急电源(如柴油发电机组)接入变配电室低压配电系统时，与外网电源间应设置联锁，不得并网运行。避免与外网电源计费混淆。在接线上要有一定的灵活性，以保证在非事故情况下能给部分重要负荷供电。常用的某配电室工程平面图如图 2-42 所示。

71. 配电值班室的门为什么向外开?

答: 为了突发事件发生时，如防火、爆炸等，值班人员便于逃出值班室。

72. 负荷分为几个等级？每个等级包括哪些内容？

答： 根据事故停电在经济上造成损失的大小或影响程度，负荷可分为以下三个等级。

① 一级负荷指突然停电有造成人身伤亡的危险，或重要设备损坏且难以修复，或者在经济上造成重大损失的负荷。

② 二级负荷指突然停电将产生大量废品，大量减产，损坏生产设备，在经济上造成较大损失的负荷。

③ 三级负荷指突然停电损失不大的负荷，包括不属于一级和二级负荷范围的用电负荷。

各级用电负荷的供电方式，一般根据当地供电条件，按下述原则确定。

① 一级负荷应由两个独立电源供电。有特殊要求的一级负荷，两个独立电源应来自不同的地点。

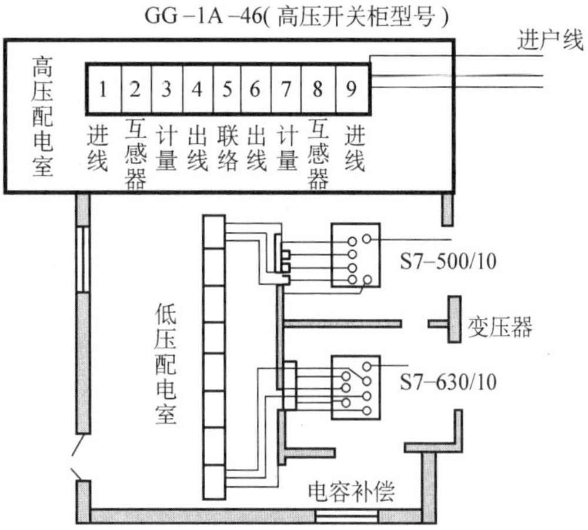

图 2-42　配电室供电平面图

② 二级负荷一般由双回线路供电。当建立双回线路有困难时，允许由单回专用线路供电。重要的二级负荷，其双回电源线路应引自不同的变压器或母线段。

③ 三级负荷对供电电源一般无严格要求，有无备用电源都可，随当地供电情况而定。

所谓独立电源，是指若干电源中，任一电源发生故障或停止供电，都不影响其他电源连续供电。母线分段之间无联系，或虽然有联系，但当其中一段母线发生故障时，能自动将其联系断开，不影响另一段母线继续供电的电源，也属于独立电源。

73. 在低压供电系统中为什么采用 TN-S 供电方式？

答： 把工作零线 N 和专用保护线 PE 严格分开的供电方式，称为 TN-S 供电系统。它广泛应用于工矿企业及建筑工程中。

这种供电系统正常运行时，专用保护线上没有电流，只是工作零线上有不平衡电流。PE 线对地没有电压，所有电气设备的金属外壳接零保护接在保护线 PE 上，安全可靠，如图 2-43所示。

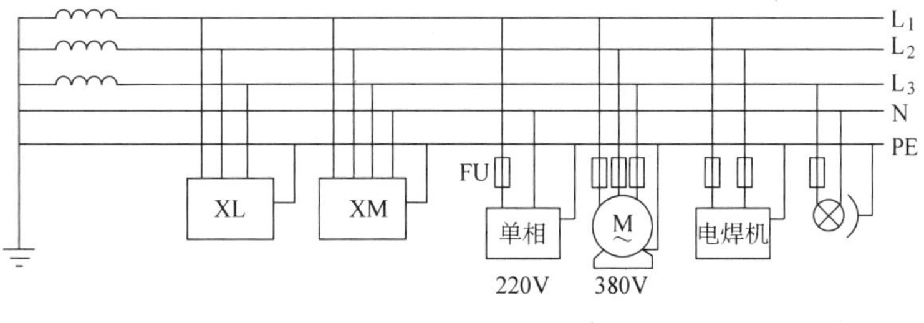

图 2-43　TN-S 供电系统

在使用过程中，专用保护线 PE 不允许断线，工作零线只用做单相照明负载回路。当有漏电保护装置时，工作零线不能重复接地，而保护线可重复接地。

1. 什么是动力用电设备?

答: 凡是用动力驱动的用电设备均称为动力用电设备，如各种机床、轧钢设备、各种自动生产线等。它们普遍应用各种电动机作为动力源，拖动设备运行。

2. 什么是电动机? 电动机是怎样分类的?

答: 电动机是将电能转换为机械能的动力设备。电动机可分为交流电动机和直流电动机两大类。交流电动机又分为异步电动机(或称感应电动机)和同步电动机。其中异步电动机又有单相电动机和三相电动机之分。直流电动机按照励磁方式的不同分为他励、并励、串励和复励4种。还有伺服电动机、线绕电动机、整流子电动机等。

在工农业生产上主要用的是交流电动机和直流电动机，单相电动机普遍用于家用电器，三相电动机用380V供电，它被广泛使用。

3. 三相异步电动机由哪些部分组成?

答: 三相异步电动机主要由定子、转子、端盖及其他附件组成，其结构如图3-1所示。

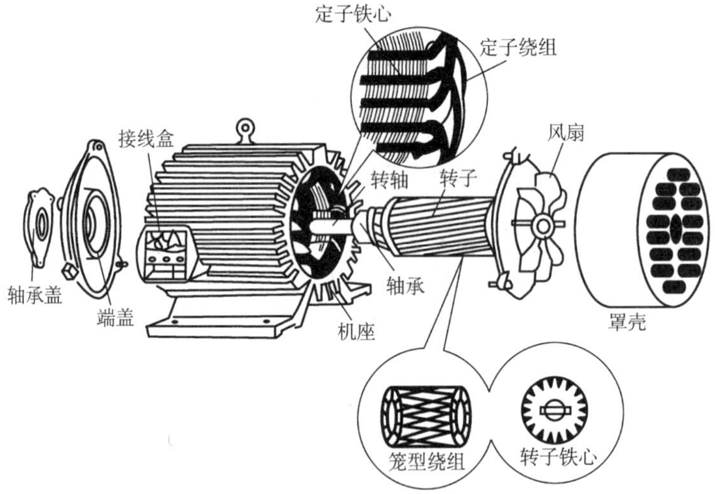

图3-1 三相异步电动机的结构组成

定子主要由定子铁心、定子绕组和机座组成。定子铁心是电动机磁路的部分，主要用于导磁，要求用导磁性好而涡流损耗小的铁磁材料制成，一般用0.5mm厚的硅钢片叠压而成。它的内圆上冲有均匀分布的槽口，片间相互绝缘以减少电流损耗，槽内是嵌放三相定子绕组的。定子绕组会产生旋转磁场。定子绕组多用高强度漆包线或外层包有绝缘的铜或铝导线绕制而成。

转子是电动机的转动部分，它在定子绕组旋转磁场的作用下获得一定转矩而旋转，从而带动机械负载工作。它由转子铁心、转子绕组和转轴组成。

转子铁心也是电动机磁路的组成部分，它与定子铁心有一定的间隙(称空气隙)。转子铁心和定子铁心一样，也是由厚度为0.5mm的硅钢片在外圆上冲槽，并灌片间涂以绝缘漆经过叠压而成，槽内嵌置转子绕组。

转子绕组按结构形式不同分为笼式和绕线式两种。笼式转子绕组是用铜条嵌入转子槽内，并在两端用铜短接起来，像笼子的形状，故称为笼型异步电动机。中小容量的笼型异步电动机多采用铸铝转子，较大容量的电动机用双笼或深槽式转子。绕线式转子绕组和定子绕组相似，是用高强度漆包线按一定规律接成三相绕组，一般连成星形。

转轴的作用是支撑转子铁心和承受较大的转矩，它一般用中碳钢制成。

端盖一般是铸铁件，用螺钉固定在机座上，起支撑转子和防护作用。轴承装在端盖中间的轴承室内，用轴承盖固定轴承，以防止润滑油外流和灰尘进入轴承内。

机座是电动机的外壳和支架，其作用是固定端盖和支撑定子铁心。中、小电机的机座一般采用铸铁制成，小机座也有用铝合金制成的，大型电动机则用钢板焊接而成。

接线盒固定在机座上，接线盒内装有接线板，板上有接线柱，用于连接定子绕组引出线和电源引入线。三相异步电动机的三相绕组，可通过连接片改变接线柱间的连接关系，即可实现三角形(△)联结或星形(Y)联结。

4. 三相异步电动机为什么叫“异步”？

答：电动机转子转动的方向与磁场旋转的方向相同，但转子的转速 n 不可能达到旋转磁场的转速 n_1 的值，即 $n<n_1$。因为，如果 $n=n_1$，则转子与旋转磁场之间就没有相对运动，因而磁通就不切割转子绕组，转子电动势、转子电流以及转矩也就都不存在。这样，转子就不可能继续以 n_1 的转速转动。因此，转子转速与磁场转速之间必须要有差别。这就是异步电动机名称的由来。而旋转磁场的转速 n_1 常称为同步转速。

转子转速与磁场转速的差异是电动机能够运转的主要原因，异步电动机的异步也就是由此而产生的。

5. 三相异步电动机的工作原理是什么？

答：如图3-2所示为三相异步电动机的工作原理示意图。当转动马蹄形磁铁时，它的磁力线会切割笼型导体，在导体中产生感应电动势，其电动势的方向可根据右手定则来确定(笼型上半部导体的电动势的方向朝里，用符号⊙表示；下半部导体的电动势方向朝外，用符号⊕表示)。由于笼型导体是短路的，因此在电动势作用下导体中会有电流通过，其电流方向与电动势方向相同。由于带电导体中的电流在磁场中要受力的作用，可用左手定则来确定力(F)的方向。笼型异步电动机的上半部与下半部所受力的大小相等，而方向相反，因此形成转矩，就是这个转矩使笼型导体顺着磁场的转动方向转动起来，这就是异步电动机的工作原理。

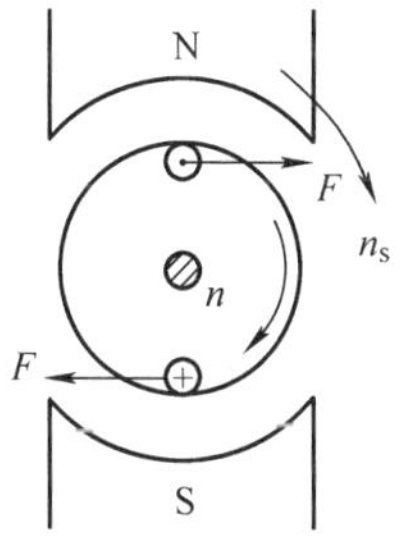

图3-2　三相异步电动机的工作原理

三相异步电动机的定子铁心线槽内嵌有位置相差120°(电角度)的三相绕组。当定子绕组接上三相交流电源时，在电动机空气隙中就会产生一个旋转磁场。这个磁场的转速称为同步转速，它由电源频率 f 及定子绕组的极对数 P 来决定，即 $n_0=60f/p$。

6. 交流电动机有哪些型号？

答：传统用的交流电动机有J02系列，新型电动机为Y系列，Y系列电动机是节能电动机。Y系列电动机常见型号包括Y801—2、Y90S—2、Y90L—2、Y100L—2、Y112M—2等几十种型号。

7. Y系列节能电动机有哪些参数？

答：常用的型号参数见表3-1。

表3-1　部分Y型电动机参数表

型　　号	额定功率/kW	转速/(r/min)	电流/A	效率(%)	功率因数/$\cos\phi$	转动惯量/($kg\cdot m^2$)	重量/kg
Y801—2	0.75	2830	1.81	75	0.84	0.00675	16
Y90S—2	1.5	2840	3.44	78	0.85	0.0012	22
Y100L—2	3.0	2870	6.39	82	0.86	0.0014	25

（续）

型　号	额定功率/kW	转速/(r/min)	电流/A	效率(%)	功率因数/ $\cos\phi$	转动惯量/ $(kg \cdot m^2)$	重量/kg
Y112M—2	4.0	2890	8.17	85.5	0.87	0.0126	45
Y132S2—2	5.5	2900	15.0	86.2	0.88	0.0449	70
Y160M1—2	11	2930	21.8	87.2	0.88	0.0377	117
Y180M—2	22	2940	42.2	89	0.89	0.075	180
Y200L1—2	20	2950	96.9	90	0.89	0.124	240
Y225M—2	45	2970	83.9	91.5	0.89	0.233	309
Y250M—2	55	2970	103	91.5	0.89	0.312	403
Y280M—2	90	2970	167	92	0.89	0.675	620

8. 什么是电动机的转差率?

答：从异步电动机的工作原理可知，转子转动的基本条件是定子旋转磁场必须切割转子绕组，从而使转子绕组获得电磁转矩而旋转。如果转子的旋转速度等于旋转磁场的同步转速，即转子和旋转磁场没有相对运动，则转子绕组的感应电势等于零，因而电磁转矩等于零。电动机就应该停止转动。这就说明异步电动机只有在转子转速小于同步转速时才能转动运行。我们把转子转速 n 和旋转磁场的同步转速 n_1 的差，称为转速差，即 $n_1 - n$。

转差率是转速差与同步转速之比的百分数，即

$$S = \frac{n_1 - n}{n_1} \times 100\% \tag{3-1}$$

式中　S——转差率；

n——转子转速；

n_1——旋转磁场的同步转速。

常用电动机在额定负载时，$S = (1.5\sim6)\%$。

9. 怎样正确选择电动机?

答：(1) 按电压等级选择

电动机电压等级的选择，要根据电动机类型、功率以及使用地点的电源电压来决定。Y 系列笼型异步电动机的额定电压只有 380V 一个等级。只有大功率异步电动机才采用 3000V 和 6000V。

(2) 按环境条件选择

若电动机在构造上无特殊防护装置，则用于干燥无灰尘的场所。若通风非常良好，则选用开启式电动机；若需要在机壳或端盖下面有通风罩，以防止铁屑等杂物掉入，则选用防护式电动机；在灰尘多、潮湿或含有酸性气体的场所，可采用封闭式电动机；有爆炸性气体的场所，如在矿井、化工厂中，采用防爆式电动机。

(3) 按功率选择

电动机容量必须根据所拖动的生产机械需要的功率来决定。一般机械也都注明应配套的电动机容量，有的机械还注明本电动机的机械功率，电动机容量比机械功率大 10% 即可(指直接传动)。

电动机容量选得过小，往往难于起动，或者勉强起动。长期过载运行，工作电流会超过电动机的额定电流，导致电动机过热，缩短电动机的使用寿命，甚至烧毁。反之，如果电动机容量选得过大，会出现大马拉小车而造成资金和电力的浪费，同时，低负载状态下运行，其功率因数和效率也会降低。负载与功率因数见表 3-2。

表3-2　负载与功率因数效率表

负载情况	空　载	1/4负载	1/2负载	3/4负载	满　负　载
功率因数	0.2	0.5	0.77	0.85	0.87
效率	0	0.78	0.85	0.88	0.875

另外，在选择电动机容量时，还要考虑供电变压器容量的大小，一般情况下，直接起动的一台笼型异步电动机的最大容量不宜超过变压器容量的1/3。

（4）按电动机转速选择

电动机的额定转速是根据生产机械的要求而选定的。转速配套的原则是：电动机和生产机械必须都在各自的额定转速下运行。若选用联轴器直接传动，电动机额定转速应等于生产机械的额定转速；若选用传送带传动，其变速比不宜大于3。

但是，通常转速不低于500r/min。因为当功率一定时，电动机的转速越低，则其尺寸越大，价格就越贵，而且效率也较低。因此就不如购买一台高速电动机，再另配减速器合算。

异步电动机通常采用4个极的，即同步转速为1500r/min。

10. 异步电动机有哪些损耗?

答：① 定子铜损是指电流通过定子绕组电阻时产生的功率损耗。一般在大型电动机中，由于扁铜线的集肤效应，增加了有效电阻，定子铜损较大。

② 铁损主要是指定子轭及定子齿的磁滞损耗和涡流损耗。

③ 转子铜损。主要是在电动机起动时，由于集肤效应的影响所致。

④ 机械损耗是由电动机的通风、摩擦等所引起的。加强电动机的检查维护，改善轴承的润滑，都是减小机械损耗的有效办法。

⑤ 附加损耗包括铜中的附加损耗和铁中的附加损耗。铜中的附加损耗除集肤效应引起的以外，还包括由定子磁通的谐波在笼型转子里感应电流所产生的铜损。减少这部分损耗的办法是：定子采用短距绕组；转子采用斜槽形式；齿槽进行适当的配合。铁中的附加损耗是由于气隙中的谐波所引起的，一般电动机中的附加损耗都不大。国家规定附加损耗为输入功率的5%。

11. 什么是异步电动机的效率？它与哪些因素有关?

答：效率是衡量异步电动机损耗大小的一个量。由于异步电动机在运行时有各种损耗存在，它的输出功率恒小于输入功率。我们把输出功率 P_2 与输入功率 P_1 之比的百分数，叫作异步电动机的效率，用字母 η 来表示，即

$$\eta = P_2/P_1 \times 100\% \tag{3-2}$$

式中　η——异步电动机的效率；

P_2——输出功率；

P_1——输入功率。

由此可知，异步电动机的效率越高，则说明其损耗越小。异步电动机的效率与它所带的负载有关，如图3-3所示。

当负载小时，效率很低；负载变大时，效率随之增高。当负载为 $0.75\sim0.8P_1$ 时，效率最高，一般异步电动机的效率均为75%~92%。

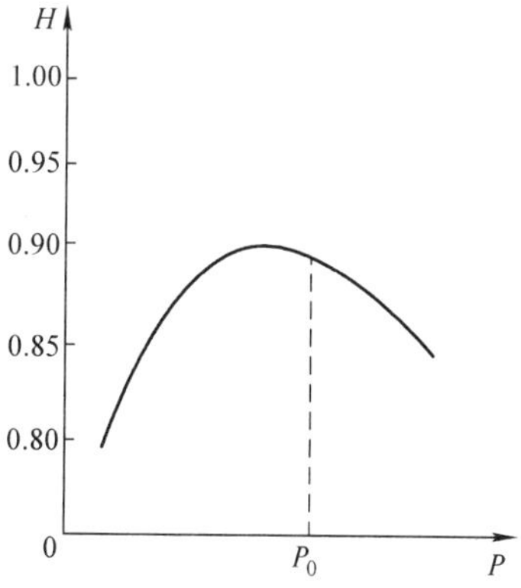

图3-3　异步电动机的效率曲线

12. 什么是电动机的温度和温升?

答：电动机温度是指电动机在运行过程中的实际发热温度，发热温度过高会使绝缘老化、缩短电动机寿命，导致绝缘破坏。为使绝缘不致老化和破坏，对电动机绕组等部分温度进行了一定的限制，这个温度限制就是电动机的允许温度。

电动机各部分温度的高低还与外界条件有关，温升就是电动机温度比周围环境温度高出的数值。温度

和温升的关系为

$$\theta = T_2 - T_1 \tag{3-3}$$

式中 θ——温升；

T_1——实际冷却状态下的绕组温度（环境温度，室温不允许超过40℃）；

T_2——发热状态下的绕组温度。

13. 电动机的极限允许温升是多少？

答：电动机各部分的允许温升见表3-3。

表3-3 电动机各部分的允许温升 （单位：℃）

部位 \ 绝缘等级	A	E	B	F	H
定子绕组	55	65	70	85	105
转子绕组	55	65	70	85	105
定子铁心	60	75	80	100	125
滑环	60	70	80	90	100
滑动轴承	40	40	40	40	40
滚动轴承	55	55	55	55	55

14. 三相异步电动机发热的原因是什么？

答：① 负载过重。可用钳形电流表检测三相电流是否超出额定电流。

② 定子与转子相碰。

③ 电压过高或过低。

④ 轴承损坏。

⑤ 单相运转。电动机有“嗡嗡”声，断相。

⑥ 接线错误。

⑦ 定子绕组接地，三相电流不平衡。

⑧ 相间或匝间短路。

⑨ 电动机制冷系统损坏。

⑩ 环境温度高。

15. 电动机定子引出线如何与电源连接？

答：三相异步电动机的三相定子绕组有首（始）端和尾（末）端之分，三个首端标以U_1、V_1和W_1，3个尾端标以W_2、U_2、V_2。为△联结时，它的接线端子W_2与U_1相连，U_2与V_1相连，V_2与W_1相连，然后接电源；当为Y联结时，接线端子W_2、U_2、V_2相连接。其余三个接线端子U_1、V_1、W_1接电源，如图3-4所示。如果没有按照首、尾端的标记正确接线，则电动机可能不能起动或不能正常工作。

16. 怎样识别电动机定子绕组的首端和尾端？

答：若由于某种原因使定子绕组六个出线端标记无法辨认，则可以通过实验来判别各绕组对应的首、尾端，其方法如下：

利用万用表也可方便地判断出电动机三相绕组的首端和尾端。首先用万用表电阻档测量出电动机六个接线端中哪两个接线端为同一相。然后，将万用表的直流毫安档拨到最小一档，并将表笔接到三相线圈中某一相的两端，再将干电池正负极接到另一相的两个线端上，如图3-5所示，当开关S闭合瞬间，如果表针向左偏转，则D_2、D_3为同名端。

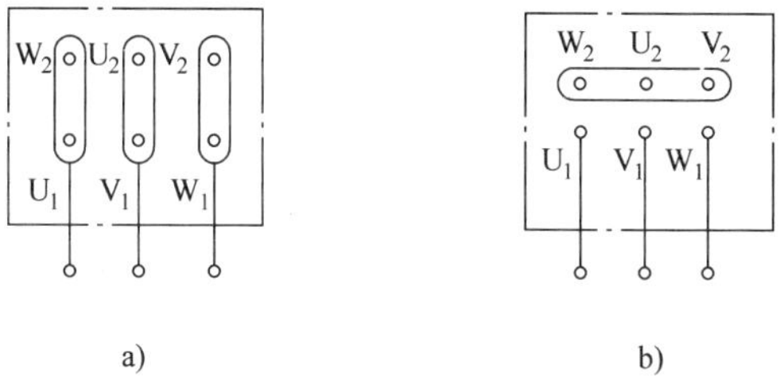

图 3-4　三相绕组的Y-△联结方式

a）△联结　b）Y联结

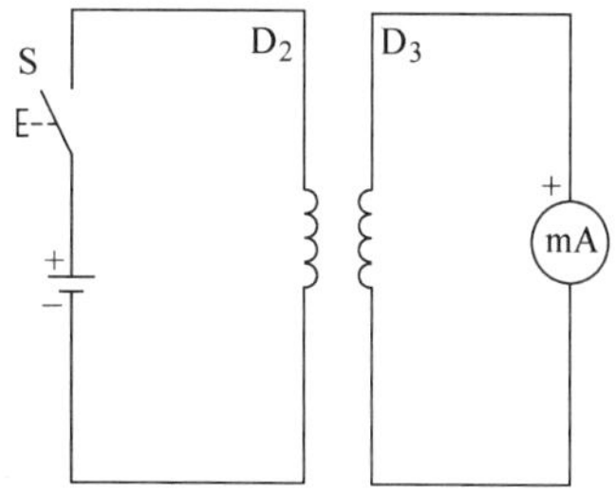

图 3-5　定子绕组识别法

17. 电源电压过高或过低对电动机的起动有哪些影响?

答：电源电压的高低将直接影响电动机的起动性能。当电源电压过高时定子电流剧增，导致定子绕组发热而超过允许范围；当电源电压过低时，定子绕组所产生的旋转磁场减弱。由于电磁转矩与电源电压的平方成正比，所以，电动机的起动转矩不够，造成电动机起动困难，时间过长甚至烧毁电动机。所以规定：电动机只有在电源电压波动范围为 ±10% 的情况下方可长期运行。

18. 电动机定子、转子绕组发生短路，对电动机的起动和运行有哪些影响?

答：电动机定子绕组的短路故障，有相间短路和匝间短路以及接地短路等。如果是局部短路可能发生起动困难，绕组发热等现象，严重时电动机会发生“嗡嗡”声。如果短路十分严重就会损坏绝缘而烧毁电动机。

转子绕组发生短路和定子绕组发生的短路大体相同。

笼型转子的鼠笼断条也会发生短路事故，轻者在空载或轻载的情况下尚能运行，但转速下降。如果断条严重，则会烧毁电动机。

19. 电动机轻载和过负荷会发生什么现象?

答：负载过重一方面会使电动机起动困难，出现小马拉大车的现象；另一方面由于过载运行将使电动机转速下降，温升过高。若时间过长，过载的电动机将从电网吸收大量的有功功率，因此电流也迅速增大，超过电动机允许的额定电流，从而损坏绝缘，烧毁电动机。所以电动机长时间的过负荷是不允许的。当电动机负载过重时，应减轻负载或更换大容量的电动机。

20. 机械部分故障对电动机的起动和运行有什么影响?

答：电动机卡住是机械故障的主要原因，如小容量的电动机，因机械部分不灵活或卡住，使电动机起动困难或有“嗡嗡”声等。中小型电动机因机械部分被其他杂物卡住、轴承损坏、定子和转子相碰、固定螺钉松动等，造成起动困难，甚至无法起动。应根据具体情况重换轴承，排除杂物，校正定子和转子间隙。

21. 电源断相对电动机的起动和运行有什么危害?

答：三相异步电动机电源断一相时，电动机将无法起动。转子左右摆动，有强烈的“嗡嗡”声。若电动机在运行中电源缺一相时，虽然电动机仍能继续转动，但出力将大大降低。

为什么在运行中电源断相，电动机仍能继续转动呢? 这是因为电源虽然由三相变成了单相，定子磁场由三相旋转磁场变成了单相脉动磁场，但这一单相脉动磁场可分成两个互为反向的旋转磁场。其中正向旋转磁场将产生一个正向转矩使电动机转子继续旋转，但这一转矩比原来的电磁转矩降低了许多。反向旋转磁场产生了反向制动转矩，它抵消了一部分正向转矩，使本来就降低了的电磁转矩又降低了许多，故使电动机的出力大为降低，电动机则必须停止运行。

反向旋转磁场同时还会产生附加损耗而使电动机发热，故电动机不允许长时间断相运行，当电动机在运行中发生电源断相时，应由保护装置使电动机退出运行。

22. 怎样选择电动机的熔丝?

答：具体相关参数如下：

U_{RTR}——熔断器额定电压(V)；

I_{RTR}——熔断器额定电流(A)；

U_{RT}——线路额定电压(V)；

I_{RT}——负载额定电流(A)。

① 用于保护单台长期工作的电动机，按下式计算。

$$I_{RTR} \geqslant (1.5 \sim 2.5) I_{RT} \tag{3-4}$$

② 用于频繁起动的电动机，按下式计算。

$$I_{RTR} \geqslant (3.5 \sim 8.5) I_{RT} \tag{3-5}$$

③ 用于保护多台电动机，按下式计算。

$$I_{RTR} \geqslant (1.5 \sim 2.5) I_{RT\max} + \sum I_{RT} \tag{3-6}$$

式中 $I_{RT\max}$——多台电动机中容量最大一台电动机的额定电流(A)；

$\sum I_{RT}$——其余电动机额定电流之和(A)。

④ 熔断器的额定电流：可取4A、6A、10A、15A、20A、25A、35A、60A、100A、125A、160A、200A、225A、260A、300A、350A、430A、500A、600A等。

23. 怎样选择三相异步电动机的功率？

答：(1) 连续运行电动机的选择

对于连续运行的电动机，先算出生产机械的功率，所选电动机的额定功率等于或略大于生产机械的功率即可。如车床的切削功率为

$$P_1 = \frac{Fv}{1000 \times 60} \text{kW} \tag{3-7}$$

式中 F——切削力(N)；

v——切削速度(m/min)；

P_1——切削功率(kW)。

电动机的功率为

$$P = \frac{P_1}{\eta_1} = \frac{Fv}{1000 \times 60 \times \eta_1} \text{kW} \tag{3-8}$$

式中 η_1——传动机构的效率。

根据式(3-8)计算出的功率P，在产品目录上选择一台合适的电动机，其额定功率为

$$P_{\mathrm{N}} \geqslant P$$

如拖动水泵电动机的功率为

$$P = \frac{\rho Q H}{102 \eta_1 \eta_2} \text{kW} \tag{3-9}$$

式中 Q——流量(m^3/s)；

H——扬程，即液体被压送的高度(m)；

ρ——液体密度(kg/m^2)；

η_1——传动机构的效率；

η_2——水泵的效率。

(2) 短时运行电动机功率的选择

通常根据过载系数λ选择短时运行电动机的功率。电动机的额定功率是生产机械所要求的功率的$1/\lambda$。如刀架快速移动对电动机所要求的功率为

$$P_1 = \frac{G \mu v}{102 \times 60 \eta_1} \text{kW} \tag{3-10}$$

式中 G——被移动元件的重量(kg)；

v——移动速度(m/min)；

μ——摩擦系数，通常为 0.1~0.2；

η_1——传动机构的效率，可以是 $1/\lambda$。

故式(3-10)可转化为

$$P=\frac{G\mu v}{102\times60\eta_1\lambda}\text{kW} \tag{3-11}$$

24. 在生产实际中，怎样估算交流电动机的额定电流？

答： 根据实践经验证明估算与理论计算是非常吻合的，即已知功率，则电动机的额定电流(I_N)为

$$I_N=2\text{A/kW}\times\text{电动机的额定功率}$$

如 10kW 的电动机，其额定电流为

$$I_N=2\text{A/kW}\times10\text{kW}=20\text{A}$$

25. 怎样选择电动机的电压和转速？

答： (1) 电压的选择

Y 系列电动机的额定电压为 380V，只有大功率异步电动机才采用 3000V 和 6000V。

(2) 转速的选择

电动机的额定转速是根据生产机械的要求选择的，通常转速不低于 500r/min。异步电动机通常采用 4 个极的，即同步转速 $n_0=1500\text{r/min}$。

26. 怎样安装电动机？

答： 安装电动机是电工常遇到的工作，电动机安装正确与否，不仅关系到电动机能否正常工作，同时关系到安全运行问题。

(1) 电动机的安装基础

电动机底座的基础一般用混凝土浇注，在浇注电动机基础之前，应先挖好基坑，夯实坑底，再用石块或砖块铺平，用水淋透，放好四周模板和地脚螺栓，再进行混凝土浇注。可用铸铁座做基础以及预埋电动机固定地脚螺栓做基础，如图 3-6a、b 所示。

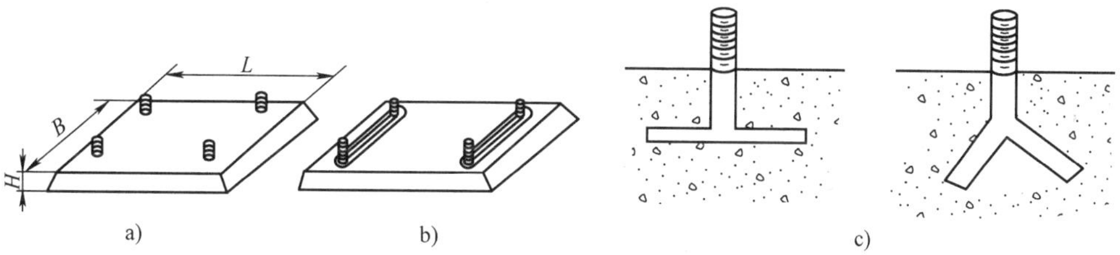

图 3-6　电动机的安装基础

为了保证地脚螺栓埋得牢固，埋入混凝土内的一端，要把螺钉切割成“T”字形或“人”字形，如图 3-6c 所示。埋入长度为螺栓直径的 10 倍以上。“人”字形开口长度约为 100mm。

(2) 电动机的安装

按图 3-6 电动机的安装基础，把电动机底座用螺栓固定在地平面上，然后在地沟里埋设塑料管或钢管，将导线穿管分别与电动机接线盒、电源盒连接，用卡子固定好，用水泥把地沟抹平即可，如图 3-7 所示。

27. 怎样校正与测量电动机？

答： 电动机的水平校正。电动机的基础做好后，首先应检查它的水平情况。可用水平仪对电动机进行纵向和横向校正。如果不平，可在机座下垫上合适厚度的铁片或钢片找平。校正完毕应拧紧固定螺栓。

电动机的校正与测量如图 3-8 所示。

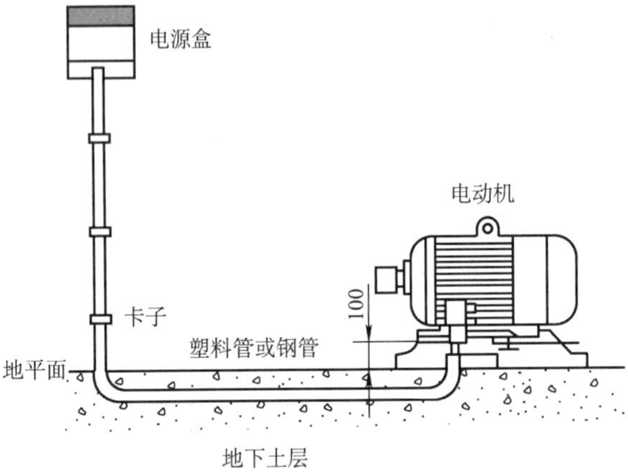

图 3-7 安装好的电动机

电动机安装时，要求水平或垂直校正，在一条直线上。一般采用水平仪测量水平和垂直方向。用转速表测量转速，求出速比。对于减速器和链条来说，它们都是可以调整的。

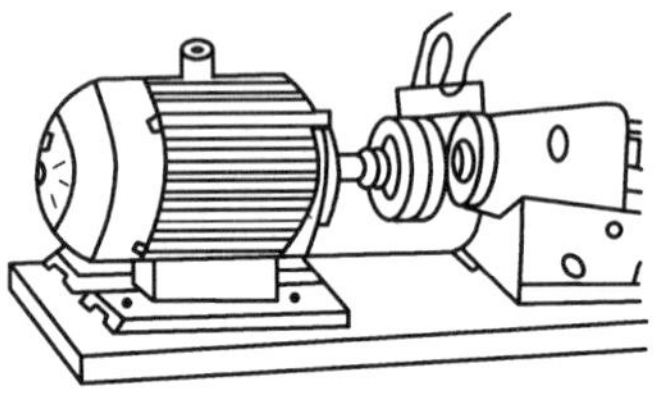

图 3-8 电动机的校正与测量

28. 怎样拆卸电动机？

答：(1) 电动机的拆卸步骤

① 拆卸电动机之前，首先应切断电源，并拆除电动机与外部电气连接的导线。

② 拆卸顺序依次为：带轮或联轴器→前轴承外盖→前端盖→风罩→风扇→后轴承外盖→后端盖→抽出转子→前轴承→前轴承内盖→后轴承→后轴承内盖，如图3-9所示。

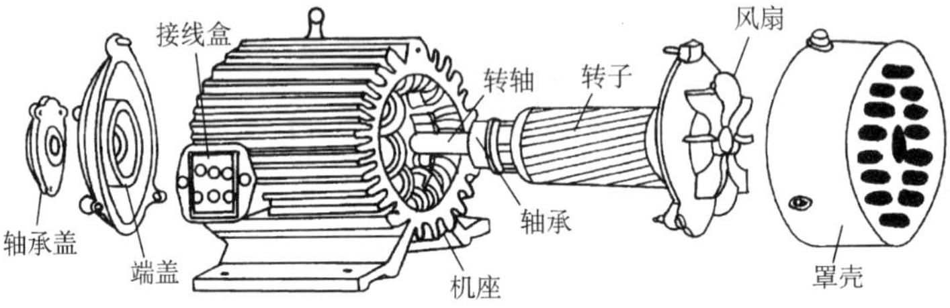

图 3-9 电动机的拆卸顺序

(2) 拆卸注意事项

均匀用力，不要碰坏转子，防止手滑碰上定、转子绕组；拆卸轴承时，要用专用工具。轴承要清洗干净，发现损坏时应及时更换。

29. 怎样组装电动机？

答：把拆卸的电动机，检修好之后，重新组装，步骤如下：

① 用压缩空气吹净电动机内部的灰尘，检查各零部件的完整性，清洗油污等。

② 装配异步电动机的步骤与拆卸相反。装配前要检查定子内污物、锈是否清除，有无损坏，装配时应将各部件按标记复位，并检查轴承盖配合是否合适。

③ 拆移电动机后，电动机底座垫片要按原位摆放固定好，以免增加钳工拆、装转子的时间，一定要遵守要点的要求，不得损坏绕组，拆前、装后均应测试。

④ 装端盖前应用粗铜丝，从轴承装配孔伸入，钩住内轴承盖，以便于装配外轴。

⑤ 用热套法装轴承时，温度超过100℃时，应停止加热，工作现场一定要放置灭火器，洗电动机及轴承的清洗剂(汽油、煤油)不准随意乱倒，必须倒入垃圾桶内。

30. 怎样根据电动机的功率来选择导线横截面积、电能表和总开关?

答: 选择方法见表3-4。

表3-4　根据功率选择表

电动机的功率/kW	配电干线/mm^2		三相电能表/A	总开关/A
	铜　芯	铝　芯		
7	1.5	2.5	15	30
10	2.5	4	20	30
14	4	6	30	60
20	6	10	50	60
40	16	25	100	150
75	35	50	5	250

31. 怎样测量电动机的温度?

答: 有经验的电工师傅常用“听”“摸”“闻”的方法判断电动机是否过热，若听到电机的“丝丝”声，说明电动机已经过热了。若把手放在电动机外壳上，没有烫手的感觉，说明电动机运行正常。如果手放不住，烫得马上抽回来，说明电动机已经过热。若闻到焦煳味，说明电动机过热严重，马上停止检查。

要准确测量电动机的温度，可用温度计来测量。从温度计上可以看到机壳的温度。一般机壳的温度要比绕组的温度低10℃左右。当环境温度为40℃时，不能超过105℃，即温升不能超过(105 −40)℃ = 65℃。也可用温度测量仪对电动机进行测量。

32. 三相异步电动机绕组短路的原因是什么?

答: 三相异步电动机定子绕组的故障有短路、断路、接地等。笼型异步电动机的转子故障是笼条断裂；滑环式电动机的转子绕组故障是转子绕组匝间相碰等引起的故障。

绕组短路主要是由电流过大，导线绝缘受损，绝缘漆的质量差等原因造成的。由于部分线匝短路，导致三相绕组不对称，气隙磁场不均匀，电动机运行时振动、噪声和发热等现象。实践经验证明，绕组短路多见于线匝短路。

33. 电动机短路有哪些危害?

答: 电动机发生短路故障后，由于电流大，产生过热使绝缘层变脆。可以在电动机停转以后，仔细观察电动机线圈有无烧焦的痕迹。也可将短路故障的电动机空载运行10min左右，停机拆开，用手触摸定子、转子线圈两端查看发热是否均匀，测量线匝短路处的温度。

34. 绕制线圈时，应注意哪些事项?

答: 将绕线模板固定在绕线机的主轴上，通过出线板将导线进行适当拉紧，以保证在绕线时有一定的紧度。这样可以使导线在线模上能够紧密平整地排列。

绕制线圈时，线圈的始端要留有一定的长度，一般是由右向左绕，导线在线模上要排列整齐，不得重叠或交叉。对于连续线圈，最好是连续绕制，不要剪断连接线。按规定匝数绕制完后，要留有一定长度的接线头，并用扎线将线圈绑紧。

在绕制过程中，如果导线折断，可将导线断头拉到线圈的端部进行焊接，严禁在线圈的有效边进行焊接。因为线圈的有效边是槽内部分，在嵌线时由于承受机械力而容易损坏。

35. 电动机如何下线? 注意事项有哪些?

答: 电动机下线要遵照一定的工艺要求，下线时要严防损伤绕组绝缘槽绝缘。为此要用引槽纸放在槽口两边，然后将线圈的一个边的导线松散开，并捏成一个扁片，对着引槽纸一根一根地下入槽中。待线圈的一个边的导线全部下入槽内以后，再顺着槽口的方向将线圈来回拉动，使槽内的线圈边平整，并使槽外的两个端部长度相等。

双层线圈下线步骤：线圈的一个边下到槽内以后，另一边留在槽外，在相邻槽内再下另一个线圈的一个边，它的另一边也留在槽外，这样依次类推，直至一个节矩内槽的底层都下入线圈后，再将留在槽外的线圈边按节矩下入相应的线槽上层，这样就可以依次把所有线圈全部下完。

在每下完一个线圈时，应把线圈的端部用手向下按压，以免线圈端部超出定子内圆，影响电动机通风散热。

单层线圈下线方法与双层线圈下线方法的不同点是：它不能像双层线圈那样一槽挨一槽地下线，而是下几个槽就要空几个槽，再下几个槽，再空几个槽。等过了一个节矩后就可以把线圈的另一边下入空槽内了。空的槽数要由线圈的形式而定。

36. 什么是直流电机？

答：直流电机是直流发电机与直流电动机的总称。直流电机具有可逆性，既可作为直流发电机使用，也可作为直流电动机使用。作为直流发电机使用时，将机械能转换成直流电能输出；作为直流电动机使用时，则将直流电能转换成机械能输出。

37. 直流电动机由哪些部分组成？

答：直流电动机虽然结构较复杂，使用、维护较麻烦，价格较贵，但由于具有可以直接获得恒定的直流电源，调速性能好、起动转矩大等优点，因而在纺织、轧钢、造纸等行业中仍得到广泛的应用。直流电动机的结构如图3-10所示。

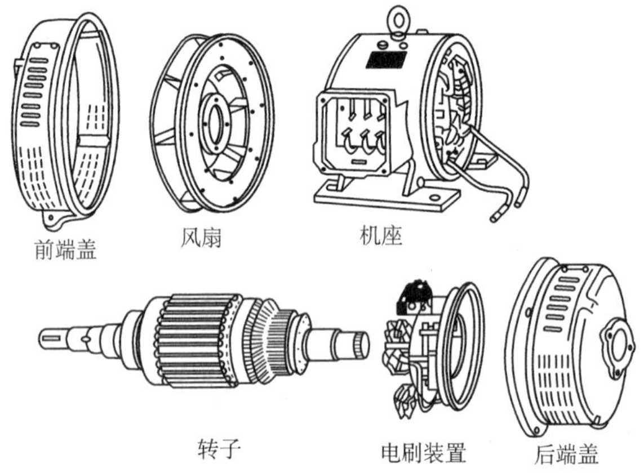

图3-10　直流电动机的结构

直流电动机主要由定子（固定不动的部分）和转子（转动的部分，又称电枢）两部分组成。对直流电动机结构上的要求是：能产生足够强的磁场承受额定电压和通过额定电流时能保持良好的绝缘性能；电动机温升不允许超过规定值；运转灵活正常，有一定的机械强度；使用及维护较方便，寿命较长；所需材料力求节省，价格较低，制造工艺力求简单等。

38. 直流电动机是怎样工作的？

答：直流电机作为电动机运行时，将直流电源接在两电刷之间而使电流通入电枢绕组。电流方向为：N极下的有效边中的电流总是一个方向，而S极下的有效边中的电流总是另一个方向。这样才能使两个边上受到的电磁力的方向一致，电枢因而转动。因此，当绕组的有效边从N(S)极下转到S(N)极下时，其中电流的方向必须同时改变，以使电磁力的方向不变。而这也必须通过换向器才能实现。电动机电枢绕组通电后在磁场中受力而转动。另外，当电枢在磁场中转动时，绕组中也要产生感应电动势。这个电动势的方向由右手定则确定。

39. 怎样改变直流电动机的转向？

答：许多生产、运输机械都要求电动机能正反方向转动。要改变直流电动机的旋转方向，只需改变电动机的电磁转矩方向，而转矩决定于磁通 Φ 与电枢电流 I_a 的相互作用，故改变电磁转矩的方向从而使直流电动机实现反转的方法有两种：一种是改变磁通（即励磁电流）的方向；另一种是改变电枢电流的方向。

如果同时改变磁通的方向及电枢电流的方向，则直流电动机的转向仍维持不变。

反转的具体实施方法是利用电器触头的闭合与断开将励磁绕组进行反接，或者将电枢绕组进行反接即可。对并励电动机而言，由于励磁绕组匝数多、电感大，在进行反接时因电流突变将产生很大的自感电动势，对电动机及电器都不利，因此一般都采用电枢反接法来实现反转。在将电枢绕组反接的同时必须连同换向极绕组一起反接，以达到改变换向的目的。

40. 怎样实现直流电动机的可逆控制？

答： 他励直流电动机的可逆控制电路如图 3-11 所示。在可逆控制电路中按下 SB_2 时，交流接触器 KM_1 线圈得电，KM_1 的常开主触点 KM_1 接通，直流电动机 M 正转；当按下 SB_3 时，交流接触器 KM_2 线圈得电，KM_2 的常开主触点 KM_2 接通，电路实现交叉连接，改变电枢回路中的电流流向，直流电动机 M 反转。电路中实现互锁，接通一条支路时，立即切断另一条支路。调节 RP 可以改变电动机的转速。

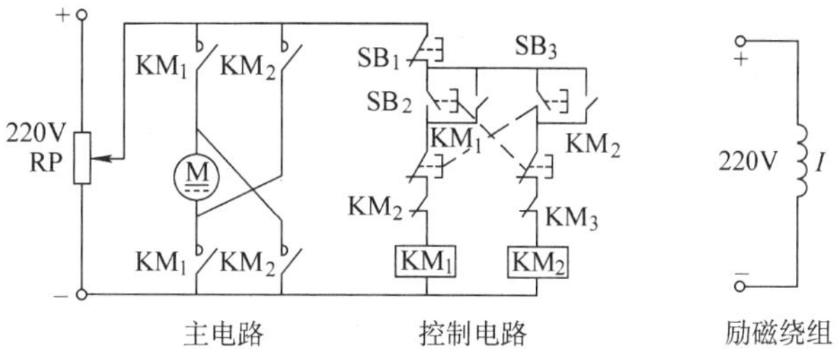

图 3-11　他励直流电动机的可逆控制电路

串励直流电动机的可逆控制电路如图 3-12 所示。电路原理可参考图 3-11，请读者自行分析。

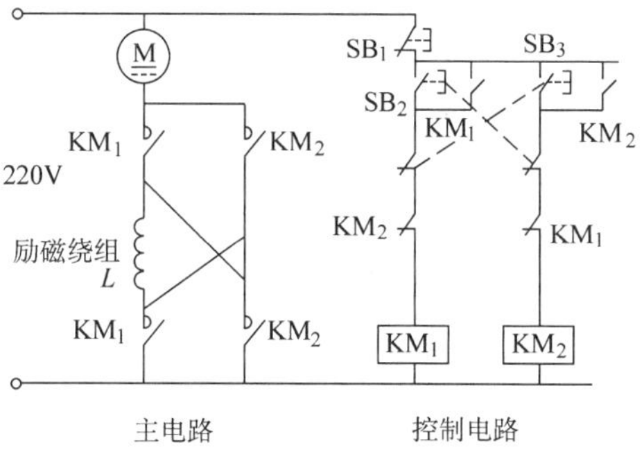

图 3-12　串励直流电动机的可逆控制电路

41. 直流电动机有哪些调速方法？

答： ① 调磁调速，即通过改变磁通 Φ，改变励磁电流调节转速，一般是在直流电压和负载转矩不变时，使主磁通 Φ 减小而转速 n 增大，适合在额定转速以上的范围内调速。

② 调压调速，即通过改变电枢电压 U 调节转速，一般使 U 增大而 n 增大，适合在额定转速以下的范围内调速。此法应在他励方式下进行。

③ 电枢回路串电阻调速，即用增加电枢回路电阻的方法，改变转速降 Δn 的大小，使电动机的转速 n 改变，从而达到调速的目的。

所以直流电动机调速分机械调速和电气调速，电气调速又分有级调速和无级调速。

机械调速一般采用齿轮箱，通过齿轮箱的变速比获取不同的驱动速度；电气有级调速，则是通过改变齿轮变速比和改变电动机本身的转速配合起来实现的；电气无级调速主要是通过改变电动机的驱动电源来实现的，它的调速范围宽，控制灵活，是其他两种调速方法无法比拟的，所以得到了广泛的应用。

42. 直流电动机调速的最简单的方法是什么？

答：如图3-13所示是直流电动机电枢电压调速电路。本电路具有简单可靠、成本低、维修方便等优点，在实际生产中被采用。该电路由电枢回路、励磁回路和控制回路组成。

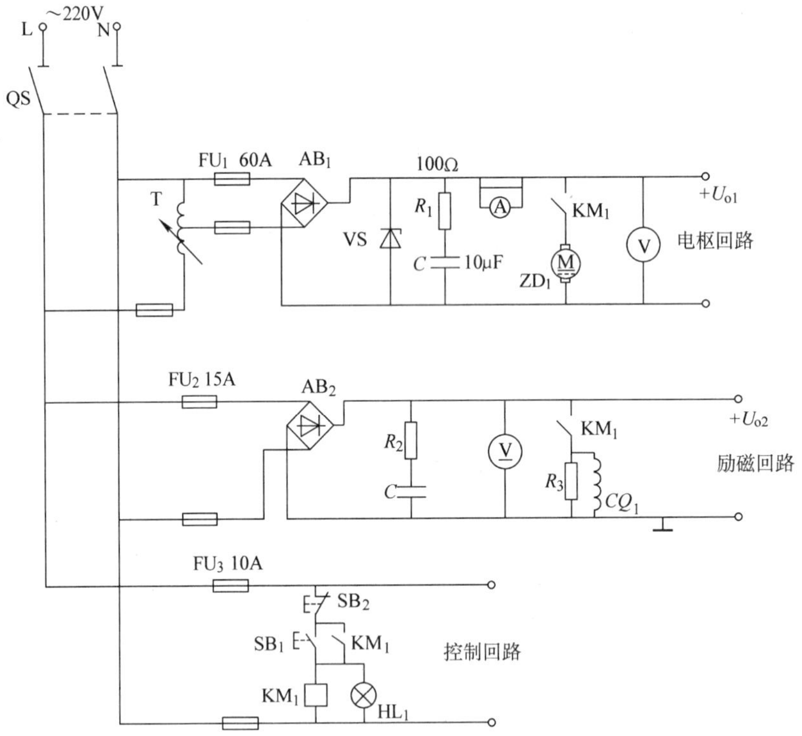

图3-13 直流电动机电枢电压调速电路

(1) 电枢回路

电枢回路由调压器T、整流桥AB_1、交流接触器KM_1、直流电动机电枢ZD_1等组成，改变交流侧的电压，就改变了AB_1的输出电压，改变了电枢回路的电压，也就改变了电动机的转速。该电路可同时控制多台电动机无级调速控制，也可单台控制。通过直流电流表A和输出电压表V随时监视电动机的运行状态，根据工艺需要改变转速。

(2) 励磁回路

励磁回路需要单独电源供电给励磁绕组，经AB_2整流取得。R_3为放电电阻，CQ_1为励磁绕组，KM_1为交流接触器的常开辅助触点。

(3) 控制回路

控制回路由交流接触器、起动与停按钮、指示灯组成，分别控制电枢回路和励磁回路的工作状态。其中，SB_2为停车按钮，SB_1为起动开车按钮，KM_1为交流(220V)接触器，信号灯HL_1指示电动机的运行状态。

43. 怎样鉴别直流电动机电刷下的火花等级？

答：直流电动机在运转时有时很难完全避免火花的发生，在一定程度内，火花对直流电动机的连续正常工作，实际上并无影响，在无法消除火花的情况下，可允许其存在。如果所发生的火花大于规定的限度，将产生破坏作用，必须及时检查纠正。

直流电动机火花等级鉴别方法见表3-5。可根据表3-5鉴别等级，以确定电动机是否能继续工作。1级、1.25级、1.5级火花，对电刷及换向器的连续工作，实际上并无损害。在直流电动机正常连续工作时，可允许其存在。

表3-5　直流电动机火花等级鉴别方法

火花等级	电刷下的火花现象	换向器及电刷的状态
1	无火花	换向器上没有黑痕及电刷上没有灼痕
1.25	电刷边缘仅小部分有微弱的点状火花，或有非放电性的小火花	
1.5	电刷边缘大部分或全部有轻微的火花	换向器上有黑痕出现，用汽油擦其表面即能除去，同时在电刷上有轻微灼痕
2	电刷边缘全部或大部分有较强烈的火花	换向器上有黑痕出现，用汽油不能擦除，同时电刷上有灼痕。如果短时间内出现这一级火花，换向器上不出现灼痕，电刷不致被烧焦或损坏
3	电刷的整个边缘有强烈的火花即环火，同时有大火花飞出	换向器上的黑痕相当严重，用汽油不能擦除，同时电刷上有灼痕。如果在这一火花等级下短时间运行，则换向器上将出现灼痕，同时电刷将被烧焦或损坏

44. 直流电动机控制电路是怎样改变转速的？

答：他励直流电动机作为直流电动机的主传动电动机，带动传送带运转。电枢回路采用桥式整流输出直流电压，供给电枢直流电压，励磁绕组由另一路整流电路供给，改变晶闸管 VT_1 的导通角，即改变了直流输出电压，从而改变直流电动机的转速，如图3-14所示。

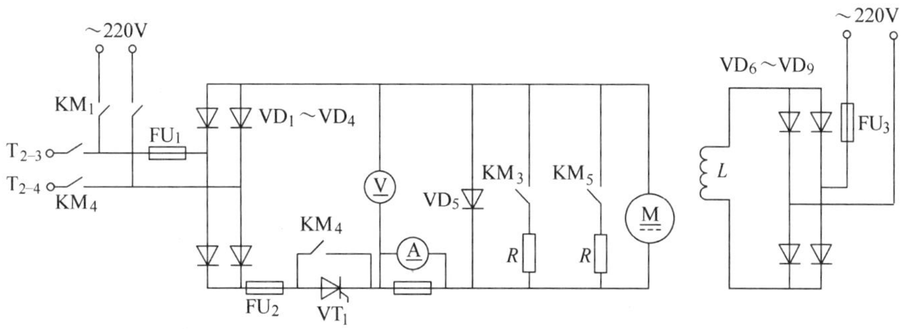

图3-14　直流电动机控制主电路

45. 什么叫作双速交流电动机？怎样才能改变它的转速？

答：改变极对数就能改变双速交流电动机的转速，由于极对数必须成倍改变，如2极变4极，4极变8极等。故改变极对数一般为有级调速，常见的是2极变4极或4极变8极，即双速交流电动机。改变极对数的方法是将双速交流电动机的定子绕组每相做成两个相同的部分。其绕组接线与控制电路分别如图3-15与图3-16所示。

46. 什么叫作控制电机？

答：前面介绍的各种电机，都是作为动力来使用的，其主要任务是转换能量。而各种控制电机的主要任务是转换和传递控制信号，转换能量处于次要地位。

为了使我国全面实现工业、农业、国防和科学技术的现代化，我们必须采用先进技术，其中包括各种类型的自动控制系统和计算装置。而控制电机在自动控制系统中是必不可少的，其应用不胜枚举。例如，

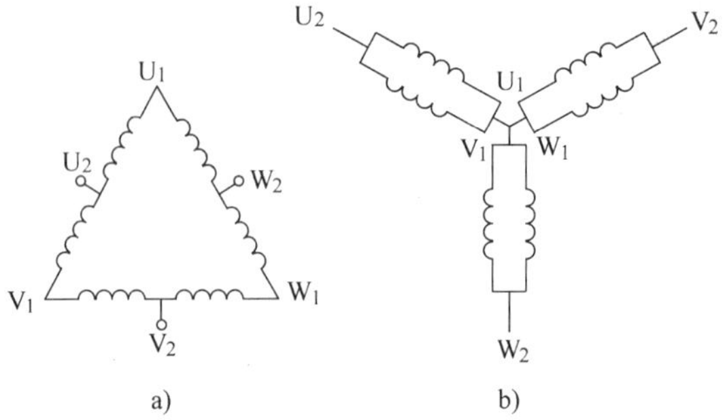

图 3-15　双速交流电动机绕组联结
a）△联结　b）Y联结

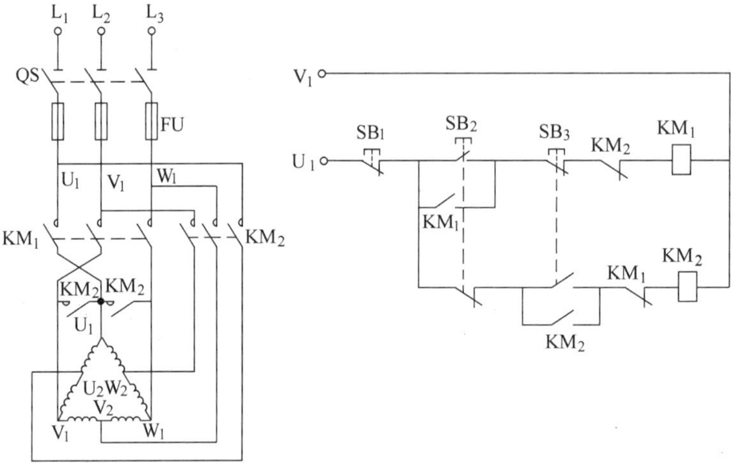

图 3-16　双速交流电动机控制电路

火炮和雷达的自动定位，舰船方向舵的自动操纵，飞机的自动驾驶，机床加工过程的自动控制，炉温的自动调节，以及各种控制装置中的自动记录、检测和解算等，都要用到各种控制电机。

控制电机的类型很多，例如，伺服电动机、测速发电机、自整角机和步进电动机。不同型号的控制电机有不同的控制任务，例如，伺服电动机将电压信号转换为转矩和转速以驱动控制对象；测速发电机将转速转换为电压，并传递到输入端作为反馈信号；自整角机将转角差转换为电压信号，并经电子放大器放大后去控制伺服电动机；步进电动机将脉冲信号转换为角位移或线位移。对控制电机还要求具有动作灵敏、准确度高、重量轻、体积小、耗电少及运行可靠等特点。例如，电子手表中用的步进电动机，直径只有6mm，长度约为4mm，耗电不到1μW，重量只有10多克。

47. 什么是同步电动机？它有什么用途？

答：在交流电机中，转子的转速始终保持与同步转速 $n_1=60f/p$ 相等的电机称为同步电动机。同步电机可分为同步发电机、同步电动机和同步补偿机3类。

同步电动机的电枢磁场和磁极磁场是相对静止的，当电动机的转速接近同步转速时，将开关合在励磁机上，借助于励磁机使转子励磁。这时，旋转磁场紧紧牵引转子一起转动，两者转速保持相等(同步)，这就是同步电动机的由来。

同步电动机具有改善电网功率因数的作用，且转速不随负载的变化而改变，因此在不需要调速而功率又较大的场合，如驱动大型的空气压缩机、预磨机、鼓风机和水泵等，多采用同步电动机。

另外，同步补偿机实际上就是一台空载运行的同步电动机，主要用于变电站或大型工、矿企业中，专门用来调节电网的无功功率，补偿电网的功率因数。

48. 如何实现电动机点动与连续运行控制?

答： 在工业生产机床控制中，广泛采用继电器接触器控制系统对中、小功率异步电动机进行各种控制。这种控制系统主要由交流接触器、按钮、热继电器、熔断器等电器组成。

三相异步电动机点动与连续运行控制电路如图3-17所示。

(1) 点动控制电路

点动控制电路如图3-17a所示，工作时，首先合上刀开关QS，接通三相电源。按下起动按钮SB，接触器线圈KM得电，串在主电路中的三个主触点KM闭合，接通电源，电动机转动；松开起动按钮SB，接触器线圈KM断电，其三个主触点KM断开，电动机停转。熔断器FU_1、FU_2分别用于主电路和控制电路的短路保护。

(2) 连续运行控制电路

合上刀开关QS，按下起动按钮SB_2，接触器线圈KM得电，经热继电器FR，构成控制回路，接在主电路中的KM主触点接通，电动机M起动运转，同时与SB_2并联的KM辅助常开触点也闭合，当松开起动按钮SB_2时，KM仍使接触器KM线圈继续带电，电动机M继续连续运行，这种作用称为自锁，KM触点称为自锁触点。按下停车按钮SB_1，切断控制电路，接触器KM的主触点断开，电动机停止运行；当电动机过载发热时，热继电器FR起过载保护作用。连续运行控制电路如图3-17b所示。

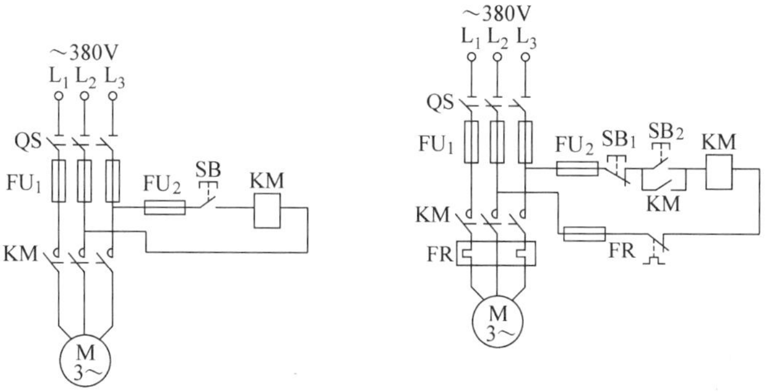

a)　　b)

图3-17　三相异步电动机点动与连续运行控制电路

a）点动控制　b）连续运行控制

49. 如何实现电动机的顺序控制?

答： 在生产中，往往需要多台电动机配合工作，根据工艺流程要求，它们的起动和停车必须按照事先规定的顺序进行。例如，某些大型机床，要求主轴一定要在有切削液的情况下才能工作，因而，必须先起动油泵电动机为主轴提供切削液，然后才能起动主轴电动机。同理，停车时必须先停主轴电动机，然后才能停油泵电动机。

顺序起动控制电路如图3-18所示。在图3-18中，接触器KM_1控制油泵电动机M_1，接触器KM_2控制主轴电动机M_2，油泵电动机的控制电路部分是一个典型的起动、停车控制电路，而主轴电动机控制电路中串入了接触器KM_1的辅助动合触点KM_1，所以，只有接触器KM_1动作，油泵电动机起动，触点KM_1闭合，控制主轴电动机M_2的接触器KM_2才可能接通。

(1) 顺序起动控制

按图3-18接线，其中：三相交流电源380V，电动机均采用Y联结。合上刀开关QS，操作起动按钮SB_2，KM_1线圈得电，接在主电路中的KM_1主触点接通三相电源，电动机M_1运转；串接在KM_2控制电路中的KM_1辅助触点接通，按下SB_4，KM_2线圈得电，接在主电路中的KM_2主触点接通三相电源，主轴电动机M_2运转。

(2) 顺序停止控制

顺序停止控制是在上述控制电路中再增加一个联锁环节，用接触器KM_2的辅助动合触点KM_2与油泵

电动机的停车按钮 SB_1 并联，这样，按停止按钮 SB_3，主轴电动机 M_2 断电停止。只有主轴电动机 M_2 停止后，与 SB_1 并联的动合触点 KM_2 断开，然后才能用停止按钮 SB_1 使油泵电动机停车，从而实现必须先停主轴电动机 M_2，然后才能停油泵电动机 M_1 的顺序停止控制。

50. 如何实现电动机的可逆控制?

答：生产中经常需要改变电动机的旋转方向，根据三相异步电动机的原理，要改变电动机的转向，只须将电动机接到三相电源的三根电源线中的任意两根对调，改变通入电动机的三相电流相序即可。常用的控制电路可采用倒顺开关以及按钮、接触器等电器元件实现。如图 3-19 所示为交流电动机的可逆控制电路。

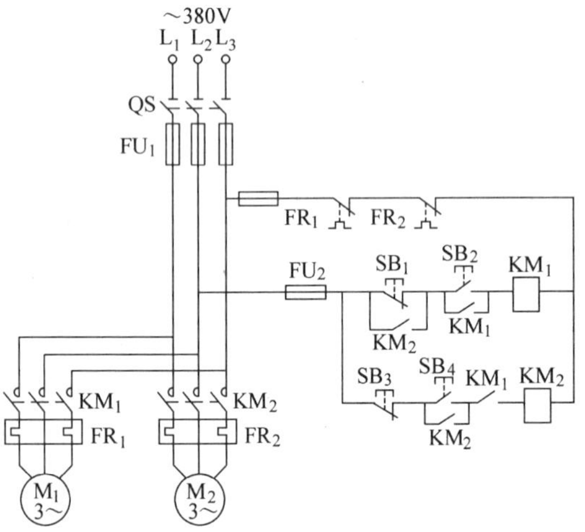

图 3-18　三相交流异步电动机的顺序控制电路

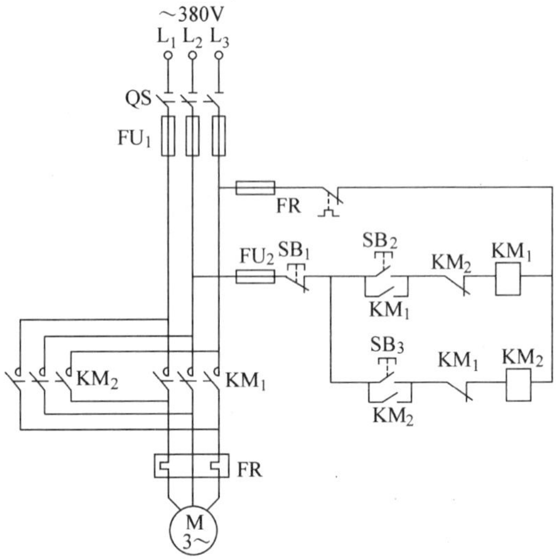

图 3-19　交流电动机的可逆控制电路

在图 3-19 中两个起动按钮分别控制两个接触器来改变通入电动机的三相电流相序，从而实现了电动机的可逆控制电路。其中，接触器 KM_1 用于电动机正转控制，接触器 KM_2 用于电动机反转控制，从主电路可以看出，如果两个接触器 KM_1、KM_2 由于误操作而同时工作，六个主触点同时闭合，将造成三相电源短路，这是绝不能允许的。因而，控制电路的设计，必须保证两个接触器 KM_1 和 KM_2 在任何情况下只能有一个工作，为此，在正转控制电路中串入一个反转接触器 KM_2 的辅助动断触点 KM_2，在反转控制电路中串入一个正转接触器的辅助动断触点 KM_1。这样，在正转接触器 KM_1 工作时，它的动断触点 KM_1 断开，将反转控制电路切断；相反，在反转接触器 KM_2 工作时，它的动断触点 KM_2 断开，将正转控制电路切断。这就保证两个接触器 KM_1 和 KM_2 不会同时工作，这种相互制约的控制称为互锁控制，辅助触点 KM_1 和 KM_2 称为互锁触点。如图 3-20 所示为电动机可逆控制接线示意图。

51. 如何实现机床电动机的行程控制?

答：行程控制是按运动部件移动的距离发出指令的一种控制方式，在生产中得到广泛的应用。例如，运动部件(如机床工作台)的左、右、上、下运动，包括行程控制、自动换向、往复循环、终端限位保护等。行程控制用行程开关实现。

行程控制电路如图 3-21a 所示，基本上是一个电动机可逆控制电路，电动机正、反转带动运动部件前进、后退，运动部件上的撞块 1、2 和行程开关 ST_1 ~ ST_4 的安装位置如图 3-21b所示，ST_1 和 ST_2 是复合式行程开关，具有一个动断触点和一个动合触点，ST_1 用来切断正转控制电路，ST_1 用来闭合反转控制电路；相应地，ST_2 用来切断反转控制电路，ST_2 用来闭合正转控制电路，这样，行程开关在撞块 1、2 的撞击下，便可控制电动机正、反转，带动运动部件前进、后退。行程开关 ST_3 和 ST_4 具有一个动断触点，当撞块撞击行程开关 ST_1 或 ST_2，而 ST_1 或 ST_2 由于故障没有动作时，运动部件按原来的方向继续运动，使撞块撞击 ST_3 或 ST_4，切断控制电路，并使电动机停止，从而起到终端限位保护的作用。

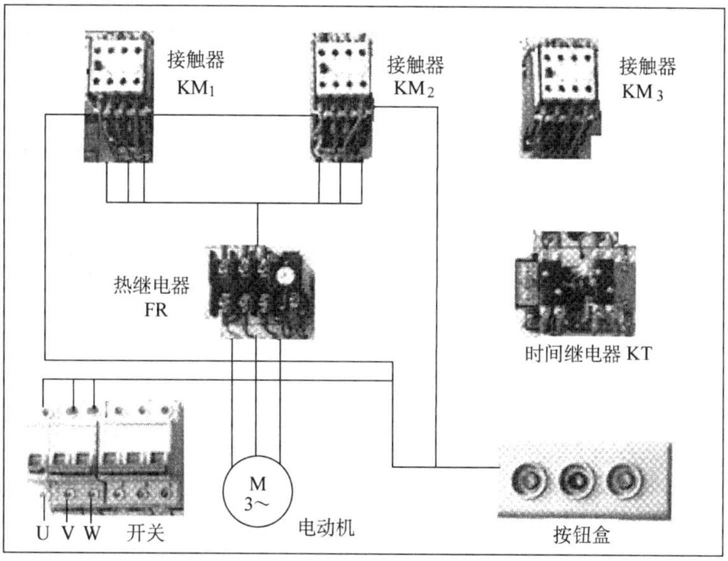

图 3-20　电动机可逆控制接线示意图

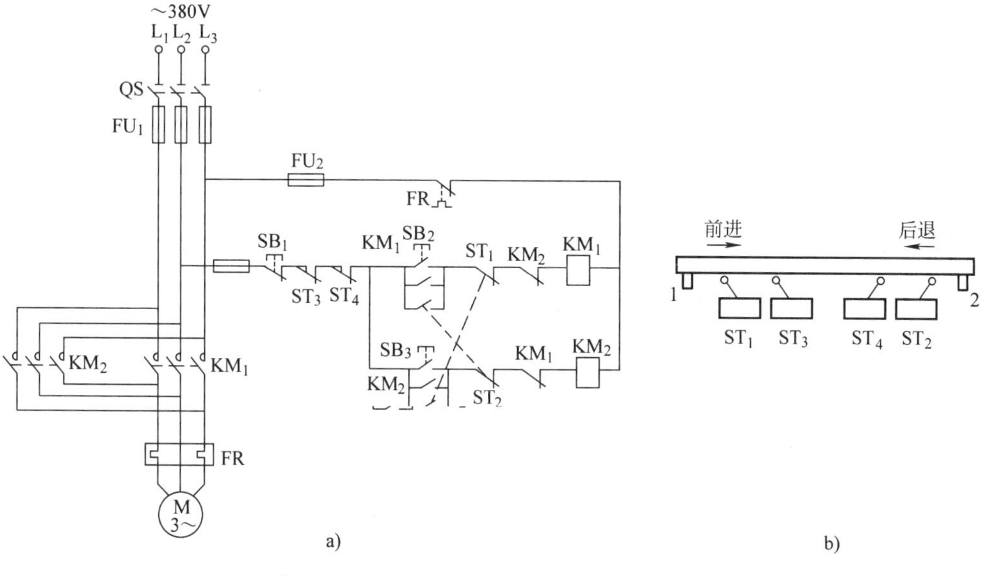

图 3-21　三相异步电动机的行程控制电路
a）控制电路图　b）行程开关示意图

52. 什么是电动机自动往返控制电路?

答： 按下 SB_2，接触器 KM_1 线圈得电，电动机起动正转，通过机械传动装置拖动工作台向左运动；当工作台上的挡铁碰撞行程开关 ST_1（固定在床身上）时，其常闭触头断开，接触器 KM_1 线圈断电，电动机断电停转；与此同时 ST_1 的常开触头闭合，接触器 KM_2 线圈得电并自锁，电动机反转，拖动工作台向右运动；这时行程开关 ST_1 复原。当工作台向右运动行至一定位置时，挡铁碰撞行程开关 ST_2，使常闭触头断开，接触器 KM_2 线圈断电，电动机断电停转，同时 ST_2 常开触头闭合，接通 KM_1 线圈电路，电动机又开始正转。这样往复循环直到工作完毕。按下停止按钮 SB_1，电动机停转，工作台停止运动。另外，还有两个行程开关 ST_3、ST_4 安装在工作台往返运动的方向上，它们处于工作台正常的往返行程之外，起终端保护作用，以防

ST_1、ST_2 失效，造成事故。自动往返控制电路如图 3-22 所示。

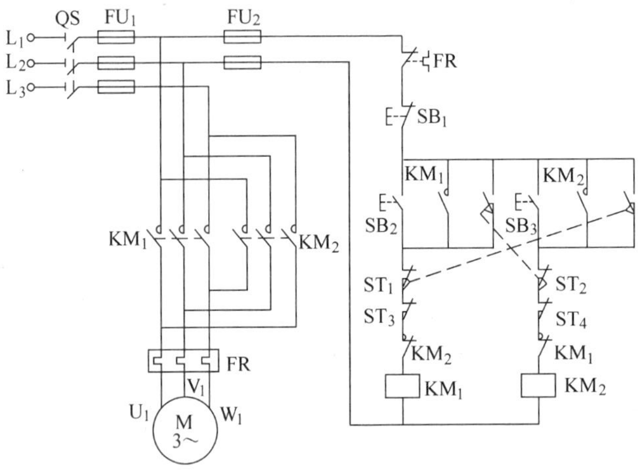

图 3-22　自动往返控制电路

53. 什么是倒顺开关控制？

答： 倒顺开关控制电路如图 3-23 所示。

倒顺开关有 6 个接线柱：L_1、L_2 和 L_3 分别接三相电源，U_1、V_1 和 W_1 分别接电动机。倒顺开关的手柄有 3 个位置；当手柄处于停止位置时，开关的两组动触片都不与静触片接触，所以电路不通，电动机不转。当手柄拨到正转位置时，A、B、C、F 触点闭合，电动机接通电源，正向运转，当电动机需向反方向运转时，可把倒顺开关手柄拨到反转位置上，这时 A、B、D、E 触点接通，电动机换相反转。

在使用过程中电动机处于正转状态时，要想使它反转，必须先将手柄拨至停转位置，使它停转，然后再将手柄拨至反转位置，使它反转。倒顺开关一般适用于 4.5kW 以下的电动机控制电路。

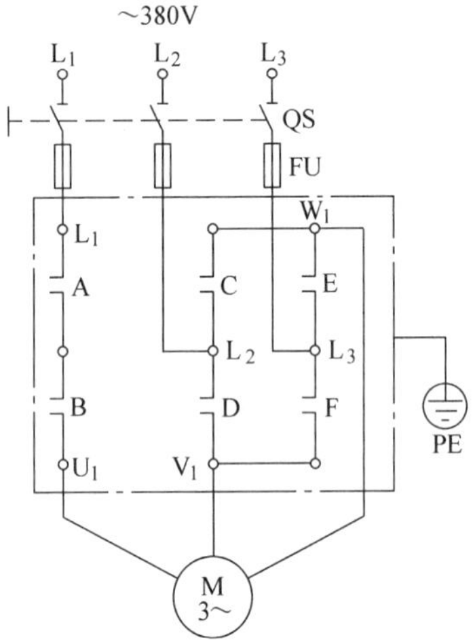

图 3-23　倒顺开关控制电路

54. 怎样进行三相异步电动机的延时控制？

答： 在生产中，很多加工和控制过程是以时间为依据进行控制的。例如，工件加热时间控制，电动机按时间先后顺序起动、停车控制，电动机Y-△起动控制等，这类控制都是利用时间继电器来实现的。

(1) 单台电动机延时控制电路

电动机起动后控制运行时间的电路如图 3-24 所示，按起动按钮 SB_2，接触器 KM 得电，并自锁，电动机起动运行。与此同时，时间继电器 KT 带电，并开始计时，当达到预先整定的时间，它的延时动断触点 KT 断开，切断接触器控制电路，电动机停车。同样，用时间继电器的延时动合触点，可以接通接触器控制电路，实现时间控制。

时间继电器延时时间根据需要进行整定，如整定为 5s，检查接线正确后合上主电源。起动电动机，观察交流接触器、时间继电器和电动机的动作情况；改变时间继电器的延时时间为 10s，重复上述操作。

(2) 两台电动机延时控制电路

如图 3-25 所示，时间继电器延时时间整定为 5s，检查接线正确后，合上主电源开关 QS，按起动按钮 SB_2，电动机 M_1 起动运转；延时继电器 KT 延时 5s 后，其常开触点闭合，KM_2 线圈通电，接通 KM_2 主电路，电动机 M_2 运转。观察交流接触器、时间继电器和电动机的动作情况；改变时间继电器的延时时间为

10s，重复上述操作。在实验时电动机 M_2 可用白炽灯代替。

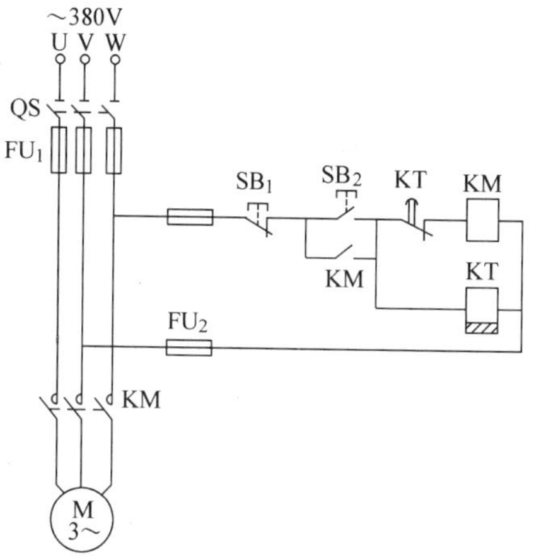

图 3-24　电动机起动后控制运行时间的电路

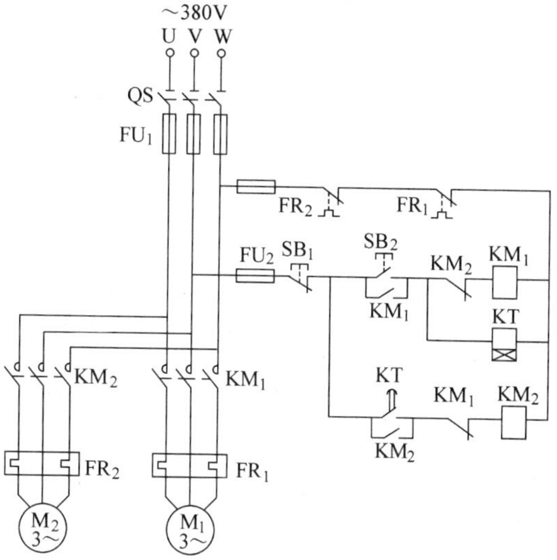

图 3-25　两台电动机的延时控制电路

55. 怎样对机床电动机进行减压起动控制?

答: 三相异步电动机直接起动的起动电流为额定电流的 5~7 倍，因为起动电流大，直接起动只适用于小容量的电动机。当电动机容量在 10kW 以上时，应采用减压起动，以减小起动电流，但同时也减小了起动转矩，故减压起动适用于起动转矩要求不高的场合。减压起动方法都是在电源电压不变的情况下，起动时减小加在电动机定子绕组上的电压，以限制起动电流，而在起动以后再将电压恢复至额定值，电动机进入正常运行。减压起动有定子串电阻减压起动、Y- △减压起动等，下面分别进行介绍。

(1) 定子串电阻减压起动控制电路

图 3-26 为电动机定子串电阻减压起动的控制电路，图中 KM_1 为接通电源接触器，KM_2 为短接电阻接触器，KT 为起动时间继电器，R 为减压起动电阻。

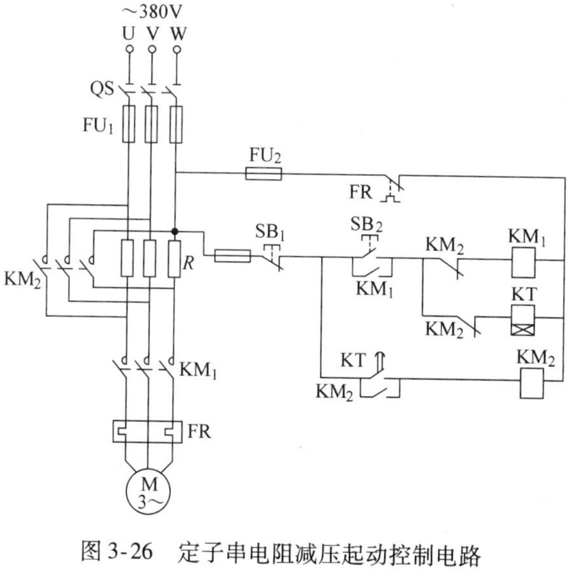

图 3-26　定子串电阻减压起动控制电路

电路工作情况：合上电源刀开关 QS，按下起动按钮 SB_2，KM_1 通电并自锁，同时 KT 通电并开始计时，电动机定子串入电阻 R 进行减压起动，经时间继电器 KT 延时，其延时动合触点闭合，KM_2 通电动作，将起动电阻 R 短接，电动机在额定电压下正常运行。KT 的延时长短根据电动机起动过程时间长短来整定。

电阻 R 的选取计算：根据经验公式

$$R = 190\frac{I_q - I_q'}{I_q I_q'} \tag{3-12}$$

式中 I_q——电动机的起动电流(A)，$I_q=(4\sim8)I_N$(I_N 为电动机的额定电流(A))；

I'_q——串联电阻后的起动电流，$I_q'=(2\sim3)I_N$。

电阻 R 的功率，应按电动机的额定电流 I_N 和电阻 R 的乘积进行选择。

(2) Y-△减压起动控制电路

图 3-27 为Y-△减压起动控制电路，图中 KM_1 为接通电源接触器，KM_3 为Y联结接触器，KM_2 为△联结接触器，KT 为延时时间继电器。

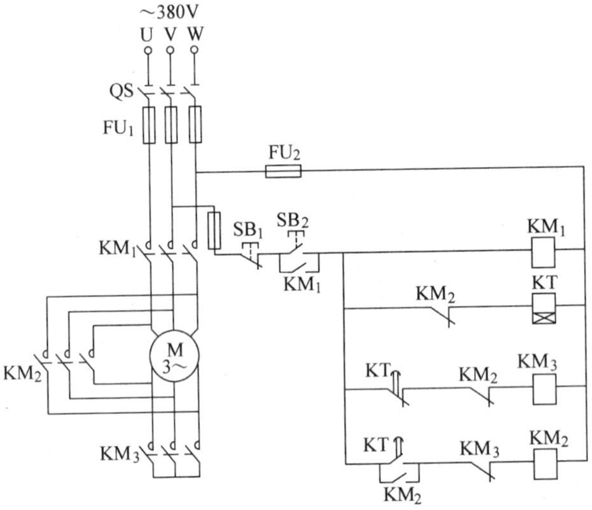

图 3-27 Y-△减压起动控制电路

电路工作原理：合上电源刀开关 QS，按下起动按钮 SB_2，KM_1 通电并自锁，KM_3 通电，KM_3 主触点闭合，电动机接成Y联结，接入三相电源进行减压起动，同时时间继电器 KT 通电并开始计时，经一段时间延时后，KT 的延时动断触点断开，KM_3 断电释放，电动机Y中性点断开，同时，KT 的延时动合触点闭合，KM_2 通电并自锁，电动机接成△联结运行，同时用 KM_2 断开 KT 的线圈，另外，辅助触点 KM_2 和 KM_3 为互锁触点，防止 KM_3 和 KM_2 同时带电。至此，电动机Y-△减压起动过程结束，电动机投入正常(在额定电压下)运行。停车时，按下 SB_1 即可。

56. 一台设备上，电动机 M_1 起动后，电动机 M_2 才能起动并能单独停车，请设计电路。

答：这是一种顺序控制电路，设计的参考电路如图 3-28 所示。

57. 一台设备上，电动机 M_1 起动后，电动机 M_2 才能起动并能点动，请设计电路。

答：设计的参考电路如图 3-29 所示。

58. 一台设备上，电动机 M_1 起动后，经过一定延时后电动机 M_2 才能起动，请设计电路。

答：这是一种延时控制电路，设计的参考电路如图 3-30 所示。

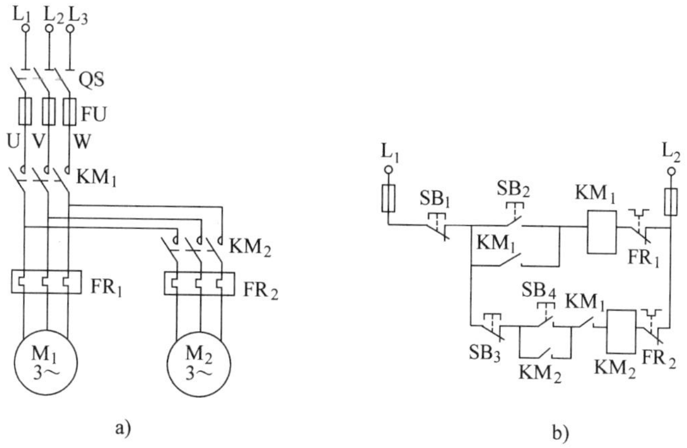

图3-28　电路图

a）主电路　b）控制电路

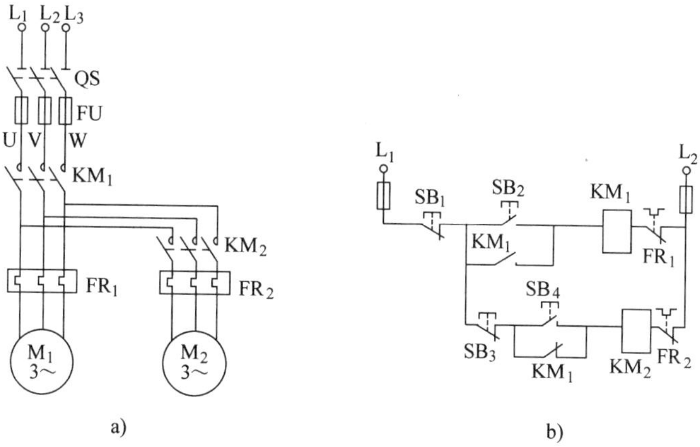

图3-29　电路图

a）主电路　b）控制电路

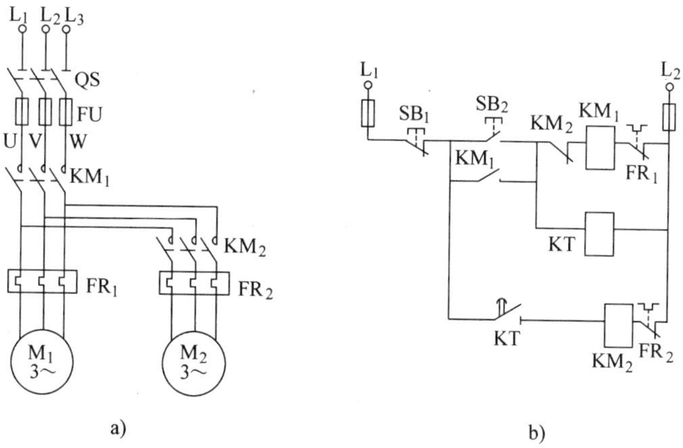

图3-30　电路图

a）主电路　b）控制电路

59. 一台设备上，电动机 M_1 起动后，延时一定时间后电动机 M_2 才能起动，M_2 起动后，电动机 M_1 立即停车，请设计电路。

答：设计的参考电路如图 3-31 所示。

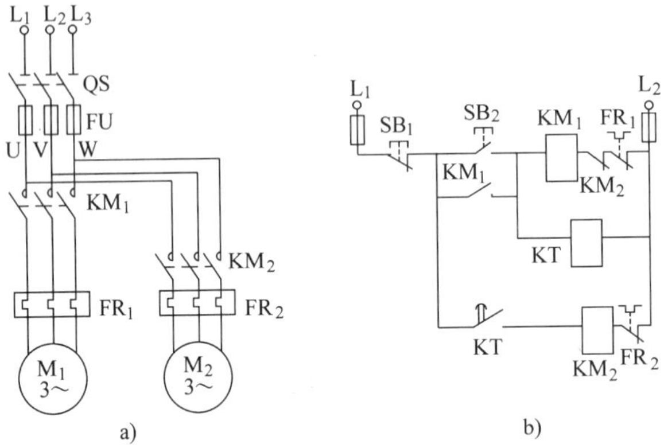

图 3-31 电路图

a）主电路 b）控制电路

60. 一台设备上，电动机 M_1 起动后，电动机 M_2 才能起动；M_2 停止后，M_1 才能停止，请设计电路。

答：设计的参考电路如图 3-32 所示。

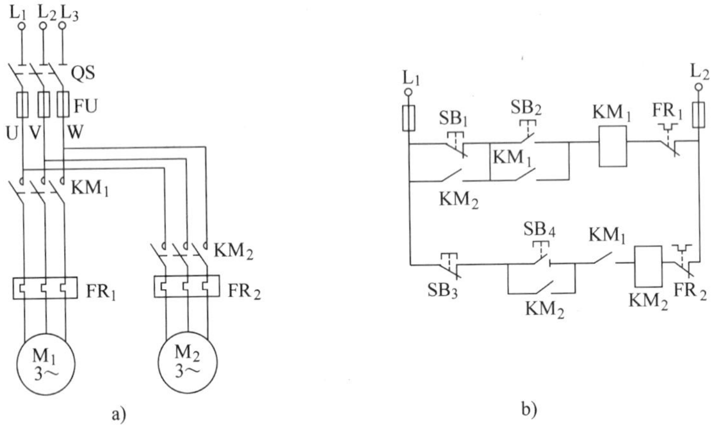

图 3-32 电路图

a）主电路 b）控制电路

61. 一台设备上，电动机 M_1 和电动机 M_2 可分别起动与停止，也可同时起动与停止，请设计电路。

答：设计的参考电路如图 3-33 所示。

62. 机床异步电动机停车制动方法有几种？如何进行控制？

答：阻止电动机转动，使之减速或停车的措施称为制动。电动机及其拖动的生产机械具有惯性，电动机切断电源后并不能立即停转。因此，在要求电动机迅速停车或准确停在某个位置，或缩短辅助工时及保障安全时，都需要采取制动措施。电气制动有以下方法：

（1）电磁抱闸制动电路

机械制动是利用机械装置使电动机在切断电源后迅速停转。采用比较普遍的机械制动设备是电磁抱闸。

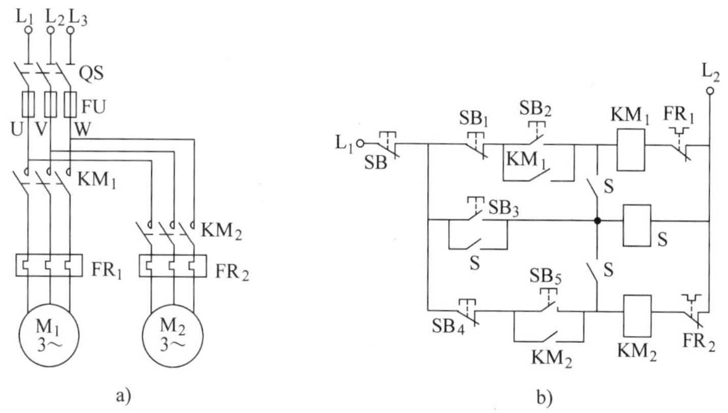

图 3-33　电路图

a）主电路　b）控制电路

电磁抱闸主要由两部分组成，即制动电磁铁和闸瓦制动器。

电磁抱闸制动的控制电路与抱闸原理如图 3-34 所示。按下按钮 SB_2，接触器 KM 线圈得电动作，电动机通电。电磁抱闸的线圈 KM 也通电，铁心吸引衔铁而闭合，同时衔铁克服弹簧拉力，迫使制动杠杆向上移动，从而使制动器的闸瓦与闸轮松开，电动机正常运转。

按下停止按钮 SB_1 之后，接触器 KM 线圈断电释放，电动机的电源被切断，电磁抱闸的线圈也同时断电，衔铁释放，在弹簧拉力的作用下使闸瓦紧紧抱住闸轮，电动机就迅速被制动停转。

这种制动在起重机械上以及要求制动较严格的设备上被广泛采用。当重物吊到一定高处，线路突然发生故障断电时，电动机断电，电磁抱闸线圈也断电，闸瓦立即抱住闸轮，使电动机迅速制动停转，从而防止重物掉下。另外，也可利用这一点将重物停留在空中某个位置上。

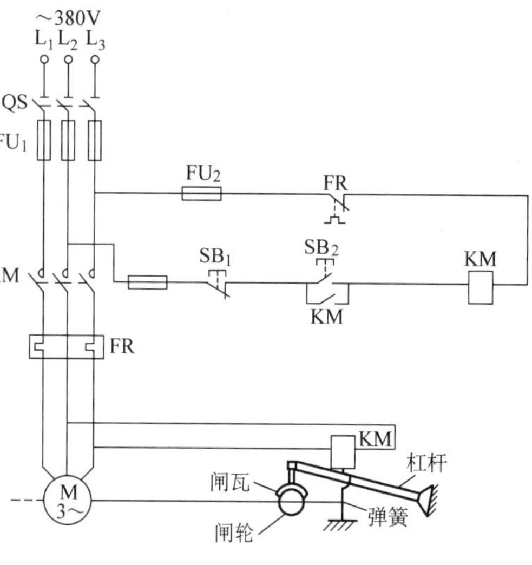

图 3-34　电磁抱闸制动控制电路

（2）反接制动控制电路

异步电动机在改变它的电源相序后，就可以进行反接制动。相序改变，电动机定子的旋转磁场反向，产生与电动机原转矩转向相反的反转矩，从而起到制动的作用。

异步电动机反接制动控制电路如图 3-35 所示。当按下按钮 SB_1，接触器 KM_1 吸合，使电动机带动速度继电器 KS 一起旋转。速度转动到额定转速后 KS 常开触点闭合，做好制动准备。按下 SB_2 停止按钮后，KM_1 断电，其常闭触点闭合，KS 在电动机惯性作用下触点仍然闭合，这时，KM_2 吸合，电动机反接制动。当电动机转速下降直至停止时，KS 断开，KM_2 释放，制动完毕。

（3）能耗制动控制电路

如图 3-36 所示是单管整流能耗制动控制电路。当停车时，按下停止按钮 SB_2，KM_1、KT 断电释放，这时 KT 延时断开触点仍然闭合，使制动接触器 KM_2 通电动作，电源经制动接触器接到电动机的两相绕组上，另一相经整流管回到零线。达到整定时间后，KT 常开触点断开，KM_2 断电释放，制动过程结束。在此过程中，产生与转子转动相反的力矩，从而使转子尽快停止，转子的动能消耗在转子回路中，因此称为能耗制动。

这种制动控制电路简单，体积小，成本低，常用于 10kW 以下电动机且对制动要求不高的场合。

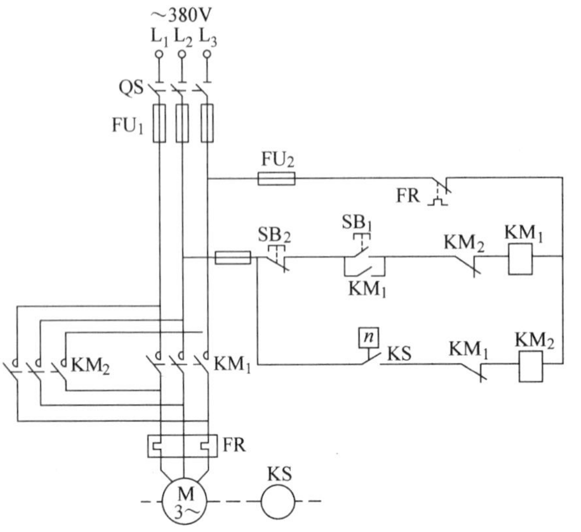

图 3-35　反接制动控制电路

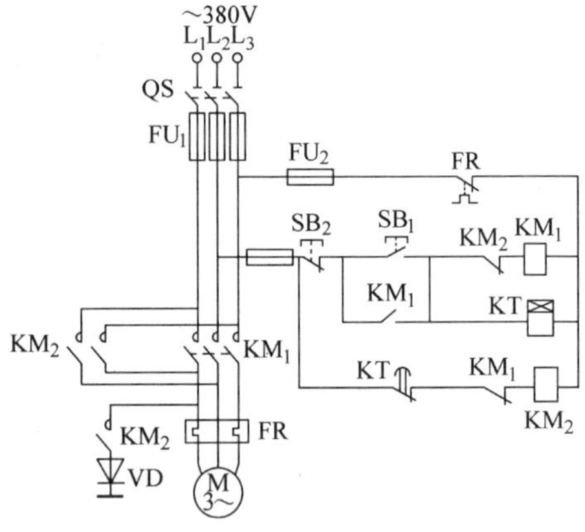

图 3-36　能耗制动控制电路

63. 交流电动机的调速原理是什么？

答：为了适应实际应用的需要，异步电动机需进行调速。所谓调速，即是用人为的方法来改变异步电动机的转速。

异步电动机转差率的公式为

$$S=\frac{n_1-n}{n_1}\times 100\%$$

由此可知

$$n=n_1(1-S)=\frac{60f_1}{p}(1-S) \tag{3-13}$$

从式(3-13)可知，对于三相异步电动机，可以通过分别改变定子绕组的磁极对数 p、供电电网的频率 f_1 以及电动机的转差率 S 进行调速。

64. 纺织印花机控制电路有哪些控制方式？

答：纺织印花机电气柜内装有电源部分，控制部分及操作部分合成一体，另有交流 220V 铁磁稳压电源箱一个。电气框面板上集中了各种指示仪表、操作按钮、指示灯及钥匙电源开关。电气柜内交直流两块板分装，前后有门，便于维护。

(1) 开车手动

① 合上低压断路器及铁磁稳压器开关，打开钥匙开关给电气柜送电，按总电源开关 SA_1 交流接触器 KM 通电吸合，与此同时，串接在信号回路中的辅助触点 KM 吸合，指示灯亮，如图 3-37 所示。

② 按下按钮 SA_1，线圈 KM_1 吸合，接在直流电动机主回路里的 KM_1 的主触点也吸合，则主传动直流电动机工作，开快车，带动纺织印花机向前传动，信号辅助电路中 KM_1 辅助触点接通，指示灯亮。

经光电控电路工作，S_2 接通，线圈 KM_3 吸合，其与电机电枢并联的辅助触电 KM_3 接通，短接直流电机电枢，实现制动。

快车转慢车，S_2 接通，则线圈 KM_3 吸合转慢车，S_3 接通后，KM_5 工作，实现慢车制动停止，完成了主机传动的全部动作。

③ 按了 SA_3，升降电动机开始工作，台板降下来，印丝网架落下，升降电动机停止。

④ 按 SA_4，刮刀电动机开始工作，带动刮刀在印丝网上刮动配制好的颜色开始印花布。KM_8、KM_9 可分别实现单刮，也可实现双向往复刮动。

⑤ 当花型印好后刮刀制动结束后，这一工艺过程全部完成，又开始第二个周期工作。

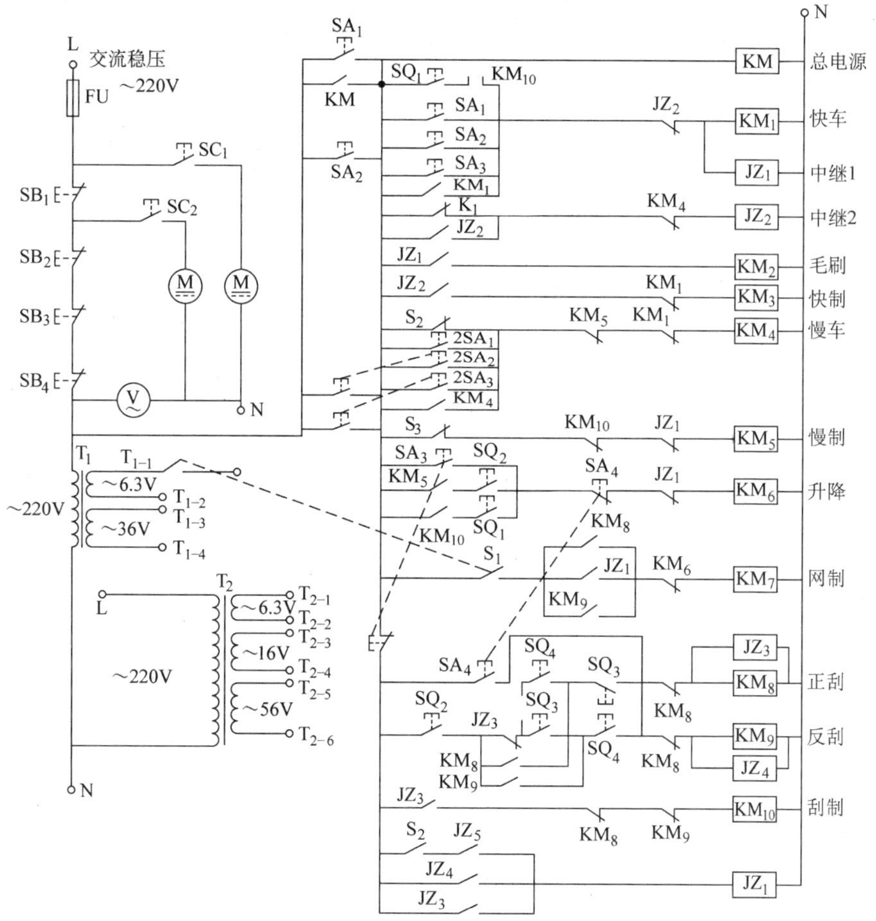

图 3-37　程序控制电路

(2) 自动

合上总电源开关，按下 SA_1，开了快车之后，一系列动作均已安排好的程序进行自动控制，即快车→快制→慢车→慢制→升降→网制→正、反刮→刮制→快车……，这样周而复始一直连续工作。

(3) 停车

电气柜及车左、右、前、后均安装有停车按钮，如 SB_1、SB_2、SB_3、SB_4，根据需要随时可按按钮停车。

65. 怎样防止两地误操作控制？

答：采用如图 3-38 所示电路，可以防止两地误操作。需要开车时，位于甲地的操作人员按住起动按钮 SB_2，这时只能使安装在乙地的蜂鸣器 HA_2 得电鸣响，待位于乙地的操作人员听到铃声按下起动按钮 SB_3 后，使安装在甲地的蜂鸣器 HA_1 得电鸣响，接触器 KM 才能得电吸合并自锁，其主触点闭合，电动机 M 才能起动，与此同时，KM 的常闭触点断开，使 HA_1、HA_2 失电。需要停车时，甲地的操作人员可以按下起动按钮 SB_1，乙地的操作人员可以按下起动按钮 SB_4。

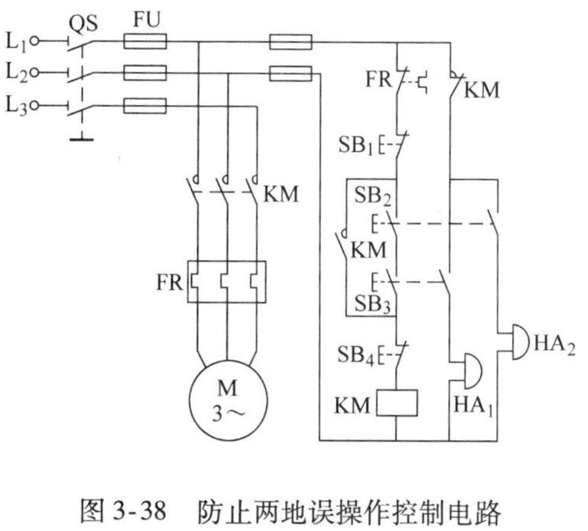

图 3-38　防止两地误操作控制电路

66. 什么是间歇控制？怎样实现？

答：在生产中，根据工艺的需要，电动机要时停时转，就叫做间歇控制。如图3-39所示的电路，可以实现这种控制方式。

合上电源开关QS和转换开关SC，交流接触器KM和时间继电器KT_1获电吸合，KM主触点闭合，电动机M起动运行。当运行一段时间(由时间继电器KT_1确定)之后，KT_1延时闭合的触头闭合，接通继电器KA和时间继电器KT_2电路，KA常闭触点断开，KM断电，电动机M停止工作。经过一段时间之后，KT_2延时断开的触点断开，使继电器KA断电释放，中间继电器KA的常闭触点闭合，再次接通KM线圈电路，电动机重新起动运行。

按钮SB可在电动机停转期间随时点动控制电动机。

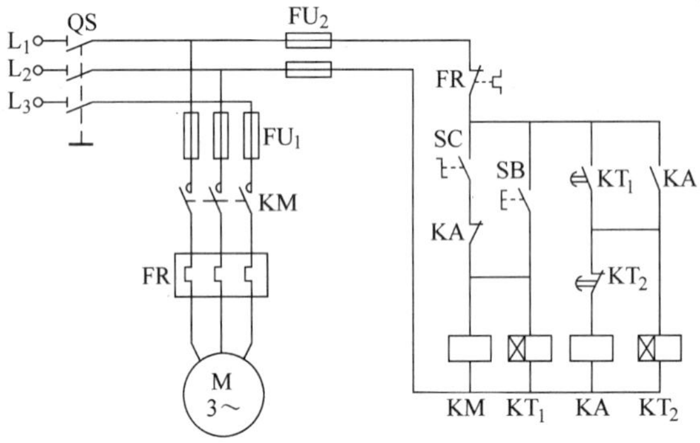

图3-39　间歇控制电路

第4章 机床电路

1. 机床控制有哪几种形式？

答： 机床控制有三种形式。

① 用刀开关控制的简单机床。

② 用带触点的电磁开关、微开关控制的一般机床。

③ 由电子器件，半导体元器件组成的无触点开关控制的半自动化机床。

2. 机床控制的基本原则是什么？

答： 机床控制过程的开始和结束以及中间状态的转换都是借助于按钮（人工）实现的，而实际运行中还经常伴随着行程（位置）、时间、电流（力或转矩）、速度等物理量的变化。如何根据这些物理量的变化而实现机床工作的自动控制呢？关键是将这些物理量（模拟量）用相应的检测装置转换成开关量并应用于控制电路中。以下是电气控制电路常用的一些控制原则。

（1）机床的行程控制原则

行程控制就是按照机床被控制对象的位置变化进行控制。行程控制需要行程开关来实现，当机床运动部件到达某一位置或在某一段距离内时，行程开关动作并使其动合触点闭合，动断触点断开。

（2）机床的时间控制原则

时间继电器具有延时动作触点，以这种触点发出的开关信号作为受控系统的转换信号，是时间控制电路的关键。时间继电器有通电延时型和断电延时型两类。

（3）机床的速度控制原则

利用电动机转速的变化也可实现机床运行状态的控制，常用于交流异步电动机反接制动控制电路。电动机正常运行时，速度继电器的动合触点闭合。当需要制动时变换其中任意两相电源相序并使电动机定子绕组串入电阻，使其立即进入反接制动状态。当电动机转速下降接近于零时，速度继电器的动合触点必须立即断开，快速切断电动机电源，否则电动机会反向起动。

3. C650 型卧式车床控制电路的原理是什么？

答： C650 型卧式车床共有三台电动机。组合开关 QS 将三相电源引入，FU_1 为主电动机 M_1 的短路保护用熔断器，FR_1 为电动机 M_1 过载保护用热继电器。R 为限流电阻，防止在点动时连续的起动电流造成电动机的过载。接入电流表 A 以监视主电动机 M_1 绕组的电流，用时间继电器 KT 控制电流表 A 躲过电动机起动电流，只检测电动机正常工作电流；主轴电动机 M_1 由接触器 KM_3、KM_4、KM 控制，可以正、反转控制，也可以点动控制，还可以双向反接制动控制。熔断器 FU_2 为电动机 M_2、M_3 和电源变压器 TC 的短路保护，KM_1 为冷却泵电动机 M_2 起动用接触器；FR_2 为电动机 M_2 的过载保护；KM_2 为快速电动机 M_3 的起动用接触器，因快速移动电动机 M_3 短时间工作，所以不设过载保护。

C650 型卧式车床的控制电路如图 4-1 所示。

冷却泵电动机 M_2 由接触器 KM_1 控制。当按下冷却泵电动机 M_2 的起动按钮 SB_3 时，接触器 KM_1 闭合，冷却泵电动机 M_2 起动运转；当按下冷却泵电动机 M_2 的停止按钮 SB_5 时，冷却泵电动机 M_2 停转。快速移动电动机 M_3 由行程开关 ST 点动控制。

4. CW6163B 型车床控制电路的原理是什么？

答： CW6163B 型车床的控制电路如图 4-2 所示。车床的外形与 C620 型车床基本类似，这里从略。

（1）主电路组成

M_1 为主轴电动机，它带动主轴旋转和刀架做进给运动，接触器主触点 KM_1，控制主电路的接通与断开，熔断器 FU_1 做短路保护，热继电器 FR_1 做过载保护；M_2 为冷却泵电动机，它为车削工件时输送切削

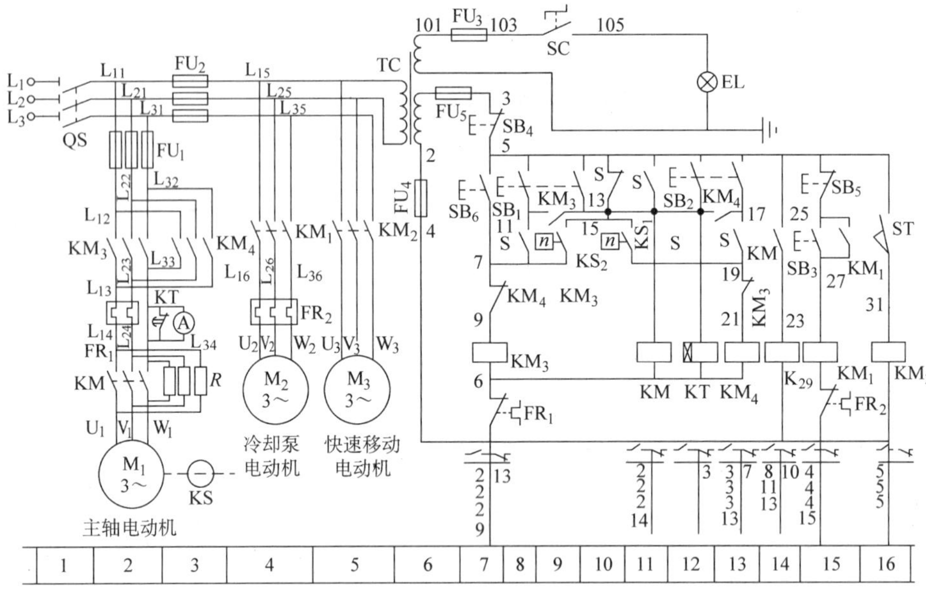

图 4-1　C650 型卧式车床的控制电路

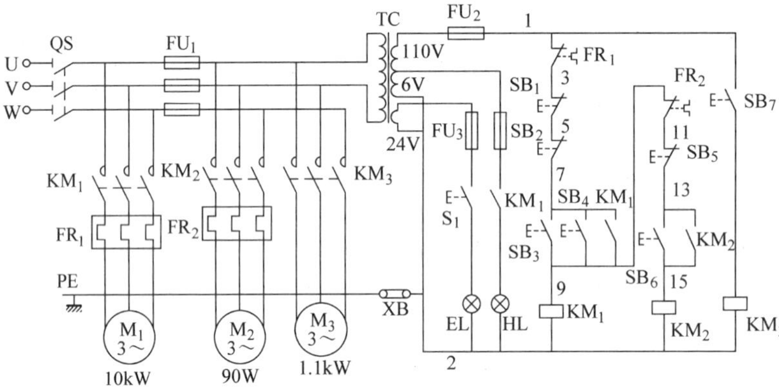

图 4-2　CW6163B 型车床的控制电路

液，热继电器 FR_2 做它的过载保护，它通过接触器 KM_2 来控制起停；M_3 为快速进刀、退刀电动机。

(2) 电路工作原理(控制电路、二次电路)

辅助电路由一台 380V/110V 的变压器 TC 供电，熔断器 FU_2 做辅助电路的短路保护。主轴电动机 M_1 采用两地控制。按下起动按钮 SB_3 或 SB_4，电流由变压器二次→熔断器 FU_2→FR_1 触点→SB_1 常闭触点→SB_2 常闭触点→SB_3 常开触点→KM_1 线圈→变压器二次形成闭合回路，接触器 KM_1 得电吸合，KM_1 主触点和自锁触点同时闭合，主轴电动机 M_1 得电起动。停止时，按下按钮 SB_1 或 SB_2，KM_1 线圈断电，切断了 KM_1 的控制回路，则电动机 M_1、M_2 主触头断电停机。

由于控制接触器 KM_2 接于接触器 KM_1 的自锁触点之后，只有 M_1 先起动后，M_2 才能得电起动。

快速移动电动机 M_3 由点动按钮 SB_7 和接触器 KM_3 控制，实现机床的快速移动。

(3) 照明辅助电路

照明灯 EL 由变压器 TC 的 24V 绕组供电，由开关 S_1 控制。信号灯 HL 由 TC 的 6V 绕组供电。

5. C620 型车床控制电路的原理是什么?

答: C620 型车床是使用最广泛的金属切削机床之一。它由主轴(即工件)的回转运动和刀具的进给运动完成切削加工。主轴的回转运动(主运动)，是由电动机带动带轮和变速齿轮来实现的。车床上的辅助运动有以下三种：刀架的快进和快退；工件的夹紧和松开；尾架的移动等。

(1) 车床对电气的要求

① 正、反转：主轴回转运动应能正、反转及便于切削左右螺纹。

② 电动机起动要求平稳。一般 10kW 以上需考虑用减压起动。但是，在开车时，若车床处于空载或轻载状态，可采用直接起动。

③ 车床的调速，一般都依靠齿轮箱。如采用多速或变速时，则电气控制应能满足要求。

④ 电气制动，可选用反接或能耗制动。

⑤ 应考虑辅助装置的电气控制、机械电气等的联锁保护，以及行程控制保护、主轴点动调试等。

C620 型车床的外形如图 4-3 所示。

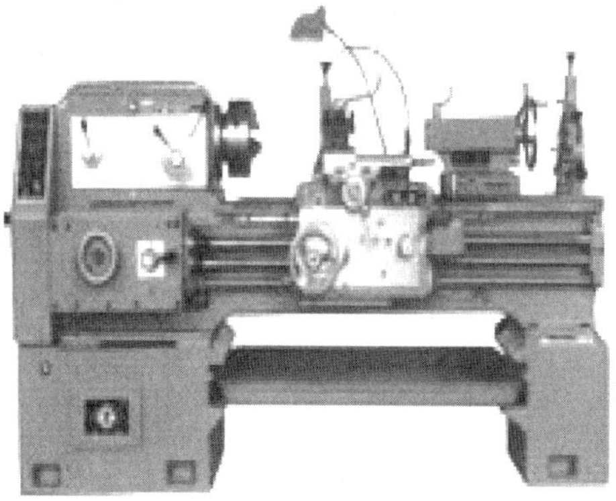

图 4-3　C620 型车床的外形

(2) 控制电路原理

① 电路组成。C620 型车床控制电路有主电路、控制电路和照明电路 3 部分，如图 4-4 所示，主电路共有两台电动机，其中 M_1 是主轴电动机，拖动主轴旋转和刀架做进给运动。由于主轴是通过摩擦离合器实现正、反转的，所以主轴电动机不要求有正、反转。主轴电动机 M_1 是用按钮和接触器控制的。M_2 是冷却泵电动机，直接用开关 QS_2 控制。

② 原理分析。当合上开关 QS_1，按下起动按钮 SB_1 时，接触器 KM 线圈得电动作，其主触点和自锁触点闭合，电动机 M_1 起动运转。需要停止时，按下停止按钮 SB_2，接触器 KM 线圈断电释放，电动机停转。

冷却泵电动机 M_2 是当主轴电动机 M_1 接通电源旋转后，合上开关 QS_2，冷却泵电动机 M_2 即起动运转。M_2 与 M_1 是联动的。

照明线路由一台 380V/36V 的变压器提供 36V 的安全电压，使用时合上开关 QS_3、S 即可。

6. M7120 型平面磨床控制电路是怎样工作的？

答： M7120 型平面磨床的外形如图 4-5 所示。

① 控制电路组成。控制电路如图 4-6 所示，主要有主电路、控制电路、照明电路指示电路以及电磁工作台电路。

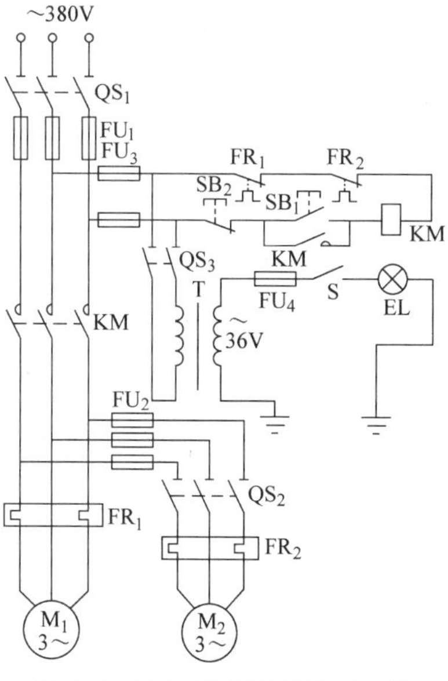

图 4-4　C620 型车床的控制电路

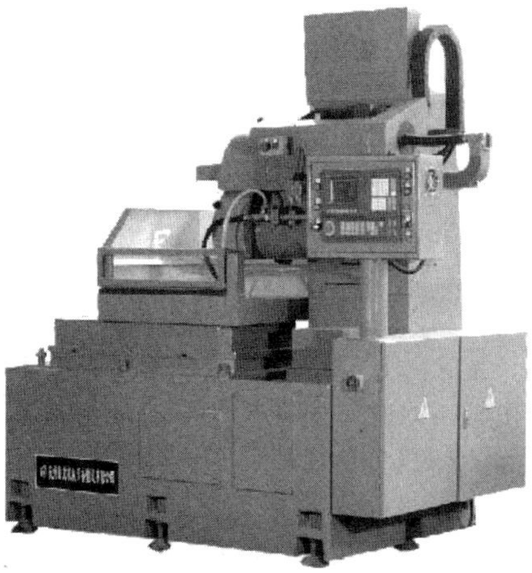

图 4-5　M7120 型平面磨床的外形

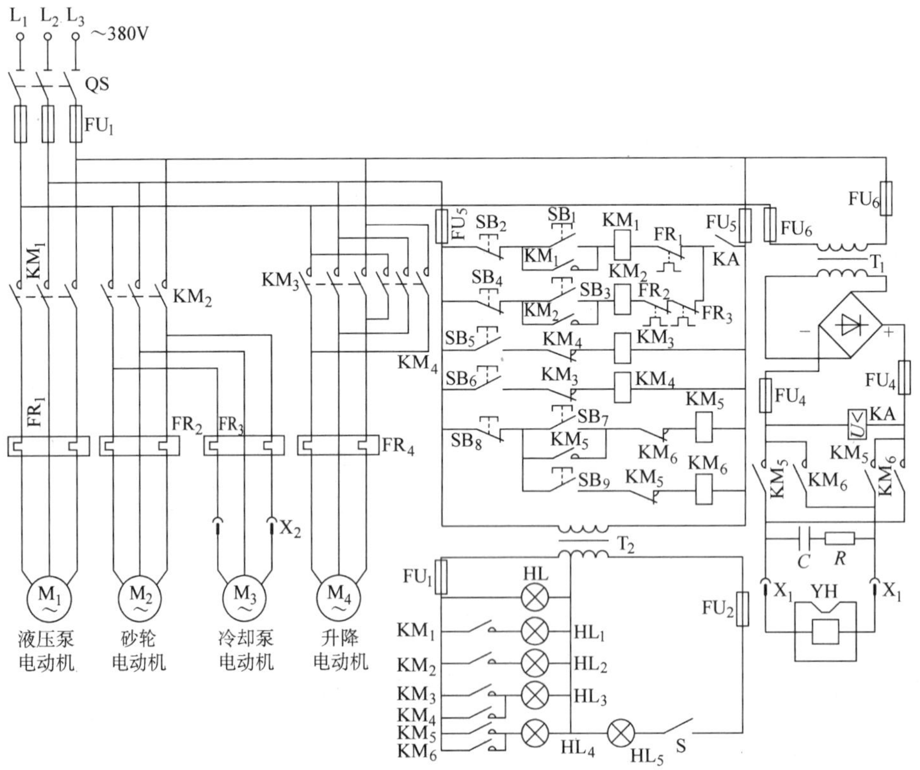

图 4-6 M7120 型平面磨床的控制电路

主线路有 4 台电动机，其中 M_1 为液压泵电动机，它起到使工作台往复运动的作用。砂轮电动机 M_2 带动砂轮旋转进行磨削加工。M_3 是冷却泵电动机，对磨削起冷却作用。升降电动机 M_4 用于砂轮机的升降调整。电动机 M_1、M_2、M_3 在工作中只需要正转，其中冷却泵电动机 M_3 在砂轮电动机 M_2 运转时才能运转，而升降电动机 M_4 在正、反两个方向均能工作。

电路中的 3 个热继电器 FR_1、FR_2、FR_3 和欠电压继电器 KA 对电动机 M_1、M_2、M_3 起到过载保护和欠电压保护的作用。熔断器 FU_1 对 4 台电动机进行短路保护。

电磁工作台电路由变压器 T_1 变压及整流电路整流后提供 110V 直流电压，它的保护电路由欠电压继电器、放电电容和电阻组成。

照明电路由变压器 T_2 提供 36V 的安全电压，4 个指示灯 HL_1~HL_4 分别表示电动机 M_1~M_4 以及电磁工作台的工作状态。

② 原理分析。下面叙述整个电路的工作过程：当电源接通后，如果电路无故障，欠电压继电器 KA 动作，其常开触点 KA 闭合，为接触器 KM_1、KM_2 吸合做好准备。当按下 SB_1 按钮后，KM_1 接触器线圈得电吸合，液压泵电动机 M_1 开始运转。由于接触器 KM_1 的吸合，自锁点自锁使电动机 M_1 在松开按钮后继续运行。当工作完毕，按下停止按钮 SB_2，KM_1 失电释放而使电动机 M_1 停止运行。在需要砂轮电动机 M_2 和冷却泵电动机 M_3 工作时，按下 SB_3 按钮，KM_2 接触器得电吸合，砂轮电动机 M_2 和冷却泵电动机 M_3 同时工作。需停止时，按下 SB_4 按钮，两台电动机停转。

SB_5 和 SB_6 按钮控制升降电动机 M_4 的正转和反转，按下按钮时运转，松开即停止。按下 SB_7 按钮，KM_5 接触器吸合，电磁工作台带磁而把工件牢牢地吸住，按下 SB_8 按钮，电磁工作台失去吸力。为了消除剩磁，可按下 SB_9 按钮，使接触器 KM_6 得电吸合，把反向电流通入工作台，退完磁后松开 SB_9 按钮，即可将工件取下。

7. M7475 型立轴圆台平面磨床控制电路是怎样工作的？

答：M7475 型立轴圆台平面磨床的控制电路如图 4-7 所示。从图中可以看出，M7475 型立轴圆台平面

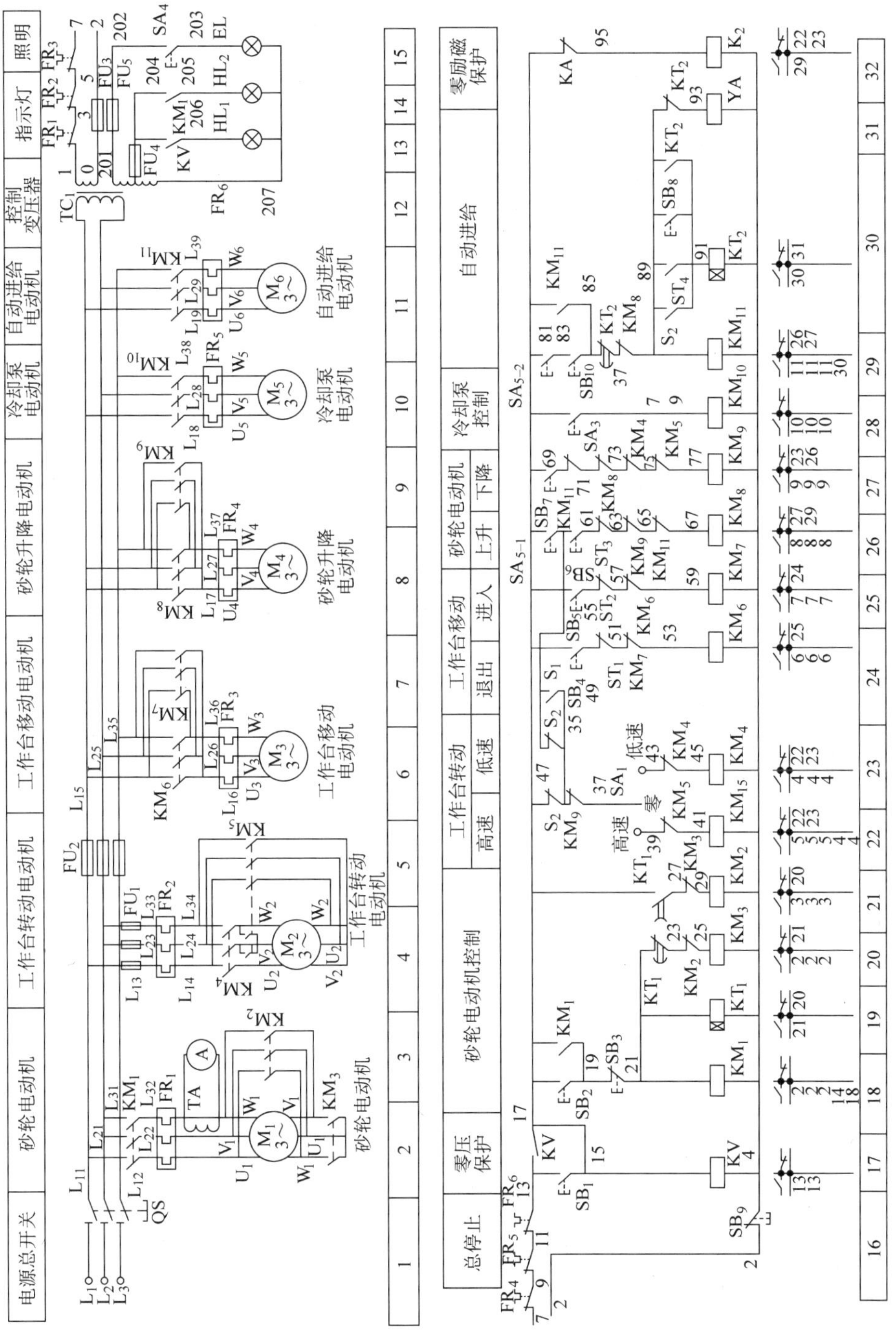

图4-7 M7475型立轴圆台平面磨床的控制电路

磨床由6台电动机拖动：砂轮电动机 M_1、工作台转动电动机 M_2、工作台移动电动机 M_3、砂轮升降电动机 M_4、冷却泵电动机 M_5 和自动进给电动机 M_6；按钮 SB_1 为机床的总起动按钮；SB_9 为总停止按钮；SB_2 为砂轮电动机 M_1 的起动按钮；SB_3 为砂轮电动机 M_1 的停止按钮；SB_4、SB_5 为工作台移动电动机 M_3 的退出和进入的点动按钮；SB_6、SB_7 为砂轮升降电动机 M_4 的上升、下降点动按钮；SB_8、SB_{10} 为自动进给起动和停止按钮；手动开关 SA_1 为工作台转动电动机 M_2 的高、低速转换开关；SA_5 为砂轮升降电动机 M_4 的自动和手动转换开关；SA_3 为冷却泵电动机 M_5 的控制开关；SA_2（见图4-8）为充、去磁转换开关。

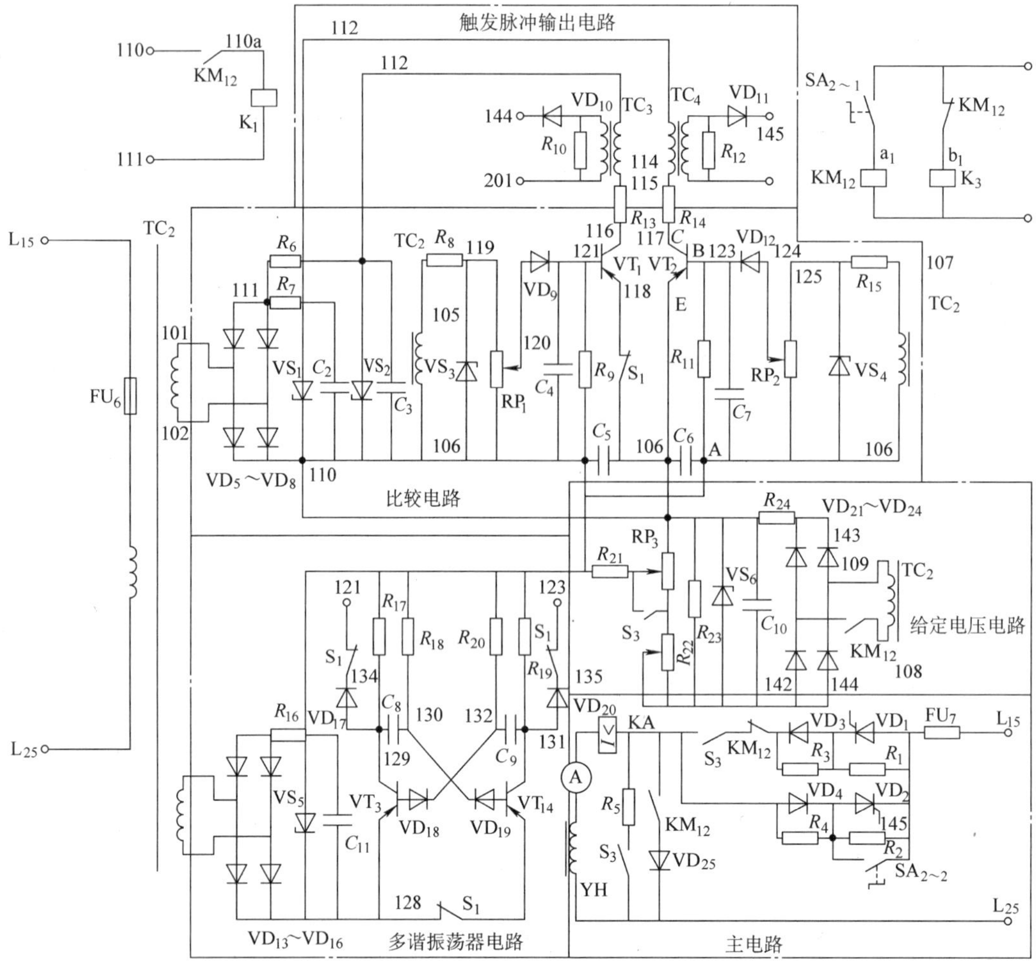

图4-8　M7475型立轴圆台平面磨床电磁吸盘充、去磁电路

按下按钮 SB_1，电压继电器KV通电闭合并自锁，按下砂轮电动机 M_1 的起动按钮 SB_2，接触器 KM_1、KM_2、KM_3 先后闭合，砂轮电动机 M_1 做Y-△减压起动运行。

将手动开关 SA_1 扳至“高速”档，工作台转动电动机 M_2 高速起动运转；将手动开关 SA_1 扳至“低速”档，工作台转动电动机 M_2 低速起动运转。

按下按钮 SB_4，接触器 KM_6 通电闭合，工作台电动机 M_3 带动工作台退出；按下按钮 SB_5，接触器 KM_7 通电闭合，工作台电动机 M_3 带动工作台进入。

砂轮升降电动机 M_4 的控制分为自动和手动。将转换开关 SA_5 扳至“手动”档位置（$SA_{5\text{-}1}$），按下上升或下降按钮 SB_6 或 SB_7，接触器 KM_8 或 KM_9 得电，砂轮升降电动机 M_4 正转或反转，带动砂轮上升或下降。

将转换开关 SA_5 扳至“自动”档位置（SA_{5-2}），按下按钮 SB_{10}，接触器 KM_{11} 和电磁铁 YA 通电，自动进给电动机 M_6 起动运转，带动工作台自动向下进给，对工件进行磨削加工。加工完毕，压合行程开关 ST_4，时间继电器 KT_2 通电闭合并自锁，YA 断电，工作台停止进给，经过一定的时间后，接触器 KM、KT_2 失电，自动进给电动机 M_6 停转。

8. 怎样控制 M7475 型立轴圆台平面磨床电磁吸盘充、去磁电路？

答： 图 4-8 为 M7475 型立轴圆台平面磨床电磁吸盘充、去磁电路的原理图。电磁吸盘又称为电磁工作台，它也是安装工件的一种夹具，具有夹紧迅速、不损伤工件、一次能吸牢若干个工件，工作效率高，加工精度高等优点。但它的夹紧程度不可调整，电磁吸盘要用直流电源，且不能用于加工非磁性材料的工件。

电磁吸盘的构造与工作原理：平面磨床上使用的电磁吸盘有长方形与圆形两种，形状不同，但工作原理是一样的。长方形工作台电磁吸盘，主要为钢制吸盘体，在它的中部凸起的心体上绕有线圈，钢制盖板被绝缘层材料隔成许多小块，而绝磁层材料由铅、铜及巴氏合金等非磁性材料制成。它的作用使绝大多数磁力线都通过工件再回到吸盘体，而不致通过盖板直接回去，以便吸牢工件。在线圈中通入直流电时，芯体磁化，磁力线为由芯体经过盖板→工件→盖板→吸盘体→芯体构成的闭合磁路。由工件被吸住达到夹持工件的目的。

9. M1432A 型外圆磨床控制电路是怎样工作的？

答： M1432A 型外圆磨床有 5 台电动机工作。其中 M_1 为油泵电动机；M_2 为双速电动机，是带动工件旋转的主轴电动机；M_3 和 M_4 分别为内圆砂轮电动机和外圆砂轮电动机；M_5 是给砂轮和工件供给切削液的冷却泵电动机。

M1432A 型外圆磨床控制电路由主电路、控制电路和照明电路 3 大部分组成，如图 4-9 所示。主电路有 5 台电动机，均有过载和短路保护。它的控制电源是经过热继电器常闭触点串接过来的电源，在热继电器不动作的情况下，首先只能开动油泵电动机 M_1，而后才能操作以下电动机：拨动 QS_2 转换开关后，可控制工作主轴双速电动机 M_2 快速、慢速转换工作。如果 QS_2 的 0、3 接通，按下 SB_5 后，接触器 KM_3 得电吸合，主轴电动机 M_2 快速工作。而内圆砂轮电动机 M_3 和外圆砂轮电动机 M_4 由接触器 KM_4 和 KM_5 来控制，

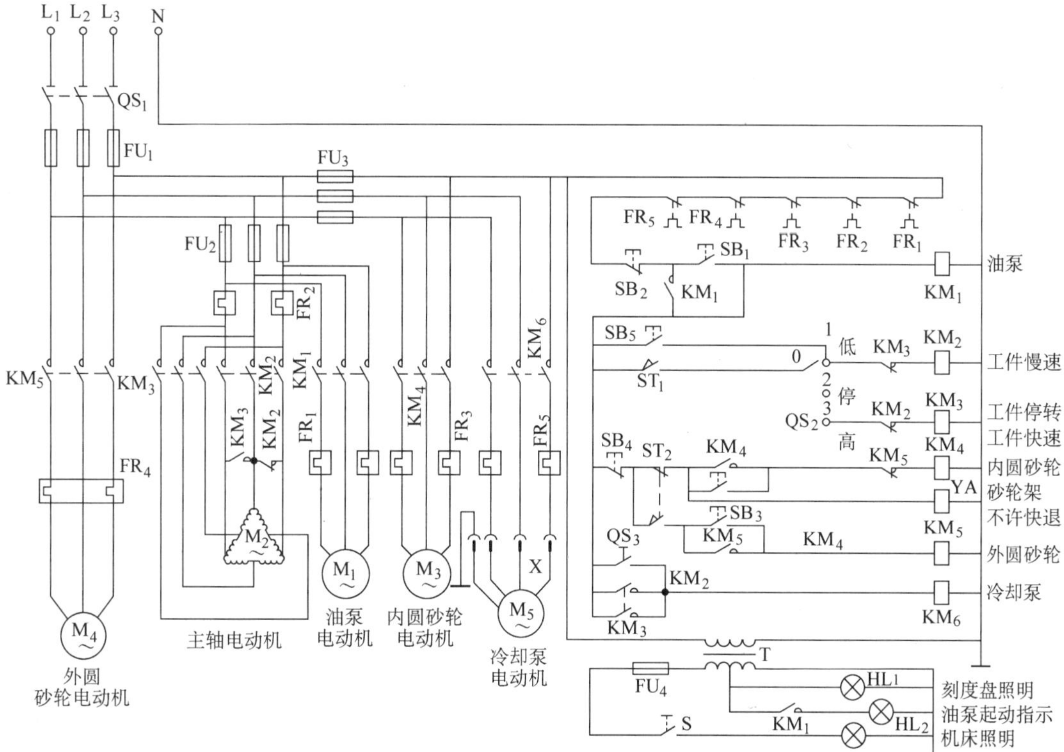

图 4-9　M1432A 型外圆磨床的控制电路

只要按下接触器按钮 SB_3，内外圆砂轮电动机便通电工作(或内圆砂轮电动机工作,或外圆砂轮电动机工作)，它是由行程开关 ST_2 来选定的。在内圆砂轮电动机 M_3 工作时，由于电磁铁 YA 得电吸合，可防止砂轮架快退的可能。另外，在操作主轴电动机 M_2 后，接触器 KM_2 或 KM_3 吸合，接触器 KM_6 便得电吸合，在工作时使冷却泵电动机 M_5 自动开动，为加工砂轮机输送切削液。低压照明灯只要操作开关 S，即可点亮。

10. X62W 型万能铣床控制电路是如何工作的?

答: 以 X62W 型万能铣床为例，它能够铣削平面、斜面、沟槽、齿轮等，装上分度头，还可以铣削直齿齿轮、铰刀和螺旋面等。如果装上圆工作台，还可以铣切凸轮和弧形槽。

X62W 型万能铣床由 3 台电动机来完成它的加工过程。它的外形及电路如图 4-10 所示。

a)

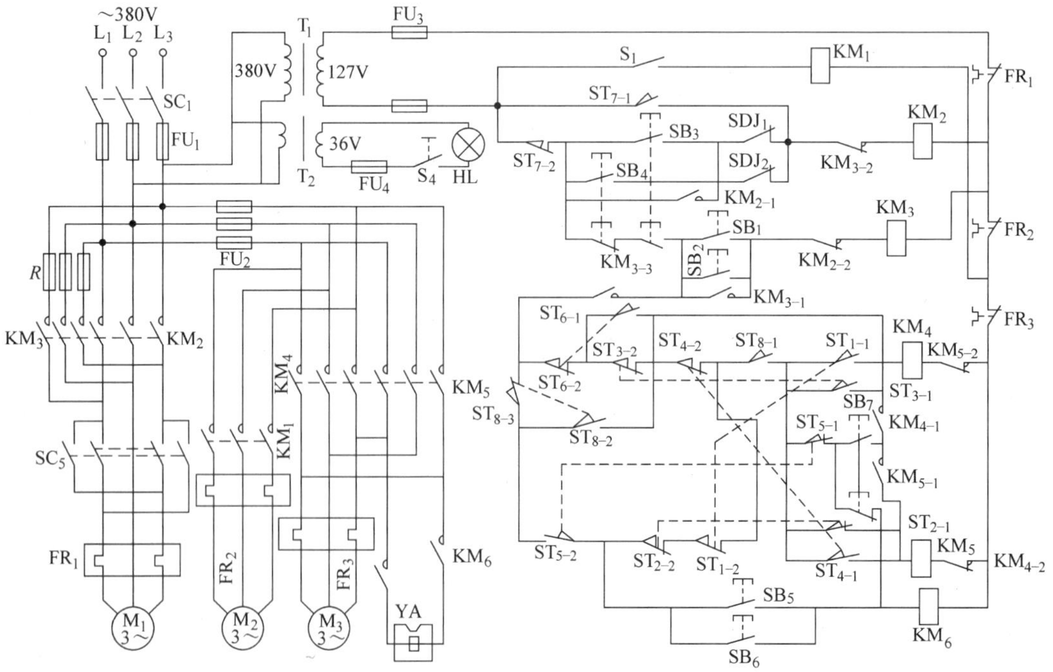

b)

图 4-10　X62W 型万能铣床及其控制电路

a）X62W 型万能铣床的外形　b）X62W 型万能铣床的控制电路

其中 M_1 是主轴电动机，M_3 是工作台进给电动机，M_2 是冷却泵电动机。M_1 由换向开关 QS_5、接触器 KM_2 和 KM_3 来完成正反转、反接制动和瞬时制动，并通过机械机构进行变速。电动机 M_3 除了进行正反转控制、快慢速控制、限位控制，还通过机械机构使工作台作上下、左右、前后方向运动，M_2 为冷却泵电动机，它通过 KM_1 接触器控制。其电气要求如下：

① 主轴电机应能正反转。停车时，应有电气制动。

② 进给电机为一台，可以正反转。工作台的横向和垂直方向移动用一个手柄操作，纵向移动用另一个手柄操作。3 个方向的进给互相联锁。工作台在 3 个方向都可以机动进给和快速移动。在各个极限位置都能自动停止。

③ 主轴和工作台都采用变速盘选择速度。在切换齿轮以改变速度时，主轴电动机和进给电动机应进行冲动，这样可使齿轮易于啮合。

④ 使用圆工作台时，上下、左右和前后 3 个方向的进给运动都应该停止，进给电动机只需要单向运转。如果进给手柄有一个不在零位，那么进给电动机就不能起动。

11. X8120W 型万能工具铣床控制电路是如何工作的?

答： 如图 4-11 所示，X8120W 型万能工具铣床有两台电动机。一台是主机铣头电动机，为双速式，高速时电动机线圈为双星路接法，并且铣头电动机需正反方向运转；另一台为冷却泵电动机 M_1，它由转换开关 QS_2 来进行通断控制。

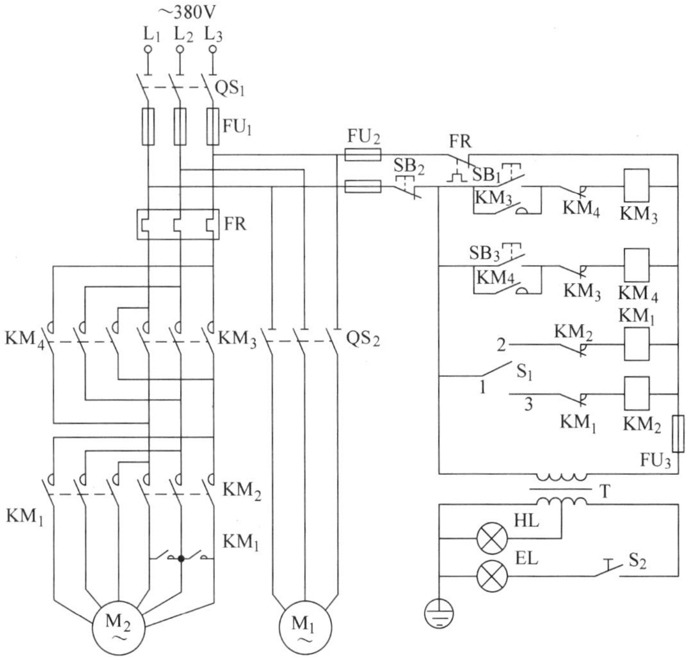

图 4-11 X8120W 型万能工具铣床的控制电路

铣床需要工作时可合上刀开关 QS_1，这时，拨动双速开关，先定为高速运转时需将双速开关 S_1 的 1、2 接通，欲选定低速运转，可将双速开关 S_1 的 1、3 接通，然后按下 SB_1 按钮，接触器 KM_3 得电吸合，电动机 M_2 开始正转运行。若需停止电动机 M_2 运行时，可按下 SB_2 按钮，若工作需要反转时，按下 SB_3 按钮，接触器 KM_4 与接触器 KM_1 闭合，使电动机 M_2 在高速上反转运行，停车时按下 SB_2 即可停止电动机运行。若这时想改变为低速运行，只要把双速开关 S_1 转向 1、3 接通时，即可操纵按钮正反转工作均为低速运行。低压灯工作时开动开关 S_2 即可；冷却泵电动机 M_1 工作时，只要将换开关 QS_2 拨向接通位置，M_1 便能开始运转工作。

12. Z35 型摇臂钻床控制电路是怎样工作的?

答： Z35 型摇臂钻床能用于钻孔、扩孔、铰孔、镗孔，以及刮平面、攻螺纹等。它由一台电动机拖动，用变速箱调节主轴转速和进给量。在加工螺纹时，主轴的正、反转一般用机械方法变换，其电气要求如下：

① 它的主轴调速范围较大，故有采用多速异步电动机拖动的。这样可以简化变速箱的机械结构。

② 摇臂的升降、夹紧、放松，应能自动循环。在摇臂上升或下降之前，必须先自动松开夹紧装置。摇臂升或降到指定位置停止后，夹紧装置又能自动将摇臂夹紧。

③ 为了保证安全，主轴旋转和摇臂升降不允许同时进行。

④ 摇臂的升降机构应设有电气极限保护。

⑤ 立柱和主轴箱的夹紧和放松，可采用电动机直接传动或另用一台电动齿轮泵来控制，用点动正转和反转使立柱夹紧和放松。另外又通过电气联锁同时使主轴箱夹紧。

当开始工作时，将转换开关SC扳向左方，左面触点闭合，零压继电器KA线圈得电，常开触点闭合自锁。然后将SC扳向右方，接通KM_1线圈使主轴电动机M_2通电运转，运转方向由摩擦离合器手柄位置决定。摇臂升降同样由SC控制，当SC向上扳时，KM_2接触器得电吸合，电动机M_3运转，摇臂向上，升至一定程度时，行程开关ST_1限位，停止上升。SC向下扳，KM_3线圈得电，摇臂下降，降至一定程度同样由限位行程开关限位。主柱夹紧与松开由复合按钮SB_1、SB_2来完成。按下SB_1按钮，主柱松开；按下SB_2按钮，主柱夹紧，当松开按钮后，主柱夹紧与松开电动机M_4停止工作。

Z35型摇臂钻床的外形如图4-12a所示，控制电路如图4-12b所示。

13. Z3040型摇臂钻床控制电路是如何工作的？

答：（1）主电路

Z3040型摇臂钻床的主轴旋转运动和进给运动由一台交流异步电动机M_1拖动，主轴的正、反向旋转运动是通过机械转换实现的。故主电动机只有一个旋转方向。Z3040型摇臂钻床主轴的调速范围为50∶1，正转最低转速为40r/min，最高为2000r/min，进给范围为(0.05~1.60)r/min。它的调速是通过三相交流异步电动机和变速箱来实现的。也有的是采用多速异步电动机拖动，这样可以简化变速机构。

摇臂钻床除了主轴的旋转和进给运动外，还有摇臂的上升、下降及立柱的夹紧和放松。摇臂的上升、下降由一台交流异步电动机M_2拖动，立柱的夹紧放松由另一台交流电动机M_3拖动。Z3040型摇臂钻床是通过电动机拖动一台齿轮泵，供给夹紧装置所需要的液压油。而摇臂的回转和主轴箱的左右移动通常采用手动操作。此外，还有一台冷却泵电动机M_4对加工的刀具进行冷却。

（2）控制电路

Z3040型摇臂钻床的控制电路如图4-13b所示。图中M_1为主轴电动机，M_2为摇臂升降电动机。M_3为液压泵电动机，M_4为冷却泵电动机，QF_1为总电源控制开关。

① 主轴电动机控制。主轴电动机M_1为单向旋转，由按钮SB_8、SB_2和接触器KM_1实现起动停止控制。主轴的正、反转则由电动机M_1拖动齿轮泵送出液压油，通过液压系统操纵机构，配合正、反转摩擦离合器驱动主轴正转或反转。

② 摇臂上升、下降控制。摇臂钻床在加工时，要求摇臂处于夹紧状态，才能保证加工精度。但在摇臂需要升降时，又要求摇臂处于松开状态，否则电动机负载大，机械磨损严重，无法完成升降工作。摇臂上升或下降时，其动作过程是升降指令发出，先使摇臂与外立柱处于松开状态，而后上升或下降，待升降到位时，要自行重新夹紧。由于松开与夹紧工作是由液压系统实现的，因此，升降控制须与松紧机构液压系统紧密配合。M_2为升降电动机，由SB_3、SB_4按钮点动控制接触器KM_2、KM_4接通或断开，使电动机M_2正、反向旋转，拖动摇臂上升或下降移动。

M_3为液压泵电动机，通过接触器KM_4、KM_5接通或断开，使电动机M_3正、反向旋转，带动双向液压泵送出液压油，经两位六通阀至摇臂夹紧机构实现夹紧与松开。

M_4为冷却泵电动机，由手动转换开关QS控制其正向旋转。

下面分析摇臂上升和下降的动作过程。

① 合上低压断路器QF_1、QF_2、QF_3，按下总起动按钮SB_1，电压继电器KV闭合并自锁，接通了控制电路的电源。

a)

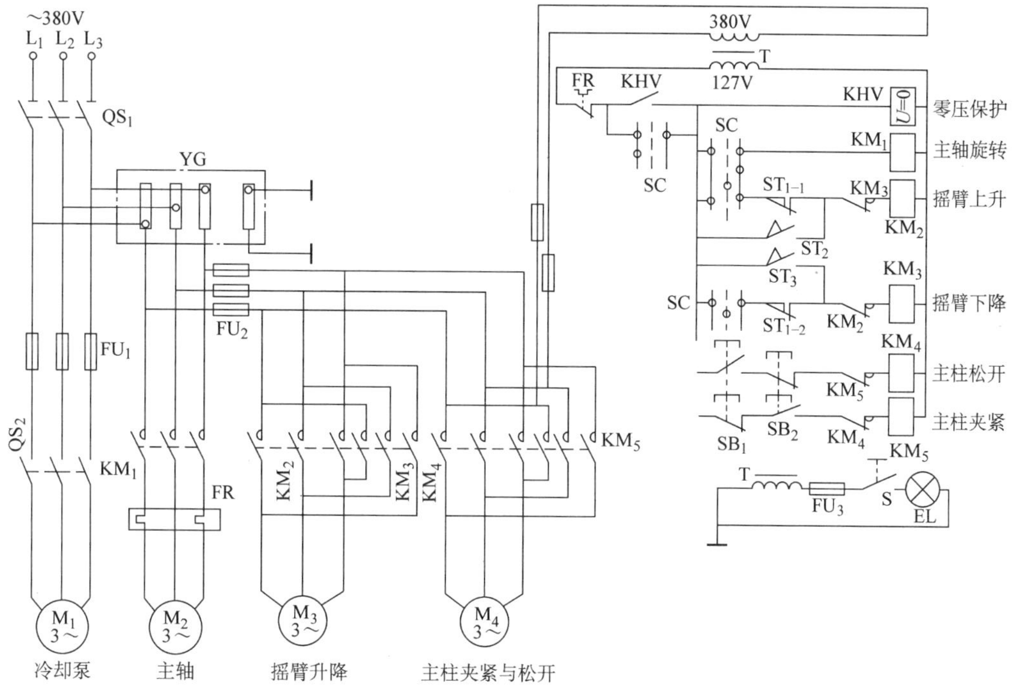

b)

图 4-12 Z35 型摇臂钻床

a）Z35 型摇臂钻床的外形 b）控制电路

② 当需要主轴电动机 M_1 运行时，按下按钮 SB_2，接触器 KM_1 得电闭合自保，主轴电动机 M_1 起动运转；按下按钮 SB_8，接触器 KM_1 断电释放，主轴电动机 M_1 停止旋转。

③ 当需要摇臂上升时，按下按钮 SB_3，时间继电器 KT_1 通电闭合，继而接触器 KM_4 通电闭合，液压泵电动机 M_3 正转，供给机床正向液压油松开摇臂。摇臂松开后，行程开关 ST_2 被压下，行程开关 ST_3 被

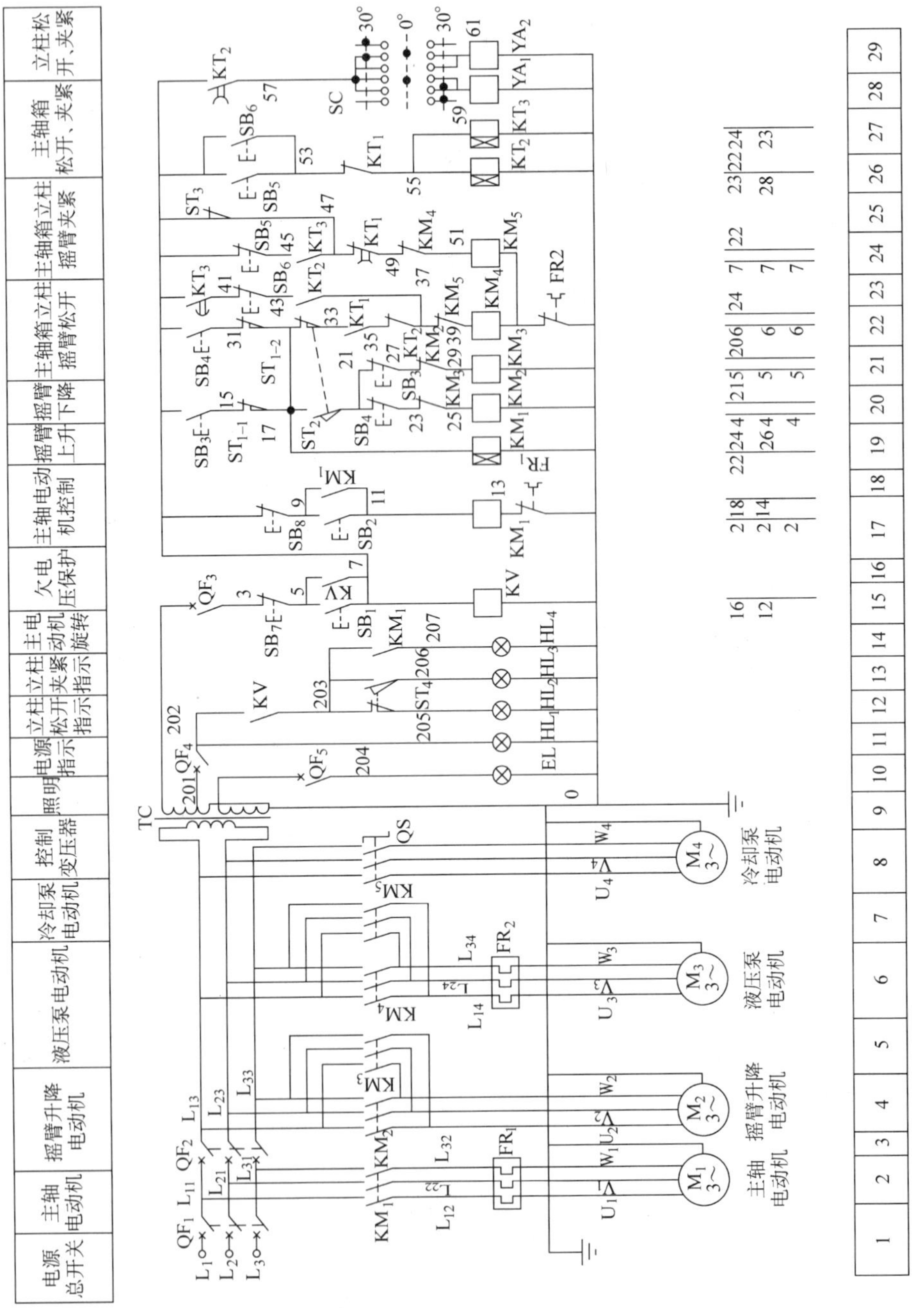

图 4-13　Z3040 型摇臂钻床的控制电路

复位闭合，继而接触器 KM_4 断开，液压泵电动机 M_3 停转，接触器 KM_2 通电闭合，摇臂升降电动机 M_2 正转，带动摇臂上升。当摇臂上升到一定高度时，松开按钮 SB_3，接触器 KM_2、时间继电器 KT，断电释放，摇臂升降电动机 M_2 停止旋转，接触器 KM_5 通电闭合，液压泵电动机 M_3 反转，供给机床反向液压油夹紧摇臂。摇臂夹紧后，行程开关 ST_2 复位，行程开关 ST_3 断开，液压泵电动机 M_3 停止反转，完成摇臂上升的控制过程。

④ 当需要摇臂下降时，按下按钮 SB_4，时间继电器 KT_1 通电闭合，继而接触器 KM_4 通电闭合，液压泵电动机 M_3 正转，供给机床正向液压油松开摇臂。摇臂松开后，行程开关 ST_2 被压下，行程开关 ST_3 复位闭合，继而接触器 KM_4 断开，液压泵电动机 M_3 停转，接触器 KM_3 通电闭合，摇臂升降电动机 M_2 反转，带动摇臂下降。当摇臂下降到一定高度时，松开按钮 SB_4，接触器 KM_3、时间继电器 KT_1 断电释放，摇臂升降电动机 M_2 停止旋转，接触器 KM_5 通电闭合，液压泵电动机 M_3 反转，供给机床反向液压油夹紧摇臂。摇臂夹紧后，行程开关 ST_2 复位，行程开关 ST_3 断开，液压泵电动机 M_3 停止反转，完成摇臂下降的控制过程。

电路图中行程开关 ST_{1-1} 和 ST_{1-2} 分别为摇臂上升的上限位行程开关和摇臂下降的下限位行程开关。

⑤ 当需要对立柱松开或夹紧控制时，将转换开关 SC 扳至“左”档位置，SC 接通电磁铁 YA_2 线圈。当需要对立柱放松时，按下按钮 SB_5，时间继电器 KT_2、KT_3 通电闭合，继而接触器 KM_4 通电闭合，液压泵电动机 M_3 正转，供给机床正向液压油放松立柱。当需要对立柱进行夹紧时，按下按钮 SB_6，时间继电器 KT_2、KT_3 通电闭合，继而接触器 KM_5 通电闭合，液压泵电动机 M_3 反转，供给机床反向液压油夹紧立柱。

⑥ 同理，将 SC 扳至“右”档或“中间”档位置时，按下按钮 SB_5 或 SB_6，即可对主轴箱或主轴箱和立柱进行放松或夹紧控制。

14. Z525 型立式钻床控制电路的原理是什么？

答： Z525 型立式钻床有 2 台电动机，一台为主轴钻床电动机 M_1，另一台是冷却泵电动机 M_2。主轴钻床电动机 M_1 为控制钻床正、反的电动机，而电动机 M_2 通过转换开关控制正转运行，如图 4-14 所示。

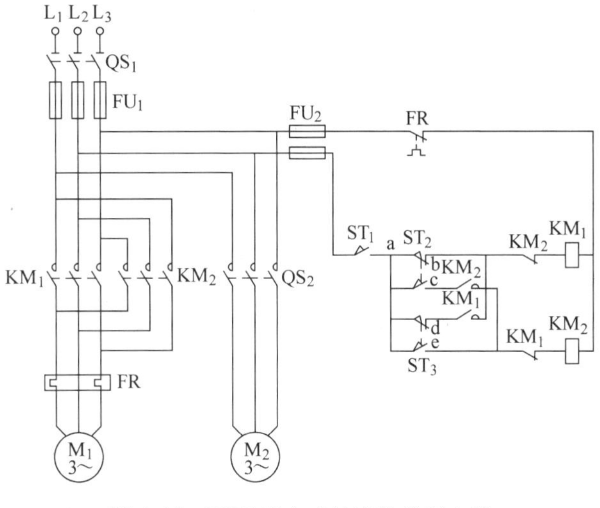

图 4-14　Z525 型立式钻床的控制电路

需要电动机工作时，合上 QS_1 开关，380V 电源经过熔断器 FU_1 送入接触器 KM_1 和 KM_2 上桩头和转换开关 QS_2 上桩头，为电动机电运行做好准备。380V 电源通过熔断器 FU_2 后送入控制电路中，当需操作钻床主轴电动机正转时，把操作手柄置于向右位置，这时行程开关 ST_1 闭合，ST_2(a~b) 和 ST_3(a~d) 触点闭合，KM_1 线圈得电吸合，电动机 M_1 主轴得电正转。需要电动机停止运行时，操作手柄处于停止位置，行程开关 ST_1 触点断开，使主轴电动停止运行。如果欲使主轴电动机 M_1 反转时，操作手柄拨向向左位置，行程开关 ST_1 触点闭合，行程开关 ST_2(a~c) 和 ST_3(a~e) 线圈闭合，从而接通接触器 KM_2 线圈回路，使 KM_2 得电吸合，电动机 M_1 反转运行。如果需操作冷却泵电动机 M_2 时，拨通转换开关 QS 可使电动机 M_2 运行。整个电路中有短路保护和过电流保护装置，并使换相接触器线圈利用常闭辅助触点进行互锁，以防接触器同时吸合造成短路。

15. T68 型台式镗床控制电路的工作原理是什么?

答: 镗床分卧式、立式和台式，它能够钻孔、镗孔，扩孔和铰孔，另外，还能车削端平面和圆柱表面。如装上铣刀，还能进行铣切加工。主运动和进给运动合用一台三相异步电动机，用齿轮调速。主轴、径向刀架、主轴箱和工作台的快速移动用另一台三相异步电动机。主轴转速和进给机构的速度都采用预选盘和变速手柄联合作用的装置调节。如图 4-15a 所示为台式镗床。T68 型镗床的控制电路如图 4-15b 所示。

a)

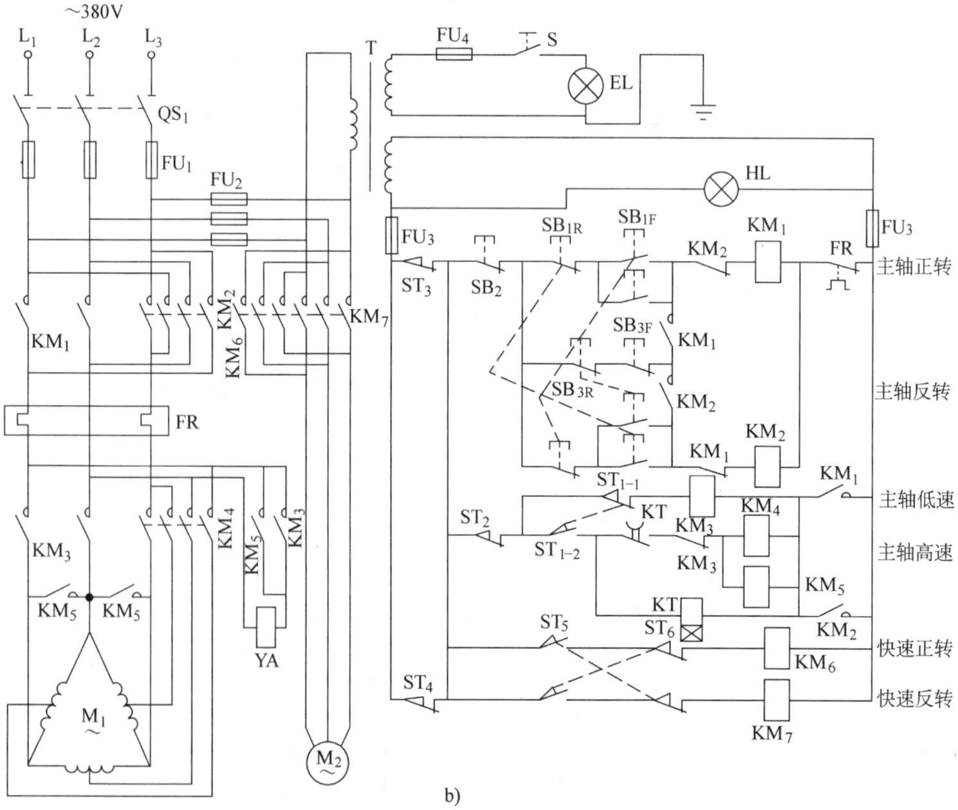

b)

图 4-15 T68 型镗床及其控制电路

a) T68 型镗床的外形 b) T68 型镗床的控制电路

(1) 电路组成

它由两台电动机来完成工作。其中 M_1 为双速电动机，它通过变速箱等传动机构带动平旋盘和主轴以及润滑油泵运转。电动机 M_2 带动主轴上的拖板作上拖板和下拖板等快速运动。

(2) 原理分析

操作 SB_{1F} 和 SB_{1R} 按钮使 KM_1 和 KM_2 得电吸合，电动机 M_1 运转，停车时按下 SB_2。如需点动，应操作 SB_{3F} 和 SB_{3R} 按钮。当需要主轴制动时，按下停止按钮，使 KM_3 和 KM_5 接触器释放，电磁铁电源断开，在弹簧作用下杠杆拉紧制动轮，使电动机快速停转。如果需要电动机 M_1 由低速运转变为高速运转，可通过调速联动机构使行程开关 ST_1 动作，经时间继电器延时后闭合 KM_4 和 KM_5 线圈，使电动机 M_1 由三角形低速运转变为星形高速运转。ST_2 是与机床变速手柄相连的变速联动行程开关，拉出机床变速手柄后，ST_2 断开接触器 KM_3 或 KM_4、KM_5，使电动机停转。给进部件快速移动控制是由操作手柄操纵行程开关 ST_5 和 ST_6 来完成，当接触器 KM_6 或 KM_7 通电或断电时，电动机 M_2 做上拖板、下拖板等快速运动。

16. 什么是龙门刨床？它有哪些功能？

答：龙门刨床特别适宜于加工大型的、狭长的机械零件，如机床床身、箱体、导轨等。

以 B2010A 型龙门刨床为例，它需用 13 台电机。刀架移动、进刀、退刀、抬刀；横梁放松与夹紧，上升与下降；工作台步进，步退等许多运动，都是由许多电动机与电器元件有机配合组成。它的主拖动系统要求更高，不仅要求有足够大的切削功率，较大的调速范围，而且要能按照要求实现自动的速度循环和调节。龙门刨床的外形如图 4-16 所示。

图 4-16 龙门刨床的外形

(1) 龙门刨床的生产工艺对电气控制系统的要求

① 要求有宽广的调速范围。调速范围为 20:1(包含 1 档机械变速)。工作台要求在低速档(6~60m/min)，高速档(9~90m/min)内实现电气无级调速。

② 工作台能按照需要实现自动的往返循环。在高速切削时，为了减小对刀具的冲击，应使刀具慢速切入工件。若切削速度与冲击为刀具所能承受时，则可利用转换开关取消慢速切入。在工作台前进与返回行程末尾，工作台能自动减速，以保证刀具慢速离开工件，防止工件边缘剥裂；同时可减小工作台反向时的冲程和对电动机及机械的冲击。

③ 工作台前进与返回行程的速度，能分别进行无级调整，不必停车。用于磨削时，工作台应把速度降低到 1m/min。

④ 刀架能自动进给和快速移动。

⑤ 系统的机械特性应具有一定的硬度(静差度≤10%)，以避免因切削负荷的变化引起工作台速度过大地波动，从而影响到加工表面的质量。同时，系统的机械特性还应具有下垂特性，当负荷过大时，能使拖动工作台的直流电动机的转速迅速下降，以致停止；从而达到保护电动机及机械部分的目的。

⑥ 因为工作台经常运行在过渡过程状态，因此要求过渡过程快，传动平稳。

⑦ 有必需的联锁保护。

(2) 龙门刨床横梁夹紧机构的控制电路

龙门刨床工作台前进与返回行程、横梁夹紧与松开机构等基本采用电动机的正、反转控制方式，如图4-17所示为龙门刨床横梁夹紧与松开机构的控制电路，还增加了过电流继电器KA，当电流过大，KA的常闭触点断开，切断主电路，保护电动机。

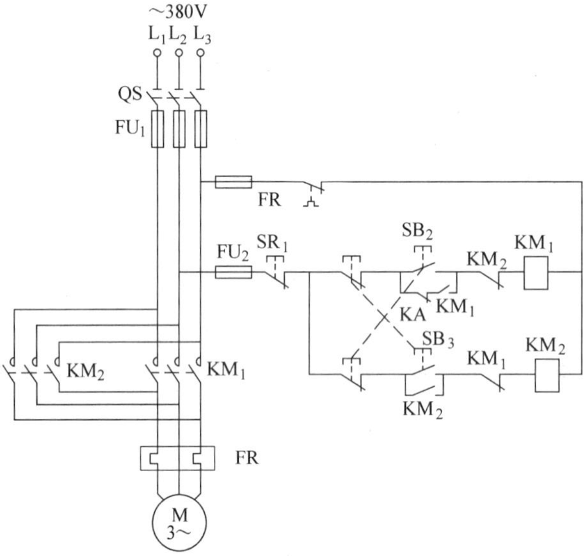

图4-17　龙门刨床横梁夹紧机构的控制电路

17. 双面单工液压传动组合机床控制电路是怎样工作的?

答: 双面单工液压传动组合机床的外形及控制电路原理如图4-18所示。双面单工液压传动组合机床由左、右动力头电动机M_1、M_2及冷却泵电动机M_3 3台电动机拖动。在双面单工液压传动组合机床控制电

a)

图4-18　双面单工液压传动组合机床外形及其控制电路

a) 双面单工液压传动组合机床外形

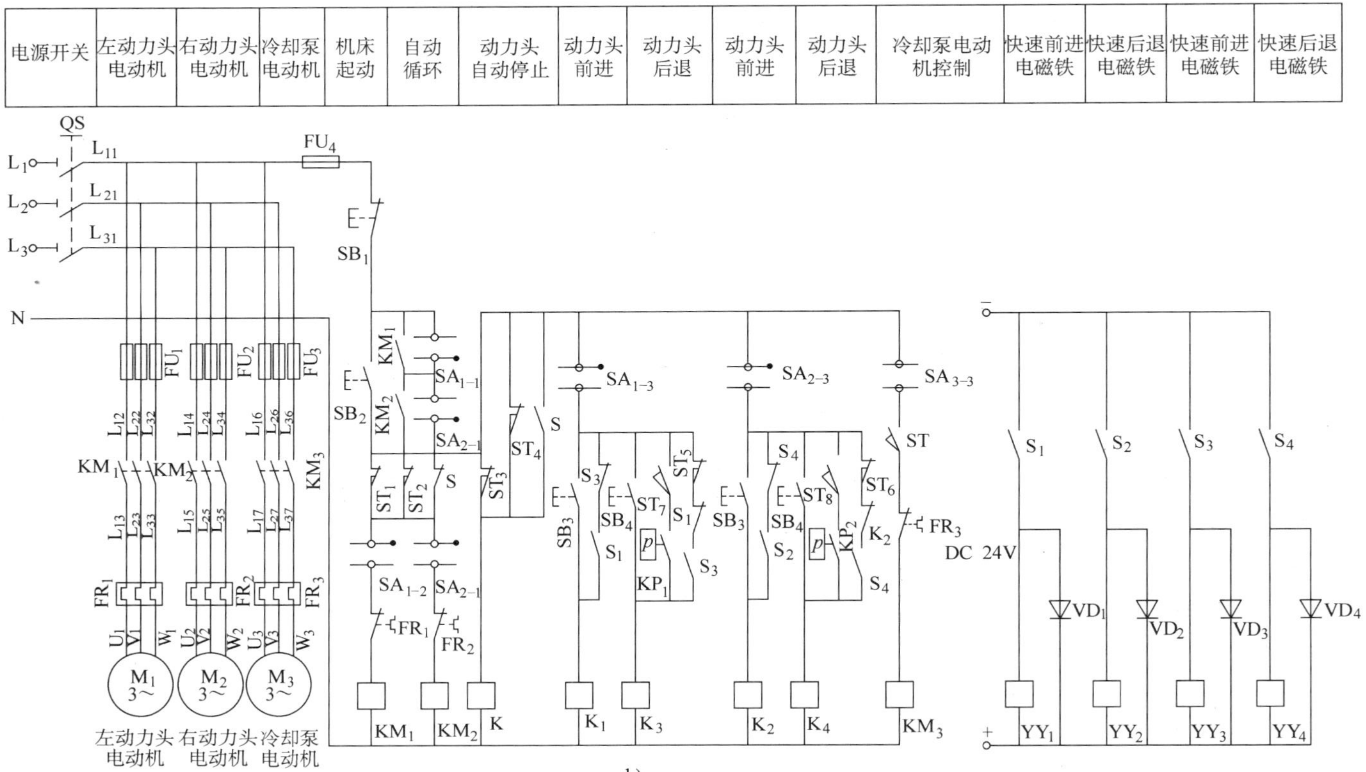

b)

图4-18 双面单工液压传动组合机床外形及其控制电路(续)

b）控制电路

路中，手动开关 SA_1 为左动力头单独调整开关，SA_2 为右动力头单独调整开关，SA_3 为冷却泵电动机的工作选择开关。

当左、右动力头在原位时，行程开关 ST_1、ST_2、ST_3、ST_4、ST_5、ST_6 被压下。

当需要机床工作时，将手动开关 SA_1、SA_2 扳至自动循环位置，按下机床起动按钮 SB_2，接触器 KM_1、KM_2 通电闭合并自锁，其主触点闭合，左、右动力头电动机 M_1、M_2 起动运转。然后按下“前进”按钮 SB_3，中间继电器 K_1、K_2 通电闭合并自锁，电磁阀 YY_1、YY_3 线圈通电动作，左、右动力头离开原位快速前进。此时行程开关 ST_1、ST_2、ST_5、ST_6 首先复位，接着行程开关 ST_3、ST_4 也复位。由于行程开关 ST_3、ST_4 复位，因而中间继电器 K 通电闭合并自锁，为左、右动力头自动停止做好准备。动力头在快速前进的过程中，由各自的行程阀自动转换为工进，并压下行程开关 ST_1，使接触器 KM_3 通电闭合，冷却泵电动机 M_3 起动运转，供给机床切削液。

左动力头加工完毕后，压下行程开关 ST_7，并通过挡铁机械装置动作使油压系统油压升高，压力继电器 KP_1 动作，常开触点闭合，中间继电器 K_3 闭合并自锁，K_1 断电释放。

同理，右动力头加工完毕后，压下行程开关 ST_8，使得压力继电器 KP_2 动作，常开触点闭合，中间继电器 K_4 闭合并自锁，K_2 断电释放。由于中间继电器 K_1、K_2 断电释放，YV_1、YV_3 断电且 YV_2、YV_4 通电，此时左、右动力头快速后退。

当左、右动力头退回至行程开关 ST 处时，ST 复位，接触器 KM_3 断电释放，冷却泵电动机 M_3 停止旋转。而当左、右动力头退回至原位时，首先压下行程开关 ST_3、ST_4，然后压下行程开关 ST_1、ST_2、ST_5、ST_6，接触器 KM_1、KM_2 断电释放，左、右动力头电动机 M_1、M_2 停转，完成一次循环加工过程。

图中按钮 SB_4 为左、右快退手动操作按钮，按下 SB_4，能使左、右动力头退至原位停止。

18. 行车起重机电路的工作原理是什么？

答：(1) 行车起重机电路组成

行车起重机电路由地面控制部分和空中行车控制两部分组成。读者在读这种电路图时，为了条理清楚，可分别阅读。例如，如图 4-19 所示的行车起重机电路，一部分是装在地面配电柜内的控制元件，用于将三相交流电源经控制以后提供给空中的行车起重机电路；另一部分就是空中行车控制部分。

① 地面配电柜

地面配电柜中，QS 为电源开关；FU_1 ~ FU_4 为熔丝；SB_1 为供电切断按钮；SB_2 为供电接通按钮；KM_1 为交流接触器，其有一组 KM_{1-1} 常开触点作为自锁用，KM_{1-2}~KM_{1-4} 3 组常开主触点用于控制行车的三相供电电源；FR 为热继电器。

② 行车起重机控制部分

SB_3 为控制行车起重机电源断开的总开关；SB_4 为控制行车起重机电源接通的总开关；KM_2 为交流接触器，其有一组常开触点 KM_{2-1} 作为自锁用；另有 3 组常开触点 KM_{2-2}~KM_{2-4} 用于控制电动机及控制电路使用的三相交流电源；SB_5 ~ SB_{10} 为 6 只点动按钮，KM_3 ~ KM_8 为 6 只控制点动用的交流接触器，控制顺序为上、下、左、右、前、后；SQ_1 ~ SQ_6 为 6 只限位开关。

③ 行车的运动状态

M_1 为起吊物上、下的电动机；M_2 为行车左、右移动的电动机；M_3 为行车前、后移动的电动机。

(2) 电路工作原理分析

① 地面送电控制

合上电源开关 QS，按下 SB_2 按钮后，交流接触器 KM_1 线圈得电吸合，其常开触点 KM_{1-1} 闭合后自锁，KM_{1-2} ~ KM_{1-4} 3 组常开主触点闭合后，为行车提供三相电源。

② 地面断电控制

当要断开行车起重机的供电时，只要按下停电开关 SB_1，使 KM_1 线圈断电释放即可。

③ 行车起重机总电源控制

当按下 SB_4 按钮后，KM_2 交流接触器线圈得电吸合，其 KM_{2-1} 常开触点闭合后自锁，KM_{2-2}~KM_{2-4} 3 组主常开触点闭合后，使行车起重机总电源接通。如要断开行车起重机的总电源，则只要按下总停按钮 SB_3，使 KM_2 线圈断电释放即可。

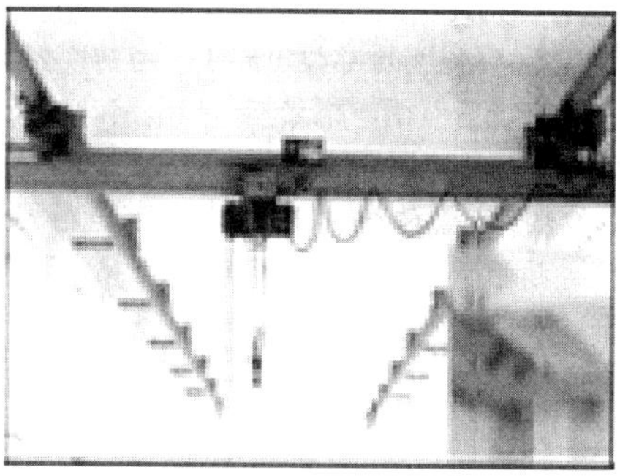

a)

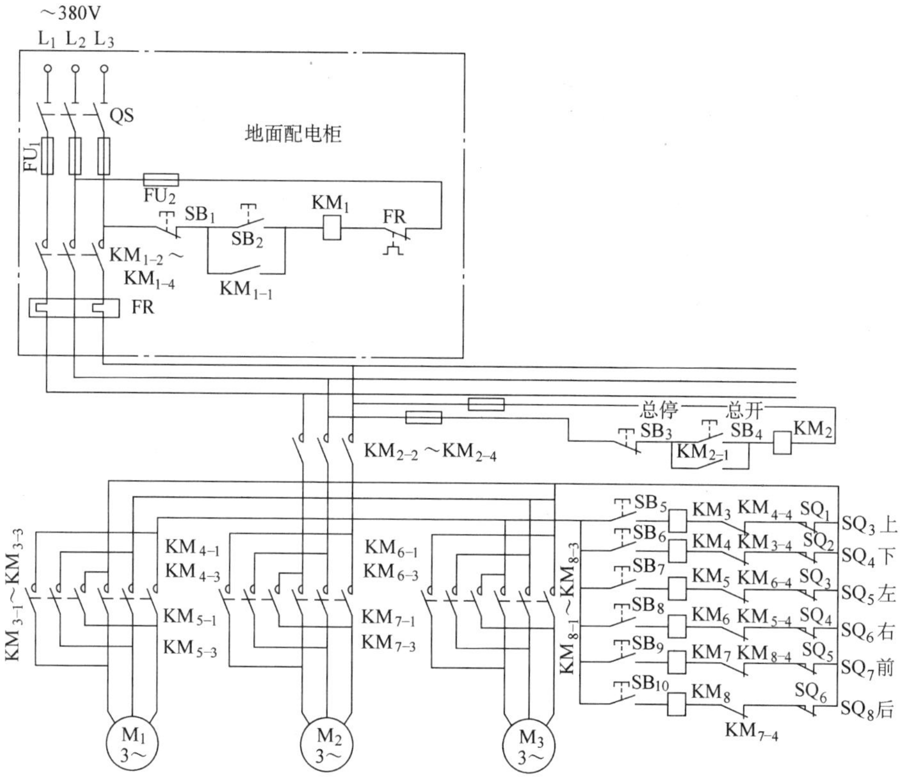

b)

图4-19　行车起重机

a）行车起重机外形　b）行车起重机电路

④ 点动控制

行车的上下、左右、前后点动控制是通过按压相应的按钮，使相应的交流接触器线圈通电吸合，接通了相应的电动机使其正转或反转来实现的。例如，当按压 SB_5 按钮时，KM_3 交流接触器线圈得电吸合，其常开触点 KM_{3-1}~KM_{3-3} 闭合以后，使电动机 M_1 得电进入正转状态，使所吊物体上升，当按压 SB_6 按钮时，电动机反转，所吊物体下降。

同理，如按压 SB_7、SB_8 时，电动机 M_2 正转或反转，行车左、右移动；按压 SB_9、SB_{10} 时，电动机 M_3 正转或反转，行车前、后移动。

19. 什么是滚齿机？它是怎样工作的？

答： 在企业生产车间、机修车间有一种Y3150型滚齿机。这种滚齿机主要有两台电动机：M_1是刀架电动机，为正、反转点动和单向起动运行；M_2为冷却泵电动机，由转换开关控制正、反、停。它的控制电路中带有正、反转到位限位开关，并附有低压照明电路和指示灯电路。

如图4-20所示是Y3150型滚齿机外形及控制电路。工作时按下起动按钮SB_1，此时接触器KM_1得电吸合，主触点闭合，使电动机M_1带动刀架向下移动工作，到达终点与行程开关ST_2相碰后，电动机M_1停止运转。如果要求刀架向上移动，按下起动按钮SB_4即可使电动机M_1反转向上移动。如需刀架主电动机M_1点动向下，可按下点动按钮SB_3，即可实现点动。

a)

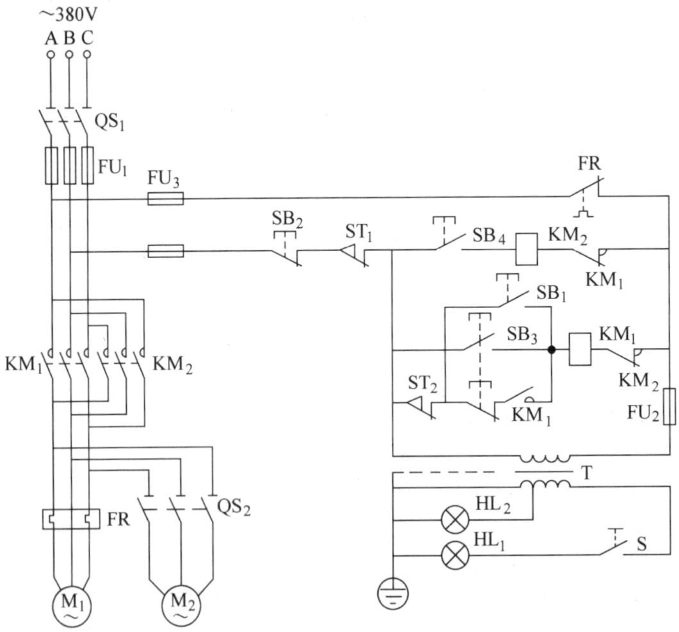

b)

图4-20　Y3150型滚齿机

a）Y3150型滚齿机外形　b）Y3150型滚齿机控制电路

操作冷却泵电动机 M_2 时，只要在主机电动机 M_1 运行后拨动转换开关即可使冷却泵电动机 M_2 工作。如果在工作时，行程开关 ST_1 动作后，机床便无法工作，只要用机械手柄把滚刀架移开限位开关与挡铁接触处，机床便能工作。

20. 什么是空气压缩机？

答：如图 4-21a 所示是空气压缩机的外形，如图 4-21b 所示是空气压缩机的控制电路。该电路的原理分析如下。

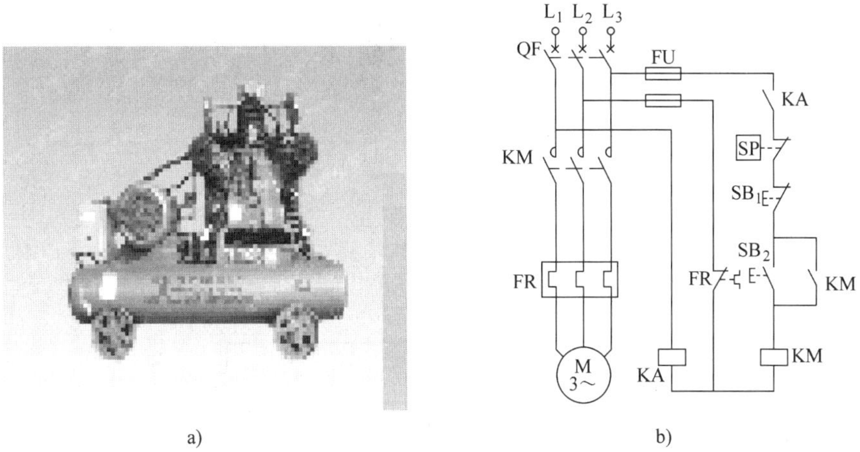

图 4-21　空气压缩机
a）空气压缩机外形　b）控制电路

（1）热继电器 FR 的过载保护功能

当电动机长期过载时，热继电器 FR 动作，其常闭辅助触点断开，保护压缩机不会过热而损坏。

（2）断路器 QF 的短路保护功能

当空气压缩机主电路发生短路故障时，断路器的过电流脱扣器动作；当电动机过载而过载保护又失灵时，会由断路器的热脱扣器将过载运行的压缩机切除。

（3）中间继电器 KA 的断相保护功能

KA、KM 线圈分别接三相电路中，当 KA 线圈所接两相电源的任一相断线时，KA 线圈不能吸合，KA 常开触点断开，KM 线圈失电；当 KM 线圈所接两相电源的任一相断线时，KM 线圈不能吸合，电动机停止运行。

（4）压缩机电器 SP 的保护功能

当压缩机内无压力时其常闭触点 SP 处于接通状态，此时，按下起动按钮 SB_2，KM 吸合，压缩机运转；当压缩机内有一定压力时，按下停止按钮 SB_1，压缩机停止。

当压缩机内压力超过允许值后，其常闭触点 SP 断开，切断交流接触器电源而停机。

21. 什么是电焊机？

答：如图 4-22a 所示为普通型和便携式维修电焊机。它是将弧焊变压器 T 和电抗器 L 组成一个整体，不仅有电的联系，还有磁的联系。

交流电焊机的电路如图 4-22b 所示。当合上刀开关 QK 时，电焊机得电工作，当断开刀开关 QK 时，电焊机停止工作，这种电路是电焊机常用且是最简单的一种电路。

22. 什么是电动葫芦？

答：电动葫芦是一种小型起重机械，多用于设备的吊装工作。它由吊钩和移动行车两部分组成，吊钩的提升和行车行进各有一台电动机拖动，提升电动机带动滚筒转动，从而带动吊钩的提升或下降；行进电动机拖动提升机构在工字梁上水平移动，从而带动行车起重机前进或后退，其控制电路如图 4-23b 所示。

主电路用断路器 QF 做短路保护，接触器 KM_1、KM_2 控制提升电动机 M_1，KM_3、KM_4 控制行进电动

a)

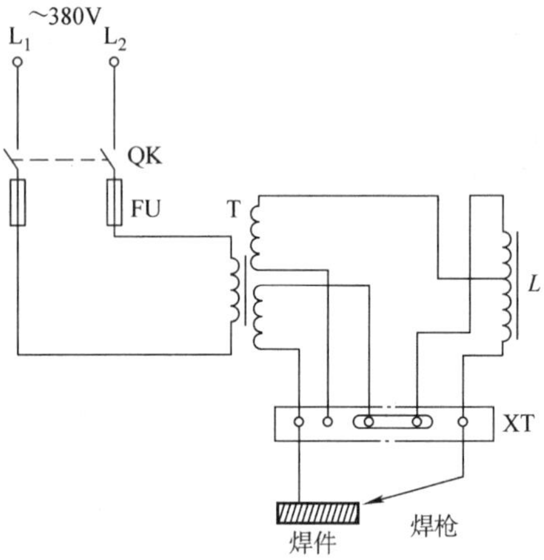

b)

图 4-22　电焊机外形与电路

a）电焊机外形　b）电路

机 M_2 的正反向运行，它们都是靠改变施加于电动机三相电源的相序，实现正转或反转的，YB 为电磁制动器，它装在提升电动机 M_1 的端部，以保证吊钩的准确定位。

控制电路采用电动机的点动控制电路，左面两条支路分别为提升、下降控制，两支路由悬挂式复合按钮 SB_1、SB_2 来控制起停，SQ_1 为上限位开关，用于提升的终端保护；右面两条支路分别为行车的向前、向后移动控制，它们由悬挂式复合按钮 SB_3、SB_4 来控制起停，SQ_2、SQ_3 分别是前、后移动限位开关，做水平移动的终端保护。熔断器 FU 做短路保护。

前进控制。按下复合按钮 SB_3，SB_3 常闭触点先断开，保证接触器 KM_4 不会得电吸合，SB_3 常开触点后闭合，接触器 KM_3 得电吸合，行进电动机 M_2 得电起动。移动至规定位置时，松开 SB_3，KM_3 断电释放，电动机 M_2 停机。如操作者操作失误或由于某种原因导致 SB_3 触点短路，行进到终端位置时，限位开关 SQ_2 断开，接触器 KM_3 断电释放，电动机准确停止。

同理，读者自行分析后退控制，升、降控制。

23. 什么是圆盘切割机？

答： 圆盘切割机如图 4-24a 所示，配用的电动机一般为 Y 系列四极小型电动机，功率为 2.2kW，电路如图 4-24b 所示。一般在操作切割机时附近要安装一个三相 15A 刀开关，供给切割机电源，电源通过刀开关熔丝后，两相接操作手柄上的按钮，而后接入电动机接线端子上，另一相电源可直接接入电动机，在使用这种切割机时，总电源只要合闸送电，虽然电动机不工作运转，但电动机内部绕组也带一相电压，在维修时要特别注意。

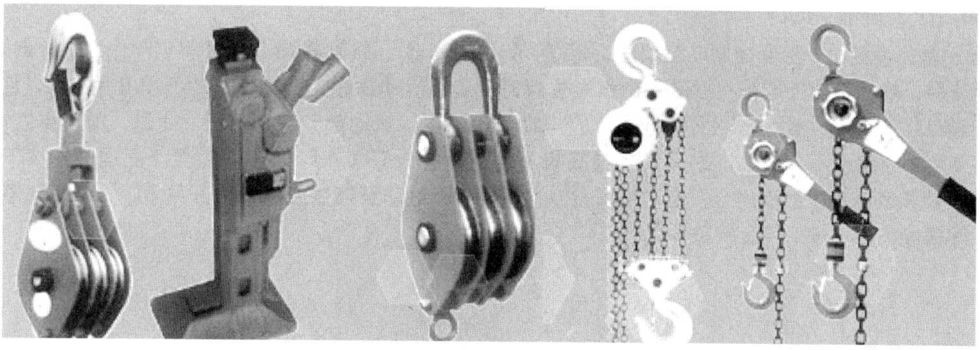

a)

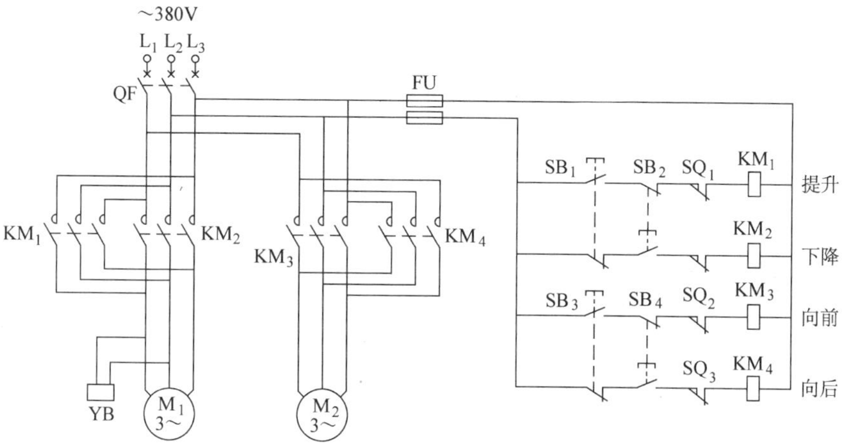

b)

图4-23 电动葫芦
a）外形 b）电路

a)

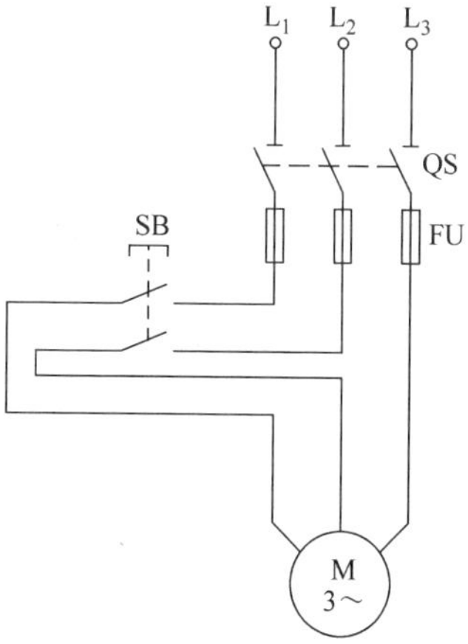

b)

图4-24 切割机
a）外形 b）电路

24. 什么是卷扬机？

答：常见卷扬机外形及控制电路如图4-25所示。按下SB_1，接触器KM_1线圈得电动作，主触点闭合，电动机正转，卷扬机向上运行；当运行到终端位置时，装在运动物体上的挡铁碰撞行程开关ST_1，使ST_1的常闭触点断开，接触器KM_1线圈断电释放，电动机也断电，运动部件停止运行。此时，即使再按SB_1，接触器KM的线圈也不会获电，故保证了卷扬机不会越过行程开关ST_1所在的位置。同理，当按下SB_2时，KM_2线圈有电，主触点闭合，电动机反转，卷扬机向下运动至挡铁碰撞行程开关ST_2，卷扬机停止工作。中间需停车，可按下停止按钮SB。

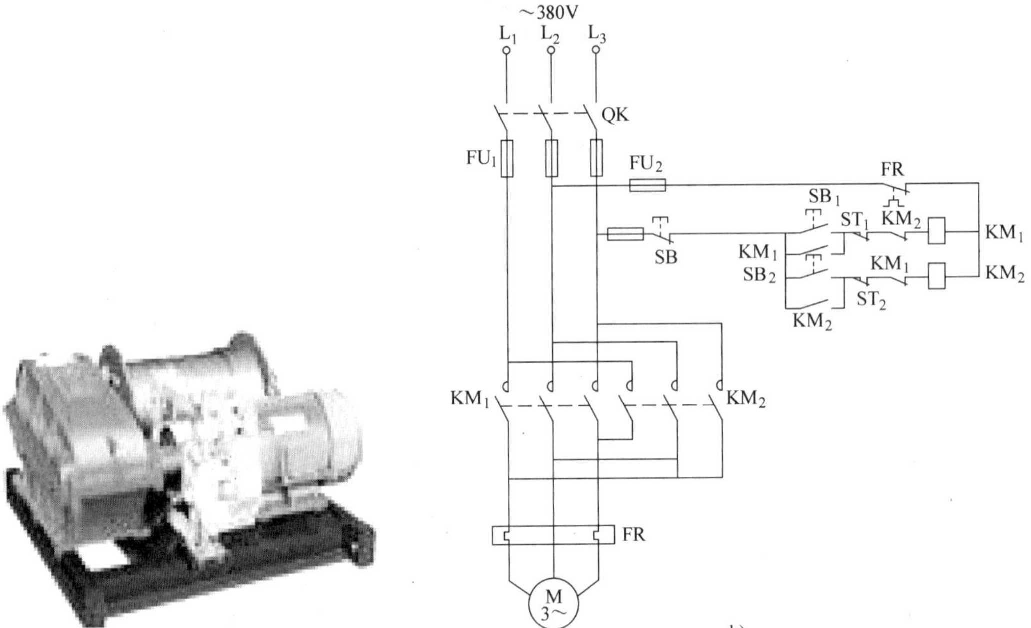

a) b)

图4-25 卷扬机外形与电路

a）外形 b）电路

25. 砂轮机控制电路的工作原理是什么？

答：如图4-26所示为一砂轮机脚踏开关接线电路。脚踏开关SF安装在砂轮机的旁边，当砂轮磨件时，只要操作人员踏上脚踏开关SF时，交流接触器线圈KM立即有电，电动机M运转；当工作完毕后，操作人员离开砂轮，脚踏开关SF自动开路，接触器主触点断开，电动机M停止工作。

26. 铲车控制电路的工作原理是什么？

答：电瓶铲车是车站、码头、仓库及一般工厂中常用的一种堆垛和搬运工具。如图4-27所示为载重1t的电瓶铲车的外形及控制电路。GB为蓄电池串联组成的30V直流电源。电动机M_1为行驶电动机，是双速串励电动机，通过一套齿轮传动机构，驱动铲车前进或后退行驶。电动机M_2也是串励电动机，用于拖动高际油泵，将高压油液输送到液压系统，以操纵货叉的升降。

S_1为电锁开关，S_2为方向开关，SF_1为脚踏开关，SF_2为速度控制器。铲车的起动和调速时将电锁开关S_1闭合，此时电源指示灯HL亮，表示电源已接入电路，做好供电准备。

将方向开关S_2的手柄扳到需要的方向，即铲车前进或后退的位置。松开手刹车的手柄，并放开脚刹车，使脚踏开关SF_1复位而闭合，然后轻踏速度控制器SF_2的踏板，使其动触点与静触点“0”相接触，使控制开关S_3闭合。

27. 什么是数控机床？机械加工为什么采用数控机床？

答：所谓数控，就是指用于控制机床等的操作指令(或程序)，以数字形式给定的一种新的控制方式。

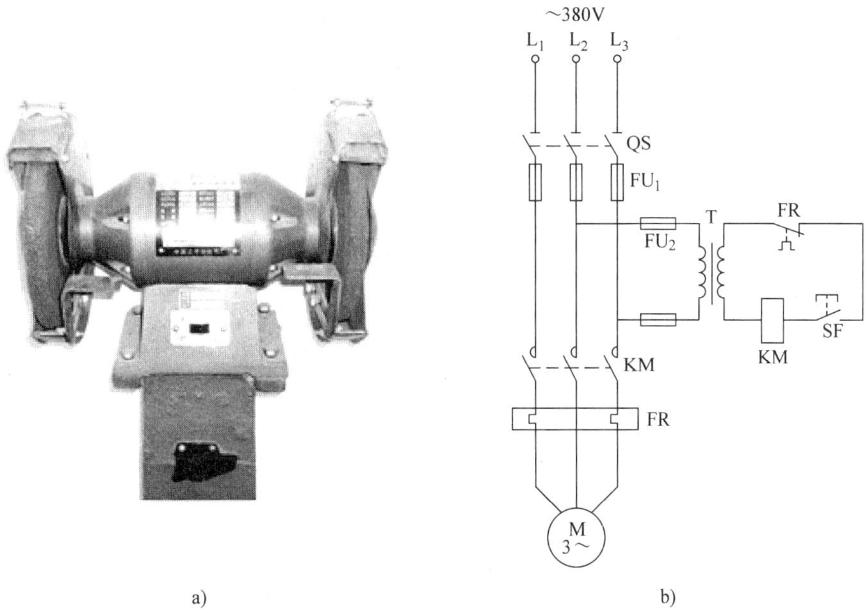

图 4-26 砂轮机
a）外形 b）控制电路

当这种指令提供给数控机床的控制装置时，机床便能按照给定的程序，自动地进行工作。

数控的概念通常也可包含在“自动化”范围内。它是单机高精度自动电子控制机床的一种。数控机床具有很大的机动性和灵活性。当它的加工对象改变时，除了重新装夹工件和更换刀具外，一般只要更换一下控制介质(如穿孔卡、穿孔带、磁带或操作拨码开关等)，即可自动地加工出所需要的新零件来，而不必对机床进行任何调整。数控机床在自动加工循环中，它不仅能对机床动作的先后顺序以及其他各种辅助机能(如主轴转速、进给速度、换刀和切削液的开关等)进行自动控制，而且还能控制机床运动部件的位移量。因此，它和其他自动控制相比，有如下的特点：数控机床是综合应用了计算机技术、微电子技术、自动控制技术、传感器检测技术、伺服驱动技术、机械设计与制造技术等多方面的新成果。它是具有高性能、高精度和高自动化的新型机电一体化的机床，如数控车床、数控铣床等。

科学技术的迅速发展，使机械制造技术发生了深刻的变化，提出了高精度、复杂性、通用性、灵活性的要求。而普通加工机床，存在效率低、加工精度低，劳动强度大，已难以适应市场对产品精密化、结构复杂化和改型频繁的要求，数控机床的问世，取代了传统的加工设备，如图 4-28 所示。

28. 数控机床由哪些部分组成？数控机床的工作原理是什么？它有哪些特点？

答：数控机床一般由控制介质、数控装置、伺服系统、测量反馈装置和机床主体组成，其组成框图如图 4-29 所示。

（1）控制介质

控制介质就是在人与数控机床之间建立的某种联系，这种联系的中间媒介物称为控制介质，又称为信息载体。控制介质用于记载各种加工零件的全部信息，如零件加工的工艺过程、工艺参数和位移数据等，以控制机床的运动。常用的控制介质有标准的纸带、磁带和磁盘等。

信息按规定的格式以代码的形式存储在纸带上。所谓代码，就是由一些小孔按一定规律排列的二进制图案。每一行代码可以表示一个十进制数或一个字母或一个符号。目前，国际上使用的八单位代码有 EIA 代码和 ISO 代码。把穿孔带输入到数控装置的读带机，由读带机把穿孔带上的代码转换成数控装置可以识别和处理的电信号，并传送到数控装置中去，至此完成了指令信息的输入工作。

（2）数控装置

数控装置是数控机床的核心。它由输入装置、控制器、运算器、输出装置等组成。其功能是接收输入

a)

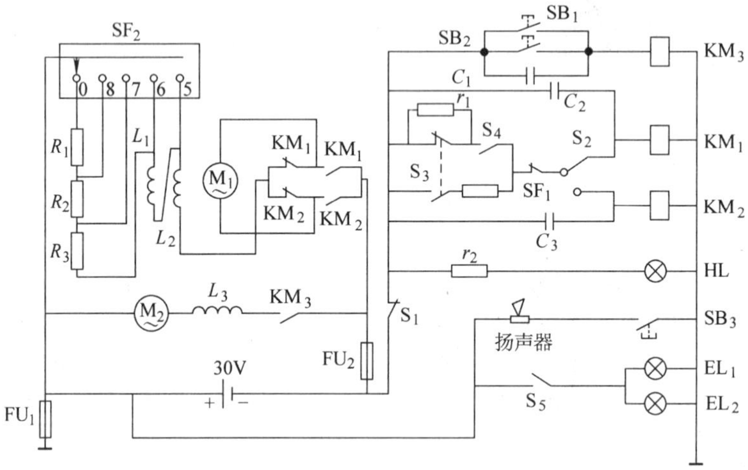

b)

图 4-27　电瓶铲车

a）外形　b）控制电路

a)

b)

图 4-28　机电一体化机床

a）数控车床　b）数控铣床

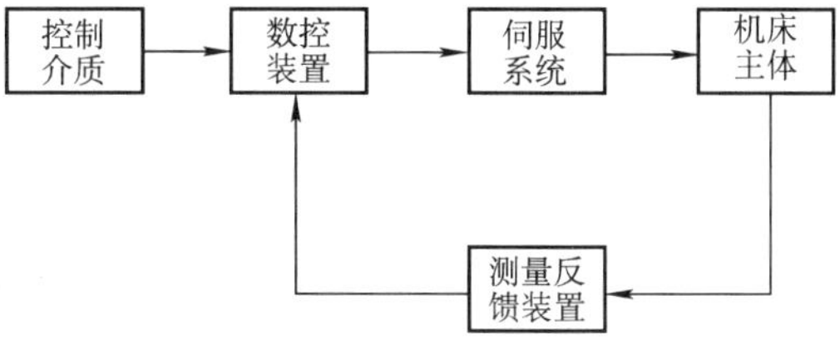

图 4-29 数控机床组成框图

装置输入的加工信息，经过数控装置的系统软件或逻辑电路进行译码、运算和逻辑处理后，发出相应的脉冲信号给伺服系统。它包括微型计算机的电路、各种接口电路、CRT 显示器、键盘等硬件以及相应的软件。

(3) 伺服系统

伺服系统的作用是把来自数控装置的脉冲信号转换为机床移动部件的运动，使机床工作台精确定位或按预定的轨迹进行严格的相对运动，最后加工出合格的零件。

伺服系统包括主轴驱动单元、进给驱动单元、主轴电动机和进给电动机等。一般来说，数控机床的伺服驱动系统，要求有好的快速响应性能，以及能灵敏而准确地跟踪指令功能。现在常用的是直流伺服系统和交流伺服系统，而交流伺服系统正在取代直流伺服系统。

(4) 测量反馈装置

测量反馈装置由检测元件和相应的电路组成，其作用是检测速度和位移，并将信息反馈回来，构成闭环控制系统。没有反馈装置的系统称为开环系统。常用的检测元件有脉冲编码器、旋转变压器、感应同步器、光栅和磁尺等。

(5) 机床主体

机床主体包括床身、主轴、进给机构等机械部件，此外还有一些配套部件(如冷却、排屑、防护、润滑等装置)和辅助设备(编程机和对刀仪等)。对于加工中心类数控机床，还有存放刀具的刀库、交换刀具的机械手等。数控机床的主体结构与普通机床相比，在精度、刚度、抗振性等方面要求更高，尤其是要求相对运动表面的摩擦系数要小，传动部件之间的间隙要小，而且其传动和变速系统要便于实现自动化控制。

数控机床加工零件前，首先编制零件的加工程序，即数控机床的工作指令，将加工程序输入数控装置，再由数控装置控制机床执行机构，按照设置的运动轨迹，使其按照给定的图样要求进行加工，从而加工出合格的零部件。

其特点之一是它的程序指令的制作比一般自动机床上采用的凸轮、靠模或调整限位开关等要简便得多，因而生产准备时间可大大缩短。

数控机床的另一个特点是它的适应性强。它可以随着加工零件的改变，迅速地改变它的机能。这对于产量小、种类多、产品更新频繁、生产周期又要求短的飞机、宇宙飞船、以及类似产品研制过程中的高精度、复杂零件的加工，具有很大的优越性。另外，对于同系列中不同尺寸的零件加工，它不需要更换刀具和夹具，只要更换一根穿孔带就可以达到目的。因此，大大提高了机床的利用率。

但是，由于数控机床技术上较复杂，成本又高，所以在目前阶段较适用于单件、中小批量生产中精度要求高、尺寸变化大、结构形状比较复杂，或在试制中需要多次修改设计的零件加工。

29. 程序编制的一般过程有哪些步骤？ISO 标准中常用功能字有哪些？

答：数控机床的程序编制一般要经过以下几个步骤，如图 4-30 所示。

(1) 确定装夹方法和对刀点

首先分析零件图样。选择装夹具时，应尽可能采用已有夹具，其定位基准应尽量与设计基准重合。对刀点是刀具加工零件时，刀具相对零件运动的起点，因此对刀点也叫程序的坐标零点。对刀点可以定在零件上，也可以定在零件外，但设在零点便于计算。

(2) 确定加工路线

加工路线就是加工过程中刀具运动的轨迹。加工路线应保证零件的加工精度和表面粗糙度，还应使数

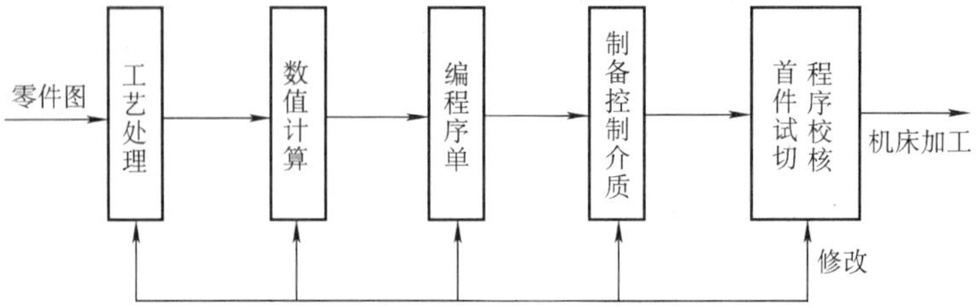

图 4-30　程序编制的流程

值计算工作简单、程序段少，减少编程工作量；为了充分发挥数控机床的效能，应使加工路线最短，以减少空程时间。

(3) 选择刀具和确定切削用量

选择刀具的要求是：安装调整方便，刚性好，精度高，寿命好。对于粗、精加工，可以采用不同的刀具。切削用量包括：主轴转速、切削深度和宽度、进给速度等。当切削用量不同时，都应编在程序单内，并结合实际予以确定。

(4) 确定程序编制中的工艺指令

程序编制中的工艺指令大体上分为两大类：一类是准备性工艺指令，这类指令是为插补运算做好准备的工艺指令，如刀具沿哪个坐标平面运动的指令等，必须在数控系统进行插补运算之前予以确定；另一类是辅助性工艺指令，这类指令与插补运算无关，如主轴的起、停，正、反转等，是根据机床加工时操作机床的需要予以规定的。

(5) 确定程序编制中的误差

程序编制中的误差 ΔP 由 3 部分组成：

$$\Delta P = f(\Delta a, \Delta b, \Delta c) \tag{4-1}$$

式中　Δa——逼近误差，即采用近似计算方法逼近零件轮廓时产生的误差；

Δb——插补误差，即采用插补段(直线，圆弧等)逼近零件轮廓曲线时产生的误差；

Δc——圆整误差，即在编程数据处理时，把小数圆整成脉冲数而产生的误差。

在零件图中给出的允许公差，分配给程序编制的只是一小部分。因为数控机床的加工误差还包括控制系统误差、伺服系统误差、零件的定位误差、对刀误差以及刀具和机床弹性变形误差，其中伺服系统和零件定位误差是主要的，故一般取编程误差 ΔP 为允许公差。

一个程序段由三部分组成，起始是序号字 N×××，结尾是程序段结束符 LF，中间是若干个功能字。常用的功能字有准备功能字 G，坐标功能字 X、Y、Z，进给功能字 F，主轴转速功能字 S，刀具功能字 T 和辅助功能字 M，等 6 种。下面分别介绍每种功能字的构成及作用。

(1) 准备功能字

准备功能字以地址符 G 为首，其后跟二位数字(G00~G99)。

ISO 标准与我国标准号的准备功能字等效，其作用包括：坐标移动或定位方法的指定；插补方式的指定；平面的选择；螺纹、攻螺纹、固定循环等加工的指定；对主轴或进给速度的说明；刀具补偿或刀具偏置的指定等。在设计机床数控系统时，要在标准规定的 G 功能中选择一部分与本系统相适应的准备功能，作为电路设计及程序编制的依据。标准中那些“不指定”的准备功能，必要时可用来规定为本系统特殊的准备功能。

(2) 坐标功能字

坐标功能字的作用是设定机床多坐标的位移量。它一般以 X、Y、Z、U、V、W、P、Q、R、A、B、C、D、E 等地址符为首，在地址符后紧跟着带有正(+)、负(-)的一串数字，该数字一般以系统脉冲当量为单位，不使用小数点。一个程序段中有多个尺寸字时，一般按上述地址符顺序排列。

(3) 进给功能字

进给功能字的作用是指定刀具相对工件运动的速度，其单位一般为 mm/min。当进给速度与主轴转速有关时，如车螺纹、攻螺纹或套螺纹等使用的单位为 mm/r。进给功能字以地址符 F 为首，其后跟一串数字代码，具体有以下几种指定方法。

① 三位数字代码法：F 后跟三位数字，第一位为进给速度的整数位数加上“3”，后二位是进给速度的前二位有效数字。如 1728mm/min 的进给速度用 F717 指定；15.25mm/min 的进给速度用 F515 指定；0.1537mm/min 的进给速度用 F315 指定等。

② 二位数字代码法：对 F 后跟的二位数字代码，规定了与 F00~F99 相对应的速度表，除 F00 与 F99 外，进给速度由 F01 向 F98 按等比系数 $\sqrt[10]{20}\approx 1.12$ 递增，即相邻的后一速度比前一速度增加约 11.2%。如 F20 为 10mm/min，F21 为 11.2mm/min，F54 为 500mm/min，F55 为 560mm/min 等。F00~F99 的进给速度可查阅有关参数表。

③ 一位数字代码法：对于速度档较少的数控机床可用 F 后跟一位数，即 0~9 指定对应的 10 种预定进给速度。

④ 直接指定法：像尺寸字中的坐标位移量一样，在 F 后面按照预定的单位直接写上要求的进给速度。

(4) 主轴转速功能字

主轴转速功能字的作用是指定主轴速度。它以地址符 S 为首，其后跟一串数字。它与以 F 为首的进给功能字一样可采用三位、二位、一位数字代码法或直接指定法。数字的意义、分档办法与进给功能字通用，只是单位改为 r/min。

(5) 刀具功能字

在具有换刀功能的机床上，刀具功能字用以选择替换刀具。刀具功能以地址符 T 为首，其后一般跟两位数字，代表刀具的编号。

(6) 辅助功能字

辅助功能字以地址符 M 为首，其后跟两位数字 M00~M99。辅助功能字的作用包括：指定主轴的转向与起停；指定系统切削液的开与关；指定机械的夹紧与松开；指定工作台等的固定直线与角位移；说明程序停止或纸带结束等。标准中一些不指定的辅助功能可选做特殊用途。在设计一个机床数控系统时，要在标准规定的 M 代码中选择一部分本系统所需要的辅助功能代码，作为有关部分电路设计及将来程序编制的依据。

30. 常用 G 功能指令有哪些？常用 M 功能指令有哪些？

答： G 代码按其功能的不同分为若干组(00,01,06,07,08)，由 G 和后面两位数字组。

① 其中 00 组的 G 代码属于非模态式的 G 代码，只限定在被指定的程序段中有效，01 组的 G 代码属于模态式 G 代码，具有续效性，在后续程序段中，只要同组其他 G 代码未出现之前一直有效。

② 不同组的 G 代码在同一个程序段中出现两个或两个以上属于同一组的 G 代码时，只有最后面那个 G 代码有效。

③ 如果在程序中指令代码中没有列出的 G 代码，则显示报警。

④ 字母 B 表示基本功能；O 表示选择功能；X 表示无此功能。

G00	直线快速运动；
G01/G09	直线进给运动；
G02/G03	圆弧；
G04	停顿时间；
#G17	X-Y 坐标平面选择；
G18	X-Z 坐标平面选择；
G19	Y-Z 坐标平面选择；
G22	子程序调用；
G26	先 X 轴后 Z 轴，退回到换刀点；
G27	先 Z 轴后 X 轴，退回到换刀点；
G40	切削半径补偿“断开”；
G46	切削半径补偿“接通”；

G59　　增加工件零点位移量编程；
G71　　纵向粗切循环；
G72　　横向粗切循环；
G73　　平行轮廓粗切循环；
G76　　切螺纹循环；
G83　　钻深孔循环；
G92　　限定转速；
G96　　恒定切削速度；
G97　　转速(r)；
G98　　每分钟进给量；
*G99　　每转进给量。

以下是常用 M 功能指令。

M00　程序暂停：执行 M00 后，车床所有动作被停止，只有重新按下起动按钮后，再继续执行后面的程序。
M01　任选暂停：执行过程与 M00 相同，只有在机床控制面板上的“任选停止”开关置于接通位置，该指令有效。
M02　　主程序结束，停止机床所有动作，并使机床复位；
M03　　主轴顺时针旋转；
M04　　主轴逆时针旋转；
M05　　主轴停止转动；
M06　　备用刀具；
M07　　切削液接通(高压Ⅰ)；
M08　　切削液接通(低压Ⅰ)；
M09　　切削液断开；
M10　　车螺纹 45°；
M11　　车螺纹退刀；
M12　　误差检测；
M13　　最后的备用刀具(误差检测取消)；
M19　　主轴停止；
M30　　程序结束，带回跳；
M40　　变速级Ⅰ；
M41　　变速级Ⅱ；
M99　　子程序结束，返回主程序。

31. N、F、T、S 的使用功能有哪些？举例说明并编成实例。

答：① N 功能程序段号是用地址 N 和后面的四位数字来表示的。通常是按顺序在每个程序段前加上编号(顺序号)，但也可以只在需要的地方编号。

② F 功能表示进给速度，是用字母 F 和其后面的若干位数字来表示的。

a. 每分钟进给量(G98)。系统在执行了一条含有 G98 的程序段后，再遇到 F 指令时，便认为 F 所指定的进给速度单位为 mm/min，如 F200 即为 F200mm/min。G98 被执行一次以后，系统将保持 G98 状态，即使断电也不受影响。直至系统又执行了含有 G99 的程序段，G98 便被否定，而 G99 将发生作用。

b. 每转进给量(G99)。若系统处于 G99 状态，则认为 F 所指定的进给速度单位为mm/r，如 F0.2 即为 F0.2mm/r。若要取消 G99 状态，则必须重新指定 G98。

③ T 功能表示换刀功能，根据加工需要在某些程序段指令进行选刀和换刀。是用字母 T 和其后的四位数字表示(也有的 FANUC 系统用参数设定为两位数字)。其中前两位(或前一位)为刀具号，后两位(或后一位)为刀具补偿号。每一个刀具加工结束后必须取消刀具补偿。

④ S 功能表示主轴转速，用字母 S 和其后面的数字表示。

a. 恒线速度控制(G96)。G96 是接通恒线速度控制的指令。系统执行 G96 指令后，便认为用 S 指定的数值表示切削速度。例如，G96 S200 表示切削速度为 200m/min。

在恒线速度控制中，数值系统根据刀尖所在的 X 坐标值，作为工件的直径值来计算主轴转速，所以在使用 G96 指令前必须正确地设定坐标系。

b. 主轴转速控制(G97)。G97 是取消恒线速度控制的指令。此时，S 指定的数值表示主轴每分钟的转数。例如，G97 S1500 表示主轴转速为 1500r/min。

c. 主轴最高转速限定(G50)。G50 除有坐标系设定功能外，还有主轴最高转速设定的功能，即用 S 指定的数值设定主轴每分钟的最高转速。例如：G50 S2000 表示把主轴最高转速设定为 2000r/min。

用恒线速度控制加工端面、锥度和圆弧时，由于 X 坐标不断变化，故当刀具逐渐移近工件旋转中心时，主轴转速会越来越高，工件有可能从卡盘中飞出。为了防止事故，有时必须限制主轴的最高转速，这时可用 G50 指令达到此目的。

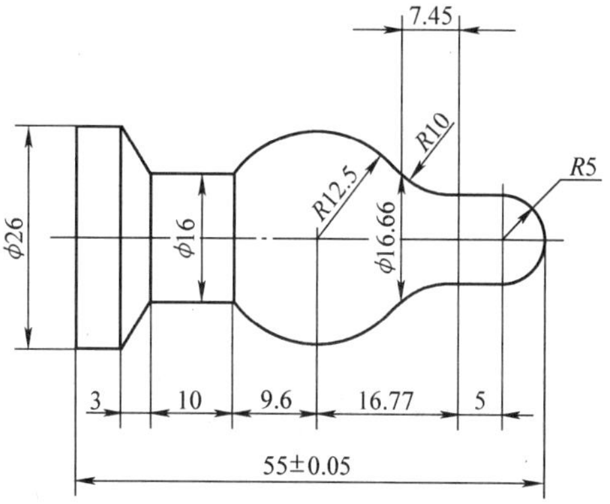

图 4-31　编程实例零件图

以零件图为例，说明具体的应用，如图 4-31 所示。

此零件的加工程序如下：

```
221                                        程序号；
G59 X0 Z215 M41                            零件零点设置；
G92 P2000 Q50                              限定转速范围；
G27                                        回换刀点；
N5 T505 M03                                换 5 号车外圆刀，主轴顺时针旋转；
G96 V30                                    切削速度，30m/min；
G0 X29 Z0                                  快速运动到工件表面；
G1 X-1 F0.08                               车端面；
G0 X35 Z15                                 车好端面快速退出；
G73 P10 Q20 I0.3 U-6.5 D2.1 F0.25          平行轮廓粗切循环；
G96 V100                                   切削速度，100m/min；
N10                                        从 N10~N20 是零件轮廓；
G0 X14 Z2
G1 Z0 F0.05
G1 X16 Z-1
G1 Z-14.5
G1 X14 Z-15.5
G1 Z-22.5
G1 X17
G3 X17 Z-39 R12
G1 X23 Z-50
G1 X26 A120
G1 Z-56
G1 X28
N20
G26                                        回换刀点；
```

N6 T606 M03	换6号螺纹刀；
G97 S300	主轴转速300r/min；
G0 X20 Z4	
G76 X14.376 Z-16.5 K0.974 H6 F1.5 A55 D0.03	切螺纹循环；
G26	先X轴后Z轴，退回到换刀点；
N3 T303 M03	换3号割刀，主轴顺时针旋转；
G97 S500	
G0 X28 Z-55	
G1 X1.5 F0.05	切下零件；
G26	先X轴后Z轴，退回到换刀点；
M30	程序结束，返回到程序开始。

32. 怎样看机床电气原理图？

答：机床电气原理图用来表明机床电气的工作原理及各电气元件的作用，相互之间的关系的一种表示方式。掌握了阅读电气原理图的方法和技巧，对于分析电气线路，排除机床电路故障是十分有意义的。机床电气原理图一般由主电路、控制电路、保护、配电、照明电路等几部分组成。阅读方法如下：

① 阅读主电路时，应首先了解主电路中有哪些用电设备，各起什么作用，受哪些电器的控制，工作过程及制作特点是什么（如电动机的起动、制动、调速方式等）。然后再根据生产工艺的要求了解各用电设备之间的联系。在充分了解电路的控制要求及工作特点的基础上，再阅读控制电路图（如电动机起动、停止的顺序要求、联锁控制及动作顺序控制的要点等）。

② 控制电路一般是由开关、按钮、接触器、继电器的线圈和各种辅助触点构成，无论简单或复杂的控制电路，一般均是由各种典型电路（如延时电路、联锁电路、顺控电路等）组合而成，用以控制主电路中受控设备的"起动"、"运动"、"停止"使主电路中的设备按设计工艺的要求正常工作。对简单的控制电路，只要依据主电路要实现的功能，结合生产工艺要求及设备动作的先、后顺序仔细阅读，依次分析，就可以理解控制电路的内容。对于复杂的控制电路，要按各部分所完成的任务，分割成若干个局部控制电路，然后与典型电路相对照，找出相同之处，本着先简后繁、先易后难的原则逐个理解每个局部环节。再找到各环节的相互关系，综合起来从整体上全面地进行分析，就可以将控制电路所表达的内容读懂。

③ 保护、配电电路的阅读。保护电路图的构成与控制电路基本相同，是根据电气原理的工艺要求，为防止设备出现故障而采取的保护措施。在阅读这部分电路时，分析保护电路与控制电路之间的联系，这样就能掌握电路的各种保护功能，最后再读配电电路的信号指示和工作照明、信号检测等方面的电路。

当然，对于某些机械、电气、液压配合较紧密的机床设备只靠电气原理图是不可能全部理解其控制过程的，还应充分了解有关机械传动，液压传动及各种操纵手柄的作用，才可以清楚全部的工作过程，此外只有在阅读了一定量的机床电气原理图的基础上才能熟练、准确地分析机床电气原理图。

33. 怎样检修机床的常见故障？

答：机床电气设备发生故障后一般检查和分析方法如下。

(1) 修理前进行调查研究

① 看：观察熔断器内熔丝或熔片是否熔断；其他电气元件有无烧毁、发热、断线，导线连接螺钉是否松动，有无异常的气味等。

② 问：询问机床操作工人，因为操作者最熟悉机床性能，也比较了解发生故障的部位，故障发生后，向操作者了解故障发生的前后情况，有利于根据电气设备的工作原理来判断发生故障的部位，分析故障的原因。常询问的项目是：故障经常发生还是偶然发生；有哪些现象（如响声、冒火、冒烟等）；故障发生前有无频繁起动、停止、制动、过载，是否经过保养检修等。

③ 听：电动机、变压器和一些电气元件，正常运行的声音和发生故障的声音是有区别的，听听它们的声音是否正常，可以帮助寻找故障部位。

④ 摸：电动机、变压器和电磁线圈发生故障时，温度显著上升，可切断电源用手去触摸判断元件是否

有故障。

(2) 从机床电气原理图进行分析

确定产生故障的可能范围，机床电气设备发生故障后，为了能根据情况迅速找到故障的位置并予以排除，就必须熟悉机床的电路。机床的电路是根据机床的用途和工艺要求而定的，因此了解机床的基本工作原理、加工范围和操作程序对掌握机床电气控制电路和各环节的作用具有一定的意义。任何一台机床的电气电路总是由主电路和控制电路两大部分组成，而控制电路又可分为若干个控制环节，分析电路时，通常首先从主电路入手，了解机床各运动部件和辅助机构采用了几台电动机拖动，从每台电动机主电路中使用接触器的主触点连接方式，大致可以看出电动机是否有正、反转控制；是否采用了减压起动，是否有制动等，然后再去分析控制电路的控制形式，结合故障现象和电路工作原理进行分析，便可迅速判断出故障发生的可能范围和部位。

(3) 进行外表检查

判断了故障可能产生的范围后，可在此范围内对有关电器元件进行外表检查。例如，熔断器熔断或松动；接线头松动或脱落；接触器和继电器触头脱落或接触不良；线圈烧坏使表层绝缘纸烧焦变色；烧化的绝缘清漆流出；弹簧脱落或断裂；电气开关动作机构失灵等，都能明显地表明故障所在。

(4) 试验控制电路的动作顺序

此方法要尽可能切断电动机主电路电源，只在控制电路带电情况下进行检查。具体做法是，操作某一只按钮时，线路中有关的接触器、继电器将按规定的动作顺序进行工作。若依次动作至某一电器零件发现动作不符，则说明此零件或其相关电路有问题。再在此电路中逐项分析检查，一般便可发现故障。

(5) 利用仪表检查

利用万用表、钳形电流表、绝缘电阻表对电阻、电流、电压等参数进行测量，以测得电流、电压是否正常，三相是否平衡，导线是否开路、短路，从而找到故障点。

(6) 检查是否存在机械、液压故障

在许多电气设备中，电气元件的动作是由机械、液压来推动的，或与它们有着密切的关系，所以在检修电气故障的同时，应检查、调整和排除机械、液压部分的故障，可请机械维修工配合完成。

(7) 修复及注意事项

找到故障点或修理故障时应注意，不仅要把烧坏的电动机或电器重新修复或更换新的电器，还应找出发生故障的原因。修理后的电器要符合质量标准。每次排除故障后，应及时总结经验，并做好维修记录，记录的内容可包括：机床的名称、型号、编号，故障发生的日期，故障的现象、部位，损坏的电器，故障原因，修复措施及修复后的运行情况等，作为档案以备日后维修时参考。

1. 各种场所对照明灯具的选择和要求是什么?

答: ① 室内灯具距地面高度一般不低于2.5m，室外灯具距地面高度不得低于3m，如果达不到上述要求时，应采取保护措施或改用安全电压(36V以下)供电。

② 固定灯具需用吊线盒及木台等配件。

吊线盒如为软线吊灯，由于灯具较轻，只需在盒内打线结，用线结卡在盒盖上的线孔处即可，如灯具自身重量较大(超过2.5kg)时，就需要用吊链和钢管悬挂灯具。木台要与建筑物固定牢靠，防止灯具脱落。

③ 接线时，相线和零线要严格区别，应将零线直接接在灯头上，相线必须经过开关再接到灯头上。

④ 多股软线的两端应先刷锡，使芯线成一整体。

⑤ 双股紫花线其带白点的一根线接相线。线路与灯头引入线的接头处不应受到拉力。

⑥ 灯具的金属部分，如果距地高度低于2.5m时，要采取保护接地或接零。

2. 白炽灯有几种? 它由哪些部分组成?

答: 白炽灯可分成普通插口式和螺口式。普通白炽灯由灯丝、支架、引线、泡壳和灯头等几部分组成，还有拉线开关(也可用扳把开关)、插口和螺口灯座，如图5-1所示。

插口灯泡　螺口灯泡　拉线开关　插口灯座　螺口灯座

图5-1　白炽灯

① 泡壳：由密封的玻璃壳制成，分透明、白色半透明、彩色3种。

② 灯丝：灯丝是灯泡的发光体，由耐高热的钨丝制成。钨丝的熔点高达3410℃，而且在高温时有较高的机械强度，也比较容易加工制成细丝。但钨和其他许多金属一样，在高温时会很快发生强烈的氧化作用而烧断，所以灯丝必须工作在高度真空中并充有与钨不起氧化作用的惰性气体(氩、氮或氩氮混合气体)。为了提高钨丝的坚韧性，防止高温工作时变形，通常还在钨中加入微量氧化物，如氧化硅、氧化铝等。

3. 白炽灯有哪些特性和参数?

答: ① 电压特性：白炽灯在电源电压发生变化时，灯丝温度、电阻、电流、电功率、光通量、效率以及寿命等也相应地发生变化。

② 白炽灯的发光效率：白炽灯的大部分功率都变成红外线，转化为热量散发出去了，其他热量损耗，发光效率很低，最多只有10%左右。

③ 灯泡寿命：灯丝用至断裂为止所点燃的时间，或者是光通量下降到规定的光效时总共点燃的时间，称为灯泡寿命。目前，我国规定白炽灯泡的寿命为1000h。

白炽灯的功率分为15W、25W、40W、60W、100W、150W、200W、300W、500W、1000W。

4. 白炽灯的优缺点是什么?

答: (1) 白炽灯的优点

① 显色性好：用白炽灯照明时颜色失真很小，显色指数可达 95~97。它很适合在要求有良好辨色条件的场合下(如美术馆、商品橱窗等)照明。

② 色温很低：白炽灯偏红黄，色温为 2700~2900K，在低照度照明时会使人感到舒适。所以白炽灯很适合卧室、客厅等生活居室照明。

③ 启动性能好：白炽灯点燃后，灯的光输出很快达到额定值。不需要启动时间。这对生活照明和应急照明是非常重要的，是白炽灯的最大优点之一。

④ 外形美观：白炽灯的外形可按需要做成各种样子，其美观的外形还可用于装饰照明和艺术照明。

⑤ 体积小，成本低：白炽灯的发光体尺寸可以做得很小，使其结构紧凑，造价低廉。

(2) 白炽灯的缺点

① 发光效率低：白炽灯的发光效率只有 8~15lm/W，比荧光灯低。

② 寿命短：白炽灯的寿命只有 1000h，比荧光灯寿命短。

③ 耗电多：在同样的照度情况下，白炽灯比荧光灯耗电多，电费高。

5. 荧光灯由哪几部分组成？各起什么作用？

答：荧光灯是利用气体放电原理制成的，气体放电可以产生光。荧光灯是由灯管、镇流器、启动器以及为了提高功率因数而配套使用的电容器组成的，如图 5-2 所示。

图 5-2　荧光灯的结构

a）启动器插座　b）灯座　c）启动器

d）荧光灯灯管　e）镇流器

荧光灯灯管是一支细长的圆形玻璃管，内壁涂白色荧光粉，不同配方的荧光粉，能发不同颜色的光线。灯管两端分别装有灯丝和钨丝，灯丝两端分别与两根金属插脚连接，便与 220V 电源相接。

荧光灯灯管的规格以额定功率表示，分为 4W、6W、8W、15W、20W、40W、100W。荧光灯发光必须满足两个条件：其一，灯丝必须预热达到辐射电子的状态；其二，灯丝两端加上一定的高压。镇流器结构由线圈套在铁心上构成。它与荧光灯灯管串联，在电路中起稳流作用，产生800~1500V的反电动势。

启动器由辉光放电管(氖泡)、电容器和一个起保护作用的罩壳(铝或塑料)构成。充入氖气的小玻璃泡里装有一对电极(触片)，其中一个是固定的静触片，另一个是双金属片制成的U型触片。启动器的作用相当于一个低压断路器。

电容器的作用是减弱触点断开时产生的电火花。它与镇流器组成振荡器，可以延迟预热时间，有利于荧光灯的启动。

6. 什么是高压水银灯？它有什么特点？其主要用于哪些场合？

答： 高压水银灯又叫作高压汞灯，分为外镇流式和自镇流式，如图5-3所示。高压水银灯具有省电、耐振、寿命长、发光强等优点，因而常用于道路、广场和施工现场中。安装高度为距地面4~5m。

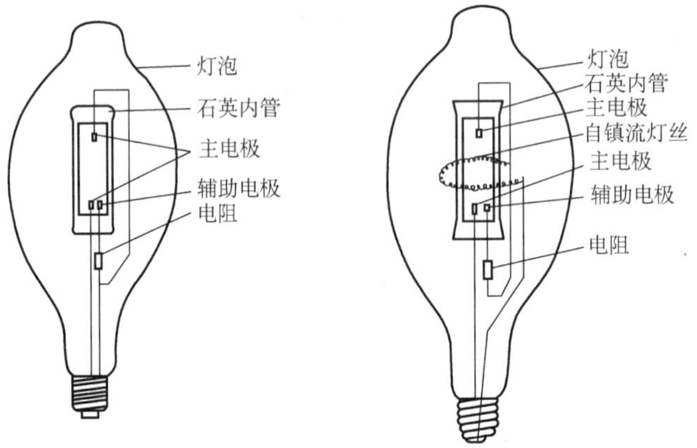

a)　　b)

图5-3　高压水银灯

a）外镇流式高压水银灯　b）自镇流式高压水银灯

7. 什么是碘钨灯？它有什么特点？其结构分为几部分？

答： 碘钨灯是卤素(氟、氯、溴、碘)循环白炽灯的一种。它具有发光效率高，寿命比普通白炽灯高一倍以上。其结构外形如图5-4所示。安装高度为距地面6~7m。

a)　　b)　　c)

图5-4　碘钨灯的结构外形

8. 高压钠灯的结构如何？

答： 高压钠灯的外形如图5-5a所示。高压钠灯是采用高压钠蒸气放电而发光的，发光效率比高压汞灯高，其平均寿命长达2500~5000h，但显色性差，多用于道路等处照明。安装高度为距地面6~7m。高压钠灯的电路如图5-5b所示。

这是一款专门为城市主要道路、大型停车场、广场码头等场所设计的性能优良的新型灯具。该灯具集先进的美学和制造技术于一体，造型独特，美观大方。

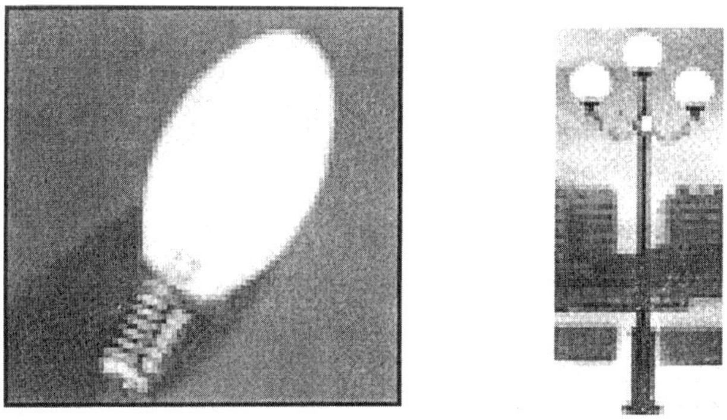

a)

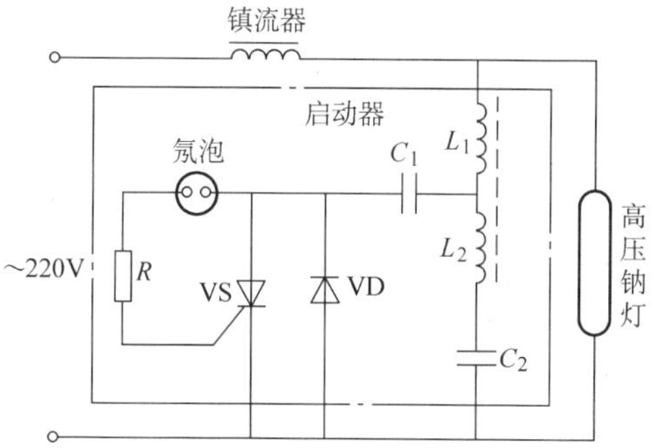

b)

图 5-5 高压钠灯

a）钠灯灯泡与钠灯照明 b）电路

9. 金属卤化物灯的组成元素有哪些?

答: 金属卤化物灯由钠、铊-铟等元素组成。它是金属卤化物灯的一种。如果选择几种不同的金属元素，按照一定的配比，可以获得不同颜色的光源。安装高度为距地面6~7m或12~14m。

10. 什么是照明系统图? 它包括哪些内容?

答: 照明系统图是表示建筑物内外配电线路控制关系的线路图。系统图内容主要有以下几点:

① 电缆进线(或架空线路进线)的回路数、电缆型号规格、导线或常用电缆敷设方式及代号见表5-1。管线敷设方式及代号见表5-2。

表5-1 常用电缆敷设方式及代号

敷设方式	代号	敷设方式	代号
导线或电缆穿焊接钢管敷设	SC	用钢线槽敷设	SR
穿电线管敷设	TC	用电缆桥架敷设	CT
穿硬聚氯乙烯管敷设	PC	用瓷夹板敷设	PL
穿阻燃半硬聚氯乙烯管敷设	FPC	用塑料夹敷设	PCL
用绝缘子(瓷瓶或瓷柱)敷设	K	穿蛇皮管敷设	CP
用塑料线槽敷设	PR	穿阻燃塑料管敷设	PVC

表 5-2　管线敷设方式及代号

敷设方式	代　号	敷设方式	代　号
沿钢索敷设	SR	暗敷设在梁内	BC
沿屋架或跨屋架敷设	BE	暗敷设在柱内	CLC
沿柱或跨柱敷设	CLE	暗敷设在墙内	WC
沿墙面敷设	WE	暗敷设在地面或地板内	FC
沿天棚面或顶板面敷设	CE	暗敷设在屋面或顶板内	CC
在能进人的吊顶内敷设	ACE	暗敷设在不能进人的吊顶内	ACC

② 总开关及熔断器的规格型号，出线回路数量、用途、用电负载功率数及各条照明支路分相情况。

③ 用电参数配电系统图上，还应表示出该工程总的设备容量、需要系数、计算容量、计算电流、配电方式等，也可以采用绘制一个小表格的方式标出用电参数。

④ 电气系统图中各条配电回路上，应标出该电气系统图的总容量，其中也包括电风扇、插座和其他容量等。电路用单线条表示，如图 5-6 所示。

例 1　某照明系统图中标注有 BV(3 ×50 +2 ×25) -SC50 FC。

表示该线路是采用(BV)铜芯塑料绝缘线，3 根横截面积为 $50mm^2$。2 根横截面积为 $25mm^2$，(SC)穿钢管敷设，管径 50mm，(FC)沿地面敷设。如导线型号为 BLV，则表示铝芯塑料绝缘线，BX 是铜芯橡胶绝缘线，BLX 是铝芯橡胶绝缘线。电缆及导线的型号繁多，可以参见电气图册或产品样本。

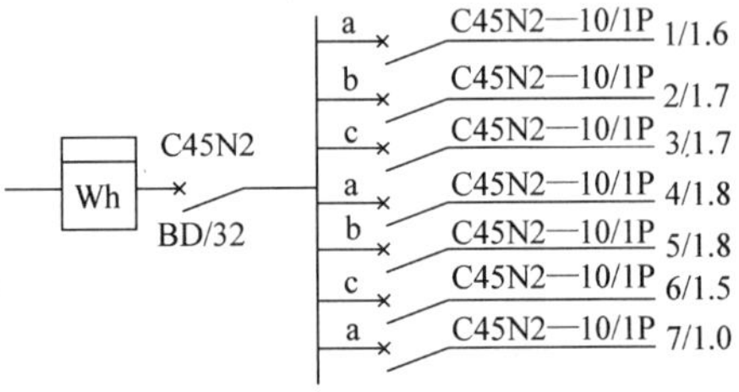

图 5-6　照明系统图

例 2　有一栋楼，电源进户线标注是 BLV(3 ×50 +1 ×25) -SC50 BC。

表示该线路采用铝芯塑料绝缘线，其中 3 根横截面积为 $50mm^2$，1 根横截面积为 $25mm^2$，(SC)穿钢管敷设，管径 50mm，(BC)暗敷设在梁内。

11. 照明平面图表达的内容有哪些？在图中怎样标注？

答：在照明平面图表达的内容主要有电源进线位置、导线根数、敷设方式、灯具位置、型号、安装方式及各种用电设备的位置等。

照明器具在平面图上表示的方法往往用图形符号加文字标注。灯具的一般符号是一个圆，单管荧光灯的符号是“工”字形，插座符号内涂黑表示嵌入墙内安装。

为了在照明平面图上表示出不同的灯，经常是将一般符号加以变化来表示，如将圆圈下部涂黑表示壁灯，圆圈中画“×”表示信号灯。照明开关将一般符号上加短线表示扳把式开关，两条短线表示双联。n 条短线表示 n 联开关。t 表示延时开关，小圆圈两边出线表示双控，加一个箭头表示拉线开关等。在照明平面图中，文字标注主要标注的是照明器具的种类、安装数量、灯泡的功率、安装方式、安装高度等。具体表达式为

$$a-b\frac{c\times d_{f}}{e} \tag{5-1}$$

此表达式不是数学计算公式

式中　a——某场所同类型照明器具的套数，通常在一张平面图中分别标注各类型灯；

b——灯具类型代号，可以查阅施工图册或产品样本；

c——照明器内安装灯泡或灯管数量，通常一个或一根可以不表示；

d——每个灯泡或灯管的功率瓦数(W)；

e——照明器底部距本层楼地面的安装高度(m)；

f——安装方式代号。

灯具安装方式 f 主要有下面几种形式，见表5-3。

表5-3 灯具安装方式的文字标注符号表

名称	代号	名称	代号
线吊式	CP	吸顶式或直附式	S
自在器线吊式	CP	嵌入式(嵌入不可进人的顶棚)	R
固定线吊式	CP1	顶棚内安装(嵌入可进人的顶棚)	CR
防水线吊式	CP2	墙壁内安装	WR
吊线器式	CP3	台上安装	T
链吊式	Ch	支架上安装	SP
管吊式	P	柱上安装	CL
壁装式	W	座装	HM

12. 举例说明办公照明平面图。

答：例如，某办公照明平面图中标注 $6\frac{100}{—}S$，表示6套灯具，100W吸顶式(S)暗装；$12\frac{2\times40}{2.7}Ch$，表示12套灯具(每套2个灯管)均为40W，安装高度为2.7m，Ch表示链吊式。其办公照明平面图如图5-7所示。

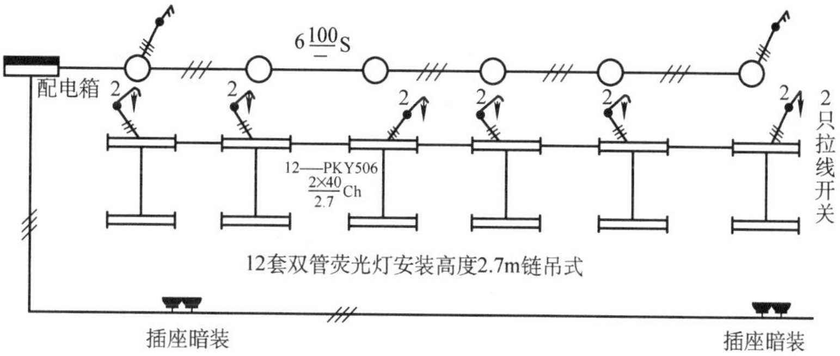

图5-7 办公照明平面图

图中各段导线根数用横线上画上3条斜短线表示3根，两根省略。

① 开关进相线，从开关出来的电线为控制线，n 联开关有 $(n+1)$ 根导线。

② 照明支路和插座用电支路分开，要求在插座支路上安装漏电保护器。如家用电器接220V电源，需用3根线(相线、零线、接地线)。

③ 供电采用3根相线 L_1、L_2、L_3，一根工作零线N，一根保护线PE。单相两孔插座是左孔接零线，右孔接相线，没有保护线。单相三孔插座中间孔接保护线PE，下面两孔左孔接零线N，右孔接相线L。

13. 家庭照明平面图有哪些要求？

答：为了居室的美观整齐，一般电源线都采用暗线方式布线。在建筑设计和施工中要求预埋塑料空心管，并在管内穿好细铁丝，以备引穿电源线。如图5-8所示是二室二厅照明平面图本方案仅供参考。不管哪种方案，室内布线要尽量做到新颖、时尚、经济、合理、实用和安全，争取一步到位，与房间装修同步进行。在选电源线时，应以满足负载的要求并以留有余量为原则，熔丝、开关及插座要尽可能与用电器容量和接线方式配套设置。总之，在施工中，需根据具体情况，灵活运用。

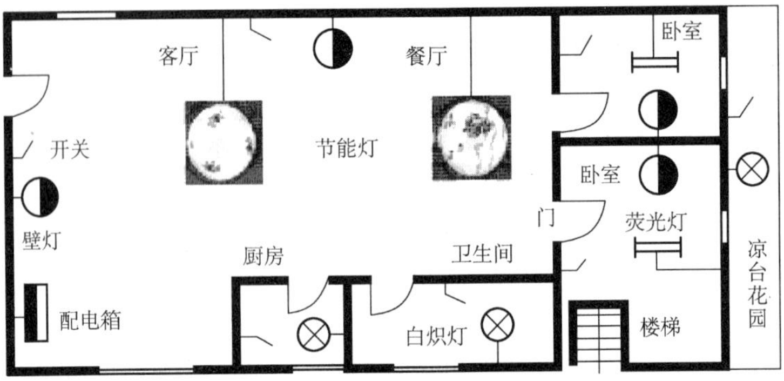

图 5-8　二室二厅照明平面图

14. 白炽灯的安装方法有哪些?

答:（1）导线明敷

导线明敷的优点是便于检查维修，缺点是不太美观。目前，在广大农村导线明敷的方法仍被普遍采用。导线明敷的方法有：其一，导线先夹入瓷夹板内固定，然后逐一用钢精扎头包扎，如图 5-9 所示；其二，使用钢钉固定包扎，如图 5-10 所示。

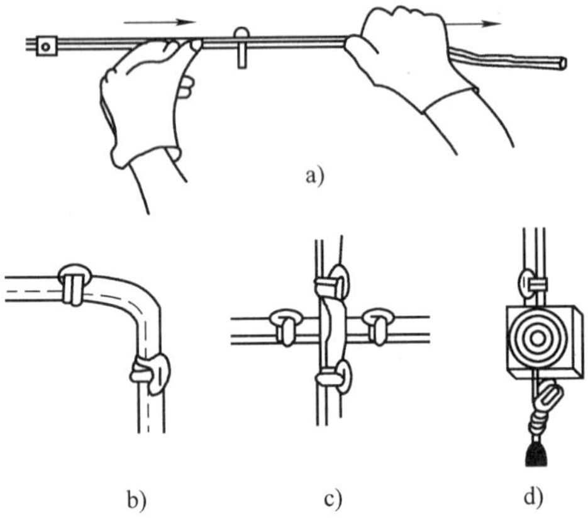

图 5-9　钢精扎头包扎

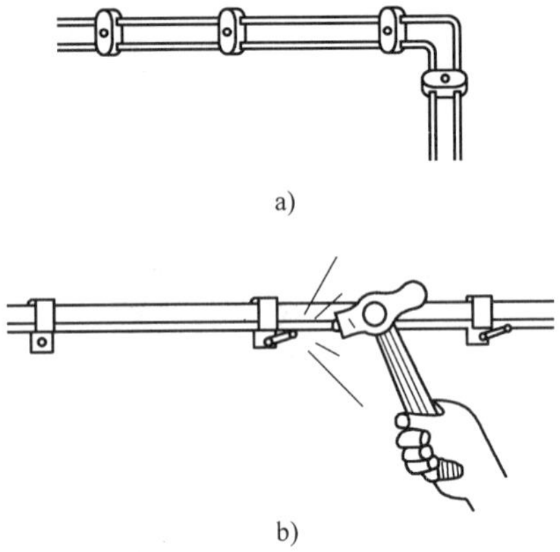

图 5-10　钢钉固定包扎

（2）导线暗敷

导线暗敷的方法见表 5-1。

15. 白炽灯的电路原理图有哪些?

答: 白炽灯的电路原理图如图 5-11 所示，它由开关、灯泡、导线及 220V 的交流电源组成。

如图 5-11a 所示为白炽灯常用照明电路，采用一灯一开关的连线方式。两个灯泡串联起来，根据串联分压原理，每个灯泡 110V 电压，每个灯泡虽然暗一些，但使用寿命较长，这种形式的连接方法常用于走廊灯，如图 5-11b 所示。图 5-11c 为两个灯泡并联，一个开关控制连接。图 5-11d 在电路中加入一个二极管或电容，利用二极管的单向导电性，交流电只有半个周期通过，节省了电能。电容不是耗能元件，但有减压作用，可使几十瓦的灯泡降至几瓦。

16. 白炽灯的照明安装步骤有哪些?

答: ① 相线必须经过开关再接到灯座上。

② 对于螺口灯座来说，槽线经开关后，应接在灯座中心的弹片触点上，零线接在螺纹触点上。

③ 软导线兼承载灯具重力时，软线一端套入吊线盒内，另一端套入灯座罩盖，两端均应在线端打结

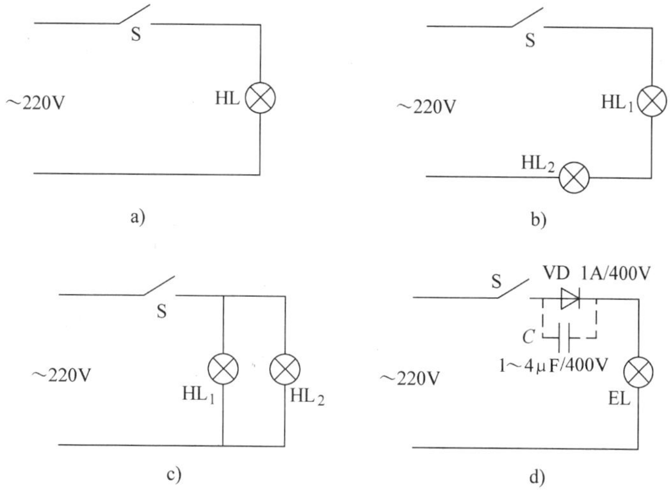

图5-11 白炽灯安装电路原理图

a）一个白炽灯的原理图 b）2个白炽灯串联使用

c）一个开关控制两个白炽灯并联使用 d）节约电能白炽灯的连接

扣，以使结扣承载拉力，而导线接线处不受力，如图5-12所示。

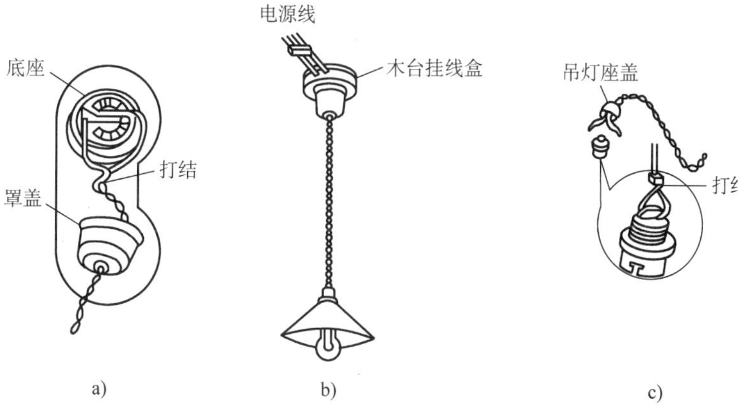

图5-12 白炽灯照明安装图

④ 暗开关和暗插座的安装。暗埋的开关盒、插座盒与暗埋的电线管连通，且开关盒、插座盒的面口应与粉刷层平齐。安装插座与开关前要先进行线管穿线。

⑤ 明开关和明插座的安装。土建时在墙上预埋木楔，或在墙上凿孔埋置木楔或尼龙塞，然后将穿引出导线的木台固定在墙上，最后将开关和插座固定在木台上。

⑥ 开关的安装。跷板式或扳把式开关，其安装高度应便于操作。

⑦ 插座的安装。一般明插座离地面高度为1.8m，暗插座离地面高度为0.3m，插座接线应统一要求。

17. 画出荧光灯的安装原理图。

答： 单管荧光灯的安装原理图如图5-13a所示，双管荧光灯的安装原理图如图5-13b所示。

三管荧光灯电路实际上是单管荧光灯电路的并联集合，不同之处是它用一只总开关控制各支单管荧光灯的电源。镇流器、启动器、灯管和灯座的选用应与单管荧光灯相匹配，只要接线正确，接通电源后灯管就能点亮。为了保证安装一次性成功，可先将每盏灯点亮安装好，最后完成总装配。与单管荧光灯

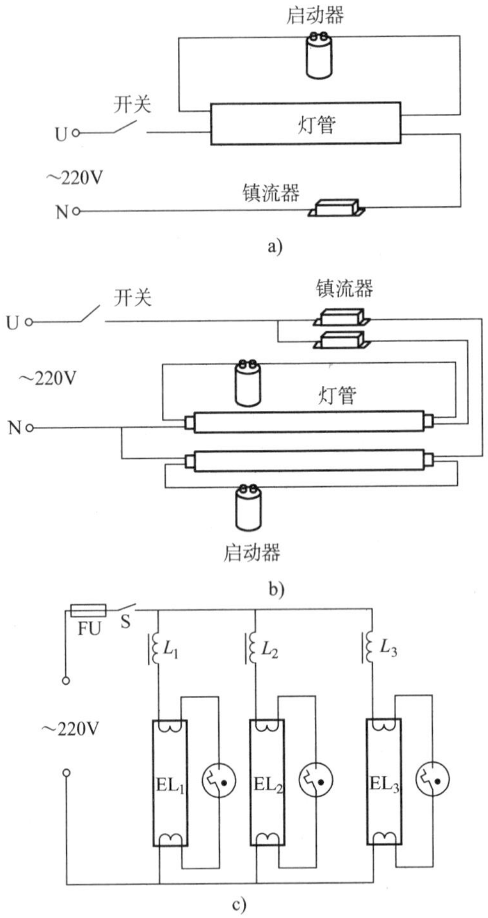

图 5-13　荧光灯的安装原理图

a）单管荧光灯的安装原理图　b）双管荧光灯的安装原理图

c）三管荧光灯电路

电路不同的是要按实际消耗功率选用熔断器和电源开关。三管荧光灯电路如图 5-13c 所示。

18. 荧光灯的安装步骤有哪些?

答: ① 荧光灯灯管是长形细管，光通量在中间部分最高。安装时，应将灯管中部置于被照面的正上方，并使灯管与被照面横向保持平行，力求得到较高的照度。

② 吊式灯架的挂链吊钩应拧在平顶的木结构或木楔上或预制的吊环上，才能可靠。

③ 接线时，把相线接入控制开关，开关出线必须与镇流器相连，再按镇流器接线图连接。

④ 当具有 4 个线头的镇流器的线头标记模糊不清时，可用万用表电阻档测量，电阻小的两个线头是副线圈，标记为 3、4 与启动器构成回路；电阻大的两个线头是主线圈，单管荧光灯如图 5-14a 所示。双管荧光灯如图 5-14b 所示。同理，三管荧光灯如图 5-14c 所示。

19. 怎样安装壁灯?

答: 壁灯是客厅和卧室的辅助照明灯具，灯泡的功率较小。它具有集照明和美化居室一体化的功能。壁灯各种各样的造型，烘托着喜庆、吉祥，给房间增加了一道亮丽的风景线。常见的壁灯样式如图 5-15 所示。

壁灯通常安装在墙上或门柱上，属于辅助照明，或作为装饰用。安装高度一般距地面 1.8~2.0m，常用小功率灯具，如白炽灯为 80W，荧光灯不超过 40W。壁灯的安装方法如图 5-16 所示。

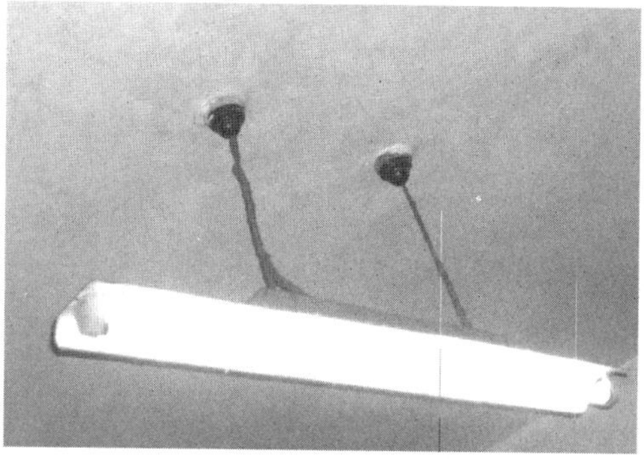

a)

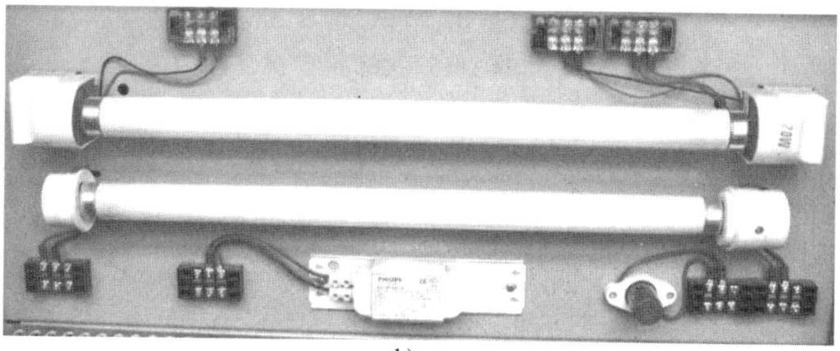

b)

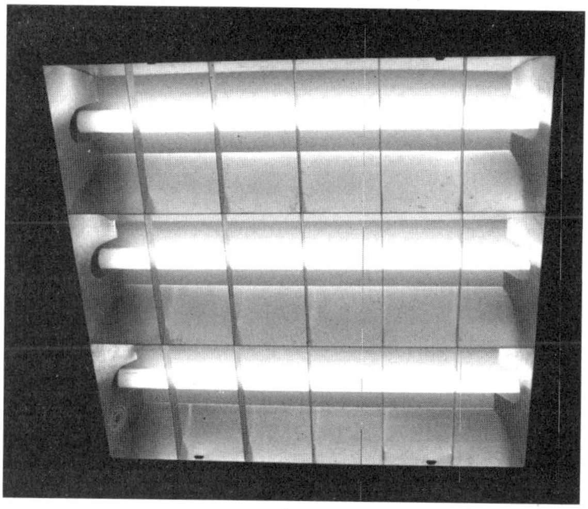

c)

图5-14 荧光灯的安装

a）单管荧光灯 b）双管荧光灯 c）安装好的三管荧光灯

20. 怎样安装组合花灯？

答： 组合花灯是具有创新意识的组合，可根据事件的需要，组成不同意义的花型。烘托气氛，形成以人为本，人与物的和谐，留下一个个特写镜头。如图5-17a所示的组合花灯应用于广场门前。如图5-17b所示的组合花灯可用于客厅中。

组合花灯由人工控制，可全亮或部分亮，五颜六色、灯火辉煌。组合花灯和吸顶灯的安装方法一样。

21. 怎样安装吸顶灯？

答： 吸顶灯往往装在屋顶的天花板上，常采用直接用底盘安装和间接安装两种方式。

图 5-15　壁灯

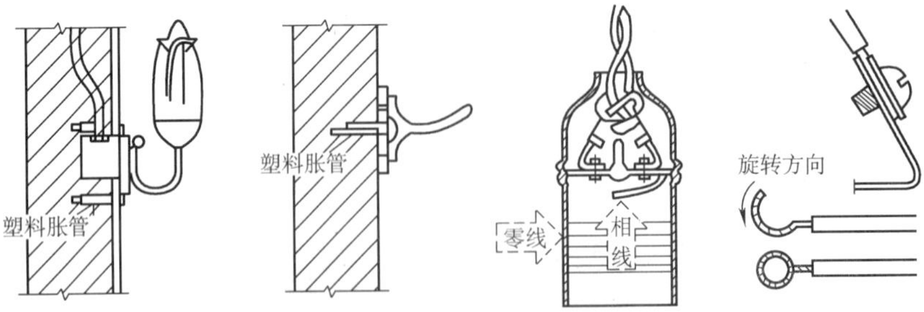

图 5-16　壁灯的安装方法

(1) 直接安装法

先把底盘放在天花板上，划出安装孔位置，然后用冲击钻打孔并放入塑料胀管。在其中一个胀管中插入一根铁丝作为导杆，待安装好一颗螺钉后，再拆下导杆安装另一颗螺钉，如图 5-18a 所示。

(2) 间接安装法

首先用膨胀螺栓或塑料胀管将过渡板固定在天花板预定位置。在底盘元件安装完毕后，再将电源线由引线孔穿出，然后托着底盘找对过渡板上的安装螺栓，上好螺母。因不便观察而不易对准位置时，可用一根铁丝穿过底盘安装孔，顶在螺栓端部，使底盘慢慢靠近，沿铁丝顺利对准螺栓并安装到位，如图 5-18b 所示。

22. 常用台灯分为几种？各有哪些特点？

答：台灯是一种局部照明的灯具，是书房学习照明的首选。台灯分为普通台灯、调光台灯、触摸台灯和工艺台灯。

① 普通台灯如图 5-19 所示。它结构简单，造价便宜，不能调光。

② 调光台灯可以根据需要，改变灯泡的亮度，用于保护视力及节约电能，如图 5-20 所示。调光台灯的电路如图 5-21 所示。220V 交流电压经电容 C_1 减压，整流桥堆 AB 进行全波整流，电容 C_2 滤波，稳压二极管稳压后变成直流电压。

光敏电阻 RG 白天电阻很小，向电容 C_3 充电的脉冲信号很小，无法触发晶闸管导通，灯泡 HL 回路不通，灯泡 HL 不亮；夜幕降临时，光敏电阻的暗阻很大，向电容 C_3 充电脉冲信号很大，可以触发晶闸管的门极，使晶闸管导通，这时继电器线圈得电，串在灯泡 HL 回路的继电器常开触点接通，则灯泡 HL 点亮。

调节电位器 RP 可以调节门极触发信号的大小，从而调节了晶闸管的导通角，进而控制了灯泡的亮度。

a)

b)

图 5-17 组合花灯
a）广场组合花灯 b）客厅组合花灯

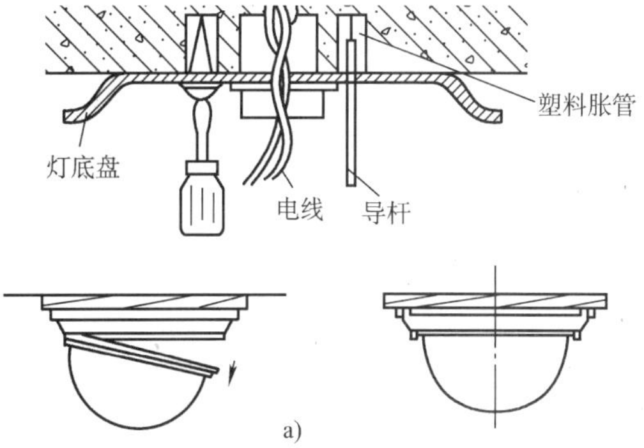

a)

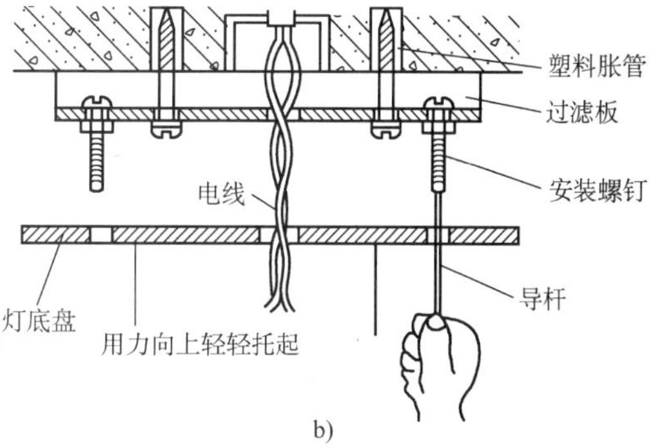

b)

图 5-18 吸顶式安装法
a）直接安装法 b）间接安装法

图 5-19　普通台灯

图 5-20　调光台灯

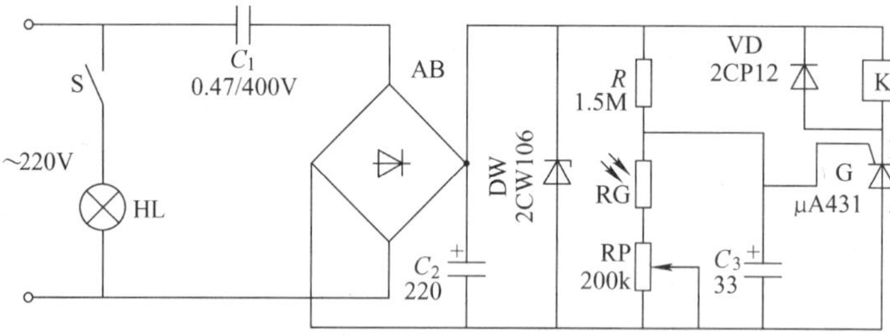

图 5-21　调光台灯电路

③ 触摸台灯是一种人体感应灯。当用手触摸金属部分时，灯变亮，而且一直亮下去，当想关掉灯时，再一次触摸金属部分即可关掉，非常方便，如图 5-22 所示。

触摸台灯的触摸控制原理：人体所发出的电信号频率范围为 0~5kHz，输出电压为微伏至毫伏级，是一个很弱的电压。经示波器观察，还有多种谐波成分。用手触摸金属片 M 时，相当于给 VT 基极提供一个信号，经电流放大后，送到 TWH8778 大功率驱动开关集成电路，使 NE5556 端为低电平，则 3 端为高电平，以后工作状态同前。所以日常使用触摸台灯时，用手一摸即亮，也可以用于报警，如图 5-23 所示。

图 5-22　触摸台灯

23. 什么是声控灯？它是怎样工作的？

答：在白天或光线较亮时，声控灯的开关是关闭状态，灯不亮。夜间或光线较暗时，开关是预备工作状态。当有人经过该开关附近时，脚步声、说话声、拍手声等均可把节电开关起动，灯变亮，延时 40~50s 后，开关自动关闭、灯灭。

声控节电开关电路由传声器 MIC、声音信号放大、半波整流、光控、电子开关、延时和交流开关 7 部分电路组成。其电路原理如图 5-24 所示。传声器和 VT_1、$R_1 \sim R_3$、C_1 组成声音放大电路。为了获得较高

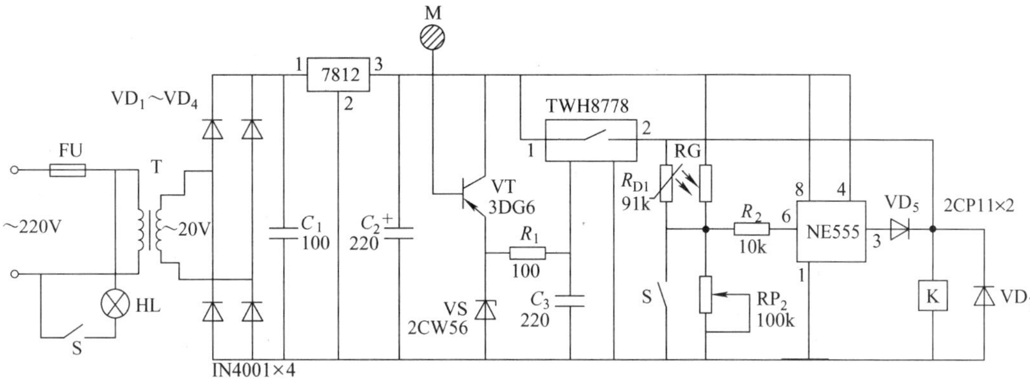

图 5-23　触摸台灯的电路原理图

的灵敏度，VT_1 的β值应大于100。传声器也选用灵敏度高的。R_3 不宜过小，否则电路容易产生间歇振荡。C_2、VD_1 和 VD_2、C_3 构成整流电路，把声音信号变成直流控制电压。R_4、R_5 和光敏电阻 RG 组成光控电路。当光照射在 RG 上时，其阻值变小，直流控制电压衰减很大，VT_2 截止。VT_2、VT_3 和 R_7、VD_3 组成电子开关。平时，即有光照时，VT_2、VT_3 截止，C_4 上无电压，单向晶闸管 VS 截止，灯泡 EL 不亮。在 VS 截止时，直流高压经 R_9、VD_4 减压后加到 C_6 上端，对 C_6 充电，当充到 12V 后 DW 击穿确保 C_6 上的电压不超过 15V。

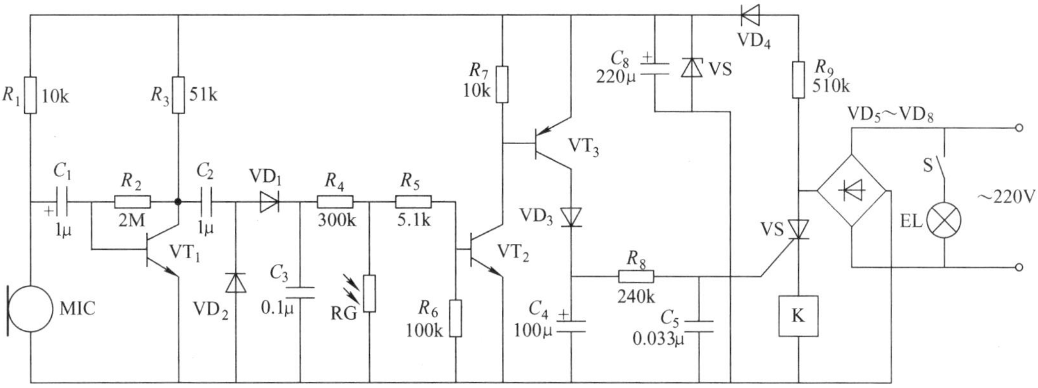

图 5-24　声控灯的电路原理

当没有光照射到 RG 上时，RG 阻值很大，对直流控制电压衰减很小，VT_2、VT_3 导通，VD_3 也导通，C_4、C_5 开始充电，电压慢慢上升。R_8、C_4 和单向晶闸管 VS 组成延时与交流开关。C_4 通过 R_8 将直流触发电压加到 VS 控制门极，VS 导通，继电器线圈 K 得电，串在 EL 支路的继电器常开触点 K 接通，灯泡 EL 点亮。灯泡点亮的时间长短由 C_4、R_8 的参数决定，按电路图所给出的元器件数值，在灯泡点亮约 40s 后，VS 截止，灯熄灭。C_5 为抗干扰电容，用于消除灯泡的发光抖动现象。

24. 什么是高压灭虫灯?

答： 高压灭虫灯是一种通过黑光灯引诱害虫，并通过高压电网将害虫杀死的特殊灯具。黑光灯的结构和电特性与普通荧光灯相同，只是在管壁上涂的荧光粉不同。它可以辐射出害虫可见而人眼不可见的紫外线，将害虫吸引过来。高压灭虫灯的外形和电路原理如图 5-25 所示。它采用栅栏网状高压电网，围绕在黑光灯管的四周，电网分两组，彼此绝缘地穿插设置，并接入 220V/4000V 变压器的高压侧。

这时，黑光灯在电网的下端引诱害虫，当害虫飞进电网间隙的瞬间，由于电网电压很高，当即将害虫电死。当高压电网杀死害虫较多时，会发生短路，灯泡 EL_2、EL_3 会自动点亮，指示电网需要清扫。

a)

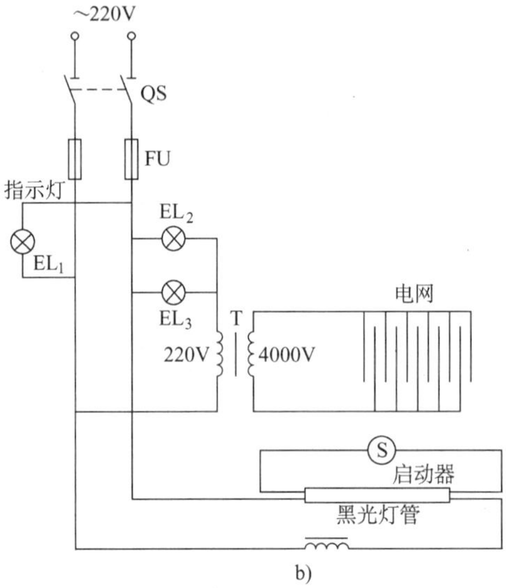

b)

图 5-25 高压灭虫灯
a）外形 b）电路

使用高压灭虫灯时要注意以下几点。

① 高压灭虫灯周围应架设防护栏，以防止人畜触电。

② 高压线要采用耐压较高的绝缘电线，杀虫灯应装在高于地面 2.5m 以上的地方。

③ 高压杀虫灯的开停应由专人负责，配电箱要加锁，防止小孩触电，周围应加护栏并禁止其他人通过，通电时，灯的周围应有指示灯或明显的指示牌。

④ 雷雨天气要把高压杀虫灯收回，防止受潮。

⑤ 高压灭虫灯使用一段时间后，应清除电网上的虫尸。

25. 怎样选择照明导线的横截面面积？

答： 首先按线路的计算电流及所选用的导线型号，查导线安全载流量表，使与所选导线横截面积相配合的熔丝电流大于或等于线路计算电流。所选用导线横截面积的安全载流量，与配用熔断器的熔丝额定电流，以及线路计算电流 I_{30} 应具有以下关系：

$$I > I_N \geqslant I_{30}$$

常用导线的允许载流量和熔断器熔丝的额定电流，见表 5-4。

表 5-4 绝缘导线的连续允许载流量 (单位:A)

横截面积/mm²	明设		单芯导线穿金属管内根数						单芯导线穿硬塑料管内根数					
	导线	熔丝	2	熔丝	3	熔丝	4	熔丝	2	熔丝	3	熔丝	4	熔丝
1.0	17	15	13	10	12	10	11	10	10	7	9	7	8	7
1.5	21	15	15	10	14	10	13	10	11	10	11	10	10	7
2.5	28	20	22	15	21	15	20	15	17	15	17	15	15	10
4	37	25	32	25	28	20	26	20	26	20	23	20	21	15
6	47	35	37	30	35	25	31	25	31	25	29	25	26	20
10	68	60	58	45	48	40	42	35	49	35	40	35	35	30
16	89	80	68	60	61	45	54	45	58	45	52	45	46	35
25	119	100	93	80	85	60	72	60	81	60	74	60	63	45
35	144	—	106	100	94	80	91	80	96	80	84	80	82	60
50	183	—	139	—	121	100	99	80	125	100	109	100	88	80
70	225	—	172	—	155	—	137	100	154	—	139	—	123	100
95	276	—	206	—	193	—	167	—	186	—	174	—	150	—
120	326	—	242	—	209	—	197	—	30	—	198	—	187	—

26. 怎样看照明系统图?

答:(1) 电源引入

电源由建筑物外墙距地 5m 高的进户线支架架空引入，采用单相两线交流电压 220V，导线横截面积为 4mm² 的两根铝芯聚氯乙烯绝缘导线，穿在一根直径为 20mm 的焊接钢管内，沿墙部分埋墙暗设“QA”，沿地部分埋地暗设“DA”。

(2) 电源配电箱

电源线进入嵌入式照明配电箱内，经过胶壳开关、单相电能表后，相线分为 3 个支路经 3 个熔断器，每个熔断器控制两层楼，1~6 层的零线公用。

(3) 引出电源线

引出的电源线用 4 根横截面积为 2. 5mm² 的铝芯聚氯乙烯绝缘导线，共穿一根 ϕ20mm 的焊接钢管埋墙暗设；3~6 层各层减少一根导线，其保护钢管均改为 ϕ15mm 的管径。引至各层、各房间的供电支线均为两根，其横截面积为 2. 5mm² 的铝芯聚氯乙烯绝缘导线采用槽板配线沿墙明设或沿顶棚明设。垂直引至插座段的线路，改为导线穿 ϕ15mm 管径的焊接钢管。插座为带保护型的安全型插座，如图 5-26 所示。

27. 怎样看照明平面图?

答:(1) 槽板配线式

照明支线为槽板配线，均为两线制 220V。在楼梯间安装了一套吸顶灯，灯泡功率为 40W，墙上装拉线开关控制。

(2) 壁装式

卫生间安装墙上灯座，灯泡功率为 15W，距地面高度为 2. 2m。

(3) 吊线式

厨房安装普通软线吊灯，灯泡 25W，距地面高度为 2m；其余房间均为吊线灯附装拉线开关，灯具均装有玻璃碗型灯罩；插座为一般单相插座。进户支线采用电气装置按国家标准制作安装。

(4) 电流的估算

如何根据已给的功率值来估算出其电流的大小，为了现场操作的便捷和一般电工的实际工作需要，总结出经验公式，根据已知功率值经过简单的心算，直接估算出电流的大小。如已知功率求电

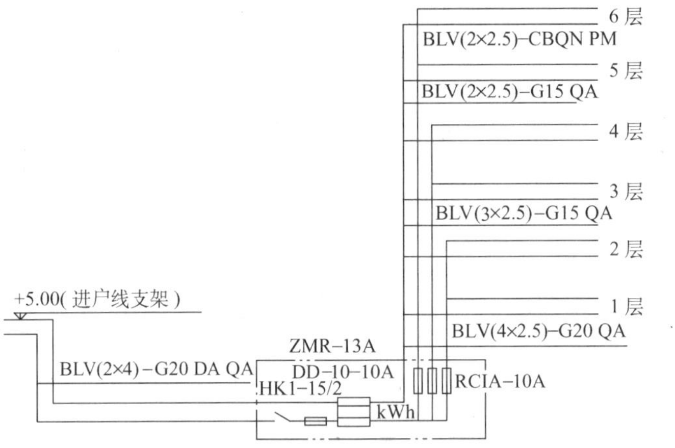

图 5-26　照明系统图

流：三相电动机 2A/kW，三相容量 kVA，可按 1.5 倍计算；电容、电热和照明等同三相容量看。单相 1kW，4.55A；两相 380V，按 2.5A 计算，如图 5-27 所示。

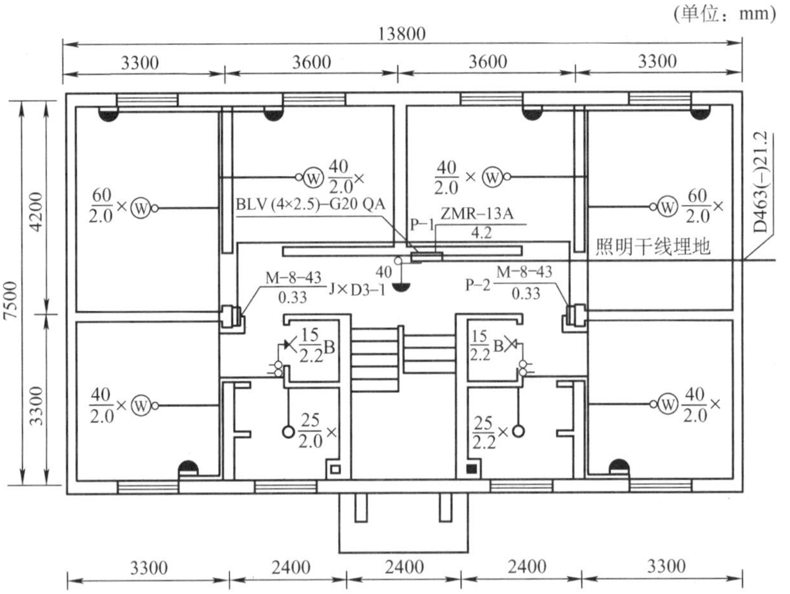

图 5-27　照明平面图应用举例

28. 节能灯分几种样式？节能的效果如何？

答：节能灯从结构上分为紧凑型自镇流式和紧凑型单端式(灯管内仅含启动器而无镇流器)，从外形上分有双管型(单 U 型)、四管型(双 U 型)、六管型(三 U 型)及圆环管等多种类型。节能灯的寿命是普通白炽灯寿命的 10 倍，功率是普通灯泡功率的 5~8 倍(一只 10W 的三基色节能灯亮度相当于一只 60W 的白炽灯)，节能灯比普通白炽灯节电 80% 左右，发热量也只有普通灯泡发热量的 1/5。节能灯可以代替白炽灯，节约能源并有利于环境保护。节能灯的外形如图 5-28 所示。

29. 什么是落地灯？

答：如图 5-29 所示为落地灯，主要用于客厅或卧室内，供读书看报时用，同时也是一种装饰品。落地灯无需用户安装，组装起来之后，将自带插头插入三孔插座内即可。

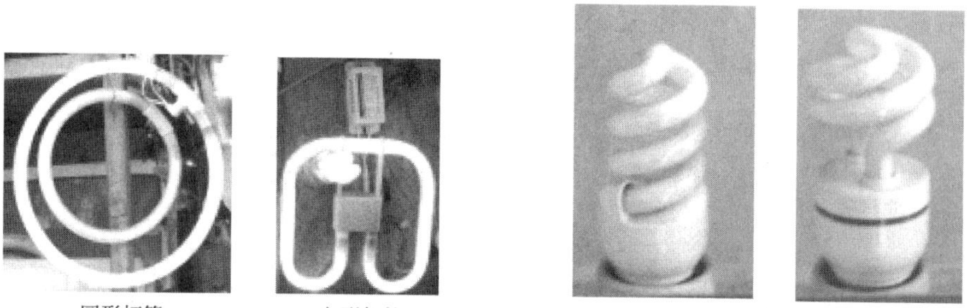

圆形灯管　　方形灯管　　螺旋灯管

图5-28　节能灯的外形

30. 吊灯分为几种？各有什么用途？

答：吊灯分为线吊式和链吊式。

（1）线吊式

线吊式吊灯降低了灯具高度，提高了照明度。灯具重量不超过1kg时，线吊式常被采用。线吊式中又分自在置线吊式、固定线吊式、防水线吊式、吊线器式等，广泛用于居室。

（2）链吊式

当灯具重量超过1kg，小于3kg时，常用链吊式。链吊式吊灯照明度高，使用方便，如荧光灯等，广泛用于酒店、商店、办公室、教室等。当灯具重量超过3kg时，应预埋螺栓或铁件再安装，如图5-30所示。

图5-29　落地灯

图5-30　吊灯

31. 怎样安装嵌入式荧光灯？举例说明。

答：嵌入式荧光灯安装于墙内或顶棚内，适用于高级宾馆、医院、电影院等处。为避免眩光，嵌入墙内时，宜用漫射光灯具或用毛玻璃封挡。嵌入屋顶内时，如影剧院，常用光栅防止眩光，如图5-31所示。

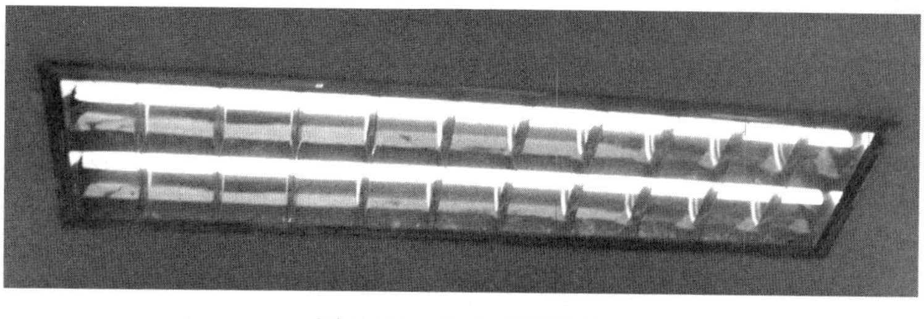

图5-31　嵌入式荧光灯

32. 节日流水彩灯有什么用途？如何控制？

答： 节日里，在家庭、单位大门上装上一组流水彩灯，会增添节日气氛，如图5-32所示。

图5-32　节日流水彩灯

如图5-33所示是由3组彩灯组成的流水彩灯的电路原理图。

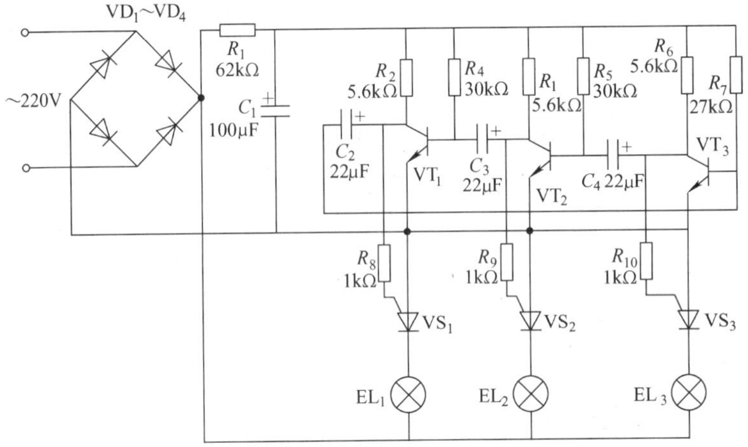

图5-33　流水彩灯

该电路由3组晶闸管触发电路组成。交流220V的电压加到电路上，经VD_1形成半波整流，并给电容C_1~C_3充电，当电容C_1~C_3上的电压达到一定数值时，会使晶闸管VT_1~VT_3导通，灯泡EL_1~EL_3点亮。但C_1~C_3上的充电不会完全同步，假设VT_2先导通，EL_2先亮。此时C_3继续充电，而C_1的电压经VD_7和VT_2放电，VT_1不能导通。随着C_3充电，C_3上的电压继续增高，会使VT_3导通，EL_3亮。VT_3导通构成了C_2的放电回路，C_2上的电压下降，使VT_2截止，EL_2熄灭。与此同时，C_1开始充电，经过一段时间，VT_1导通，EL_1点亮。C_3放电，VT_3截止，EL_3熄灭，C_2充电……，如此循环下去。从视觉上可以看到EL_1、EL_2、EL_3 3只彩灯顺序发亮，似流水一样，非常好看。

图中的二极管VD_1~VD_4选用IN4001型整流二极管。晶闸管VT_1~VT_3选用3CT型晶闸管，其反向耐压应高于400V，电流为1A。

33. 怎样安装光控路灯？

答： 光敏晶体管$3CU_2$白天电阻很小，使555输出的脉冲信号很小，无法触发晶闸管导通，灯泡EL回路不通，灯泡EL不亮；夜幕降临时，光敏晶体管的暗阻很大，使555输出的脉冲信号很大，可以触发晶闸管的门极，使晶闸管导通，这时继电器线圈得电，串在灯泡EL回路的继电器常开触点接通，灯泡EL点亮，如图5-34所示。

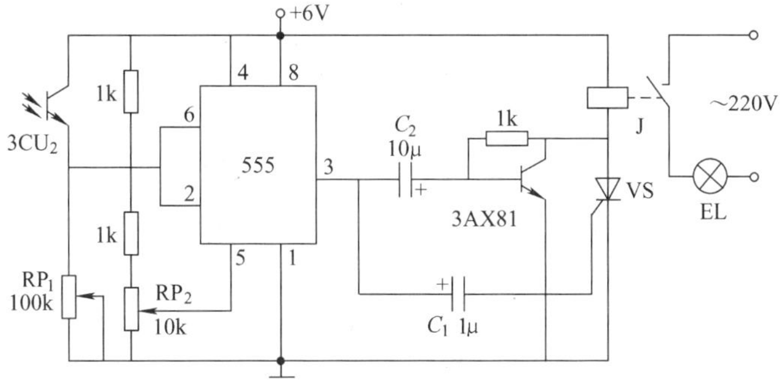

图5-34 光控路灯电路

光控路灯安装一般采用地沟穿管布线的方法。控制部分安装在大门口或在电工房值班室内统一控制。

光控路灯一般由埋在地下的电力电缆线路供电，通常设置接线箱，在箱内接线和安装路灯的电气保护装置。一般情况下，多利用灯杆内部圆柱空间作为接线箱。如图5-35a所示为利用灯杆外部圆柱形或六方形接线的做法，如图5-35b所示为灯杆根部采用底座罩、利用其内部空间接线和安装电器的示意图。

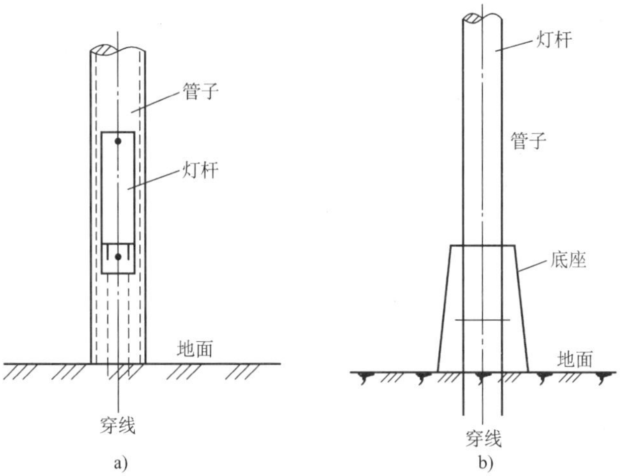

图5-35 路灯接线示意图

如图5-36所示为路灯外形。

34. 高杆照明灯用于何处？有什么用途？

答： 高杆照明灯具常用低压钠灯，钠灯是国内金属卤化物灯的新产品，是节能光源，具有光效高、光色好的特点，且启动快、启动电流小、控制方便、节电效果好，显色性比高压钠灯有很大的提高。

高杆照明灯广泛用于广场，码头、道路等比较宽敞的大面积照明，灯具约在500W以上，便于人们照明、娱乐、活动，如图5-37所示。

35. 旋转聚光灯有什么作用？

答： 旋转聚光灯是一种强光灯具，可旋转方向照明和固定方向照明，该灯具光线集中，可对准目标照射，也称为一种防盗灯，广泛用于家庭小区、仓库等地方。

旋转聚光灯的安装方法同路灯，如图5-38所示。

36. 工艺台灯有什么用途？

答： 工艺台灯如图5-39所示，它强调艺术造型和装饰效果。常见的有玻璃磨花、陶瓷彩釉、景泰蓝及塑料制品等形式的工艺台灯。

工艺台灯无须安装，只需将插头插入插座内即可使用。

图 5-36 路灯

图 5-37 高杆照明灯

37. 霓虹灯是怎样工作的?

答: 霓虹灯是一种辉光放电灯。用直径 6~20mm 的玻璃管两端装上电极，充上少量氩、氖、氦或氙等惰性气体和汞，有时管壁上还涂上能显示不同颜色的荧光粉。

霓虹灯灯管要求很高的启动电压，需用一个漏磁变压器作启动和整流用，漏磁变压器的空载二次电压不小于 15kV、容量为 450VA、电流为 24mA、短路电流为 30mA。这样的漏磁变压器能点亮管径为 12mm、展开长度约为 12m 的灯管。

灯管的启动电压与灯管的长度成正比与灯管的直径成反比，并与所充的气体种类和气压有关，如图 5-40a

图 5-38 旋转聚光灯

图 5-39 工艺台灯

所示。

有一种为低压滚筒，它是由交流电动机、圆筒、活动导电片和固定触头等组成，当交流电动机通电带动圆筒转动时，圆筒上的导电片依次与固定触头接触，接通对应的霓虹灯和电源，从而得到各种不同的明暗变化图案，通过这种方法可控制多台霓虹灯变压器，供大幅图案变化用，其电路如图 5-40b 所示。

38. 什么是绿色照明工程?

答：美国政府在 1992 年 10 月对能源的利用公布了政策条例，美国环境保护部门正式提出了“绿色照明工程”计划。其具体内容是：采用高效少污染光源，提高照明质量、提高劳动生产率、提高能源的有效利用水平，以达到节约能源、减少照明费用，减少有害物质的溢出和排放，最终实现保护人类生存环境的目的。1995 年 4 月，我国国务院草拟了《节约能源法》。由国家经济贸易委员会发起，由各相关单位组成了专家组，正式开始中国绿色照明工程的筹划工作，并首先在广东、上海等城市进行试点。

39. 一般宾馆房间内配置哪些灯具?

答：一般设置床头壁灯、桌上台灯、落地灯等灯具，如图 5-41 所示。

a)

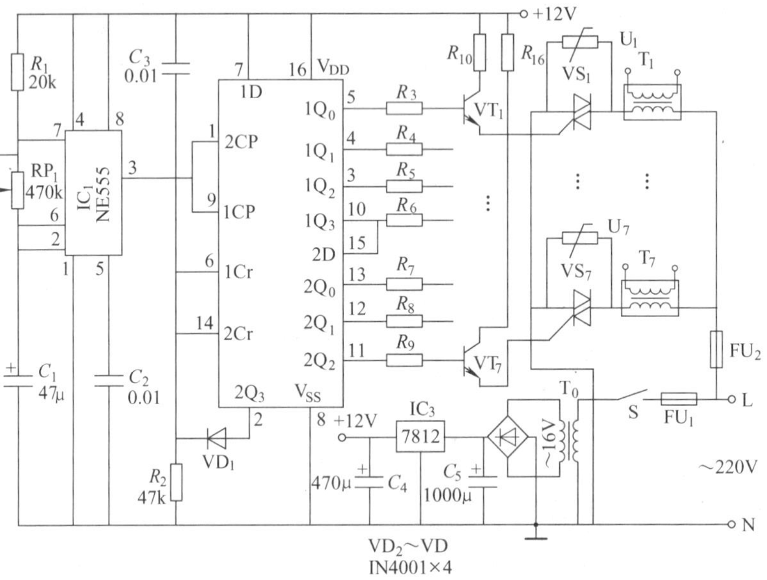

b)

图 5-40 霓虹灯

a)

图 5-41 宾馆客房灯具

a）壁灯

b)　　　　　　c)

图 5-41　宾馆客房灯具(续)

b）台灯　c）落地灯

40. 如何配置宾馆一般包间和豪华餐厅包间内的灯具?

答: 宾馆豪华包间是供同学、好友聚会，生日宴会使用的地方，体现出喜庆、吉祥、温馨、如意。本书仅举一个例子，供读者一饱眼福，如图 5-42 所示。

图 5-42　餐厅灯具照明

41. 如何配置高校校园的灯光?

答: 高校校园照明，体现出高雅、宁静的文化氛围。某师范院校校园灯光安装如图 5-43 所示，供读者参考。

42. 如何配置生活小区的照明灯具?

答: 生活小区的照明应体现和谐、吉祥、温馨、以人为本的照明环境，同时体现一种文化的照明氛围。本书介绍几种样式，供读者和设计师参考，如图 5-44 所示。电路同于一般照明电路，只是造型不同而已。

a)

b)

c)

图 5-43　高校

d)

e)

f)

校园灯具配置

a)

b)

c)

图5-44　生活

d)

e)

小区的照明灯具

f)

图 5-44　生活小区的照明灯具(续)

第6章 实用电子技术

1. 什么是电子技术?

答: 概括地说，电子技术是研究电子运动规律及其应用的一门科学。

2. 电子技术包括哪些内容?

答: 电子技术研究范围随着它本身的发展而日益扩大：凡是与电子的激发和运动、电子器件、电子电路、电磁波、信息的处理等有关的技术，都可以称为电子技术。又因为它和无线电波的关系非常密切，所以有时也把研究电子技术的学科称为无线电电子学。

3. 电子技术的应用范围有哪些?

答: 具体来说，电子技术的应用非常广泛，最主要的有通信、广播、电视、雷达、导航、电子计算机、自动检测。自动控制、遥感、激光、红外技术、粒子加速器等。还有许多大大小小的工业产品干脆就直接以电子来命名，如电子显微镜、电子琴、电子秤、电子手表等。如果你稍微留意一下，就会发现：无论走到哪里——工厂、农村、机关、学校、医院、部队、科研单位……，几乎处处都在使用各式各样的电子设备或电子仪器。

4. 怎样才能学好电子技术?

答: 制作是理论与实际结合最好的方法。电子技术是一门理论性和实践性很强的学科，在理论指导下实践，实践反过来检验理论，促进理论的发展，实践才能出真知。制作的过程是实践的过程。

电子技术的学习过程要经过5大环节：理论学习环节、实验环节、实习环节、电路设计环节和电子制作环节，其中，电子制作是最重要的环节。只有掌握电子制作，才能真正学得会、记得牢、用得上。

电子制作又能检验综合应用知识的能力。它打破专业化分过细，拓宽知识面，涉及计算机应用、传感器技术、电动机、测试与显示技术等内容。因此说，电子制作又能检验综合应用知识的能力。

实践证明，许多发明、创造都是在制作过程中产生的。它可以培养人、锻炼人。制作过程又是出人才、出成果的过程，许多专利技术不是凭空想象出来的，而是结合市场需要，将制作的结果产品化、商品化，进入千万百姓家，造福于人类。

5. 什么是二极管?

答: 二极管的外形如图6-1所示。它由PN结、管壳、电极引脚等组成。图中所示二极管符号左端叫阴极(或叫负极)，右端叫阳极(或叫正极)。在使用时，阳极接电源正极，阴极接电源负极，符号箭头表示正向电流方向。按材料分，有锗二极管和硅二极管；按结构分，有点接触型和面接触型；按用途分，有整流二极管、稳压二极管、发光二极管和光敏二极管等。

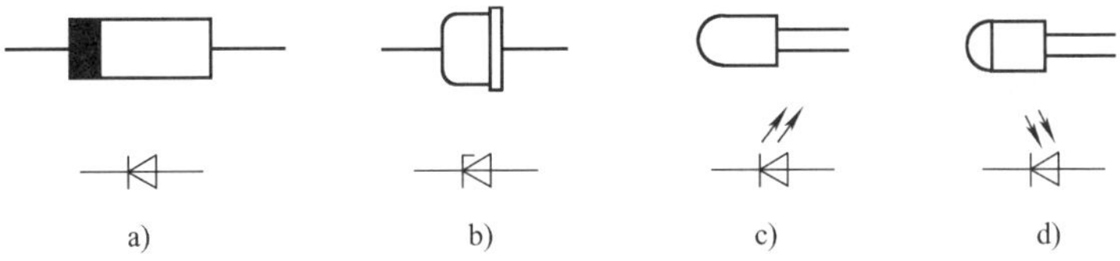

图6-1 二极管的外形及符号

6. 怎样判别二极管的极性?

答: 通常根据晶体管管壳上标志的二极管符号来判别。如标志不清或无标志，可根据二极管正向电阻小、反向电阻大的特点，利用万用表欧姆档来判别极性。具体方法是，先将万用电表选择开关旋到“$R\times$

100”或“$R\times1k$”档，然后用表笔分别正向、反向来测量出两个电阻管一个约为几百欧，一个则为几百千欧。凡量出几百欧阻值的，则与黑表笔相连的一端为正极，另一端为负极；凡量出几百千欧阻值的，则与红表笔相连的一端为正极，另一端为负极，如图6-2所示。

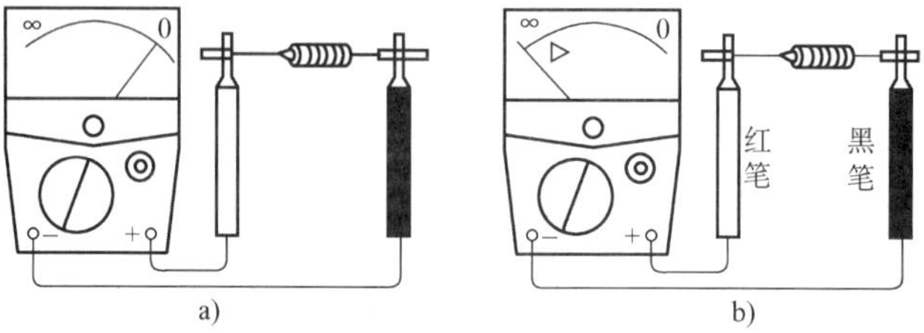

图6-2　二极管的测量

7. 怎样识别二极管的优劣？

答： 因为二极管是单向导通的器件，因此测量出来的正向电阻值与反向电阻值相差越大越好。如果相差不大，说明二极管性能不好或已损坏。如果测量时表针不动，说明二极管内部已断线。如果测出电阻为零，说明电极之间已短路。

8. 二极管有哪些主要参数？

答： ① 最大整流电流 I_{FM}：是指在长期使用时，二极管能通过的最大正向平均电流值。通过二极管的电流不能超过最大整流电流值，否则会烧坏二极管。锗二极管的最大整流电流一般在几十毫安以下，硅二极管的最大整流电流可达数百安。

② 最大反向电流 I_R：是指二极管的两端加上最高反向电压时的反向电流值。反向电流大，则二极管的单向导电性能差，这样的管子容易烧坏，整流效率也差。硅二极管的反向电流约在1μA以下，大的有几十微安，大功率的管子也有高达几十毫安的。锗二极管的反向电流比硅二极管大得多，一般可达几百微安。

③ 最高反向工作电压 U_{RM}：最高反向工作电压是指二极管在使用中所允许施加的最大反向峰值电压，它一般为反向击穿电压的1/2 ~2/3。锗二极管的最高反向工作电压一般为数十伏以下，而硅二极管可达数百伏。

9. 什么是稳压二极管？

答： 稳压二极管用来对电子电路起稳定电压作用。与一般二极管不同点是：稳压二极管工作在反向击穿状态，起稳压作用，不会被击穿而损坏。稳压二极管的符号如图6-1b所示。稳压二极管工作在击穿区，反向电流可以在很大范围内变化，而稳定电压几乎不变，利用这一特性，起到稳压作用。

10. 稳压二极管有哪些主要参数？

答： ① 稳定电压 U_Z，指在正常工作下管子两端的电压。它的允许范围在最小反向击穿电压与最大反向击穿电压之间。由于制造工艺方面原因，稳压值有一定的分散性。例如，2CW稳压二极管的稳压值为10 ~12V。

② 稳定电流 I_Z，只是作为一个参考数值，设计选用时要根据具体情况（工作电流的变化范围）来定。

③ 耗散功率 P_Z，就是稳定电压 U_Z 与稳定电流 I_Z 的乘积。

④ 电压温度系数 a，是稳压二极管受温度变化的影响系数。

11. 使用稳压二极管时应注意哪些事项？

答： 因稳压二极管工作在反向电压下，应注意极性不能反接。如果极性接错，造成电源短路，将产生过大电流而烧坏稳压二极管。环境温度要控制在50℃以下，温度每升高1℃，稳压二极管的最大耗散功率降低1% ~2%。还要注意的是稳压二极管可以串联使用，但不要并联使用。

12. 什么是光敏二极管？

答： 光敏二极管的结构和普通二极管相似，装在透明的玻璃外壳中，管中的PN结可以受到光的照射。光敏二极管在电路中是反向工作的，在没有光照时，其反向电阻很大，可达几兆欧。有光照时，光敏二极管的反向电阻只有几百欧，反向电流约为几十微安。通常用在光电转换的自动控制仪器中，如图6-1d所示。

13. 什么是二极管整流电路？有哪几种？

答：整流就是将交流电转变为直流电的过程。二极管整流电路是利用二极管单向导电特性组成的整流电路，分为单相整流和三相整流两种。单相整流又分为半波整流、全波整流、桥式整流和倍压整流等。

（1）单相半波整流

根据二极管具有单向导电的特性，当二极管正极接电源正端，负极接电源负端，电源 U_2 正半周时，电路有电流流过。反之电源 U_2 负半周时，则电路无电流，为不导通状态。因此，在 R_L 电阻上得到单方向的脉动电压，把交流电变成了直流电。单相半波整流电路如图6-3a所示。

（2）单相全波整流

单相全波整流是由两个单相半波电路组成的，变压器的二次绕组的中心抽头把 U_2 分成两个大小相等方向相反的 U_{21} 和 U_{22}，如图6-3b所示。

在正弦交流电源的正半周，VD_1 处于正向导通，VD_2 处于反向截止，电流经 VD_1、负载电阻 R_L 回到变压器中心抽头 O 点，构成回路，负载得到半波整流电压和电流。

同理，在电源的负半周，VD_2 正向导通，VD_1 反向截止。电流经 VD_2、R_L 流回到变压器中心抽头 O 点。负载 R_L 又得到半波电压和电流。

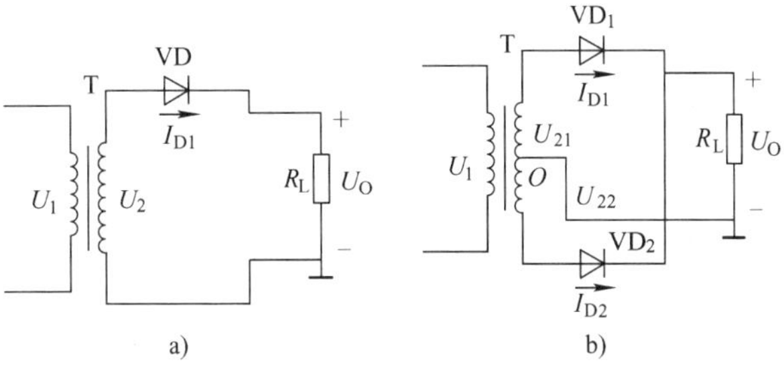

图6-3　单相半波与全波整流电路

a）单相半波整流　b）单相全波整流

以后重复上述过程。由此可见全波整流电路的两只二极管 VD_1、VD_2 是轮流工作的，输入端加的正弦波形如图6-4a所示，在负载上得到的电压和电流波形如图6-4b所示。

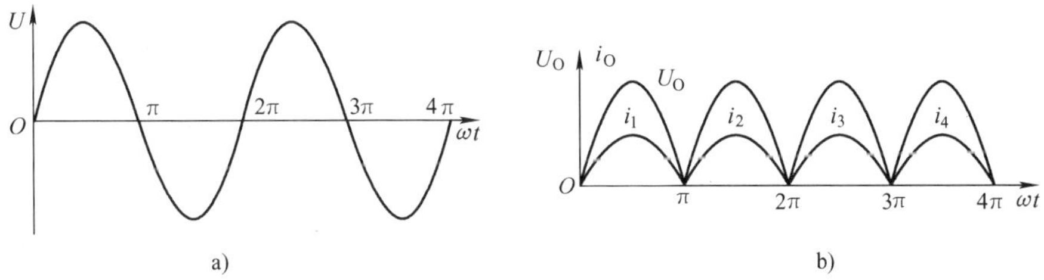

图6-4　全波和桥式整流电压电流波形图

（3）单相桥式整流

电路如图6-5a所示，单相桥式整流电路由电源变压器T、整流二极管 VD_1、VD_2、VD_3、VD_4 和负载电阻 R_L 组成。与全波整波电路一样，变压器将电网交流电压变换成整流电路所需的交流电压，设 $u_2=\sqrt{2}U_2\sin\omega t$。

当电源电压处于 u_2 的正半周时，变压器二次绕组的a端电位高于b端电位，VD_2、VD_3 在正向电压作用下导通，VD_1、VD_4 在反向电压作用下截止，电流从变压器二次绕组的a端出发，经 VD_2、R_L、VD_3，由b端返回构成通路。有电流通过负载电阻 R_L，输出电压 $u_O=u_2$。

当电源电压处于 u_2 的负半周时，变压器二次绕组的b端电位高于a端电位，VD_4、VD_1 在正向电压作用下导通，VD_2、VD_3 在反向电压作用下截止，电流从变压器二次绕组的b端出发，经 VD_4、R_L、VD_1，回到a端。有电流通过负载电阻 R_L，输出电压 $u_O=u_2$。

由此可见，在交流电压 u_2 的整个周期内，整流器件在正、负半周内各导通一次，负载电阻 R_L 始终有电流通过，而且保持为同一方向，得到两个半波电压和电流。所以，桥式整流电路也是一种全波整流电路。

（4）单相倍压整流

倍压整流就是在整流电路输入端输入低压交流电，而在输出端却能得到高于输入电压多倍的直流电压。以二倍压整流电路为例，如图6-5b所示。其工作原理如下。

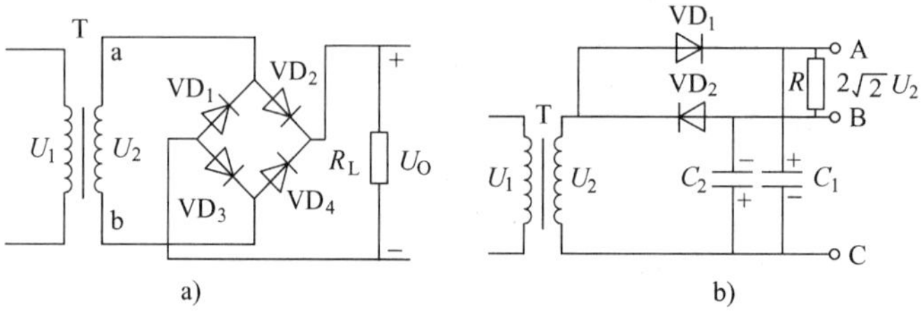

图6-5 桥式整流与倍压整流

a）桥式整流 b）倍压整流

当电源电压为正半周时，二极管VD_1导通，电源电压对C_1充电，C_1两端的电压为$\sqrt{2}U_2$。当电源电压为负半周时，VD_2导通，电容器C_2被充电到$-\sqrt{2}U_2$。因为

$$U_{AB}=U_{AC}+U_{CB}$$

所以，

$$U_{AB}=\sqrt{2}U_2+\sqrt{2}U_2=2\sqrt{2}U_2$$

即输入交流电压为$\sqrt{2}U_2$，而在输出端得到的直流电压为$2\sqrt{2}U_2$，这就是二倍压整流电路的工作原理。同理，可做成三倍压整流电路及多倍压整流电路。

14. 常用直流稳压电源有哪几种形式？

答：直流稳压电源就是把交流电源变成稳定的直流电源，有并联型和串联型之分。并联型电源主要用于要求不高的场合；分立元件稳压电源已被集成的稳压电源所代替。下面分别介绍并联直流稳压电源、分立元件稳压电源、集成三端稳压可调式直流稳定电源和正、负直流稳压电源。

（1）并联直流稳压电源

直流电源采用并联型，经整流、滤波、限流、稳压分别输出±10V，该电路简单，成本低，能满足要求，如图6-6所示。

图6-6中6.3V指示灯HL_1、HL_2，分别指示机床的运行和停止状态，由继电器控制电路控制。

（2）分立元件稳压电源

分立元件稳压电源由整流、滤波、放大、稳压、取样电路组成，最后输出0～50V电压，供给光电控制电路，如图6-7所示。

（3）三端稳压可调式直流稳压电源

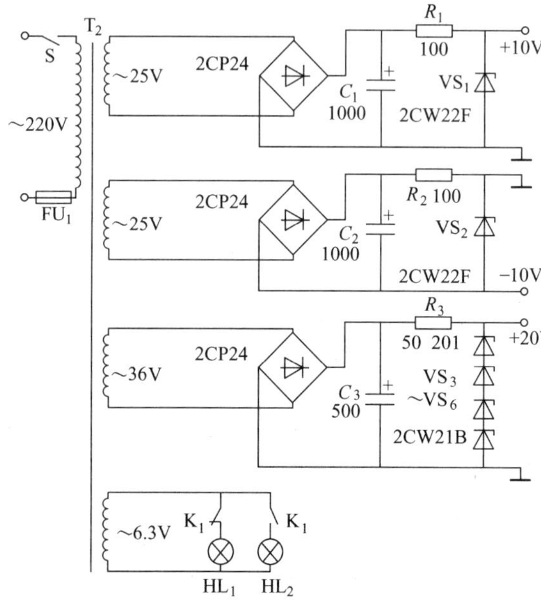

图6-6 并联直流稳压电源电路

三端可调正压集成稳压器的品种较多，三端指的是电压输入端，电压输出端和电压调整端，正压指的是输出正电压。国际流行的正压输

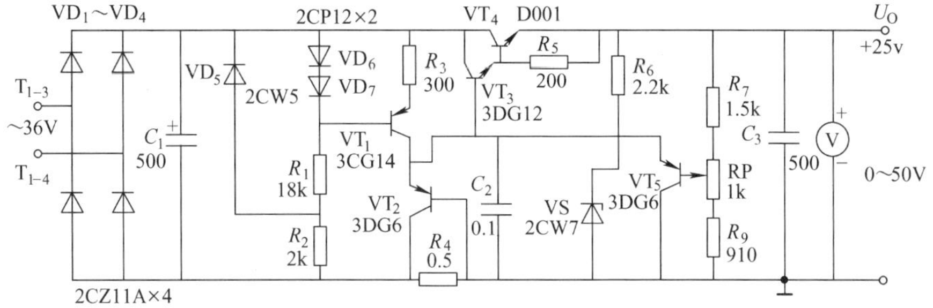

图6-7 分立元件稳压电源电路

出稳压器有LM117/217/317系列、LM123系列、LM140系列、LM138系列和LM150系列等。图6-8为LM317系列三端稳压可调式电路，输出电压连续可调的直流电源。全波整流、电容滤波直流电源。交流电源变压器二次采用对称双二次，输出直流电压为变压器二次电压的0.9倍。

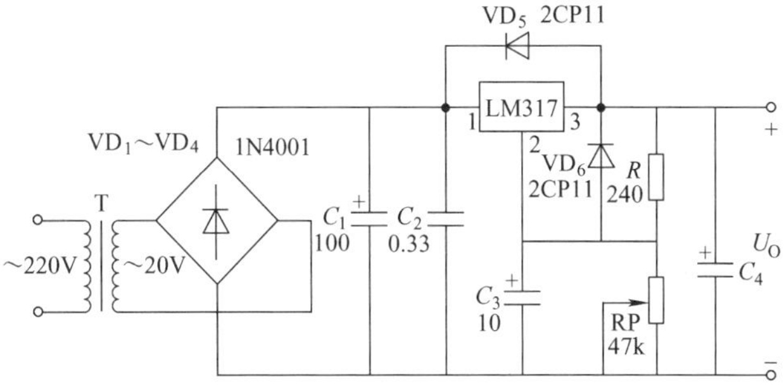

图6-8 LM317系列三端稳压可调式直流稳压电源电路

LM317是三端稳压器，它的输出电压可调，稳压精度高，输出纹波小，一般输出电压为1.25～35V，最大负载电流为1.5A，电路内部设置过电流保护、芯片过热保护及调整管安全工作区保护，它的工作温度为0～150℃，其主要参数见表6-1。

表6-1 LM317的主要参数

电压调整率/(%V)	电流调整率/(%V)	基准电压/V	调整端电流/μA	调整端电流变化/μA	纹波抑制比/BD	输出电压温度变化率/(mV/℃)	最大输入电压/V	最小输入电压/V
0.01	1	1.25	50	0.2	80	0.7	40	3

(4) 正、负直流稳压电源

图6-9采用集成正、负稳压器的电源电路，变压器的二次输出电压为24V，经全波整流后输出的直流电压为24V×0.9=21.6V。两个1000μF电容器分别为两个桥式整流电路的滤波电容。经过集成稳压器稳压后，分别输出±15V的直流电源。

集成稳压器内部稳压系统及纹波消除系统十分完善，因此滤波电容不必太大。特别是目前使用广泛的声控灯开关，均使用这种电源供电。

15. 什么是晶体管？如何识别晶体管的管型与电极？

答：(1) 晶体管

晶体管由两个PN结组成，它有3个电极，即发射极e、集电极c、基极b，所以晶体管是具有3个极、两个PN结的半导体元件。它分为NPN类型与PNP类型，如图6-10所示。

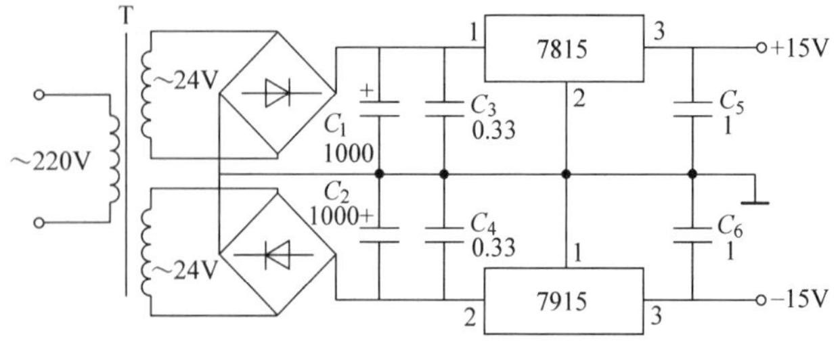

图 6-9　正、负直流稳压电源

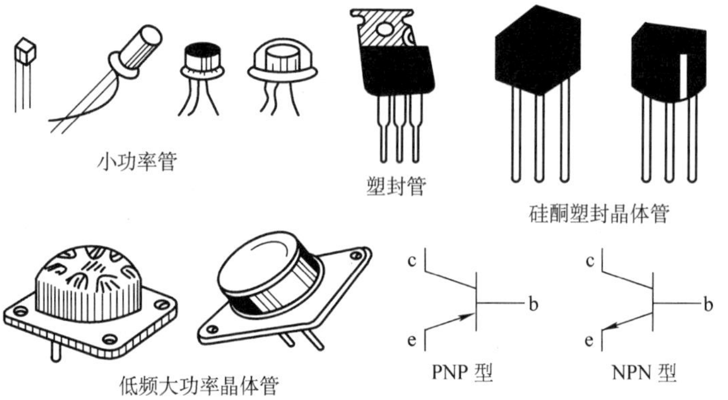

图 6-10　晶体管的外形及符号

(2) 识别晶体管的管型与电极

根据 PN 结的单向导电性，把万用表置于“$R\times10$”或“$R\times100$”档，分别测量两个 PN 结的正反向电阻，即可判别管子的类型和基极。方法是黑表笔接触被测管子的任一电极不动，红表笔分别接触另外两个电极，若被测电阻为几百欧时，则被测管子为 NPN 型，黑表笔接触的电极是基极 b。在 c、b 间跨接一只 100kΩ 的电阻，两次测量(表笔对调一次) bc 间电阻，阻值小的那一次，黑表笔接的是 c 极，另一个为 e 极。反之，红表笔与黑表笔交换，则被测管子是 PNP 型，红表笔接触的电极是 b 极，如图 6-11所示。

16. 晶体管有哪些主要参数?

答: ① 电流放大倍数β。它是衡量晶体管放大能力的一个主要参数，由集电极电流变化量与基极电流变化量的比值来表示，即 $\beta=\Delta i_c/\Delta i_b$，β 值在 20 ~100 之间。β 太高会使晶体管性能不稳定; β 太低会导致放大作用不好。

② 反向饱和电流 I_{cbo}。它是当发射极开路时，集电极与基极间的反向电流。这个数值要求越小越好。

③ 穿透电流 I_{ceo}。它是当基极开路，集电极接反向电压，发射极接正向电压时，流过集电极的电流。这个数值越小越好。

17. 什么是放大电路? 基本放大电路有几种?

答: 放大器就是将微弱信号放大的电子装置，叫做放大器或放大电路。它由电子器件(晶体管或者电子管)、电路元件(电阻、电容等)和电源组成。

放大电路的作用是把微弱的信号放大，在输出端输出一个与输入信号一致而幅度增大的信号。

信号放大的实质是用一个小的变化量去控制一个较大量的变化，使变化量得到放大，常用的简单放大电路是利用晶体管的电流控制作用或场效应晶体管的电压控制作用实现对微弱信号的放大。

放大电路在广播、通信、测量和自动控制中有广泛的应用。例如，收音机、电视机从天线收到的电信

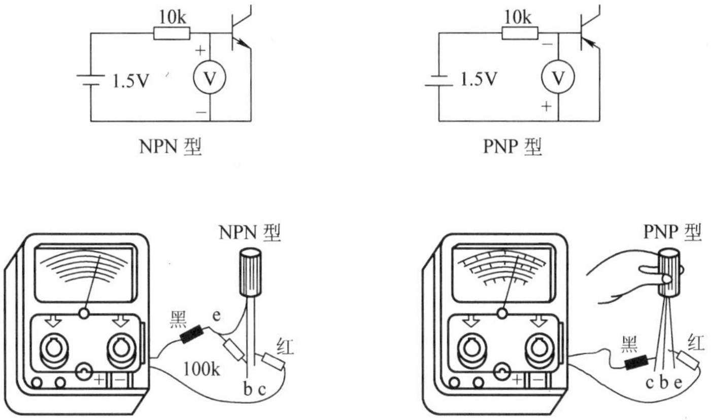

图 6-11　管型与电极的判别

号是很微弱的，必须经过放大电路加以放大才能推动扬声器和显像管工作。在控制机床上，要将反映加工要求的控制信号加以放大。在自动化测量上，通常将温度、压力等待测量的变化通过传感器变换为微弱的电信号，经过放大以后进行处理。

（1）共发射极放大电路

共发射极放大电路具有较大的电压放大、电流放大和功率放大倍数，输入电阻小，而输出电阻大，参数相对适中。所以，一般只要对输入电阻、输出电阻和频率响应没有特殊要求的地方，均常采用。因此，共射电路被广泛地用做低频电压放大的输入级、中间级和输出级。

共发射极放大电路如图 6-12 所示。

（2）共集电极放大电路

共集电极放大电路如图 6-13 所示。从图中可见，它与共发射极放大电路不同，它的输出端是从发射极引出的，故称为射极输出器。

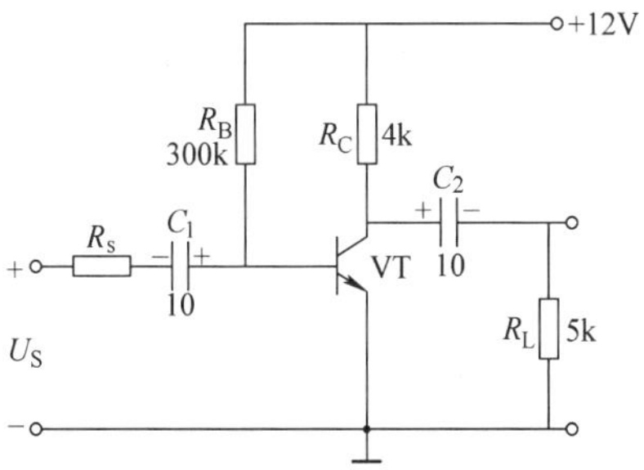

图 6-12　共发射极放大电路

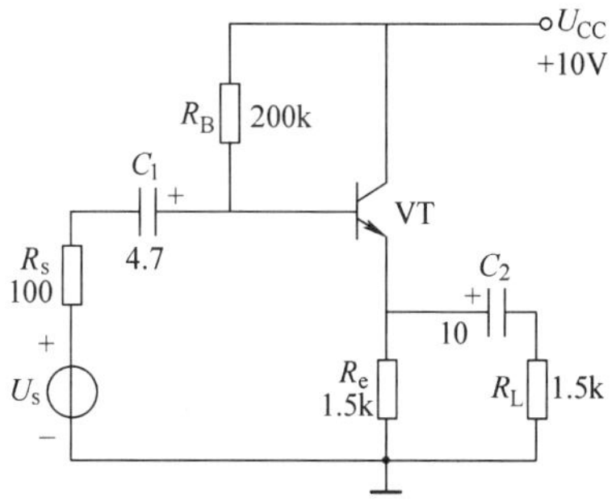

图 6-13　共集电极放大电路

由于直流电源对于交流信号来说是短路的，所以，对于交流信号而言，晶体管的集电极直接接地。因此，由射极输出的电路图可见，该电路的交流信号是从基极和集电极两端输入，而输出信号是从发射极和集电极间输出，也就是说输入回路和输出回路是以晶体管的集电极为公共端的。

共集电极放大电路的特点是输入电阻高、输出电阻低、电压放大倍数接近于 1 而小于 1，由于具有这些特点，常被用做多级放大电路的输入级、输出级或作为隔离用的中间级。

利用它作为量测放大器的输入级，可以提高量测的精度并减小对被测电路的影响。如一个有内阻的待测电压，这个内阻可能预先不知道、或者经常发生变化。显然，只要把量测放大器的输入电阻大大提高，保证输入电阻总是比待测电压的内阻大许多倍，那么测得的结果与待测电压基本相等，只有这样，在我们把量测放大器接到被测电路上以后，才不致改变被测电路原来的工作状态。

其次，如果放大器推动的是一个变化的负载，为了在负载变化时保证放大器的输出电压比较稳定，就要求放大器具有很低的输出电阻才行。这时，用射极输出器作为放大器的输出级。

共集电极放大电路虽然没有电压放大作用，但有电流和功率放大。

共集电极放大电路具有输出电阻小，输出电阻约为几欧到几十欧，比共发射极放大电路的输出电阻要小得多。输出电阻越小，当负载变化时，输出电压变化也就越小，也就是带负载能力强的原因。

综上所述，共集电极放大电路具有输入电阻大，输出电阻小的特点，在电子电路中得到广泛的作用。在测量仪表中，常用它作为输入级，主要是它的输入电阻很大，被测电路信号流入的电流很小，对被测电路工作情况影响很小，从而提高了测量的精度。在多级放大电路中，常用它作为输出级，主要是它的输出电阻小，当负载变化时，输出电压仍很稳定。有时将共集电极放大电路接在两个共发射极电路的中间，对前级而言，它的高输入电阻可以提高前级的负载电阻，从而提高了前级的电压放大倍数。对后级而言，它的低输出电阻正好与输入电阻小的共发射极放大电路相配合，这就是射极输出器的阻抗变换作用。这个中间级又称为隔离级或缓冲级。

（3）共基极放大电路

共基极放大电路如图6-14所示。其输入、输出共用基极，故叫基极放大电路。

共基极放大电路的突出特点在于它具有很低的输入电阻，使晶体管结电容的影响不显著，因而频率响应得到很大改善，所以这种接法常常用于宽频带放大器中。另外，由于输出电阻高，共基极放大电路可以作为恒流源。

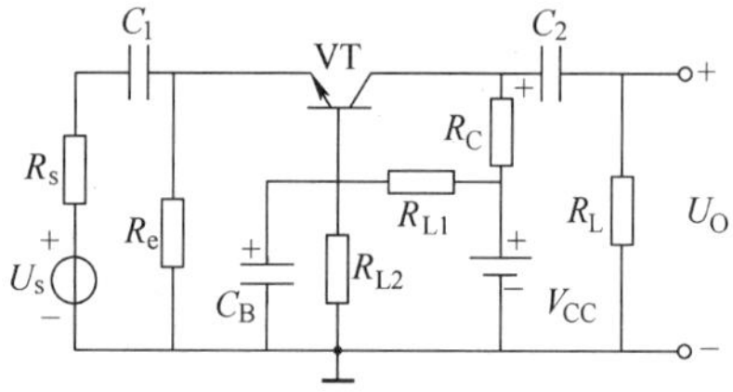

图6-14　共基极放大电路

18. 放大电路放大的是交流信号，为什么要设置静态工作点？

答： 放大器在工作时，需要有一个合适的静态工作点，否则使放大后的波形和输入信号的波形不能保持一致而产生波形失真。因此，为了把晶体管的基极和集电极的电压、电流提高，避开死区，使晶体管基本上工作在特性曲线的直线段，保证 I_b、I_c 输入信号的完整变化，并不发生失真，必须设置合适的静态工作点。

19. 什么是滤波电路？有哪几种？

答： 整流电路可以使交流电转换成脉动直流电，这种脉动直流电中不仅包含直流分量，而且有交流分量。而我们需要的是直流分量，因此必须把脉动直流中的交流分量去掉。我们知道，从阻抗观点看，电感线圈的直流电阻很小，而交流阻抗很大。电容器的直流电阻很大，而交流电阻很小。若组合起来就能很好地滤去交流分量，留下需要的直流分量。这种组合就是滤波器。常用的滤波器有下面几种形式，如图6-15所示。

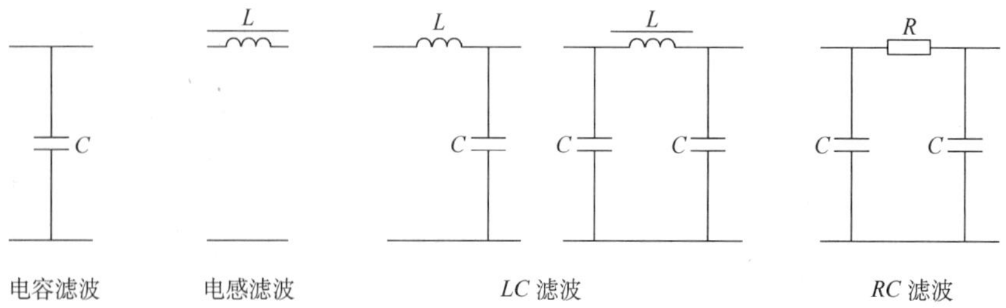

图6-15　常用滤波器

整流之后，虽然把交流变成了脉动的直流电，但还有交流成分，必须把它滤掉。

(1) 电容滤波电路

电容滤波器电路如图6-16所示，就是在负载两端并联一只电容组成。

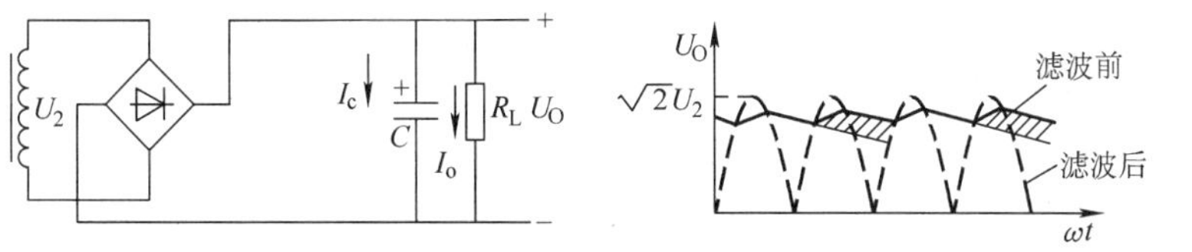

a) b)

图6-16 电容滤波器

a) 滤波电路 b) 滤波前后波形

电容滤波器利用了电容两端电压不能突变的特性。当二极管导通时，一方面给负载 R_L 供电，另一方面对电容器 C 进行充电。充电时间常数 $T_1=2R_DC$，其中 R_D 为二极管的正向导通电阻，其值非常小，充电电压 U_C 与上升的正弦电压 U_2 一致，$U_O=U_C\approx U_2$，当 U_C 充电到 U_2 的最大值 $\sqrt{2}U_2$，U_2 开始下降，且下降速率逐渐加快。当 $U_2<U_C$ 时，4个二极管均截止，电容 C 经负载电阻 R_L 放电，放电时间常数为 $T_2=R_LC$，故放电较慢，直到负半周。

在负半周，当 $U_2>U_C$ 时，另外两个二极管导通，再次给电容 C 充电，当 U_C 充电到 U_2 的最大值 $\sqrt{2}U_2$ 时，U_2 开始下降，且下降速率逐渐加快，当 $U_2<U_C$ 时，4个二极管再次截止，电容 C 经负载 R_L 放电。如此重复上述过程。负载两端的输出电压波形如图6-16b所示。

由上述讨论可见，输出电压的大小和脉动程度与放电时间常数 $T_2=R_LC$ 有关。若 R_L 开路，电容 C 无放电通路，U_O 将一直保持最大充电电压 $\sqrt{2}U_2$；若 R_L 很小，放电时间常数很小，U_C 下降很快，使得输出电压的脉动增大。

桥式整流电容滤波后，其输出电压 $U_O=(1.1\sim1.4)U_2$，滤波电容选用几十微法以上的电解电容，其耐压值应高于 $\sqrt{2}U_2$。

(2) 电感滤波电路

如果要求负载电流较大时，输出电压 U_O 仍较平稳，则采用电感滤波。电感滤波电路如图6-17a所示。

由于电感线圈上的直流阻抗很小，所以脉动电压中的直流分量很容易通过电感线圈，几乎全部到达负载 R_L。而电感对交流的阻抗很大，所以脉动电压中的交流分量很难通过电感线圈。由于电感 L 和负载 R_L 串联，对交流分量可看成是一个分压器，如果我们选择电感的感抗 $X_L=\omega L$ 比负载 R_L 大很多（如交流电源是50Hz，全波和桥式整流后的脉动频率是100Hz，半波整流后是50Hz），那么，交流分量将大部分降在电感上，在负载 R_L 上的交流分量就很小了。这样将原来的脉动较大的直流输出变为较平稳的直流输出了，如图6-17b实线所示为滤波前后的波形。

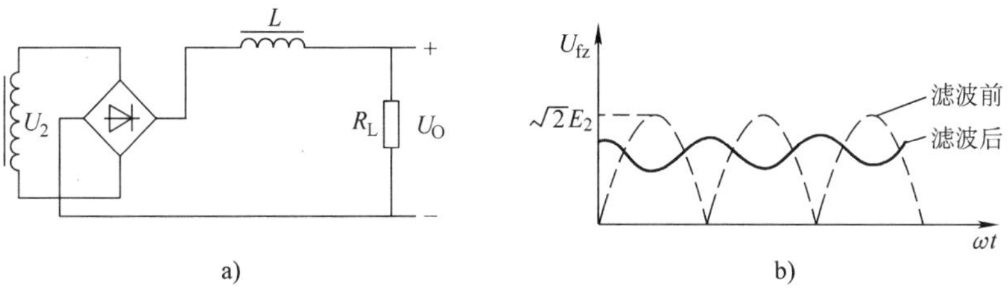

a) b)

图6-17 电感滤波器

a) 滤波电路 b) 滤波前后的波形

如果 R_L 一定，电感越大，输出电压波动越小，滤波效果就越好。所以电感滤波一般适用于负载变动较大，负载平均电流较大的场合。

（3）复式滤波电路

通过电容滤波或电感滤波的分析，直流输出或多或少仍有波动。在要求较高的场合，为了得到更加平滑的直流可以采用复式滤波器。

① *LC* 滤波器：电容滤波器适用于负载较大的情况，而电感滤波器适用于负载较小的情况，如果把这两种电路组合起来，就构成了如图 6-18a 所示的滤波器，它对于一般负载都可以适用。

在 *LC* 滤波器中，脉动电压将经过双重滤波作用，使交流分量大部分被电感 *L* 阻止，即使有小部分交流分量通过了电感 *L*，还要经过电容 *C* 的滤波作用使交流旁路，因此在负载上的交流分量很小，从而达到了滤除交流的目的。

② *LC*—π 型滤波电路：如图 6-18b 所示，*LC*—π 型滤波器是由电容滤波器和 *LC* 滤波器组合而成，滤波过程：交流电整流后先经电容滤波器滤波，然后再经 *LC* 滤波器滤波，所以 π 型滤波器性能比 *LC* 和电容滤波器都要优越，在 R_L 上获得的电压将更平滑。

由于 *LC*—π 型滤波器前面接有电容，所以这种滤波器的外特性和电容滤波器相似。

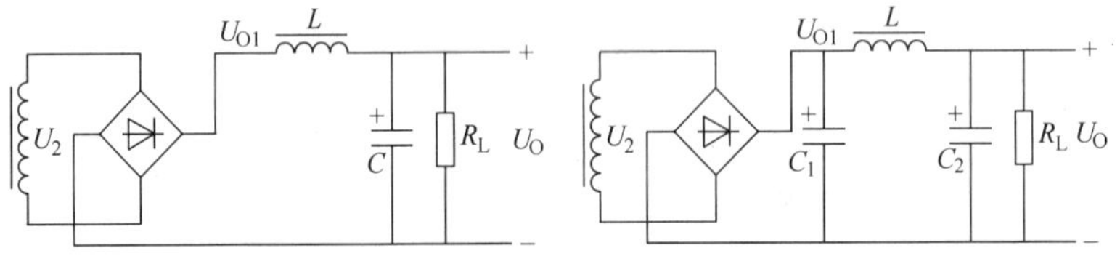

a)　　　b)

图 6-18　*LC* 滤波和 *LC*—π 型滤波电路

③ *RC* 滤波器：如果负载电流不大，为了减轻重量，降低成本，缩小体积，可将上述两个复式滤波器上的 *L* 用一只电阻来代替，组成 *RC*—Γ 型滤波器和 *RC*—π 型滤波器，如图 6-19 所示。

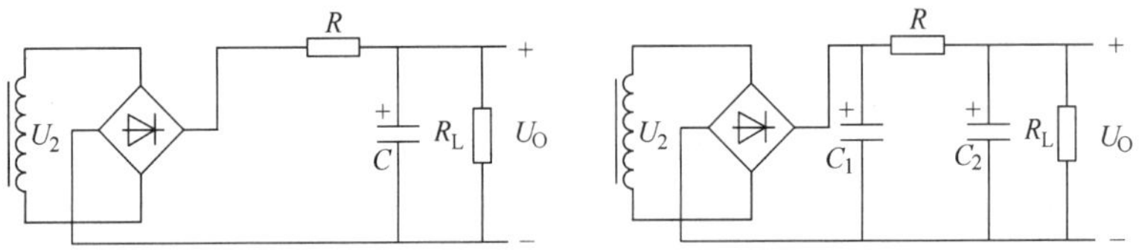

a)　　　b)

图 6-19　*RC* 滤波电路

a）*RC*—Γ 型滤波器　b）*RC*—π 型滤波器

在 *RC* 滤波器中，*R* 越大，滤波效果越好，但电阻上压降损失也大。一般用于小电流的场合，电阻通常取几十到几百欧，电容取几百微法（如 200μF、500μF）。

在整流后需加滤波电容，滤波电容的容量需根据用电负荷的大小来选取，通常选用容量为几十微法至几百微法的滤波电容。有些要求较高的直流电源，还需增设集成稳压器进行稳压，以取得纹波较小的高质量的稳压电源。滤波电容容量与负载电流的关系见表 6-2，可根据输出电流选择滤波电容的大小。

表 6-2　滤波电容容量与负载电流的关系

I_O/A	2A 左右	1A 左右	0.5～1	0.1～0.5	0.05～0.1	<0.05
电容容量/μF	4000	2000	1000	500	200～500	200

其次要确定电容的耐压值，耐压值选小了，电容会因过电压而击穿，选大了会增加体积和成本，可按下式确定电容的耐压值。

$$U_C = \sqrt{2} U_2 \tag{6-1}$$

20. 集成运算放大器的结构与特点是什么?

答： 集成运算放大器内部通常由高阻输入级、中间放大级、低阻输出级和偏置电路等组成。它具有高输入阻抗和高放大倍数。因此，在各类放大器中应用较多。其中最常用的集成运放电路有单运放 5G23 (F004)、5G24(F007)、μA741；双运放 5G022、5G353 和四运放电路 LM324、LM2902 和 LA6324 等。

集成运算放大器至少有 5 个引出端：一个同相输入端(+)和一个反相输入端(-)，一个电源正端(V_{DD})和一个电源负端(V_{SS})，还有一个输出端。

集成运算放大器输入电路的两个输入端采用差分的方法输入，两个输入端 U_+ 和 U_-。以“+”号的输入端称为同相输入端，其输出信号 U_o 与输入信号 U_i 同相；标以“-”号的输入端称为反相输入端，其输出信号 U_o 与输入信号 U_i 反相。

在实际应用中，运算放大器的输入阻抗为几百千欧至几兆欧。作为放大器时，它的放大倍数为几万至几十万倍，已经接近理想的运算放大器。与分立元件的放大器相比，它具有稳定性好、可靠性高、便于调整等优点。

运算放大器可做加法、减法、微分、积分等运算，具有信号的产生、变换及信号处理等功能，应用非常广泛。

21. 什么是反相运算放大器?

答： 反相运算放大电路如图 6-20 所示。输入信号 U_i 通过电阻 R_1 加到反相输入端(-)同相输入端(+)通过电阻 R_2 接地，输出电压 U_o 通过反馈电阻 R_f 接回到反相输入端(-)，引入一个深度的电压并联负反馈。R_1 是输入电阻。R_2 是输入平衡电阻，它的作用是使两个输入电阻相等，电路处于平衡状态。R_2 的阻值应等于 R_1 和 R_f 并联的阻值，保证运放的两个输入端处于平衡工作状态，避免输入电流产生的附加差动输入电压，使反相输入端与同相输入端的对地电阻相等。

反相放大器的电压放大倍数 A_{uf} 等于输出电压 U_o 与输入电压 U_i 之比，但相位相反。其数值可由反馈电阻 R_f 和输入端电阻 R_1 的比值确定，即

$$A_{uf} = \frac{U_o}{U_i} = -\frac{R_f}{R_1} \tag{6-2}$$

式(6-2)说明输出电压与输入电压是反向比例放大关系。在计算放大倍数时，只要知道 R_f 和 R_1 的阻值即可，而与运算放大器本身的参数无关，从而避免了复杂的运算。

22. 什么是同相运算放大器?

答： 如果将输入信号通过 R_2 从运算放大器的同相输入端(+)输入，就构成了同相放大器，这时需将反相输入端(-)通过 R_1 接地。输出电压 U_o 通过反馈电阻 R_f 仍反馈到反相输入端(-)。同时使 $R_2 = R_1 /\!/ R_f$ 以保证两个输入端的对地电阻相等，如图 6-21 所示。

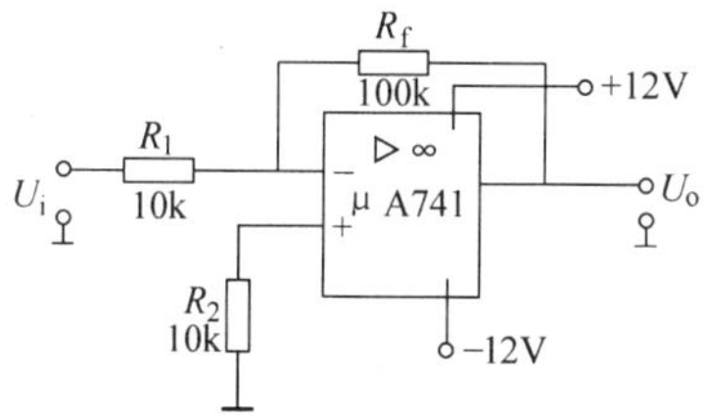

图 6-20　反相运算放大器

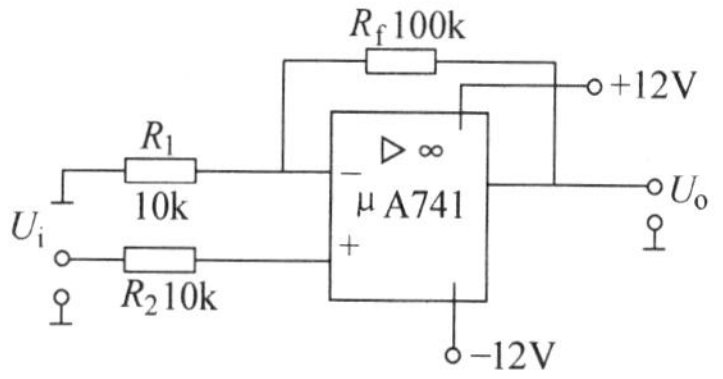

图 6-21　同相运算放大器

通过分析和推导，同相放大器的放大倍数为

$$A_{uf} = \frac{U_o}{U_i} = 1 + \frac{R_f}{R_1} \tag{6-3}$$

由式(6-3)可知，同相放大器的放大倍数比反相放大器的放大倍数大1且与输入信号同相位。只要运算放大器的开环电压放大倍数足够大，闭环电压放大倍数就只决定于 R_f 和 R_1，而与运算放大器的其他参数无关。

图6-20和图6-21均采用双±12V电压供电，在电路连接时，一定要注意电源的极性，不能接错。

23. 什么是电压跟随器？

答： 在特定情况下，当接成如图6-22所示的电路时，当 $R_1=\infty$（断开）或 $R_f=0$ 时，则

$$A_{uf}=\frac{U_o}{U_i}=1 \tag{6-4}$$

电源电压12V经 R_1、R_2 分压后在同相输入端得到 +6V 的输入电压，故输出 U_o =6V。

这种电路称为电压跟随器，它是同相比例运算放大器的一个特例。电压跟随器虽然没有放大输入信号的作用，但在电路中常用做阻抗变换，在多级放大电路中，实现放大器的前后级间匹配，起着十分重要的作用。

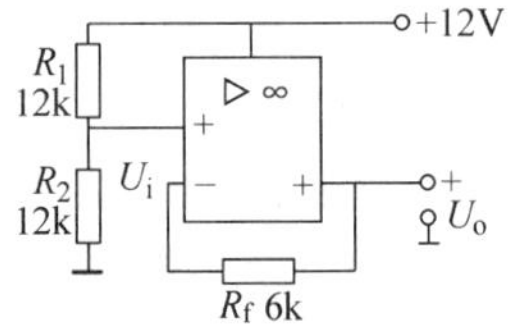

图6-22 电压跟随器

24. 什么是单结晶体管？怎样区别单结晶体管的三个极？

答： 只有一个PN结的三端半导体元件，称为单结晶体管，简称单晶管。它同时引出两个基极 b_1 和 b_2，所以也称为双基极二极管，它的结构与表示符号如图6-23所示。

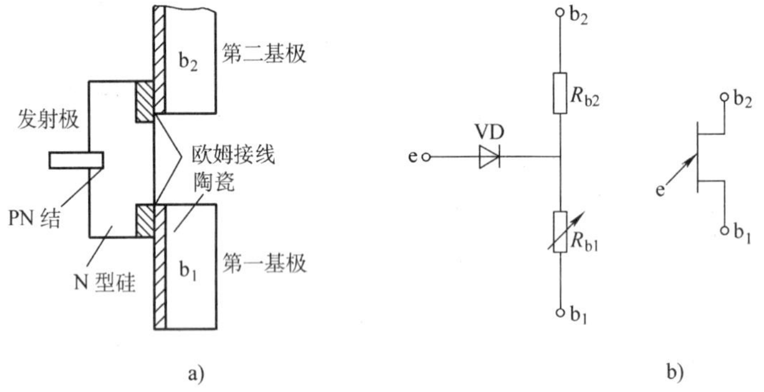

图6-23 单结晶体管的结构与符号

a）结构 b）符号

用万用表“$R\times1k$”档，测任意两引脚的正、反向电阻，直到测得的正反向电阻不变时，则这两引脚分别是第一基极 b_1 和第二基极 b_2（b_1 与 b_2 之间的阻值一般在3～12kΩ之间），而另一引脚则是发射极e。然后再区别 b_1 和 b_2，由于e靠近 b_2，所以e与 b_1 间的正向电阻比e与 b_2 的正向电阻稍大一些。但在实际应用时，即使 b_1、b_2 接反了也不会损坏管子，只是发不出脉冲或脉冲很小。

25. 单结晶体管有哪些主要参数？

答： 单结晶体管的主要参数见表6-3。

表6-3 单结晶体管的主要参数

参数名称	分压比 η	基极电阻 R_{bb}/Ω	峰点电流 $I_p/\mu A$	谷点电流 I_v/mA	谷点电压 U_v/V	饱和电压 U_{ces}/V	最大反向电压 U_{b2emax}/V	反向漏电电流 $I_{eo}/\mu A$	耗散功率 P_{max}/mW
测试条件	$U_{bb}=20V$	$U_{bb}=3V$ $I_e=0A$	$U_{bb}=0V$	$U_{bb}=0V$	$U_{bb}=0V$	$U_{bb}=0V$ $I_e=I_{emax}$		U_{b2e}为最大值	

（续）

参数名称		分压比 η	基极电阻 R_{bb}/Ω	峰点电流 $I_p/\mu A$	谷点电流 I_v/mA	谷点电压 U_v/V	饱和电压 U_{ces}/V	最大反向电压 U_{b2emax}/V	反向漏电电流 $I_{eo}/\mu A$	耗散功率 P_{max}/mW
BT33	A	0.45～0.9	2～4.5	<4	>1.5	<3.5	<4	≥30	<2	800
	B							≥60		
	C	0.3～0.9	4.5～12			<4	<4.5	≥30		
	D							≥60		
BT35	A	0.45～0.9	2～4.5			<3.5	<4	≥30		500
	B					>3.5		≥60		
	C	0.3～0.9	4.5～12			>4	<4.5	≥30		
	D							≥60		

26. 单结晶体管的工作原理是什么？

答：单结晶体管的原理如图 6-24 所示。

虚线方框中的 VD 表示 PN 结。R_{b1} 和 R_{b2} 分别表示第一和第二基极电阻。当两个基极之外加 U_b 时（b_2 接正、b_1 接负），发射极 e 所处的电位高低将决定于 R_{b2} 与 R_{b1} 的分压比 η，即

$$\eta = \frac{R_{b1}}{R_{b1} + R_{b2}} \qquad (6\text{-}5)$$

当发射极电位 U_e 比该点电位高出一个二极管的管压降 U_D 时，即 $U_e = \eta U_b + U_D$

e 对 b_1 开始导通，导通后随着发射极电流 I_e 的增大，R_{b1} 迅速减小，e 与 b_1 之间进入低阻导通状态。当电位低于 U_e 时，e 与 b_1 之间又恢复阻断状态。

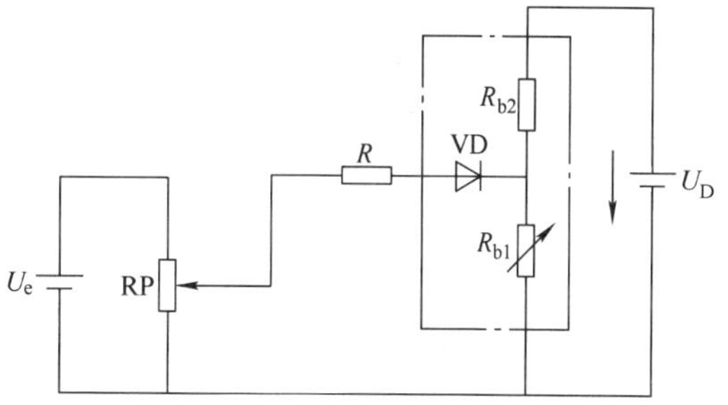

图 6-24　单结晶体管的原理

利用单结晶体管的上述特性，配合适当的电阻和电容就可以构成晶体管的触发电路。

27. 什么是晶闸管？它由哪些结构组成？

答：晶闸管是一种大功率的电子元器件，由 4 层 3 个 PN 节组成，平时是不导电的，它由阳极 A、阴极 K 和门极 G 组成，如图 6-25 所示。

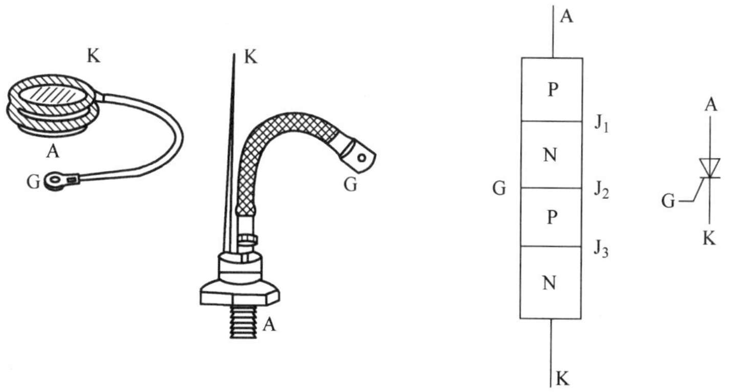

图 6-25　晶闸管的实物、结构和符号

28. 晶闸管的主要参数有哪些?

答:(1) 额定通态平均电流 I_T

在一定条件下,阳极、阴极间可以连续通过50Hz正弦波电流的平均值,使用时不得超过该值。

(2) 正向阻断峰值电压 U_{PF}

在触发信号为零(I_G =0V)时,可以重复加在晶闸管两端(阳极、阴极)的正向峰值电压。这个电压比正向转折电压 U_{PM} 低(如低100V),使用时不能超过这个值。

(3) 反向阻断峰值电压 U_{PR}'

当晶闸管按反向阻断时,可以反复加在晶闸管两端的反向峰值电压。它比反向最高测试电压 U_{PM} 低(如低100V),使用时不得超过这个值。

(4) 门极触发电流 I_{GT} 和触发电压 U_{GT}

在规定的环境温度下,阳极、阴极加有一定的正向电压时,晶闸管从阻断状态转为导通状态所需要的最小控制电流和电压。

(5) 维持电流 I_H

在规定温度下,控制极断路(I_G =0mA),维持晶闸管导通所必需的最小阳极正向电流。

以上参数和另外一些参数,如正向电压上升率、正向电流上升率、开通时间、关断时间等都可在相关知识手册上查到。

近年来,许多新型晶闸管相继问世,如适于高频应用的快速晶闸管,可以用正、负触发信号控制的双向晶闸管,可以用正触发信号使其导通、用负触发信号触发使其关断的门极关断晶闸管等。

29. 晶闸管导通的充分、必要条件是什么?

答:① 阳极到阴极间加正向电压。

② 门极加一定数量的脉冲。

30. 晶闸管导通以后,去掉门极触发信号,为什么还能继续导通?

答:门极只是给晶闸管提供微小的触发信号,使晶闸管导通,一旦晶闸管导通以后,门极完成任务,将失去控制作用,无关断晶闸管的功能。因为晶闸管工作在导通或关断两个状态,二者必居其一,中间状态不能停留。当晶闸管处于导通状态时,即使去掉门极,晶闸管也一直保持导通状态。

31. 双向晶闸管的结构是什么?

答:双向晶闸管,在电路中用符号VT来表示。双向晶闸管是一种NPNPN型5层半导体器件,与普通晶闸管相比,如用普通晶闸管控制交流负载,需要两个普通晶闸管的反并联,两套触发线路,而双向晶闸管一套触发线路即可。除此之外,双向晶闸管能够双向导电,双向晶闸管的3个引出电极分别为第一(主)电极 T_1、第二(主)电极 T_2 和门极G,如图6-26所示是双向晶闸管的结构和电路符号。

双向晶闸管可以在阳极与阴极之间加正向电压,门极加触发信号,控制双向晶闸管实现双向导通,因此适合用做交流电源开关,广泛用于工业、交通、家用电器等领域。双向晶闸管还可通过控制其导通角 θ 的大小来控制它的输出电压的大小。根据这一特点,双向晶闸管常用于交流电动机的交流调压调速控制电路中。

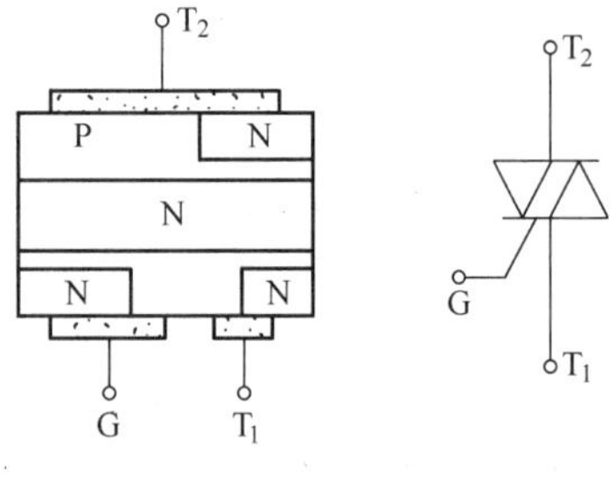

图6-26 双向晶闸管的结构与符号

32. 双向晶闸管有哪些主要参数?

答:为了保证双向晶闸管的可靠运行,必须根据开关的工作条件,合理选择双向晶闸管的额定通态电流、断态重复峰值电压(铭牌额定电压)以及换向电压上升率。

(1) 额定通态电流 $I_{T(RMS)}$ 的选择

双向晶闸管交流开关多用于频繁起动和制动,对可逆运转的交流电动机,要考虑起动或反接电流峰值来选取元件的额定通态电流 $I_{T(RMS)}$。

对于绕线转子异步电动机最大电流为电动机额定电流的3~6倍,对笼型异步电动机则取7~10倍,如对于30kW的绕线转子异步电动机和11kW的笼型异步电动机要选用200A的双向晶闸管。

（2）额定电压 U_{Tn} 的选择

电压裕量通常取2倍，380V线路用的交流开关，一般应选1000～1200V的双向晶闸管。

（3）电压上升率 $\left(\frac{du}{dt}\right)c$

电压上升率是晶闸管的重要参数，一些双向晶闸管的交流开关经常发生短路事故，主要原因之一是元件允许的 $\left(\frac{du}{dt}\right)c$ 太小。通常解决的方法是：

① 在交流开关的主电路中串入空心电抗器，抑制电路中的换向电压上升率，降低对双向晶闸管换向导电能力的要求。

② 选用 $\left(\frac{du}{dt}\right)c$ 值高的元件，一般选 $\left(\frac{du}{dt}\right)c$ 为200/μs。

33. 双向晶闸管与普通晶闸管的额定电流怎样换算？

答： 对于两个反并联的普通晶闸管，流过每个晶闸管的正向平均电流，I_F 与额定电流的有效值 I_α 关系如下

$$I_F=\frac{\sqrt{2}I_\alpha}{\pi}=0.45I_\alpha \tag{6-6}$$

选择双向晶闸管时，它的额定电流应等于每个反并联普通晶闸管额定电流的2倍。如1个10A的双向晶闸管可以近似代替2个5A的反并联的普通晶闸管。

34. 晶闸管触发电路是怎样工作的？

答： 触发电路由变压器 T_3、整流、限流、稳压、放大等环节组成，通过放大管3AX31和电容 C_2 充放电使单结晶体管导通，输出一系列尖脉冲，去触发晶闸管导通，如图6-27所示。

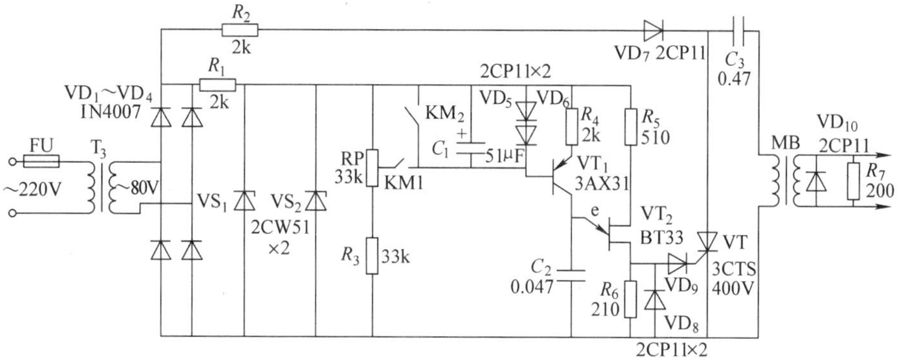

图6-27　晶闸管触发电路

35. 什么是多级放大电路？

答： 凡是两级以上的放大电路，都叫做多级放大电路。

多级放大电路分析的关键点是级间耦合，耦合的主要作用是将前级的输出信号无损耗地传输到后级电路。耦合的方法有3种：直接耦合，无须耦合元件，级间直接连接，但不利于各级工作点的独立设置；阻容耦合，由电容和前一级的输出电阻组成，利用电容通交流隔直流的特点，使各级的工作点单独设置，互不影响；变压器耦合，成本较高，能起到级间的隔离作用。

单级放大器的放大倍数一般只有几十倍，而实际电路中常需要把一个微弱的信号放大到几千倍，甚至几万倍，这就需要用几个单级放大器连接起来组成多级放大器，把前一级的输出加到后一级的输入，使信号逐级放大到所需要的数值。

多级放大电路的前一级输出信号就是后一级的输入信号，而后一级的输入电阻又是前一级的负载；整

个放大电路的电压放大倍数是各级放大倍数的乘积。

36. 什么是负反馈？

答：反馈在我们生活中普遍存在，在电子技术中也得到广泛的应用，它是改善放大电路性能的重要手段。

反馈是指从放大器的输出端取出一部分电压或者电流信号，通过一定的电路送回到输入端。反馈可以分为正反馈和负反馈两种。输出信号反馈回到输入端，使放大器的放大倍数增大的，叫作正反馈；输出信号反馈回到输入端，使放大器的放大倍数减小的，叫作负反馈。负反馈虽然使放大器的放大倍数减小，但是它能够提高放大器的稳定性，改善频率特性，减小波形失真等。因此，负反馈在放大器中使用得十分普遍。负反馈还可分成电压串联负反馈、电流串联负反馈、电压并联负反馈、电流并联负反馈等。

37. 负反馈组态有几种形式？

答：（1）电流串联负反馈

如图6-28a所示是常用的电流串联负反馈电路，图6-28b、c为图6-28a的等效变换电路。

电流串联反馈电路的判别：首先看反馈元件，R_E 既接在输出回路，又接在输入回路，故为反馈元件。用瞬时极性法判定是正反馈还是负反馈。假定某一瞬时输入端对地电位为正，根据 U_C 与 U_B 反相，U_E 与 U_B 同相的原则，标出晶体管各点电位如图6-28a所示。由图可见，引入反馈电阻 R_E 后，使得放大电路的净输入电压 $U_{BE}=U_i-U_e$ 减小了，故为负反馈。

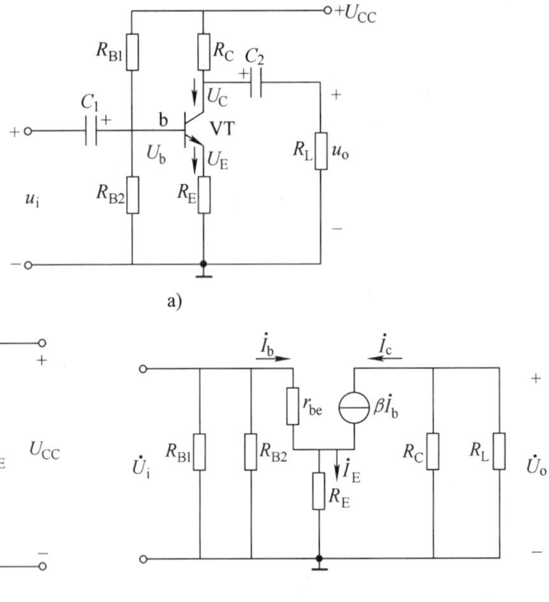

图6-28　串联电流负反馈电路

判定是电压反馈还是电流反馈，是串联反馈还是并联反馈：从输出回路看 R_E 接在e极，故为电流反馈；从输入回路看 R_E 接在e极，故为串联反馈。

因此，电路为电流串联负反馈放大电路。因为 R_E 支路既没有并联旁路电容，也没有串联电容，所以 R_E 对交、直流都有反馈。

（2）电压串联负反馈

共集电极电路反馈类型的判别，可根据定义判定。

射极输出器的反馈元件为射极电阻 R_E。由如图6-29所示电路可见，当输入电压增加时，净输入电压有上升的趋势，故使基极电流、发射极电流都有上升的趋势，通过 R_E，使发射极电位提高，从而使净输入电压减小，故为负反馈。

从输入端判断，反馈信号是以电压的形式，串联在输入回路中，故为串联反馈。从输出端判断，反馈元件 R_E 上的电压为输出电压，即它将输出电压全部反送到输入回路，故为电压反馈。由于交、直流均可通过 R_E，所以它对交、直流都有反馈。

综上所述，射极输出器又是一个电压串联负反馈电路。

(3) 电压并联负反馈

电压并联负反馈电路如图6-30所示。

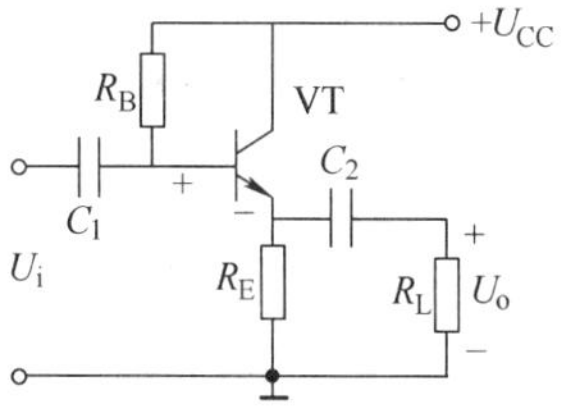

图6-29　电压串联负反馈电路

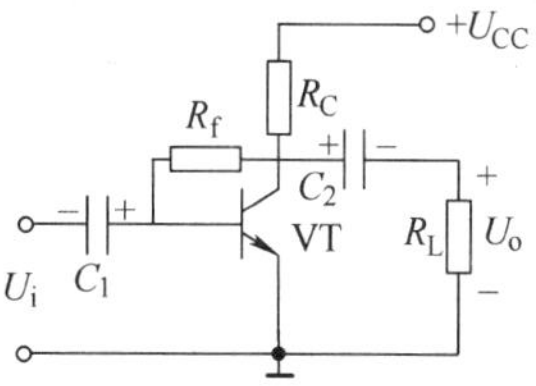

图6-30　电压并联负反馈电路

电压并联负反馈电路的判别：首先找出反馈元件 R_f。再利用瞬时极性法，假定某一瞬时输入端对地电位为“+”，根据B、C反相而B、E同相，标出各点瞬时极性如图所示。由此确定反馈电阻 R_f 中电流 I_f 的方向从基极“+”流向集电极“−”。所以，晶体管的净输入电流 $I_b = I_i - I_f$ 减小了，故为负反馈。

从输出回路看反馈电阻接在c极上，为电压反馈；从输入回路看反馈电阻接在b极上，为并联反馈。所以，R_f 为电路引入的是电压并联负反馈。R_f 对交、直流都有负反馈。

如图6-31所示为两级电压串联负反馈放大电路，请读者自己分析。

(4) 电流并联负反馈

如图6-32所示的基本放大电路是两级电流并联负反馈放大电路，通过电阻 R_f，将输出电流送回到输入回路中。由图看出，反馈信号取自输出电流，所以是电流反馈。由图还看出，在输入回路中，输入信号和反馈信号以电流形式相减后送至晶体管 VT_1 的基极，因此属于并联反馈。再用瞬时极性法判断反馈的极性。当输入信号为如图6-32所示的瞬时极性时，由于 VT_1 的反相作用，其集电极电位将降低，则晶体 VT_2 的发射极电流减小，因此 VT_2 的发射极电位也降低。则反馈电流将增大，于是净输入电流（即 VT_1 的基极电流）减小，因此是负反馈。

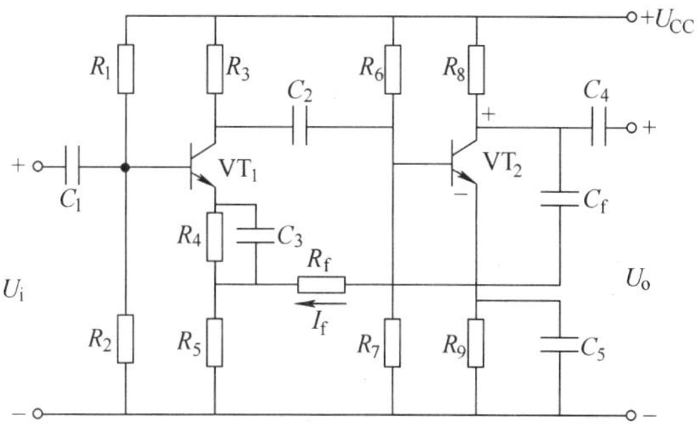

图6-31　两级放大电路电压串联负反馈

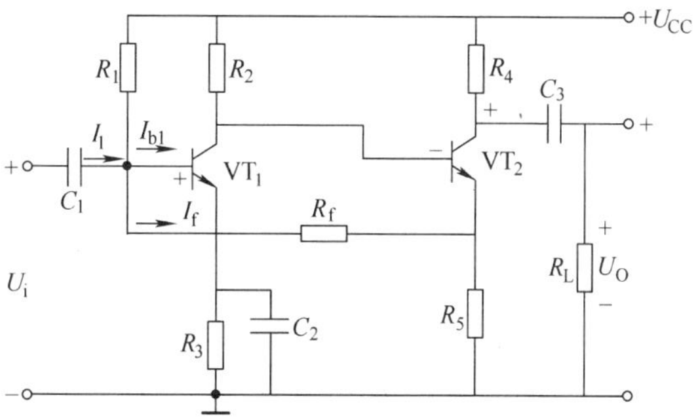

图6-32　两级电流并联负反馈放大电路

当信号一定时，假设由于更换管子或温度变化等原因使 β_2 增大，则输出电流的幅值 I_{e2} 也增大，于是 I_f 也增大，在 $R_s \neq 0$ 的条件下，I_{b1} 将减小，结果使输出电流 I_{e2} 又减小，从而稳定了输出电流。

38. 什么是正反馈？有哪些用处？

答：正反馈是指从放大器的输出端取出一部分电压或者电流信号，通过一定的电路送回到输入端，输出信号反馈回到输入端，使放大器的放大倍数增大的反馈。

正反馈常常用在再生式收音机中，也可以利用正反馈使放大器产生自激振荡，做成振荡器。

39. 什么是振荡器?

答：振荡器就是不加外来输入信号，在直流电源的作用下，自身能产生某种频率的信号，对于正弦振荡电路来说，它能产生某种频率的正弦信号。常用的正弦振荡器有石英晶体振荡器、电容三点式振荡器、电感三点式振荡器、*RC* 振荡器及差动式振荡器等。本节只介绍用石英晶体组成的前 3 种振荡器。

振荡器是以放大器为基础构建而成的，但其工作原理和放大器相比却大不相同或相反。例如，放大器是放大外加输入信号，其中采用的是负反馈稳定电路，不允许产生振荡。而振荡器无外来信号，没有输入端，利用自身产生的正反馈信号作为输入信号，输出的是正弦信号，这在某种意义上来讲，振荡器又是放大器功能的扩展。

不管哪种振荡器，都必须满足两个基本条件：相位条件，反馈信号必须是正反馈；振幅条件，必须满足反馈系数 $A_F \geqslant 1$。二者缺一不可。只要我们抓住这两个要点进行分析，问题将迎刃而解。

40. 振荡电路有几种?

答：(1) 石英晶体振荡器

石英晶体振荡器是利用石英晶体固有谐振频率极其稳定的特性而构成的一种高频率稳定度的正弦波振荡器，其频率稳定度高达 10^{-10}量级(而一般稳定度较好的电容三点式和电感三点式 *LC* 振荡器的频率稳定度约为 $10^{-4} \sim 10^{-5}$)，因而是一种应用十分广泛的正弦波振荡器。

石英晶体振荡器电路如图 6-33 所示。其中，图 6-33a 为串联型，图 6-33b 为并联型。主振电路一般采用石英晶体正弦波振荡器，正弦波振荡器由放大电路、正反馈电路、选频电路等组成。

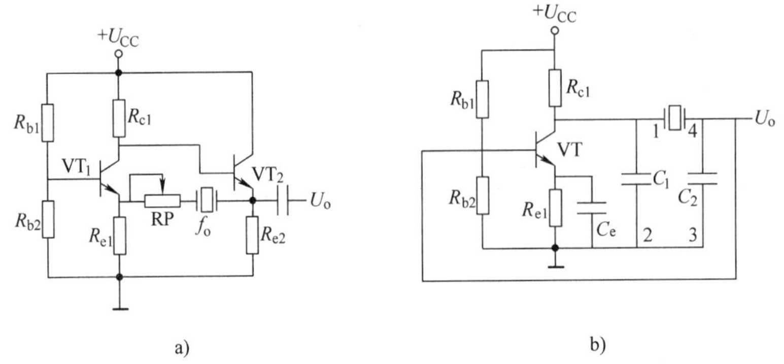

图 6-33　石英晶体正弦振荡器

a) 串联型　b) 并联型

利用石英晶体的压电效应，可知它的电抗随频率发生变化，设 f_1 为串联谐振频率，f_2 为并联谐振频率。两个频率非常接近。在频率 f_1 和 f_2 之间石英晶体为感性，在此范围之外为容性。

串联型石英晶体振荡器如图 6-33a 所示。由 VT_1 和 VT_2 构成了振荡器的放大部分，反馈网络由晶体和可调电阻 RP 组成。用瞬时极性法判断反馈的类型时要从 VT_1 发射极断开，注入一正极性信号，则 VT_1 的集电极是正极性信号，送入由 VT_2 构成的射极输出器，VT_2 的发射极也是正极性信号，这样如果要构成满足振荡的相位条件，构成正反馈。

当石英晶体工作在其串联谐振频率 f_1 时，电路会同时满足振荡的相位条件和振幅条件。而在以外的任何频率上，电路不再满足振荡的相位条件。由此可知，串联型石英晶体振荡器等于串联谐振频率 f_1。

并联型石英晶体振荡器如图 6-33b 所示。石英晶体只有工作在频率 f_1 和 f_2 之间电感区域内才能满足振荡的相位条件，否则就不能起振。在这个区域中石英晶体的电抗—频率特性曲线非常陡，这一特点使得石英晶体振荡器具有很高的频率稳定性。

由于并联型石英晶体振荡器只在频率 f_1 和 f_2 之间能振荡，故它的振荡频率也就在频率 f_1 和 f_2 之间范围内，经过理论分析可知，这种石英晶体振荡器的振荡频率基本上与串联谐振的频率 f_1 相等。

综上所述，石英晶体振荡器的振荡频率都与其串联谐振频率 f_1 有关，而 f_1 与晶体的固有频率相同，所以这两种振荡电路的振荡频率都由晶体的固有频率决定。

（2）电感三点式振荡器

如图 6-34 所示是一个电感三点式晶体稳频振荡器的电路，选频网络采用电感线圈 L_1、电容 C_1 和晶体（相当于一个电感）组成。R_1、R_2 为晶体管的偏流电阻，与 R_3、12V 电源共同确定静态工作点。在电路的交流等效电路中，C_1、C_2、C_3 以及直流电源 U_{CC}、对交流均可视为短路，因此，电感线圈的 3 个端点分别与晶体管的 3 个极相连，构成了三点式振荡电路。这时，可以用瞬时极性法来判断电路是否满足自激振荡的相位条件。当在输入端加一信号，且其瞬时极性为正时，则 U_C 为负；由于电感顺接的同极性端接地，即反馈电压的瞬时极性对地为正，显然与输入电压同相，构成了正反馈，满足自激振荡的相位条件，则发生振荡。根据需要选取 L 或 C 的不同参数，即可得到的振荡频率为 25 ~100MHz 的信号频率。其计算公式为

$$f_0=\frac{1}{2\pi\sqrt{LC}}\quad L=L_1+L_2+\cdots+L_n,n=1,2,3,\cdots \tag{6-7}$$

反馈电压的大小，取决于电感线圈的位置。反馈电压越大，振荡越强，但容易引起失真；反馈电压过小，则不易起振。通常取反馈线圈的匝数为电感线圈总匝数的 1/8 ~1/4，即可兼顾起振条件和波形的要求。

（3）电容三点式振荡器

如图 6-35 所示，电容 C_1 与电感 L_1 组成选频网络，该网络与晶体管的 3 个极相连，即构成电容三点式振荡电路。如果用瞬时极性法判断反馈极性如下：当在输入端加一信号，且其瞬时极性为正，在回路谐振时，呈纯阻，则 U_C 为负；晶体元件相当于电感，组成振荡电路时需配接外部电容，反馈电压取自电容 C_2，瞬时极性为正，显然与输入电压同相，构成了正反馈。电容三点式 LC 振荡器又称考比兹振荡器，由于反馈电压是从电容引回到输入端的，所以又称电容反馈式 LC 正弦波振荡电路。

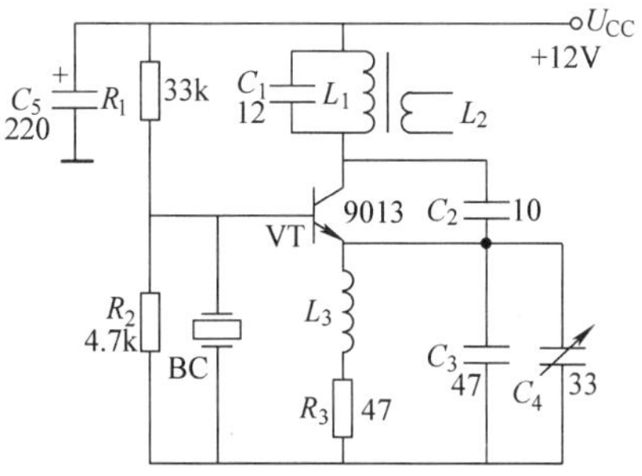

图 6-34　电感三点式振荡器电路

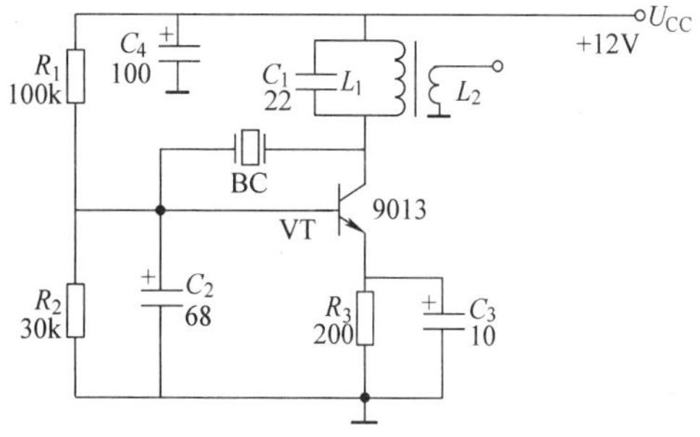

图 6-35　电容三点式振荡器电路

L_1、C_1 的调谐状态对电路的影响很大。当 L_1、C_1 调谐频率高于晶体频率时，呈感性，电路不起振。加大 L_1，是谐振频率低于晶体频率，呈容性。电路起振。根据需要，选择晶振标称频率，调整 L_1 或 C_1 的参数，即可满足设计要求。

其计算公式为

$$f_0=\frac{1}{2\pi\sqrt{LC}}\quad C=C_1C_2/(C_1+C_2+\cdots+C_n),\ n=1,2,3,\cdots \tag{6-8}$$

41. 什么是功率放大电路?

答： 功率放大器分为甲类、甲乙类和乙类 3 种，其中甲类消耗电源功率大，效率低；甲乙类和乙类虽然提高了效率，但产生了严重的失真。功率放大器常作为多级放大器的末级，这一级放大器不仅有较大的电压输出，还有较大的电流输出，即能输出足够大的功率，因此把这一级称为功率放大器，也称为功放电路，放大的晶体管称为功放管。功率放大器只有在某一个最佳的交流等效负载电阻时，才获得最大的功率输出。功率放大器只能在晶体管极限参数的限制内工作，否则晶体管会损坏。另外，功率放大器应具有较

高的效率。

为此，本例介绍工作于甲乙类或乙类状态的互补对称的功率放大器。

（1）功率放大器的组成与特点

如图6-36所示的互补对称功率放大电路，输出采用复合管的形式，其中VT_2、VT_3复合为NPN管，VT_4、VT_5复合为PNP管，故称为互补对称功率放大电路。

互补对称功率放大电路要求功率输出管VT_2、VT_4参数相同，并且一个是NPN型，一个是PNP型。在中大功率晶体管中，挑选参数完全相同的NPN型、PNP型两功率晶体管的难度较大，因此采用复合管的方法解决这一问题。复合管的电流放大系数应为$\beta=\beta_1\beta_2$。

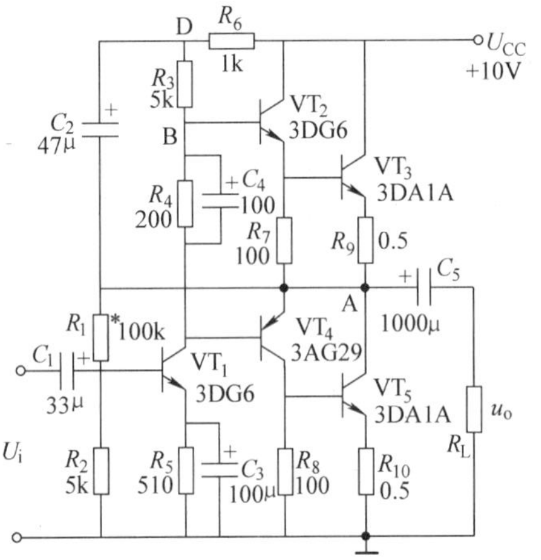

图6-36　互补对称功率放大电路

互补对称功率放大电路的电路形式：一种是采用双电流$\pm U_{CC}$的OCL电路，其特点是每个输出管最大输出电压动态范围近似为电源电压U_{CC}，输出管和负载R_L直接连通；另一种是采用单电源的OTL电路，其特点是每管输出电压的动态范围近似为$1/2U_{CC}$，为此输出管和负载R_L间采用大容量的电容耦合。

（2）工作原理分析

VT_1为推动级，以保证有足够的功率推动功率输出管VT_3、VT_5，使电路具有可能大的输出功率。R_1、R_2是VT_1的分压式偏置电阻；R_3、R_4既是VT_1的集电极电阻，又是VT_2和VT_3的偏置电阻。R_7、R_9将复合管VT_2、VT_3的穿透电流分流，不让全部的穿透电流流入VT_4、VT_5的基极，以减小总的穿透电流，提高温度稳定性。R_9、R_{10}是用来得到电流负反馈的，使电路更加稳定。R_3、R_4串连支路是用来避免交越失真的。

① 静态分析

为了克服交越失真，必须建立一个合适的静态工作点。一般采用动态调试静态工作点的方法。电路中R_1主要用来调整VT_1管的静态工作点电流I_{C1}，并使B点直流电位达到$1/2U_{CC}$，推动VT_2、VT_3管两基极间直流电压，使VT_2~VT_5建立合适的静态工作点刚好能克服交越失真。

② 动态分析

加入正弦信号U_i到VT_1基极，VT_1的输出电压分别送到VT_2、VT_4的基极，去推动两个输出管轮流工作。

当U_i为负半周时，VT_1反相输出正信号，使复合管VT_2、VT_3导通，输出电流由电源$U_{CC}\to VT_3\to R_9\to C_5\to R_L\to U_{CC}$的负极，构成通路向$R_L$供电，同时向$C_5$充电。此时在输出端得到半个输出波形。

当U_i为正半周时，VT_1输出负信号，使复合管VT_4、VT_5导通，输出电流由C_5正极$\to VT_4\to VT_5\to R_L\to C_5$的负极。这时，$C_5$放电维持负半周电流，在输出端得到负半周的输出信号。如此周而复始，就在负载R_L上得到一个完整的正弦波。

为了解决交越失真问题，利用R_4上的直流电压，供给VT_2、VT_4基极与射极之间合适的正向偏压，取消输出波形的交越失真。R_1(可调电阻)既是VT_1的偏置电阻，又是直流负反馈电阻，以稳定其工作点，同时对输出信号形成电压并联负反馈，使放大电路稳定，改善输出波形。

为了保证有足够的基极电流推动两个复合管使其充分导电，采用C_2、R_6组成的自举电路，使$V_D>U_{CC}$，提高了正半周的输出幅度。

42. 什么是定时电路？

答：从定时来说，分为机械定时和电气定时。机械定时最简单的例子就是机械钟表的定时。本节主要介绍电气定时即时间继电器的延时功能定时电路。还有电子定时器，NE555芯片就是典型的电子定时器，它在许多方面都得到了广泛的应用，下面举例进行说明。

定时调光微光照明节电电路，是集照明定时调整、调光控制以及微光照明多功能为一体的节电装置，可安装在公共楼道、家属院内、卫生间等处照明使用。仅定时功能来说，可用于家用电器如电热毯、电风扇的定时。安装在卧室，其微光照明功能也会使房间的色调和气氛别具一格，同时还可收到明显的节电效果。

如图6-37所示的电路，其电源由市电220V经变压器T变压和整流桥（VD_1～VD_4）整流，电容C_1滤波，W7805稳压变成直流电向（NE555）集成电路供电。电路中的延时电路有集成电路NE555、电容C_4、C_5和SB组成。接通电源开关S，按一下按钮SA，NE555即被置位，③脚输出呈高电平，双向晶闸管VT被触发导通，灯泡HL就亮。当放开SA后，电源通过RP_1向C_4充电，当充至高于$2/3V_{DD}$阈值电平时，NE555复位，⑧脚输出呈低电平，使灯泡HL熄灭。微光照明LED接通S后一直保持工作状态。调整RP_2（470Ω），即可进行调光控制。

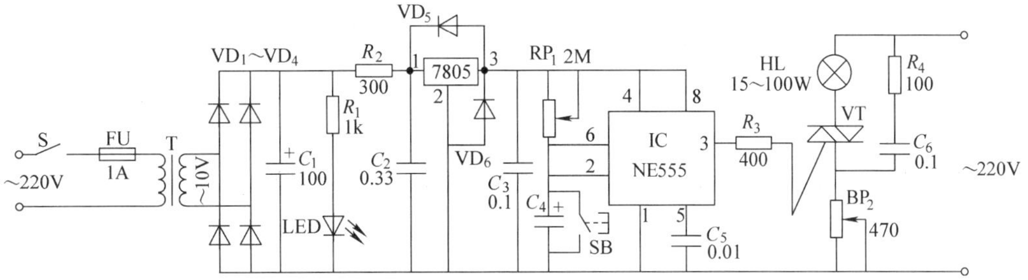

图6-37　定时调光微光照明节电电路

43. 补偿电路起哪些补偿作用？

答：VT_1管等构成一种放大器电路，如图6-38对于放大器而言，要求它的工作稳定性好，其中有一条就是温度高低变化时晶体管的静态电流不能改变，即VT_1管基极电流不能随温度变化而改变，否则就是工作稳定性不好。了解放大器的这一温度特性，对理解VD_1构成的温度补偿电路工作原理是非常重要的。

晶体管VT_1有一个与温度相关的不良特性，即温度升高时，晶体管VT_1基极电流会增大，温度愈高基极电流愈大，反之则愈小，显然晶体管VT_1的温度稳定性能不好。由此可知，放大器的温度稳定性能不良是由晶体管的温度特性造成的。

（1）偏置电路分析

电路中的R_1、VD_1的R_2构成分压式偏置电路，为晶体管VT_1基极提供直流工作电压，基极电压的大小决定了VT_1管基极电流的大小。如果不考虑温度的影响，如果直流工作电压V的大小不变，那么VT_1管基极直流电压是稳定的，晶体管VT_1的基极直流电流是不变的，晶体管可以稳定工作。

在分析二极管VD_1工作原理时还要搞清楚一点，即VT_1是NPN型的晶体管，其基极直流电压高时，基极电流大；基极电压低时，基极电流小。

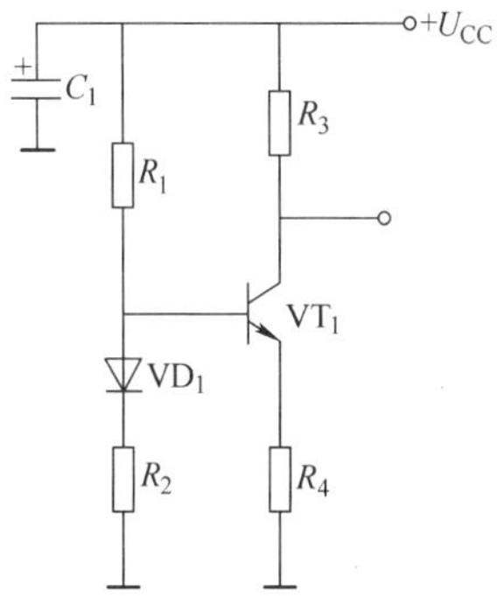

图6-38　温度补偿电路

（2）VD_1温度补偿思路

根据二极管VD_1在电路中的位置，对它的工作原理分析思路主要说明下列几点。

① VD_1的正极通过R_1与直流工作电压V相连，而它的负极通过R_2与地线相连，这样VD_1在直流工作电压V的作用下处于导通状态。理解二极管导通的要点是：正极上的电压高于负极上的电压。

② 利用二极管导通后有一个0.6V的管压降来解释电路中VD_1的作用是行不通的，因为通过调整R_1和R_2的阻值大小，可以达到VT_1管基极所需要的直流工作电压，根本没有必要通过串入二极管VD_1来调整VT_1管基极电压大小。

③ 利用二极管的管压降温度特性，可以正确地解释VD_1在电路中的作用。假设温度升高，根据晶体管

特性可知，VT_1 管的基极电流会增大一些。当温度升高时，二极管 VD_1 的管压降会下降一些，VD_1 管压降的下降导致 VT_1 管基极电压下降一些，结果使 VT_1 管基极电流下降。由上述分析可知，加入二极管 VD_1 后，原来温度升高使 VT_1 管基极电流增大一些，现在通过 VD_1 电路可以使 VT_1 管基极电流减小一些，这样能起到稳定晶体管 VT_1 基极电流的作用，所以 VD_1 可以起温度补偿的作用。

④ 晶体管的温度稳定性能不良还表现在温度下降过程中。在温度降低时，晶体管 VT_1 基极电流要减小，这也是温度稳定性能不好的表现。接入二极管 VD_1 后，温度下降时，它的管压降稍有升高，使 VT_1 管基极直流工作电压升高，结果 VT_1 管基极电流增大，这样也能补偿晶体管 VT_1 温度下降时的不稳定。

44. 限幅电路是怎样限幅的?

答：二极管最基本的工作状态有导通和截止两种，利用这一特性可以构成限幅电路。所谓限幅电路就是限制电路中某一点的信号幅度大小，在信号幅度大到一定程度时，不让信号的幅度再增大，当信号的幅度没有达到限幅的幅度时，限幅电路则不工作，具有这种功能的电路称为限幅电路，利用二极管来完成这一功能的电路称为二极管限幅电路。

常用的限幅电路主要有二极管限幅电路，这种电路比较简单，限幅值不是很大；稳压二极管限幅电路，这种电路比较简单，选取不同稳压值的稳压二极管，可以达到准确的限幅值。

如图 6-39a 所示是二极管限幅电路，如图 6-39b 所示是稳压二极管限幅电路，其限幅原理分析如下。

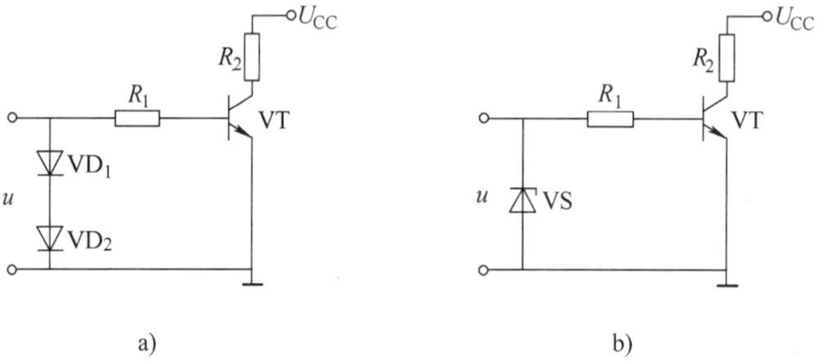

图 6-39 限幅电路

a）二极管限幅电路 b）稳压二极管限幅电路

二极管限幅电路工作原理分析：当信号幅度比较小时，这时限幅电路不工作；当信号幅度比较大时，限幅电路工作，对信号幅度进行限制。

当交流信号其正半周幅度很大时，此时交流信号的正半周幅度加上直流电压已超过二极管 VD_1、VD_2 的正向导通的电压值，如果每只二极管的导通电压是 0.6V，则两只二极管的导通电压是 1.2V。二极管导通后的管压降基本不变，加在 VT 基极上的最大电压为 1.2V，所以交流信号正半周超出部分被去掉(限制)，其超出部分信号其实降在电路中的电阻 R_1 上。

稳压二极管限幅电路分析：由于稳压二极管工作在反向击穿状态，负半周信号稳压二极管不工作。当信号正半周信号较大时，使稳压管击穿，稳定在稳压二极管的额定值，起到限幅的作用。

45. 隔离电路的作用是什么?

答：所谓隔离电路，就是将电路中两点隔开的电路。隔离电路可以用电阻器构成，也可以用二极管等构成。

如图 6-40 所示是二极管构成的“与门”电路，“与门”电路是数字电路中一种最基本的单元门电路。二极管在电路中起隔离作用。

这里假设输入端 A 输入高电平 3V，另两个输入端 B 和 C 输入低电平 0V，对这时的电路分析，说明下列几点。

① 电路中 +6V 的直流电压通过 R 加到 VD_1、VD_2 和 VD_3 的正极，由于输入端 B 和 C 为 0V，所以使 VD_2 和 VD_3 导通。

② 二极管 VD_2 导通后，在 VD_2 上的管压降是 0.6V，即“与门”电路的输出端 F 的电压为 0.6V，这

是低电平。VD_3 导通后的情况与 VD_2 导通后的情况一样。

③ 由于输入端A的输入电压是3V，而它的正极（“与门”的输出端F）为0.6V，这时正极电压低于负极电压，VD_1 处于截止状态。

④ VD_1 截止后它的正极与负极之间的电阻很大，相当于断开，这样输入端A上的电压保持3V，而 VD_1 正极上的电压保持为0.6V。显然，由于接入二极管 VD_1 后，使输入端A的高电平不会影响到“与”门输出端F上的低电平，这相当于输入端A与输出端F之间隔离，这就是 VD_1 的隔离作用。

⑤ 同样的道理，在3个输入端有不同输入电压的状态下，VD_2 和 VD_3 也起着与 VD_1 一样的隔离作用。

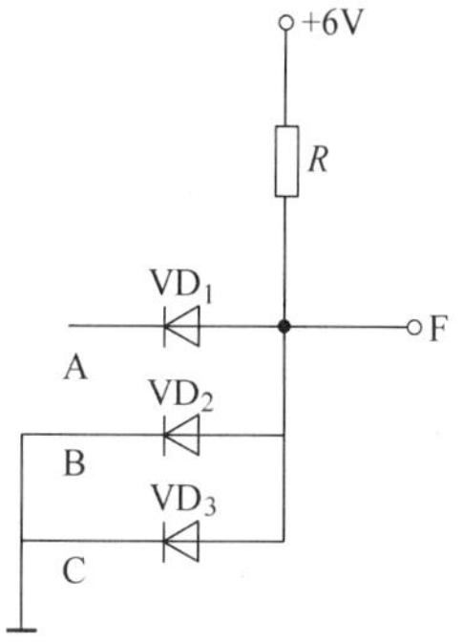

图6-40 二极管构成的隔离电路

46. 什么是退耦电路?

答: 在如图6-41所示的多级放大电路中，放大器的基极电流和集电极电流都包含直流和交流两种成分。如果这两种成分的电流都通过电源，而电源 E 总有一定的内电阻，由于交流成分的影响，电源电压的大小会不断变化。对于多级放大器，由于各级的交流电流都通过同一个电源 E 供给，这样就会导致放大器各级之间的相互干扰。另外，后级的信号通过电源反馈到前级时，如果正好形成正反馈，就会使放大器不能正常工作，这种现象就叫放大器“自激”，收音机就会发出尖叫声。为了减小这些干扰，通常在各级放大器之间加有退耦电路，图6-41中的 C_1、R_1，C_2、R_2 和 C_n 组成阻容滤波电路。这样电级电流中的交流成分大部分通过滤波电容而被滤除，从而减小了由于共用一个直流电源而带来的放大器各级之间的相互干扰。退耦电路中用的电阻一般为50~200Ω；退耦电容一般为30~200μF。

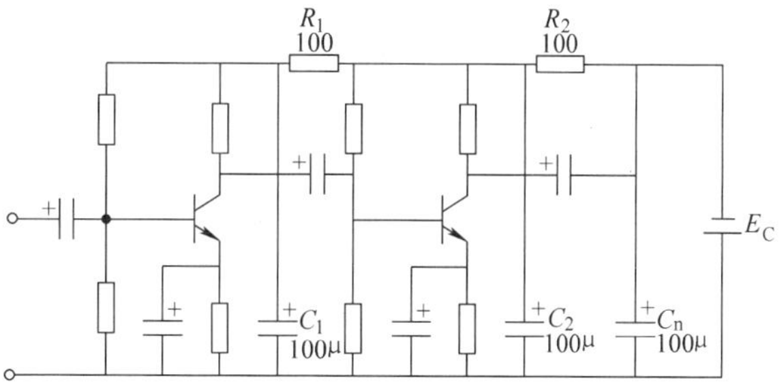

图6-41 退耦电路

47. 什么是加速电路?

答: 我们希望触发器的翻转是迅速的，但在图6-42a中，由于基极对地间存在一个输入电容 C_o（包括基极与发射极之间的结电容以及分布电容），（图中只画出一个耦合支路）。此电容的存在延缓了电路的翻转过程。因为电容两端电压不能突变，使 VT_1 集电极电压 U_{C1} 的变化不能迅速地反映到 VT_2 的基极，即 U_{B2} 不能随着 U_{C1} 的变化而变化，而是按照指数规律变化，影响了翻转的速度，同时也造成输出电压波形的失真，甚至当触发脉冲宽度较窄的情况下，当触发脉冲结束时，导通管尚未截止，截止管尚未导通，使触发器不能翻转。

为了解决以上问题，通常在耦合电阻 R_k 上并联一个适当数值的电容 C_j，如图6-42b所示。并联电容 C_j 后，当 VT_1 管集电极电压 U_{C_1} 突变时，通过 C_j 和 C_o 分压直接加到 VT_2 管的基极，这样就加快了电路的转换速度，而称 C_j 为加速电容。

加速电容的数值不需要精确的计算，而按具体情况试验确定，一般低速电路（$f<1$MHz）可选用150~1000pF，高速电路（$f\geq1$MHz）可选用15~200pF。

48. 什么是自举电路?

答: 在图6-43中，有一个自举电路，自举电路的组成、作用分析如下:

C_2、R_6 组成自举电路，使 $U_D>U_{CC}$，保证有足够的基极电流来推动 VT_2、VT_3，使其充分导电，以便得到最大峰值输出电压 $U_{om}=U_{CC}/2$。静态时 $U_D=U_{CC}-I_{c_1}R_6$，而 $U_A=U_{CC}/2$，因此电容 C_2 充电到其两端电压为 $U_{C_2}=U_D-U_{CC}/2=V_{cc}/2-U_{R6}\approx U_{CC}/2$，且时间常数 $\tau=C_2R_6$ 足够大。输入电压为负时，VT_2、

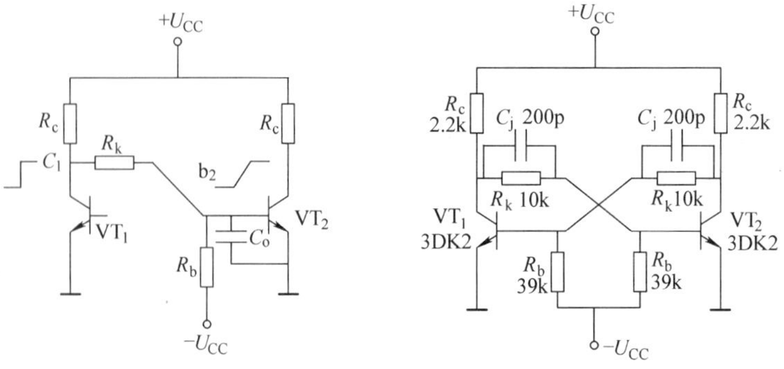

a)　　　　b)

图 6-42　加速电路

a）延缓翻转电路　b）加速翻转电路

VT_3 导通，U_A 将由 $U_{CC}/2$ 向更正的方向变化，由于 $U_D = U_{C_2} + U_A$，显然，随着 U_A 的升高 D 点电位也自动提高。当 U_A 变到 V_{cc}时，U_D 可达到 $U_{CC}/2 + U_{CC} = 3U_{CC}/2$，相当于 D 点用了一个 $3U_{CC}/2$ 的电源供电。这种利用 C_2、R_6 将 D 点电位自动提高的电路称为自举电路。电阻 R_6 的作用是把 D 点和电源 U_{CC}隔开，为 D 点电位的升高创造条件。

当输出电压幅度正向增加的同时，使 D 点电位动态随之升高，当输出端正向最大时，使 D 点动态电位大于电源电压 U_{CC}，这样可使 VT_2、VT_3 动态基极电流增加而充分导通，提高了正半周的输出幅度。

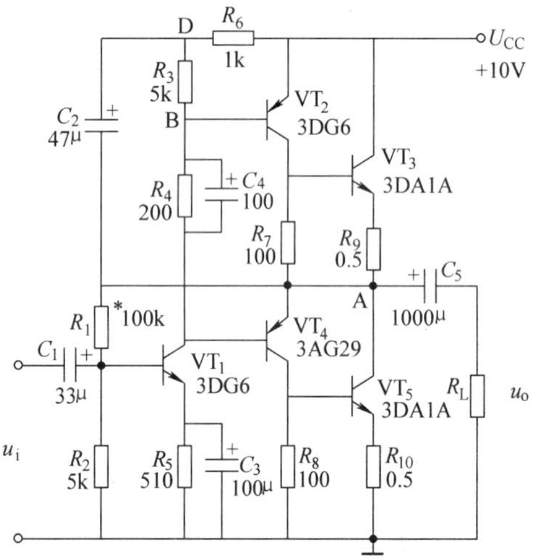

图 6-43　自举电路

49. 什么是集成电路?

答：集成电路(Integrated Circuit,IC)又称集成块，是在晶体管的基础上发展起来的一种电子器件，即将晶体管、电阻、电容、二极管等电子元器件，按照一定的电路互连，集成在一块半导体单晶片(如硅或砷化镓)上，封装在一个外壳内，执行某种电子功能的中间产品或者最终产品。它在电路中用字母“IC”(也有用文字符号“N”等)表示。

集成电路的外形有圆形、扁平方形和扁平三角形等，如图 6-44 所示为集成电路的外形。集成电路的封装主要有金属封装、陶瓷封装和塑料封装 3 种。其中，圆形结构插式结构的集成电路一般采用陶瓷或塑料封装。目前，使用的集成电路多为扁平形。集成电路的引脚有多列直插式和单列直插式两种。各种不同用途的集成电路的引脚数目不等，这些引脚的排列次序都有一定的规律，且通常有色点、凹槽和管键等标记。

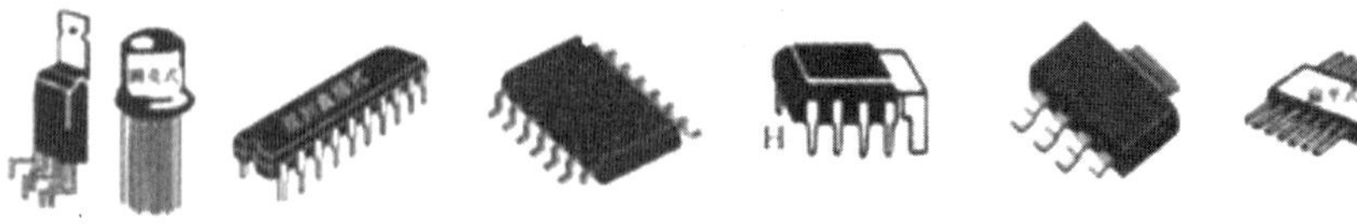

图 6-44　集成电路外形

(1) TTL集成电路

TTL集成电路是一种单片集成电路。在这种集成电路中，一个逻辑电路的所有元器件和连线都制作在同一块半导体芯片上。

因为这种数字集成电路的输入端和输出端的电路结构形式采用晶体管，所以一般称为晶体管—晶体管逻辑(Transistor—Transistor Logic)集成电路，简称TTL集成电路。根据集成度的不同，集成电路可分为小规模(SSI)、中规模(MSI)、大规模(LSI)和超大规模(VLSI)。

在小规模集成电路中，可包含十几个门电路的全部元器件和连线；在大规模集成电路中，可包含几百至几千个门电路的元器件和连线；而在超大规模集成电路中，则包含了一万个以上门电路的全部元器件和连线。

目前，TTL集成电路广泛应用于中、小规模集成电路中，由于这种形式的电路功率比较大，不能用于大规模集成电路中。

(2) CMOS集成电路

由单极型MOS管构成的门电路称为MOS门电路。MOS电路具有制造工艺简单、功耗低、集成度高、电源电压适用范围宽和抗干扰能力强等优点，特别适用于大规模集成电路。MOS门电路按所用MOS管的不同可分为3种类型：一种是由PMOS管构成的PMOS门电路，其工作速度较低；第二种是由NMOS管构成的NMOS门电路，工作速度要比PMOS门电路高，但比不上TTL集成电路；第三种是由PMOS管和NMOS管两种管子共同组成的互补型电路，称为CMOS集成电路，CMOS集成电路的优点突出，其静态功耗极低，较强的抗干扰能力，工作稳定可靠，且工作速度大大高于NMOS和PMOS门电路，因此，得到了广泛应用。

50. 怎样检测集成电路?

答：(1) 不在线检测

集成电路没有接在电路中的检测将万用表红、黑表笔分别接在集成电路的接地脚，然后用一表笔测各脚对地电阻值是否与正常的集成电路阻值(正常的阻值可通过资料或测量正品集成电路得出)一致，如果相差不多，则可判定被测集成电路是好的，否则说明该集成电路已损坏。

(2) 在线检测

集成电路接在电路中的检测，可在电路通电的状态下进行。在线检测就是使用万用表直接测量集成电路在印制电路板上各引脚的直流电阻、对地交直流电压是否正常(正确的值可从有关的资料、图样获得或从同型号完好的机器中获得)，来判断该集成电路是否损坏，检测时应注意以下3点：

① 测量时，应把各电位器旋到中间位置，如果是电视机，信号源要采用标准彩条信号发生器。

② 对于多种工作方式的装置和动态接收装置，在不同工作方式下，集成电路各引脚的电压是不同的，应加以区别。如果电视机中的集成电路各引脚的电压会随信号的有无和大小发生变化，且当有信号或无信号时都无变化或变化异常时，则说明该集成电路已损坏。

③ 当测得某一引脚电压值出现异常时，应进一步检测外围元器件，一般是由于外围元器件发生漏电、短路、开路或变值而引起的。另外，还需检查与外围电路连接的可变电位器的滑动臂所处的位置，若所处的位置偏离，也会使集成电路的相关引脚的电压发生变化。在检查以上均无异常时，则可判断集成电路已损坏。

(3) 交流电压检测

采用带有“dB”插孔的万用表，将万用表拨至交流电压档，正表笔插入“dB”插孔；若使用无“dB”插孔的万用表，可在正表笔中接一只电容(0.5μF左右)，对集成电路的交流工作电压进行检测。但由于不同集成电路的频率和波形均不同，所以测的数据为近似值，只能作为掌握集成电路交流信号变化情况的参考。

(4) 直流电阻检测

当采用电压法检测时，如果找不出集成电路周围的元器件有明显故障，也不要轻易认为集成电路有问题。此时可再用测引脚电阻的办法进一步判断，但很少有资料标明集成电路引脚的在线电阻值，所以需要把有疑问的引脚和接地引脚与印制电路板断开，然后与一个新的集成电路进行对照，测量怀疑的引脚与接地引脚之间的电阻值。当测出的电阻值与新的集成电路电阻值相差较大时(对照测量时,红黑表笔也应一致),基本上就可断定印制电路板上的集成电路已损坏。

采用万用表在线检测集成电路的直流电阻时，应注意以下3点：

① 测量前必须断开电源，以免测量时造成电表和元器件损坏。

② 使用的万用表电阻档的内部电压不得大于6V，选用“$R\times100$”档或“$R\times1k$”档。

③ 当测得某一引脚的直流电阻不正常时，应注意考虑外部因素，如被测机器与集成电路相关的电位器滑动臂位置是否正常、相关的外围元器件是否损坏等。

51. 集成电路的使用规则有哪些?

答：(1) TTL集成电路的使用规则

1) 电源电压 $V=+5V$(推荐值为 +4.75 ~ +5.25V)

TTL电路存在电源尖峰电流，要求电源具有小的内阻和良好的地线，必须重视电路的滤波，要求除了在电源输入端接有50μF的低频滤波外，每隔5~10个集成电路，还应接入一个0.01~0.1μF的高频滤波电容。在使用中规模以上的集成电路时和在高速电路中，还应适当增加高频滤波。

2) 不使用的输入端处理办法(以“与非”门为例)

① 若电源电压不超过5.5V，可以直接接入电源，也可以串入一只1~10kΩ的电阻。

② 可以接至某一固定电压($+2.4V<V<+4.5V$)的电源上，也可以接在输入端接地的“与非”门或反相器的输出端。

③ 若前级驱动能力允许，可以与使用的输入端并联使用，但应注意，对于T4000系列器件，应避免这样使用。

④ 悬空处理，相当于逻辑1，对于一般小规模电路的数据输入端，实验时允许悬空处理。但是，输入端悬空容易受干扰，破坏电路功能。对于接有长线的输入端、中规模以上的集成电路和使用集成电路较多的复杂电路，所有控制输入端必须按逻辑要求可靠地接入电路，不允许悬空。

⑤ 对于不使用的“与非”门，为了降低整个电路的功耗，应把其中一个输入端接地。

⑥“或非”门，不使用的输入端应接地；对于“与或非”门中不使用的“与”门，至少应有一个输入端接地。

3) 输入端电阻

TTL集成电路输入端通过电阻接地，电阻R值的大小直接影响电路所处的状态。当$R\leqslant680\Omega$时，输入端相当于逻辑0；当$R\geqslant10k\Omega$时，输入端相当于逻辑1。对于不同系列的器件，要求的阻值不同。

4) 输出端不允许并联使用

TTL集成电路(集电极开路输出电路和三状态输出电路除外)的输出端不允许并联使用。否则，不仅会使电路逻辑混乱，并会导致元器件损坏。

5) 输出端不允许直接与+5V电源或地连接

有时为了使后级电路获得较高的输出高电平(例如,驱动CMOS集成电路)，允许输出端通过电阻R(称为提升电阻)接至V_{cc}。一般R取为3~5.1kΩ。

(2) CMOS集成电路的使用规则

① V_{dd}接电源正极，V_{ss}接电源负极(通常接地)，电源绝对不允许反接。

CC4000系列的电源电压允许在+3 ~ +18V内选择。实验中一般要求使用+5V电源。C000系列的电源电压允许在+7 ~ +15V内选择。工作在不同电源电压下的器件，其输出阻抗、工作速度和功耗等参数也会不同，在设计使用中应注意。

② 对器件的输入信号V_i要求其电压范围在$V_{ss}\leqslant V_i\leqslant V_{dd}$。

③ 所有输入端一律不准悬空。输入端悬空不仅会造成逻辑混乱，而且容易损坏器件。如果安装在印制电路板上的器件输入端可能出现悬空时(例如,在印制电路板从插座上拔下后)，必须在印制电路板的输入端接限流电阻RP和保护电阻R，如图6-45所示，RP阻值的选取通常应使输入电流不超过1mA，故RP = V_{dd}/1mA。当$V_{dd}=+5V$时，RP =5.1kΩ。R一般取100kΩ ~1MΩ。

CMOS 集成电路具有很高的输入阻抗，致使器件易受冲击、外界干扰和静电击穿。因此，通常在器件内部输入端接有图 6-46 所示的二极管保护电路（其中，R 为 1.5 ~2.5kΩ）。输入保护电路的引入，使器件输入阻抗有一定的下降，但仍能达到 10^8Ω 以上。

但是，保护电路吸收的瞬变能量有限，太大的瞬变信号和过高的静电电压将使保护电路失去作用。因此，在使用与存放时应特别注意。

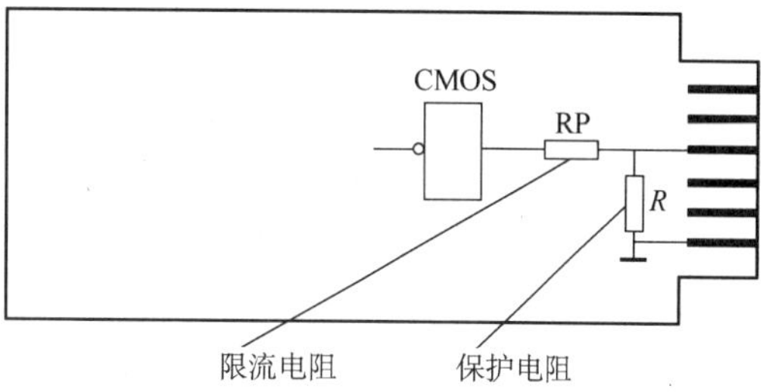

图 6-45　印制电路板上的限流电阻和保护电阻

④ 不使用的输入端应按照逻辑要求直接接入 V_{dd} 或 V_{ss} 工作速度不高的电路中，允许输入端并联使用。

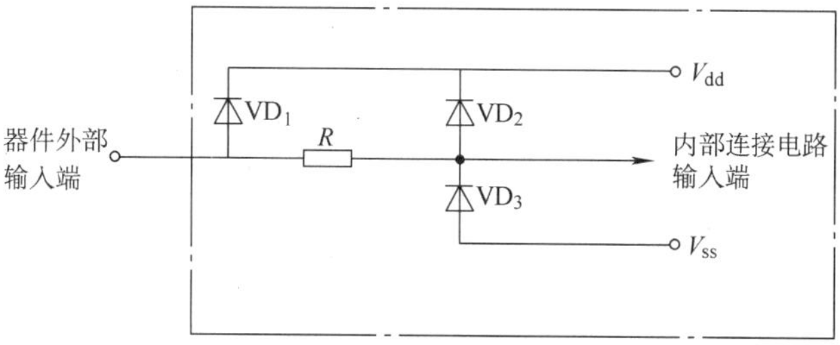

图 6-46　器件内部保护电路

⑤ 输出端不允许直接与 V_{dd} 或 V_{ss} 连接，否则将导致器件损坏。

除三态输出器件外，不允许两个器件输出端连接使用。为了增加驱动能力，允许把同一芯片上的电路并联使用。此时器件的输入端与输出端均对应相连。

⑥ 在装接电路、改变电路连线或插拔电路器件时，必须切断电源。严禁带电操作。

⑦ 焊接、测试和储存时的注意事项：

a. 电路应存放在导电的容器内。

b. 焊接时必须将印制电路板的电源切断；电烙铁外壳必须良好接地，必要时可以拔下电烙铁电源，利用电烙铁的余热进行焊接。

c. 所有测试仪器外壳必须良好接地。

d. 若信号源与印制电路板使用两组电源供电。开机时，先接通印制电路板电源，再接通信号源电源；关机时，先断开信号电源，再断开印制电路板电源。

52. 什么是场效应管？共分几种？

答： 场效应管同晶体管一样，也是一种放大器件，所不同的是，晶体管是一种电流控制器件，它利用基极电流对集电极电流的控制作用来实现放大；而场效应管则是一种电压控制器件，它是利用电场效应来控制其电流的大小，从而实现放大。场效应管工作时，内部参与导电的只有一种载流子，因此又称为单极性器件。

根据结构的不同，场效应管分为两大类：结型场效应管和绝缘栅型场效应管。

以结型场效应管为例，结型场效应管分为 N 沟道结型场效应管和 P 沟道结型场效应管，它们都具有 3 个电极：栅极 g、源极 s 和漏极 d，分别与晶体管的基极 b、发射极 e 和集电极 c 相对应。结型场效应管如图 6-47 所示。

53. 场效应管有哪些参数？

答：（1）夹断电压 U_p

当 U_p 为某一固定值（一般取 10V）时，使漏极电流近似为零的栅源电压值称为夹断电压 U_p。

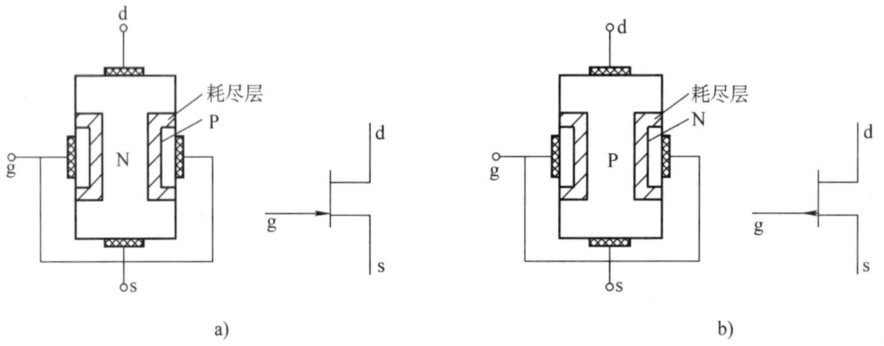

图 6-47 结型场效应管

a）N 沟道结型场效应管的组成与符号 b）P 沟道结型场效应管的组成与符号

（2）饱和漏极电流 I_{dss}

当 U_{ds} 为某一固定值（一般取 10V）时，$U_{gs}=0$ 时所对应的漏极电流称为场效应管的饱和漏极电流（I_{dss}）。它是结型场效应管所能输出的最大电流。

（3）直流输入电阻 R_{gs}

R_{gs} 是指栅源之间所加的电压与栅源电流的比值。场效应管正常工作时，栅极几乎不取电流，直流输入电阻很大，结型场效应管的 $R_{gs}>10^7\Omega$。

（4）最大耗散功率 *PDM*

PDM 是指场效应管允许的最大耗散功率，与晶体管的 *PCM* 相当。正常工作时，管子上的功率消耗不能超过 *PDM*，否则会烧坏管子。

（5）低频跨导 *gm*

gm 为（U_{ds} 一定时）漏极电流的变化量与栅源电压变化量的比值。*gm* 反映了场效应管栅源电压对漏极电流的控制及放大作用，单位是 mS（毫西门子）。

（6）漏源击穿电压 $U_{(BR)ds}$

漏源击穿电压是指漏极和源极之间的击穿电压。使用时，U_{ds} 不允许超过该值。

（7）栅源击穿电压 $U_{(BR)gs}$

栅源击穿电压是指使栅源之间击穿时的电压值。栅源之间一旦击穿将造成管子短路，使管子损坏。

54. 怎样判定场效应管？

答：（1）判定结型场效应管的栅极和管型

用万用表的“$R\times1k$”档，将黑表笔接触管子的某一电极，用红表笔分别接触管子的另外两个电极，若两次测得的电阻值都很小（几百欧），则黑表笔接触的那个电极即为栅极，而且是 N 沟道结型场效应管。若用红表笔接触管子的某一电极，黑表笔分别接触其他两个电极时，两次测得的电阻值都较小（几百欧），则可判定红表笔接触的电极为栅极，而且是 P 沟道结型场效应管。在测量中，如出现两次所测阻值相差悬殊，则需要改换电极重测。

（2）用万用表判定结型场效应管的好坏

用万用表的“$R\times1k$”档，当测 P 沟道结型场效应管时，将红表笔接触源极 s 或漏极 d，黑表笔接触栅极 g，测得的电阻值应该很大（接近无穷大）；如果交换表笔重测，测得的电阻值应该很小（几百欧），表明场效应管是好的。当栅极和源极、栅极和漏极间均无反向电阻时，表明场效应管是坏的。

55. 选用场效应管时应注意哪些事项？

答：① 选用场效应管时，不能超过其极限参数。

② 结型场效应管的源极和漏极可换。

③ MOS 管有 3 个引脚时，表明衬底已经与源极连在一起，漏极和源极不能互换；有 4 个引脚时，源

极和漏极可以互换。

④ MOS 管的输入电阻高，容易造成因感应电荷泄放不掉而使栅极击穿永久性失效。因此，在存放 MOS 管时，要将 3 个电极引线短接；焊接时，电烙铁的外壳要良好接地，并按漏极，源极、栅极的顺序进行焊接，而拆卸时则按相反的顺序进行；测试时，测量仪器和电路本身都要良好接地，要先接好电路再去除电极之间的短接。测试结束后，要先短接电极再撤除仪器。

⑤ 电源没有关时，绝对不能把场效应管直接插入到印制电路板中或从印制电路板中拔出来。

⑥ 相同沟道的结型场效应管和耗尽型 MOS 场效应管，在相同电路中可以通用。

56. 什么是门电路？

答： 逻辑门电路是组成各种数字电路及数字系统的基本逻辑单元，是数字电路的重点之一。

为了便于合理选择和正确使用数字集成器件，必须熟悉它们的主要参数，如输入、输出高低电平时的电压、电流范围、噪声容限、扇入数、扇出数、平均传输延迟时间及功耗等。逻辑门使用中的接口问题及其他一些实际应用问题。

57. 什么是“与非”门电路？

答：“与非”逻辑是“与”逻辑和“非”逻辑的复合，有相应的逻辑符号予以表示，如图6-48所示。

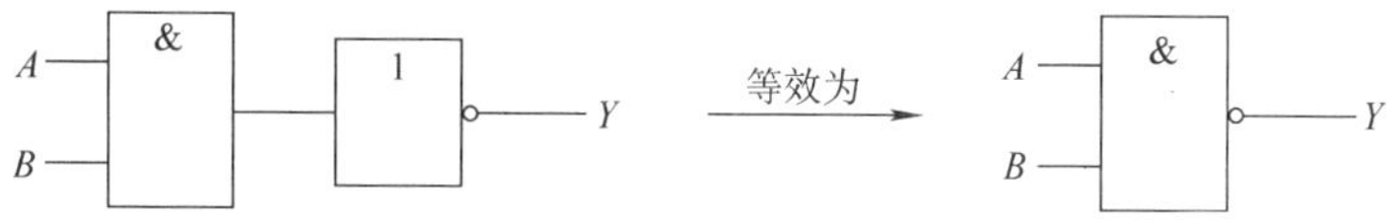

图 6-48　“与非”门的逻辑符号

图 6-54 所示的“与非”逻辑的表达式为

$$Y=\overline{AB} \tag{6-9}$$

表达式中的非号应覆盖 A、B 两个字母，表示对 A、B 两个变量的“与”逻辑运算结果取反，而不是对 A、B 两个变量取反，所以，运算时要由内向外、先“与”后“非”。

“与非”逻辑的真值表见表 6-4，为了便于读者理解，表中附加了 A、B 相“与”的中间结果。

表 6-4　“与非”逻辑真值表

A	B	AB	$Y=\overline{AB}$	A	B	AB	$Y=\overline{AB}$
0	0	0	1	1	0	0	1
0	1	0	1	1	1	1	0

对于“与非”逻辑的输入、输出之间的取值规律可总结为：有 0 为 1、全 1 为 0。

58. 什么是“或非”门电路？

答：“或非”逻辑是“或”逻辑和“非”逻辑的复合，有相应的逻辑符号予以表示，如图6-49所示。

图 6-49 所示的“或非”逻辑的表达式为

$$Y=\overline{A+B} \tag{6-10}$$

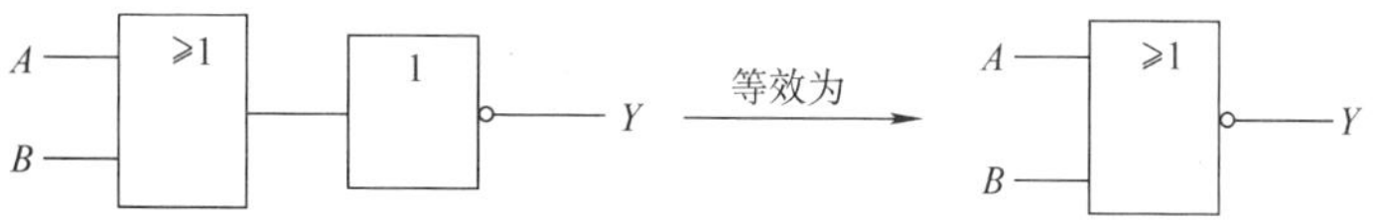

图 6-49　“或非”门的逻辑符号

表达式中的非号要覆盖整个参与“或”逻辑运算的内容，表示对 A、B 两个变量的“或”逻辑运算结果取反。运算时要由内向外、先“或”后“非”。“或非”逻辑的真值表见表 6-5（表中附加有 A、B 相“或”

的中间结果)。

表 6-5 “或非”逻辑真值表

A	B	$A+B$	$Y=\overline{A+B}$	A	B	$A+B$	$Y=\overline{A+B}$
0	0	0	1	1	0	1	0
0	1	1	0	1	1	1	0

对于“或非”逻辑的输入、输出之间的取值规律可总结为：有 1 为 0、全 0 为 1。

59. 什么是“异或”门电路？

答：“异或”逻辑是一种重要的复合逻辑，它表示一个事件由两个条件决定，当两个条件不同时具备时，事件才能成立；而两个条件同时具备或同时不具备时，事件不能成立。“异或”逻辑有特定的逻辑符号，如图 6-50 所示。

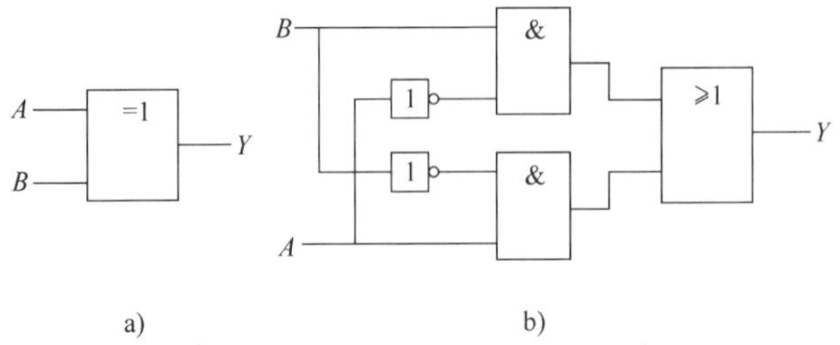

图 6-50 “异或”门电路

图 6-6 所示的“异或”逻辑的复合关系为

$$Y=A\oplus B=\overline{A}B+A\overline{B} \tag{6-11}$$

根据“异或”逻辑的复合关系，“异或”一词可以直观地理解为两个逻辑变量的异状态相“与”再“或”的结果。“异或”逻辑的真值表见表 6-6。

表 6-6 “异或”逻辑真值表

A	B	Y	运算说明	A	B	Y	运算说明
0	0	0	$Y=0\oplus0=0$	1	0	1	$Y=1\oplus0=1$
0	1	1	$Y=0\oplus1=1$	1	1	0	$Y=1\oplus1=0$

“异或”逻辑运算规律可总结为：输入相同时，输出为 0；输入不同时，输出为 1。

60. 什么是“与或非”门电路？

答：“与或非”逻辑是“与”逻辑、“或”逻辑、“非”逻辑 3 种逻辑运算的复合，也有相应的逻辑符号予以表示，如图 6-51 所示。

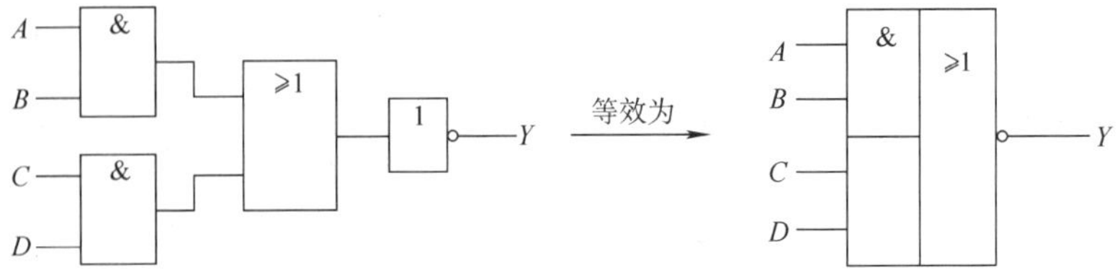

图 6-51 “与或非”门电路

图 6-51 所示的“与或非”逻辑的表达式为

$$Y=\overline{AB+CD} \tag{6-12}$$

表达式中的非号要覆盖整个“与或”逻辑运算的全部内容，表示对“与”、“或”逻辑运算的最后结果取反。“与或非”逻辑的真值表见表6-7。

表6-7　“与或非”逻辑真值表

A	B	C	D	$AB+CD$	$Y=\overline{AB+CD}$
0	0	0	0	0	1
0	0	0	1	0	1
0	0	1	0	0	1
0	0	1	1	1	0
0	1	0	0	0	1
0	1	0	1	0	1
0	1	1	0	0	1
0	1	1	1	1	0
1	0	0	0	0	1
1	0	0	1	0	1
1	0	1	0	0	1
1	0	1	1	1	0
1	1	0	0	1	0
1	1	0	1	1	0
1	1	1	0	1	0
1	1	1	1	1	0

函数有A、B、C、D共4个变量，变量取值组合总数为0000～1111，共16(即2^4)种。

61. 什么是UPS?

答： 不间断供电系统又称为不间断电源或不停电电源，简称为UPS。它是一种现代化的电源设备。

UPS是一种新型的供电系统。在这个系统中，市电仅是其中的一个组成部分。当采用UPS时，如果市电不正常或发生中断事故时，UPS能够向重要负载继续提供符合要求的交流电，从而保证重要负载能连续不断地正常工作。其之所以具有这种性能，关键是因为UPS中除包括市电外，还有一个或多个储能环节和能量的变换装置，能在市电不正常或中断时，依靠这些装置维持对重要负载的交流供电，实现交流不间断供电的要求。

UPS主要由4部分所组成。

① 市电电源一般可以在UPS中作为主要的能源(有时还常配备柴油或汽油发电机组)，通过UPS间接向重要负载提供高质量的工频交流电。

② 储能装置多采用蓄电池组。

③ 能量变换装置。它主要包括整流器和逆变器。

④ 静态开关主要由晶闸管等大功率电子器件以及逻辑控制电路组成。它分为转换型静态开关和并机型静态开关。

62. 怎样在图中标注电子元器件?

答： (1) 电路图中电阻阻值单位按规则标注，方法如下

① 带有小数点的，加单位“Ω”，以便与MΩ区别，如$R_1=1.5\Omega$。

② 阻值在1kΩ以下的可标注单位，也可不标注单位。例如，100Ω可标注为100，又例如，910Ω可标注为910。

③ 阻值在1～100kΩ之间的，标注单位为k，如5.1kΩ可标注为5.1k，阻值在100kΩ～1MΩ之间的，

标注单位为 M。如 510kΩ，可标注为 0.510M。

④ 阻值在 1M 以上的，标注单位为 M，如 5.1MΩ，可标注为 5.1M。单位也可以省略，但要加小数点和 0，如 “R_1 为 6.0”，则表示表示电阻 R_1 为 6MΩ。

⑤ 5.1k 也可用 5k1 表示。

（2）电路图中电容容量单位按规则标注，方法如下

① 带有小数点的，加单位 “pF”，以便与 “μF” 区别，如 C_1 =3.5pF。

② 当电容器大于 100pF，而又小于 1μF 时，一般不标注单位，没有小数点的其单位是 pF，有小数点的其单位是 μF。如 5100 就是 5100pF，0.33 就是 0.33μF。当电容量大于 10000pF 时，可以 μF 为单位。当电容量小于 10000pF 时，可以 pF 为单位。

③ 用国际单位制表示：用数字表示有效值，字母表示数值的量级，即 m 表示毫法（10^{-3}F），μ 表示微法（10^{-6}F），n 表示纳法（10^{-9}F），p 表示皮法（10^{-12}F）。字母有时也表示小数点的位置。如 1m5 表示 1.5mF，即 1500pF，4μ7 表示 4.7μF，3n9 表示 3.9nF =3900pF，47n 表示 47nF =0.047μF，2p2 表示 2.2pF。

④ 数码表示法：电容器的数码表示法，一般用 3 位数来表示容量的大小，其单位为 pF（皮法），从左起第一、二数字为有效数字位，第三位数表示有效数字后边加零的个数。若第三位数为数字 “9”，表示前两位数要乘 10^{-1}。如 102 表示 1000pF；223 表示 22000pF 即 0.022μF；229 表示 22×10^{-1} =2.2pF。

63. 怎样看电子电路图？

答：（1）识图要点

① 电路组成

电子电路图都是由各种元件图形符号和文字符号组成的，如电阻、电容、电感、晶体管、集成电路等元器件。要看懂一个电气设备的电子电路图，首先要了解图中使用了哪些电子元器件，这些元器件的结构、功能、特性是什么。电路图中用得最多的是晶体管和集成电路，因此要了解晶体管的输入/输出特性以及工作在放大区、截止区和饱和区的条件，集成电路芯片的引脚及功能等。还应了解一些敏感元件（如热敏元件、湿敏元件、气敏元件、光敏二极管）的功能、特性。掌握图中所有元器件的工作特性、工作条件，为识读电路图提供方便条件。

② “先易后难，先局部后整体，逐步深入” 原则

识图应先从较简单的局部电路分析开始，然后再进行整体电路分析。在识图过程中要注意综合知识的运用，逐步深入，对基本电路理解得越深，掌握得越牢，就会化难为易，看懂复杂的电路图。通过反复的训练和实践，取得一定经验，识图能力一定会逐步提高。

（2）识图方法

① 图物对照看图

在看电子电路图之前，先阅读电气设备说明书，了解该设备的用途、安全注意事项，了解设备中的各开关、旋钮、指示灯、仪表的作用，然后结合实物在电路图中找到其相应的图形符号位置，从而了解它们属于哪一部分电路，功能是什么，有哪些控制作用，这样可大致了解电路的整体情况，为进一步详细、深入看图做好准备。有的说明书给出方框图，通过阅读方框图大致了解整个电路由哪些部分组成，各部分之间的相互关系等，这样就可粗略地知道电路的构成、功能和用途。

② 化整为零，逐级分析

电子电路不论有多么复杂，都可以分解成若干个单元电路。在模拟电路中，一般可分为输入电路、中间电路、输出电路、电源电路、附属电路等几部分。每一部分又可分解为几个基本的单元电路，而单元电路又是由各种元器件构成的。还可用画框图的方法对整机电路进行分解，将电路按功能分成若干个单元电路，找出它们之间的联系，搞清每个单元电路内元器件的作用，从而弄清楚每个单元电路的功能，进而搞清单元电路之间的关系，从而对整个电路有完整的了解。

③ 从静态到动态

模拟电路中各种晶体管、集成电路是电路的核心，而它们在工作中需要建立静态工作点，才能实现对交流信号的放大作用。为了进一步理解电路工作原理，在看图分析时可以采用直流等效电路法、交流等效电路法，对电路进行静态分析和动态分析。

直流等效电路法就是在输入信号为零时，各级放大电路在直流电源作用下的工作状态，实际上就是找出直流通路，确定各级电路在静态时的偏置电流和电压。交流等效电路法就是在输入信号不为零时，确定电路的交流信号通路及工作状态。

应当注意的是，在采用等效电路法分析时，要根据元器件性质给予特别处理。如电路中含有电容、电感这两种元件时，电容具有“隔直通交”的作用，电感具有“隔交通直”的作用。在进行直流等效电路分析时，直流信号不能通过电容，这时电容相当于断路。但直流信号可以通过电感，这时电感相当于短路(只起到导线的作用)，这样使得电路可以简单化，便于对电路进行分析。而在用交流等效法分析时，要考虑输入信号频率的高低，信号频率不同，则信号通过电容、电感时，所呈现的容抗和感抗大小就会不同，即对交流信号的阻碍作用不同，电路的特性、功能也会不同。当输入信号中包含多种频率成分时，有的元器件允许高频信号通过，而阻止低频信号通过；有的正好相反，这就要看电路中各元器件的具体参数。有些电路形式相似，但功能、特性完全不同，其重要原因是电路参数不同。因此，识图时不仅要看元器件在图中的位置，还要看它们的参数，参数不同其功能、作用也不同。

④ 综合分析，全面理解

最后要把每个单元电路按其功能，根据信号流程连接起来，进行综合分析。从电路图的输入端开始逐步与输出端贯穿起来，理清信号的传递过程及发生的变化，分析电路前级与后级的输出/输入之间的关系，以便对整个电路的原理、功能有一个完整、全面、正确的认识。

64. 什么是LED显示器？有哪几种连接方法？

答：LED(Light Emitting Diode)是发光二极管的缩写。LED显示器是由7段发光二极管构成的，LED显示器在单片机系统中的应用非常普遍。

LED显示器的引脚排列及发光二极管的连接方法如图6-52所示。

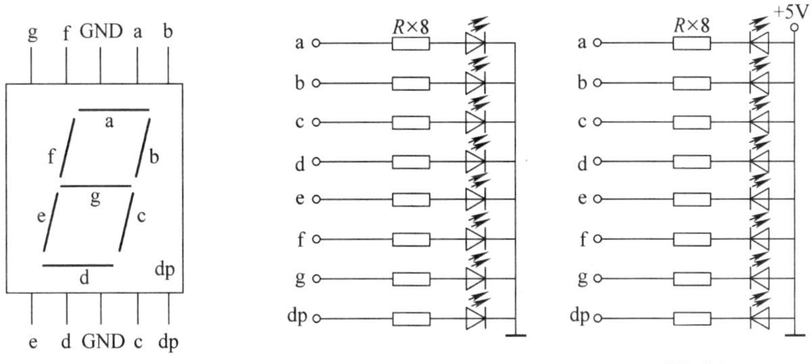

图6-52 LED显示器的引脚排列及发光二极管的连接方法

图中a、b、c、d、e、f、g分别代表7段直线型发光二极管及其引脚，而dp则代表圆点型发光二极管，用于显示小数点。通过7段发光二极管亮灭的不同组合，可以显示十六进制数字及一些其他字母或符号。

LED显示器中的发光二极管有共阳极和共阴极两种连接方法：

(1) 共阳极接法

把发光二极管的阳极连在一起构成共阳极，使用时共阳极接+5V。这样，阴极端输入低电平段的发光二极管就导通点亮，而输入高电平段的发光二极管则不点亮。

(2) 共阴极接法

把发光二极管的阴极连在一起构成共阴极，使用时共阴极接地。这样，阳极端输入高电平段的发光二极管就导通点亮，而输入低电平段的发光二极管则不亮。

使用LED显示器时，要注意区分这两种不同的接法。

用LED显示器显示十六进制数字形代码见表6-8。

表 6-8　十六进制数字形代码

字型	共阳极代码	共阴极代码	字型	共阳极代码	共阴极代码
10	C0H	3FH	9	90H	6FH
1	F9H	06H	A	88H	77H
2	A4H	5BH	B	83H	7CH
3	B0H	4FH	C	C6H	39H
4	99H	66H	D	A1H	5EH
5	92H	6DH	E	86H	79H
6	82H	7DH	F	84H	71H
7	F8H	07H	灭	FFH	00H
8	80H	7FH			

65. 电子元器件印制电路板波峰焊接工艺流程有哪些？

答：在 SMT 装配结构时，印制电路板采用波峰焊接的工艺流程如图 6-53 所示。

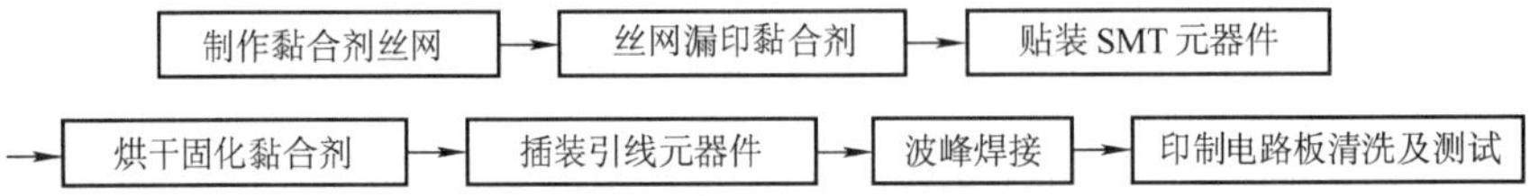

图 6-53　SMT 印制电路板波峰焊接工艺流程

① 制作黏合剂丝网：根据 SMT 元器件的实际尺寸及在印制电路板的位置，制作漏印粘合剂的丝网。

② 丝网漏印黏合剂：把黏合剂丝网盖在印制电路板上，漏印黏合剂。要精确保证黏合剂漏印在元器件的中心，避免黏合剂污染元器件的焊盘。

③ 贴装 SMT 元器件：把 SMT 元器件贴在印制电路板上，使它们的电极引线与焊盘一一对应。

④ 烘干固化黏合剂：用加热或紫外线照射的方法，使黏合剂固化，把 SMT 元器件牢固地固定在印制电路板上。

⑤ 插装引线元器件：把印制电路板翻转 180°，在另一面插装传统的引线元器件。

⑥ 波峰焊接：与普通印制电路板的焊接工艺相同，用波峰焊接设备进行焊接的过程中，SMT 元件浸没在溶化的锡液中。

⑦ 印制电路板清洗及测试：对经过焊接的印制电路板进行清洗，去除残留的助焊剂，避免对印制电路板的腐蚀；而后用测试仪器对其检验测试。

66. 电子元器件印制电路板再流焊工艺流程有哪些？

答：印制电路板再流焊的工艺流程如图 6-54 所示。

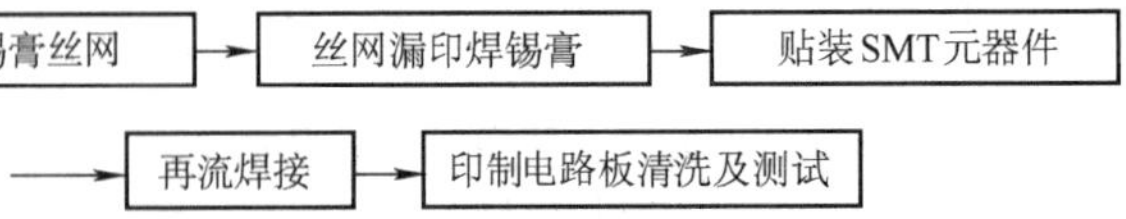

图 6-54　再流焊工艺流程

① 制作焊锡膏丝网：按照 SMT 元器件在印制电路板上的位置及焊盘的形状，制作用于漏印焊锡膏的丝网。

② 丝网漏印焊锡膏：把焊锡膏丝网盖在印制电路板上，漏印焊锡膏，要精确保证焊锡膏均匀地漏印在

元器件的电极焊盘上。

③ 贴装 SMT 元器件：把 SMT 元器件贴装到印制电路板上，使它们的电极准确定位于各自的焊盘。

④ 再流焊接：用再流焊方法进行焊接，在焊接过程中，焊锡膏熔化再次流动，充分侵润元器件和印制电路板的焊盘，防止焊盘之间短路。

⑤ 印制电路板清洗及测试：由于再流焊接过程中焊剂的挥发，焊剂不仅会残留在焊接点的电极附近，还会沾染电路基板的整个表面。因此，再流焊接以后的清洗工序特别重要。在有条件的企业里，通常都采用超声波清洗机，把焊接后的印制电路板泡在无机溶液中，用超声波冲击清洗，可以得到很好的效果。

在双面混合装配中，可先在印制电路板的 A 面（元器件面）装上 SMT 元器件，采用贴装和再流焊，然后在 B 面粘贴 SMT 元器件，采用波峰焊接。

第 7 章　仪表电工应知应会

1. 在实际生产中对电气测量仪表有哪些基本要求？

答： 在实际生产中对电气测量仪表有如下基本要求：

① 具有绝缘能力、耐压能力、短时过载能力。

② 可读性好，指针、数字显示清晰、醒目可读。

③ 稳定性高，测量数字准确可信，精度不随温度、湿度、外电磁场变化而变化。

④ 消耗功率小。

⑤ 抗干扰能力强，在测量过程中不受外界干扰，有一定的抗干扰能力。

2. 电气测量仪表有哪几种主要型式？

答： 按被检测量分为电流表（又分安培表、毫安表、微安表）、电压表（又分为伏特表、毫伏表等）、功率表（或瓦特表）、电能表（或瓦时表）、频率表、相位表（或功率因数表）、欧姆表、绝缘电阻表及万用表等。

3. 电气测量仪表有哪些精度等级？

答： 电气测量仪表的准确度有 0.1、0.2、0.5、1.0、1.5、2.5、5.0，共 7 个等级，此外，还可按电气测量仪表的使用条件、结构原理、使用方式及对外磁场的防御能力等分类。为了便于正确选择和使用电气测量仪表，电气测量仪表类型、测量对象、电流性质、准确度、放置方法、对外磁场防御能力等，均以符号的形式标明在电气测量仪表的表盘上。

4. 什么是电压表和电流表？

答：（1）电压表

如图 7-1 所示为直流电压表的外形，其背后有两个接线柱。常用型号为 85C17 型（交流电压表 85L17），直流电压表安装在设备的控制台操作面板上，用于测量试验电路中的电压，配上不同的测量电路，可以构成单量程和多量程的磁电系电压表。在连接电路时，电压表必须并联在被测电路中，如图 7-2 所示。

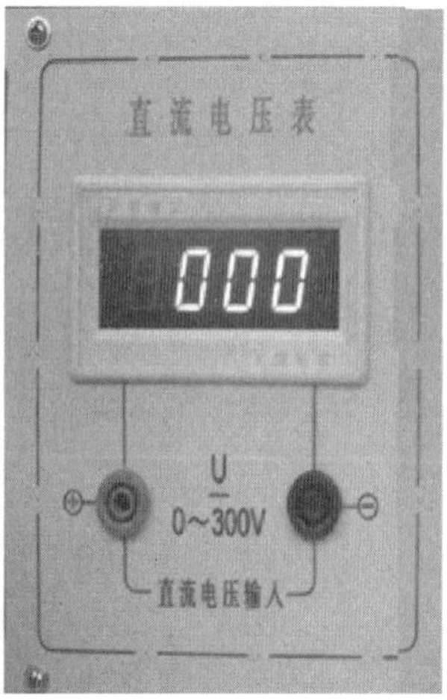

图 7-1　直流电压表的外形

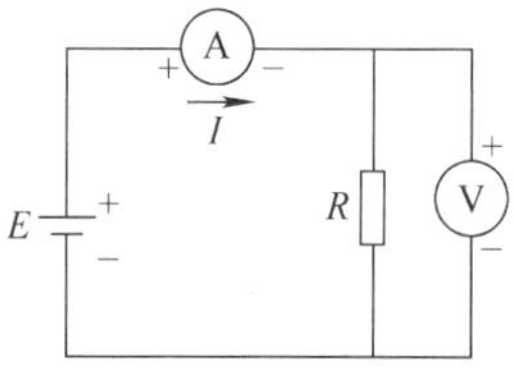

图 7-2　电压测量电路

（2）电流表

如图 7-3 所示为直流电流表的外形，常用型号为 85C17 型（交流电流表 85L17），量程分为安培（A）

表、毫安(mA)表、微安(μA)表等。直流电流表安装在试验台的操作面板上，用于测量试验电路中的电流，配上不同的测量电路，可以构成单量程和多量程的直流电流表。在连接电路时，电流表必须串联在被测电路中，如图 7-4 所示。

图 7-3　直流电流表的外形

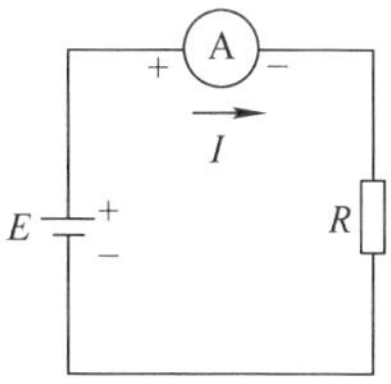

图 7-4　电流测量电路

5. 什么是万用表？它有哪几种？

答： 万用表又叫多用表，它具有多种用途、多种量程、携带方便等优点，因此被广泛应用。万用表有两种：一种是模拟指针式万用表，具有直观、明了的优点，但精度不高，其指针的偏转与被检测量保持一定的对应关系；另一种是数字万用表，它以数字的形式(不连续、离散形式)显示被检测量。两种万用表各有特点：数字万用表具有读数准确、精度高、电压灵敏度高，电流档内阻小、测量种类和功能齐全、使用方便等优点。但不足之处是不能反映被检测量的连续变化过程及变化趋势；测量动态量时数字跳跃，价格偏高，维修困难。

本章以 MF—64 型指针式万用表和 HT2008 型数字万用表为例，介绍它们的结构、原理和使用方法。MF—64 型指针式万用表的外形如图 7-5 所示。

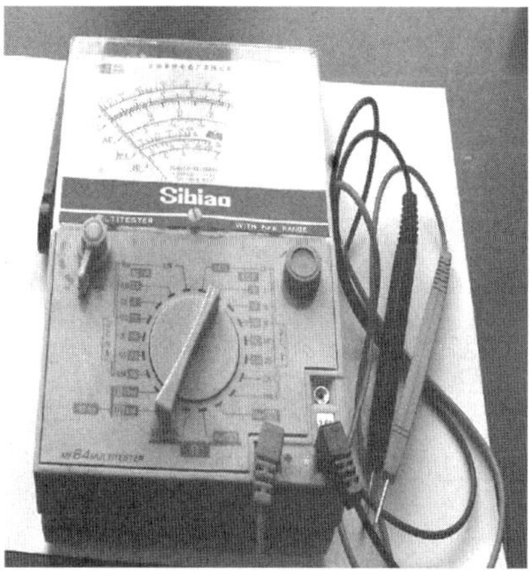

图 7-5　MF—64 型指针式万用表的外形

6. 指针式万用表的主要用途是什么？

答： MF—64 型指针式万用表是高灵敏度磁电系整流式仪表。指针式万用表具有质量稳定、灵敏度高、测量范围广、造型美观、结构合理等特点，能测量交直流电压、交直流电流、直流电阻、音频电平、晶体管直流电流放大系数、晶体管反向截止电流、负载电流、负载电压等。它适用于工矿企业、大中等院校实验室、电工以及电子、电气生产线，也是家用电器维修人员和电工技术业余爱好者理想的测试仪表。

7. 指针式万用表有哪些测量方法？

答： 测量时，除了直流电流 2.5A 量程外，均将测试杆插在“+”和“*”插孔内。

标度盘共设计有 7 条刻度，第一条为欧姆刻度，第二条、第三条为直流刻度，其中第二条为 125 分度刻度，第四条为交流刻度，第五条刻度由两部分组成，左面的弧度为硅管 h_{FE} 刻度，右侧是测量干电池在负载条件下的端电压刻度，标志“GOOD”表示干电池正常，“BAD”则表示干电池已经失效，第六条刻度为锗管 h_{FE} 专用刻度。第七条为“dB”刻度。

(1) 直流电压的测量

将功能开关置于“+DC”位置，量程开关选放在接近被测电压的适当量程上，红表笔接被测电压的正极，黑表笔接负极，指针向顺时针方向偏转，表示被测电压为正电压；指针向逆时针方向偏转，则表示被测电压为负电压，只要把功能开关置于“-DC”位置，指针即向逆时针方向偏转，不需要掉换表笔的极性。测量直流电压时按标度盘的第三条刻度线读取读数。

当被测电压值不能估计时，应先将量程开关放在最大量程上，并把万用表接在被测电路中，然后读取电压的大约值，再将量程开关放在适当的位置上，使指针得到最大的偏转，读取被测电路的实际电压值。在带电测量时，要注意操作安全。

(2) 干电池在负载条件下的端电压的测量

测试方法与直流电压的测量方法相同，将量程选择开关放在“BATT”位置，第五条的右面刻度表示干电池的容量和干电池的负载能力，指示在“GOOD”弧度范围内表示干电池容量充足，“BAD”表示干电池容量不足需要立刻更换。

(3) 直流电流的测量

将功能开关置于“+DC”位置，量程开关放在被测电流相应的适当位置上。当被测电流大于0.5A时，用2.5A量程进行测量。应将表笔插在“2.5A”和“*”插孔内，量程开关放在电流量程位置，测量电流时，将万用表串接在电路中，不能将万用表直接跨接在高电位两端，否则，内附熔丝会被熔断。

(4) 交流电压的测量

将功能开关置于“AC”位置，量程开关放在被测电压相适应的位置上，将表笔并接在被测电路两端，从第四条交流刻度线读取数据。

(5) 音频电平的测量

测量方法与交流电压的测量方法相同，从“dB”刻度线读取读数。当量程转换开关置于“10V”量程位置时，刻度线的标志为0~+22dB，在其他量程时，实际“dB”值按刻度盘右下角的“ADD. dB”表进行换算。

“dB”刻度的0dB标准是：600Ω输送线上所消耗的功率为1mW，或者0dB相应的电压为0.775V，当负载电阻不是600Ω时，万用表所测出的dB值应按表7-1中的值进行换算。

表7-1 分贝表

负载/Ω	+dB	负载/Ω	+dB
2000	-5.2	150	+6
1000	-2.2	75	+9
600	0	50	+10.8
500	+0.8	16	+15.8
300	+3	8	+18.8
200	+4.8	4	+21.8

(6) 交流电流的测量

将功能开关置于“AC”，量程开关置于与被测电流大小相适应的位置上，测量时将万用表与被测电路串联，按“AC”刻度线读数。

(7) 电阻阻值的测量

将功能开关置于“Ω”，量程开关置于被测电阻值相适应的量程上。测量之前，先将测表笔短路，调节“0Ω”旋钮，使指针指示在欧姆刻度线的“0”位上。每当变换量程时，都应重新检查和调节“Ω”的零位值。

选择欧姆档测量量程时，尽可能使指针指示在全刻度起始20%~80%弧度范围内，这样所读取的欧姆读数比较准确。

测量二极管和晶体管正、反向电阻和电解电容时，应记住电表内部的电池正负极和表外电路的正负极是相反的。

（8）晶体管性能的测量

测量晶体管的 I_{ceo} 和 h_{FE} 参数时，先将量程开关置于“$R\times10$”档的位置，并短路表笔，将指针调节到“Ω”刻度线的“0”。这时万用表指示的电流值为 6mA。

将晶体管测试插座插在“+”和“*”插孔内，并注意插座的极性，插座带“*”的一端应插在仪表的“*”插孔内，然后进行以下测试：

① 根据被测晶体管的类型，将晶体管 e、b、c 引脚插在测试插座相应的插孔内，NPN 型晶体管应插入 N 型一侧的 e、b、c 3 孔内，PNP 型晶体管则插入 P 型的 e、b、c 3 孔内。

② 漏电流 I_{ceo} 的测量：将被测晶体管的 c、e 引脚插在相应的测试插座 c、e 孔内，指针偏转值即被测晶体管的 I_{ceo} 值。从“DC”刻度线读数（满度值为 6mA，即在 50 分格分度线上每一分度线为 120μA）。

③ 直流放大系数 h_{FE} 的测量：将被测试晶体管的 e、b、c 引脚插在相应的测试插座 e、b、c 孔内。按 h_{FE} 刻度线读取 h_{FE} 值。

8. 使用万用表时应注意哪些事项？

答： 正确使用时应注意以下各点。

① 要选好插孔（或接线柱）和转换开关的位置。

② 测直流时，要注意正负极性；测电流时，表笔与电路串联；测电压时，表笔与电路并联。

③ 选择正确的量程，当不知道被测数据有多大时，先选大量程，再选合适的量程。量程越小，则测量的数据越精确。但一般不可带电转换量程。

④ 万用表标尺的读数。不能将交流标尺和直流标尺混用，要正确读数。

⑤ 测量电阻值时，首先进行欧姆调零，即将两表笔短接，调节欧姆调零电位器，使指针指在欧姆档的零位上，每换一次档，都要首先调零，一切从零开始。不能用两手接触表笔的导电部分，因为人体是导体，以防影响测量结果。在不带电的情况下测量电阻的阻值。同样当测量电解电容器的泄漏电阻时，应先将电容器放电，然后才能测量。

测晶体管时，尽量不用“$R\times1$”、“$R\times10$”档，因为此时电池提供的电流较大，易烧坏晶体管；也不要用“$R\times10$k”档，因该档电池电压较高，易使晶体管击穿。

⑥ 测非线性元件（如二极管）正向电阻时，用不同的量程，测量结果不同。

⑦ 测 2500V 等高压时，应注意安全。操作时应戴橡胶手套，并把万用表放在绝缘支架上。

⑧ 每次测量完毕，应将开关拨到空档，以免他人误用而损坏万用表。

9. 什么是数字万用表？

答： HT2008 系列数字万用表可用于测量交直流电压、交直流电流、电阻、电容、电感、频率、温度、音频、二极管、晶体管参数及干电池测试，并具有数据保持、符号显示及背光照明等功能。该仪表结构精巧，操作容易，携带方便，9V 电池驱动。如图 7-6 所示是 HT2008 系列数字万用表的外形。

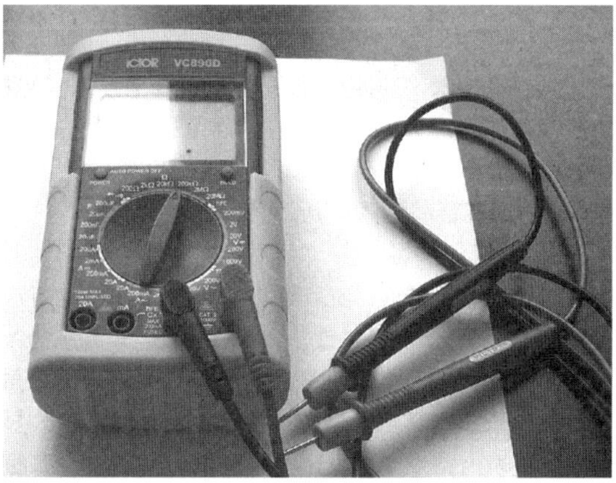

图 7-6　HT2008 数字万用表的外形

10. 数字万用表有哪些测量方法？

答：（1）直流电压的测量

将黑色表笔插入“COM”孔，红色表笔插入“VΩ”孔。将功能开关置于“DCV”量程范围，并将表笔并接在被测负载或信号源上，数字万用表在显示电压读数时，同时会指示出红表笔的极性。

（2）交流电压的测量

将黑色表笔插入“COM”孔，红色表笔插入“VΩ”孔。将功能开关置于“ACV”量程范围，并将表笔并接在被测负载或信号源上。

(3) 直流电流的测量

直流电流测量的最大输入电流为20A，为了避免触电或损坏仪表，被测直流电流不要超过数字万用表允许的最大输入电流值。将黑色表笔插入“COM”孔，当被测直流电流在200mA以下时，红表笔插入“mA”插孔；如果被测直流电流在200mA ~20A之间，则将红表笔移至“20A”插孔。如果被测直流电流在200mA ~2A之间，红表笔仍在“AΩ”插孔。

将功能开关置于“DCA”量程范围，测试表笔串入被测电路中。如果被测电流范围未知，应将功能开关置于高档并逐步调低。如果只显示“1”说明已超过量程，必须调换高量程档位。

(4) 交流电流的测量

测试方法和注意事项类似直流电流的测量。

(5) 电阻的测量

将黑表笔插入“COM”插孔，红表笔插入“VΩHz”插孔(注意,红表笔为正)，将功能开关置于所需“Ω”量程上，将测试笔跨接在被测电阻上。在线测量时，要关断电源。当输入开路时，会显示超量程状态“1”或“OL”。如果被测电阻在1MΩ以上时，数字万用表需数秒后方能稳定读数。

(6) 电容的测量

将功能量程旋钮开关置于所需的电容量程范围$\left(对于3\frac{3}{4}位显示的自换量程仪表,则将功能量程旋钮开关置于电容测试档位\right)$；将被测电容连接到电容测试插座CX(或CX-LX)上。对于有极性的电容，请注意按所标识极性正确连接。

(7) 电感的测量

将功能开关置于所需的电感量程范围，将被测电感连接到测试插座Lx上。

如果被测电感的值超过所选的量程值，仪表显示超量程状态“1”或“OL”，这时需要将功能开关置于高量程档位进行测量。

(8) 热电偶传感器的温度测量

测量温度时，将热电偶传感器的冷端(自由端)插入温度测试孔中，热电偶传感器的工作端(测量端)置于待测物上面或内部，可直接从显示器上读取温度位，读数为摄氏度，需通过表笔插座测量。

注意：当热电偶传感器插入输入表笔插座后，数字万用表自动显示被测温度，当热电偶传感器闭路时，显示常温。

(9) 逻辑电平测试

将黑表笔插入“COM”插孔，红色表笔插入“VΩHz”插孔。

将功能开关置于“LOGIC”量程范围，并将黑表笔接入测量电路地端，红表笔接测试端。在本档位测量时，高位始终显示“1”，无超量程含义，只说明内电路已接通。

(10) 二极管和晶体管h_{FE}测量

1) 二极管的测量

在进行在线测试时，先切断电路电源，并将电容放电。

将红表笔插入“VΩ”(或“VΩHz”)插孔，黑表笔插入“COM”插孔(注意,红表笔极性为内部电路极性)。

将功能开关置于二极管符号位置，并将红表笔接触被测点，对二极管测量，若显示0.3V、0.8V的电压读数，表示二极管正常，当二极管被反接时，仪表显示超量程状态；对于通断检测，当被测电阻小于约70Ω时，仪表内置蜂鸣器发出声响，同时还有发光二极管发光指示。

2) 晶体管h_{FE}的测量

将功能开关置于“h_{FE}”档上。

先确定晶体管是PNP型还是NPN型，然后再将被测晶体管的e、b、c 3脚分别插入直板对应的晶体管插孔内。

数字万用表显示的是近似值，测试条件：基极电流为10μA，Acc约3V。

11. 什么是钳形电流表？

答： 钳形电流表的主要部件是一个穿心式电流互感器。测量时，将钳形电流表的磁铁套在被测导线上，形成 1 匝的一次绕组，根据电磁感应原理，二次绕组中会产生感应电流，与二次绕组相连的电流表指针便会发生偏转，指示出电路中电流的数值。如图 7-7 所示是钳形电流表的外形和电流测量示意图。

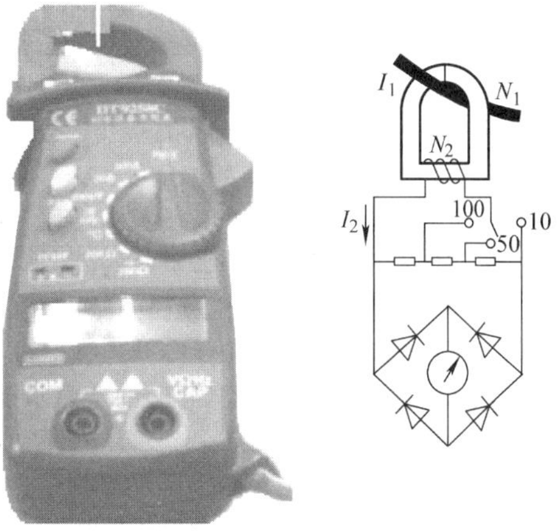

a)　　b)

图 7-7　钳形电流表

a）钳形电流表外形　b）电流测量示意图

12. 钳形电流表的使用方法和注意事项有哪些？

答：（1）钳形电流表的使用方法

1）调零

在测量电流前，表针应该指向零位，否则，应用螺钉旋具调整表头上的调零螺钉使表针指向零位，以提高读数的准确度。

2）选择量程

使用钳形电流表时要正确选择量程。测量前应估计被测电流的大小，选择合适的量程。若无法估算电流的大小，应先选择大的量程范围，再选择合适的量程，但不能用小量程档测量大电流。

3）测量电流

测量时，每次测量只能钳入一根导线，将被测导线钳入钳口中央位置，以提高测量的准确度；被测导线的电流就在铁心中产生交变磁力线，钳形电流表上指示感应电流的读数。测量结束后，应将量程开关扳到最大量程位置，以便下次安全使用。

（2）钳形电流表的使用注意事项

① 为了防止绝缘击穿和人身触电，被测线路的电压不得超过钳形电流表的额定电压，更不能用钳形电流表测高压线路的电流。

② 使用钳形电流表时要尽量远离强磁场，以减少磁场对钳形电流表的影响。测量较小的电流时，如果钳形电流表量程较大，可将被测导线在钳形电流表口内绕几圈，线路中实际的电流值应为仪表读数除以导线在钳形电流表上绕的匝数。

13. 什么是绝缘电阻表？它的工作原理是什么？

答： 绝缘电阻表又叫摇表，其阻值在兆欧级。主要用来测量电动机、电路的绝缘电阻，测量设备和线路绝缘是否有损坏或短路现象。

绝缘电阻表的主要组成部分是一个磁电式流比计和一只作为测量电源的手摇高压直流发电机。绝缘电阻表的外形如图 7-8 所示。其原理如图 7-9 所示。

图 7-8　绝缘电阻表的外形

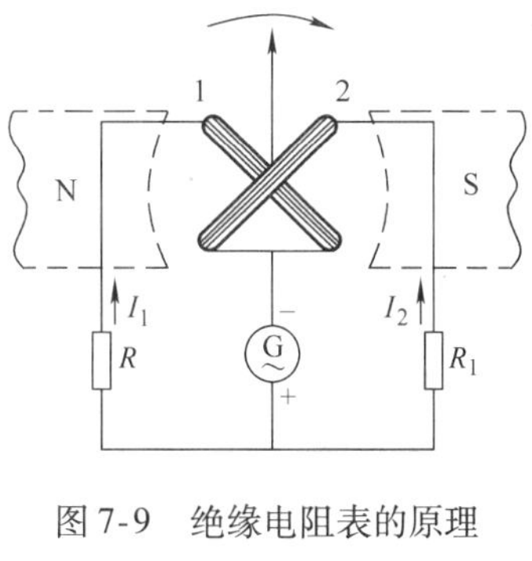

图 7-9　绝缘电阻表的原理

绝缘电阻表的线路如图7-10所示。与绝缘电阻表表针相连的有两个线圈，一个同表内的附加电阻 R_f，另一个和被测电阻 R 串联，然后一起接到手摇发电机上。当用手摇时，两个线圈中同时有电流通过，在两个线圈上产生方向相反的转矩，表针就随着合成转矩的大小而偏转某一角度，这个偏转角度取决于两个电流的比值。由于附加电阻是不变的，所以电流值仅取决于待测电阻的大小。

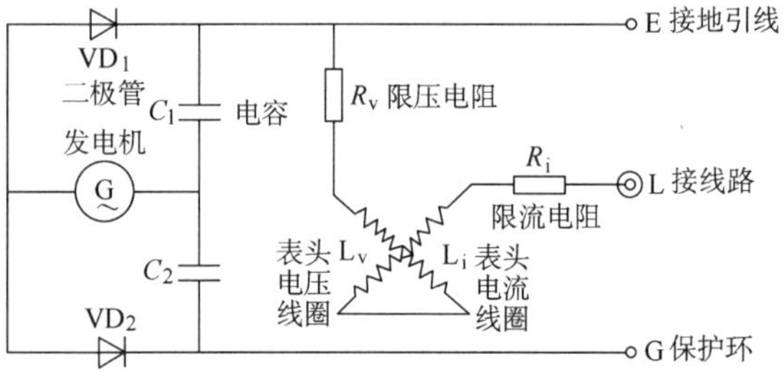

图7-10　绝缘电阻表的线路

一般规定，在测量额定电压在500V以上的电气设备的绝缘电阻时，需要用1000～2500V的绝缘电阻表。测量500V以下电压的电气设备，则以500V的绝缘电阻表为宜。

值得说明的是，用万用表测得的绝缘阻值不准确，因为万用表所使用的电池电压低，绝缘物质在低电压下不易击穿。通常，被测量的电气设备均要接在较高的工作电压上，因此，必须用绝缘电阻表测额定电压下的绝缘电阻。

14. 使用绝缘电阻表测量时应注意什么？

答：（1）调零

在测量前，绝缘电阻表应分别做一次开路试验和短路试验。表针在开路试验中指针应指到“∞”（无穷大）处；而在短路试验中指针应指到“0”位，这表明绝缘电阻表的工作状态正常。

（2）选择电压等级

根据被测电气设备的额定电压选择绝缘电阻表的电压等级：一般测量额定电压为50V以下的电气设备的绝缘电阻时，可选用250V的绝缘电阻表；测量额定电压为50～380V的电气设备的绝缘电阻时，可选用500V的绝缘电阻表；测量额定电压为500V以下的电气设备的绝缘电阻时，应选用读数从零开始的绝缘电阻表，否则不易测量被测电气设备的绝缘电阻。因为在一般情况下，电气设备无故障时，其绝缘电阻在0.5MΩ以上时，就能使电气设备通电使用。若选用读数从1MΩ开始的绝缘电阻表，则对小于1MΩ的绝缘电阻无法读数。选用绝缘电阻表外接导线时，应选用单根的多股铜导线，不能用双股绝缘线，绝缘强度要在500V以上，否则会影响测量的精确度。

（3）通过电阻放电

测量电气设备的绝缘电阻时，一定要先断开电气设备的电源。如果是电容器或较长的电缆线路，应先放电后测量。

（4）平放、防磁、防振

使用绝缘电阻表时将表平放，并远离强磁场。摇动绝缘电阻表时，不要使表上下振动。

（5）正确接线

用绝缘电阻表进行测量时，还需注意绝缘电阻表上“L”端子应与电气设备的带电体一端连接，如图7-10所示。

15. 示波器由哪几部分组成？

答：示波器由电子枪、偏转系统（X偏转板和Y偏转板）和荧光屏三部分组成。电子枪的作用是发射电子束，并使它聚焦，形成很细的电子束以便轰击荧光屏产生亮点，显示电信号波形；偏转系统的作用是确定电子束在荧光屏上移动的方向，Y偏转板上接入被测信号，X偏转板上接入线性时基扫描电压（即锯齿电压波），使被测信号在X方向展开，形成“电压—时基”波形；荧光屏的作用是将电信号变为光信号进行显示。

电子示波器由Y通道、X通道、Z通道、示波管、幅度校正器、时间校正器和电源部分组成。如图7-11所示为示波器的外形。

Y通道由探头、衰减器、耦合电路、延迟线和放大器组成。为了保证电子示波器的高灵敏度，以便检测微弱的电信号，必须设置前置放大器和末级推挽放大器；为了保证大信号加到示波器输入端显示而不烧坏示波器，必须加衰减器，将经过衰减后的信号引入到示波器内部。

16. 5020C 型双踪示波器测量哪些波形？

答： 示波器可以测量信号源的输出信号，也可以测量电路的输出信号和某点的波形，如图 7-12 所示的正弦波、矩形波、三角波等。

双踪示波器可以在同一个荧光屏上同时显示两个波形，以便于对波形进行观测和比较。双踪示波器的示波管与普通示波器的示波管一样，只有一对 XY 偏转板，双踪示波器是在两个 Y 通道信号间加电子开关，对两个波形显示进行分时控制的。

示波器的种类很多，但它们的功能、原理和使用方法基本相同，本章以 5020C 型双踪示波器为例进行介绍。

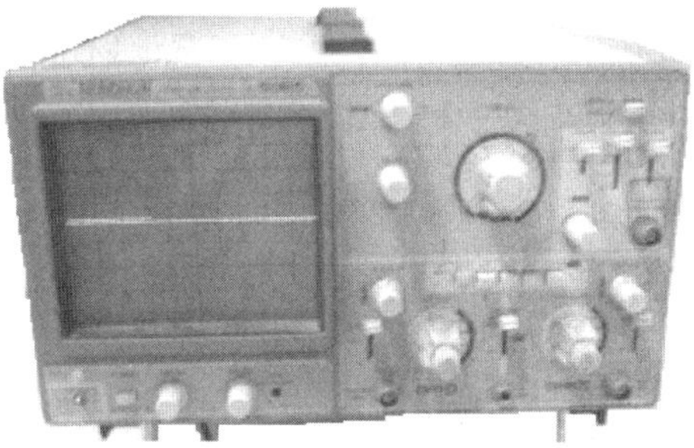

图 7-11　示波器的外形

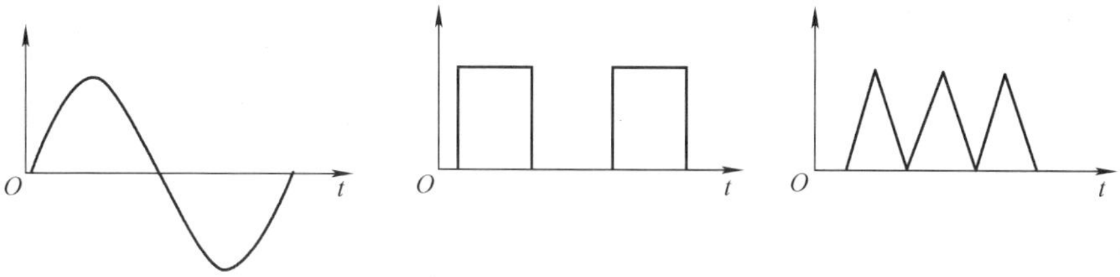

图 7-12　示波器测量的波形
a）正弦波　b）矩形波　c）三角波

17. 双踪示波器各旋钮的作用是什么？

答： 双踪示波器各旋钮的功能和作用是使用示波器的关键，我们必须熟悉它，才能熟练地应用双踪示波器。各旋钮的作用如下。

（1）示波管电路

“电源”（POWER）：电源开关，按下指示灯亮，电源接通。

“亮度”（INTEN）：调节光点和扫描线的亮度。

“聚焦”（FOCUS）：将扫描线聚成最细。

（2）垂直偏转系统（Y 轴系统）

“CH_1”（X）：Y_1 的垂直输入端，在 X—Y 工作方式时，作为 X 轴的输入端。

“CH_2”（Y）：Y_2 的垂直输入端，在 X—Y 工作方式时，作为 Y 轴的输入端。

“AC-GND-DC”：输入信号与 Y 值放大器之间的连接方式选择开关。

“AC”交流耦合（阻容耦合）：一般观察信号时常用。

“GND”：输入信号与放大器断开，同时放大器输入端接地。

“DC”直流耦合（直接耦合）：观察带直流成分的信号或测量直流电压时置于此档（一般观察交流信号时也可用此档）。

“位移”（POSITION）：调节扫描线或波形的垂直位置。

“VOL/DIV”：衰减开关（又称 Y 轴衰减），从 5mV/cm 到 5V/cm 共分 10 档，选择垂直偏转因数，一般观察信号时，顺时针旋转显示的信号幅度增大，反之减小。

“微调”（VARIABLE）：垂直偏转因数微调（又称 Y 轴增幅），可调至面板指示值的 2.5 倍，当调至“校准”位置时（指“微调”旋钮顺时针旋转到底），偏转因数为面板上的指示值（××V/div）。

“Y 轴选择”（VERT MODE）：选择垂直系统的工作方式。

“CH_1”（Y_1）：CH_1 单独工作，显示 CH_1 的输入信号。

“CH_2”（Y_2）：CH_2 单独工作，显示 CH_2 的输入信号。

“交替”（ALT）：CH_1、CH_2 交替工作，显示两路信号，适用于较高频率信号的双踪显示。

“断续”（CHOP）：CH_1、CH_2 交替工作，适用于较低频率信号的双踪显示。

“相加”（ADD）：用来观察测量两信号之和（CH_1+CH_2）。

“内触发”（INT TRIG）：选择内部触发源，当触发源开关设置在“内”时，由此开关来选择送到触发电路的信号，有如下三种方式。

①“CH_1”（Y_1）：以 CH_1 输入信号为触发信号，在 X—Y 工作时，该信号连到 X 轴上，一般观察 CH_1 信号时，选择它作为触发信号。

②“CH_2”（Y_2）：以 CH_2 输入信号为触发信号，一般观察 CH_2 信号时，选择它作为触发信号。

③“Y”方式：把显示在荧光屏上的信号为触发信号。当 Y 轴选择置交替时以 CH_1、CH_2 信号交替地作为触发信号。

（3）水平偏转系统（X 轴系统）又称时基

水平位移（POSITION）：调节扫描线或波形的水平位置（左右移动）。

“扫描范围”又称扫描速率（TIME/DIV）：选择扫描时间因数，一般观察信号时，顺时针旋转显示波形变疏，反之波形变密。

“扫描微调”（VARIABLE）：一般观察信号波形时，配合扫描范围旋钮，使显示的波形，周期个数合适，以便观察。当旋钮置于“校准”位置时，扫描范围旋钮所指的扫描时间因数（TIME/DIV）代表实际的时间坐标，由此可测出显示的信号周期。该旋钮拉出时，时间坐标处于 ×10 信号扩展状态，用它可测量短暂的波形边沿时间。

“扫描方式”（SWEEP MODE）：选择需要的扫描方式，有“自动”和“常态”两种扫描方式。

“自动”（AUTO）：按钮在弹出位置，这是一种常用的自激扫描方式。

“常态”（NORM）：按钮在压入位置，当无信号加入时，扫描处于准备状态，无扫描线，属于等待触发扫描方式，主要用于观察低于 50Hz 的信号。

（4）触发系统

“触发源”（SOURCE）：又称同步选择，其作用是选择触发信号。“内”是由“内触发”开关选择内部信号作为触发信号，是常用的触发方式。当置于 X—Y 工作方式时，“触发源”起连通信号的作用。

“电源”：以交流电（50Hz）为触发信号。

“外”（EXT TRIG）：以外触发输入端的输入信号为触发信号。

“触发耦合”（COUPLING）：选择触发信号和触发电路的耦合方式。分四档，“AC”，交流耦合这是常用的耦合方式。“HFR”，属“AC”耦合，可抑制高于 50kHz 的信号。“DC”直接耦合。“TV”触发信号通过电视同步分离电路连接到触发电路，由“扫描范围”选择 TV · H 或 TV · V 同步。

“极性”（SLOPE）：选择触发极性，共两档。“+”在信号正斜率上触发，“-”在信号负斜率上触发。

“电平”（LEVEL）：触发电平调节又称“同步增幅”，调节该旋钮，使波形稳定显示。

（5）其他

“标准信号”（CAL（V_{PP}））：该端供给方波信号，其频率为 1kHz，电压 0.5V_{PP}（峰峰值）供调整校准示波器用。

“⊚⊥”：示波器外壳接地端，需要时由该处引线连通其他设备或电路的接地处。

18. 怎样使用示波器？

答：各开关及控制旋钮设置好之后，把电源线连接到交流电源插座上，然后，按下列步骤操作：

① 打开电源开关，电源指示灯变亮，约 20s 后，示波管屏幕上将出现扫描线，若 60s 后还没有扫描线出现，则再检查开关及控制旋钮的位置。

② 调节“亮度”和“聚焦”旋钮，使扫描线亮度适当，且清晰可读。

③ 调节 Y_1“位移”旋钮和光迹旋转电位器(用起子调节)，使扫描线与水平刻度平行。

④ 连接探极(10∶1,供给的附件)到 Y_1 输入端，将 0.5V_{PP}校准信号加到探头上。

⑤ 将“AC-⊥-DC”开关置于“AC”，如图7-13所示波形将显示在示波管屏幕上。

⑥ 为便于观察信号，调节“V/cm”和“t/cm”开关到适当的位置，使显示出来的波形幅度适中，周期适中。

⑦ 调节“上下位移”和“水平位移”控制旋钮到适当的位置，使显示的波形对准刻度，以便读出电压值(V_{PP})和周期(T)。

上述为示波器的基本操作步骤，为 Y_1 单通道工作的操作程序。Y_2 单通道工作的程序与 Y_1 相同。

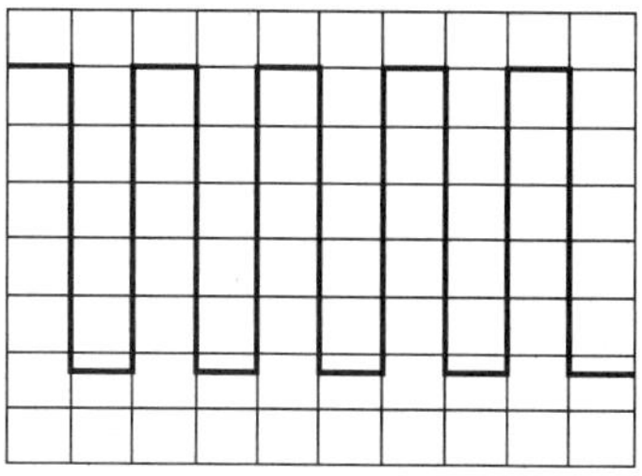

图7-13 显示波形

⑧ 双通道工作。当需要观察两个波形时，采用双通道的“断续”与“交替”两种方式。

在“断续”方式时，两个通道信号以4μs(250kHz)的速度依次被切换，双通道扫线是以时间分割的方式同时显示的，当信号频率较高时，应使用“交替”方式。

在“交替”方式中，一次完整的扫描只显示一个通道，接着是再一次完整的扫描显示下一个通道。这种方式主要用来在快速扫描时显示高频信号。在扫描速度很低时，应使用“断续”方式。

⑨ 扫描扩展。当被显示波形的某一个位置需要沿时间轴方向扩展时，就需用一个较快的扫描速度，然而如果需要扩展的位置远离扫描起点，此时欲扩展部分将跑出屏幕之外。在这种情况下，可拉出扫描微调旋钮(置于×10扩展状态)。此时波形将由屏幕中心向左、右扩展10倍。

19. 什么是测量?

答：测量是通过实验方法对客观事物取得量化参数的过程。人们通过对客观事物大量的测量，来验证过去的现象、定理和定律是否符合实际。经过反复测量实践，逐步认识事物的客观规律。俄国科学家门捷列夫在论述测量的意义时曾说过：“测量是认识自然界的主要方法”。“没有测量，就没有科学”。这些话都极为精辟地阐明了测量的重要性。测量是指以电子技术为基本手段的一种测量技术。

测量除对电压、电流、频率、电信号、元器件的参数及电路的特性进行测量外，还可通过各种传感器装置对非电量(压力、流量、重量等)进行测量。

20. 什么是真值?

答：一个物理量在一定条件下所呈现的真实数值称为它的真值，真值表示客观的大小，是一个理想化的概念，又是未知的。要想得到真值必须利用理想的量具或测量仪器进行无误差的测量，这是无法测得的。

在某一时空条件下，被测量的真值是客观存在的，但要确切地说出真值的大小却很难。真值可由理论给出或由计量学规定。例如，理论上指出三角形内角和为180°，就是说三角形内角和的真值为180°。除了实际值以外，还可以用多次测量值的算术平均值来代替真值使用。

随着科技水平的提高，可供实际使用的测量参考标准愈来愈准确，但绝不能等于真值。另外，在测量过程中由于各种主观、客观因素的影响，做到无误差的测量是不可能的。

21. 什么是指定值?

答：由于理想上的真值是不可知的，所以一般由国家设立各种尽可能维持不变的实物标准(或基准)，以法令的形式指定其所体现的量值作为计量单位的指定值。例如，指定国家计量局保存的铂-铱合金圆柱体重量为1kg等。国际间通过互相对比保持一定程度的一致。指定值也叫约定真值，可以用来代替真值。

22. 什么是实际值?

答：经过多次测量比较，其测量结果的算术平均值非常接近于真值的值通常称为实际值，也叫做相对真值，需要强调的是，实际值不等于真值。

23. 什么是标称值?

答：测量器具上标定的数值称为标称值。如标准砝码上标出的1kg，标准电阻上标出的1Ω，标准电池上标出来的电动势 1.0186V，标准信号发生器度盘上标出的输出正弦波的频率 100kHz 等。由于制造和测量精度不够以及环境等因素的影响，标称值并不一定等于它的真值或实际值。为此，在标出测量器具的标称值时，通常还要标出它的误差范围或准确度等级。例如，某电阻标称值为 1kΩ，误差 ±1%，即意味着该电阻的实际值在 990 ~1010Ω 之间；又如低频信号发生器频率刻度的工作误差为频率刻度 ×(1 ±3%) ±1Hz，如果在额定工作条件下该仪器频率刻度是 100Hz，这就是它的标称值，而实际值是 100 ±100 ×3% ±1Hz，即实际值在 96 ~104Hz 之间。

24. 什么是示值?

答: 由测量仪器指示(显示)的被测量值称为示值，也称为测量器具的测得值或测量值。它包含数值和单位。一般地说，示值和测量仪表的读数有区别，读数是仪器刻度盘上直接读到的数字。例如，以 100 分度表示 50mA 的电流表，当指针指在刻度盘上的 50 处时读数是 50，而值是 25mA。又如万用表“$R\times100$”档时，指针指向 1000，此时读数为 1000，而示值为 100 ×1000Ω =100kΩ。对于数字显示仪表，通常示值和读数是统一的。

25. 什么是测量误差?

答: 仪器仪表的测量值与被测量真值之间的差，称为测量误差。

测量误差的存在具有必然性和普遍性，人们只能根据需要和可能将其限制在一定范围内而不可能完全消除。人们进行测量的目的，通常是为了获得尽可能接近真值的测量结果，如果测量误差超出一定限度，测量工作及由测量结果所得出的结论就失去了意义。在科学研究及现代生产中，错误的测量结果有时还会使研究工作误入歧途甚至带来灾难性后果，可谓“差之毫厘，失之千里”。因此，人们不得不认真对待测量误差，研究误差产生的原因、误差的性质，减小误差的方法以及对测量的结果进行处理等。

在实际测量中，影响测量的因素很多，如测量器具不准确、测量手段不完善、环境条件的影响、测量操作者不熟练、读数不准确及工作疏忽等因素，都会导致测量结果与被测量真值之间的差异。

26. 什么是等精度与非等精度测量?

答: 在同等测量条件下，对被测量进行多次重复测量的过程称为等精度测量。

在多次测量中，测量条件发生变化(主观、客观)，影响测量结果的精度，这样的测量称为非等精度测量。精度是用误差来衡量的，误差越小，则精度越高；而误差越大，则精度越低。

27. 怎样用电压表、电流表、毫伏表和示波器测量电压与电流?

答: (1) 用电压表测量电压

测量电路电压的仪表叫电压表，也称伏特表。电压表一般以伏(V)为单位，也有的以千伏(kV)或者毫伏(mV)作为单位。电压表的外观如图 7-14 所示。如图 7-15 所示为电压测量电路。

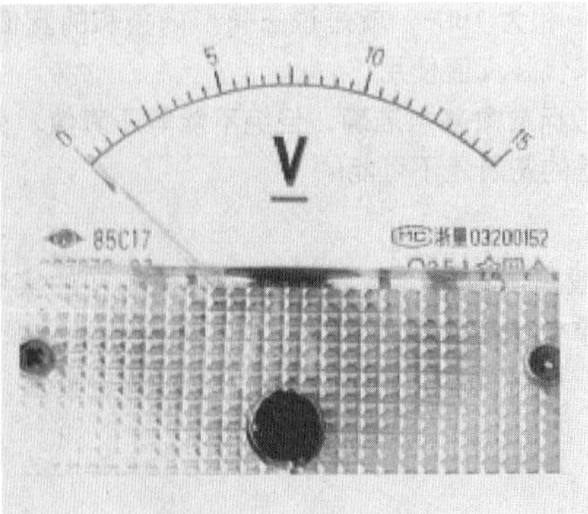

图 7-14　直流电压表

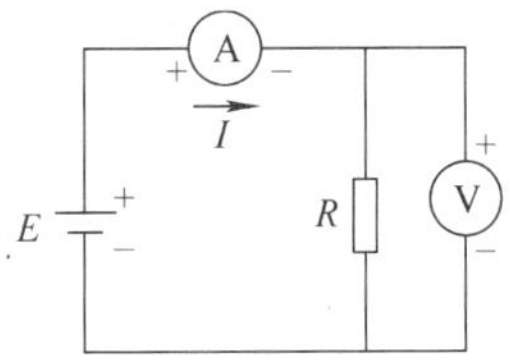

图 7-15　电压测量电路

(2) 用直流电流表测量电流

如图 7-16 为直流电流表，直流电流表的接线端子分正负极性，串联在电路中时，电流应从电流表的正极流入，再从电流表的负极流出。电流测量电路如图 7-17 所示。

图 7-16　直流电流表

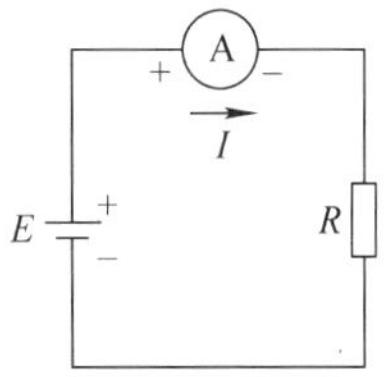

图 7-17　电流测量电路

(3) 用交流毫伏表测量电压

TH2172 型交流毫伏表面板如图 7-18 所示。测量量程为 1V、3V、15V、30V、100V、500V，频率范围为 5Hz ~2MHz。接通电源开关(Power)，转换开关选择电压量程，信号测试线经输入插孔接入，显示屏指针显示被测电压数值。

(4) 用示波器测量电压

在测量时一般把“V/div”(伏/格)开关的微调装置以顺时针方向旋至满度的“校准”位置，然后按“V/div”的指示值直接计算被测信号电压的幅值。由于被测信号有直流和交流之分，测量方法分别介绍如下。

① 交流电压测量。首先将“Y 轴”耦合开关置于“AC”位置，调节“Y 轴”灵敏度开关“V/div”，使波形在屏幕中的显示适中，如图 7-19 所示。调节电平旋钮使波形稳定，分别调节 Y 轴和 X 轴位移，使波形的显示位置方便读取。根据“V/div”的指示值和波形在垂直方向上的坐标，读取计算数值如下：

图 7-18　交流毫伏表

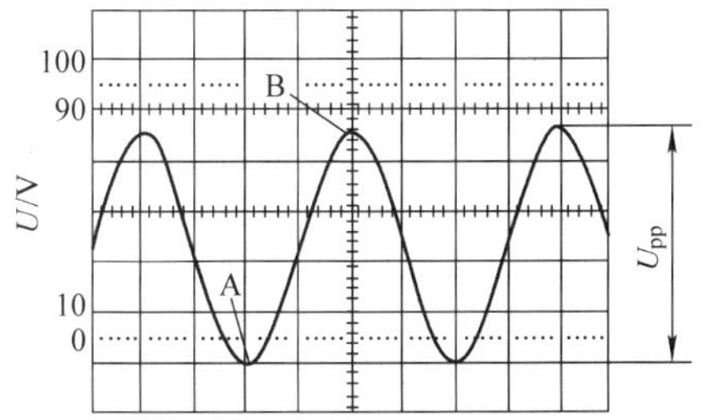

图 7-19　交流电压的测量

将示波器的“Y 轴”灵敏度开关“V/div”指示 2V/div 档，其“微调”位于“校准”位置，根据波形偏移原扫描基线的垂直距离，如果被测波形占 Y 轴的坐标幅度 H 为 5div，则

$$V_{pp} = V/div \times H(div)$$
$$=2V \times 5$$
$$=10V$$

将峰峰值变为有效值，V_{pp}的有效值 $= V_{pp}/(2\sqrt{2})$

$$=10V/(2\sqrt{2})$$
$$=3.53V$$

如果使用探头置 10∶1 衰减位置，则应将计算结果乘以 10。

② 直流电压测量。首先将“Y 轴”耦合开关置于“GND”位置，调节 Y 轴移位使扫描基线在一个合适的位置上，再将“耦合”方式开关转换到“DC”位置，调节“电平”使波形同步。

将示波器的“Y 轴”灵敏度开关“V/div”指示 0.5V/div 档，其“微调”位于“校准”位置，根据波形偏移原扫描基线的垂直距离，此时如果被测波形占 Y 轴的坐标幅度 H 为 3.7div，则此时信号的电压 U 幅度如图 7-20 所示。

$$U = V/div \times H(div)$$
$$=0.2V/div \times 3.7div$$
$$=0.74V$$

若被测信号经探头输入，则应将探头衰减 10 倍的因素考虑在内，被测信号的电压 U 幅度实际值为

$$U = 0.2V/div \times 3.7div \times 10$$
$$=7.4V$$

28. 什么是功率表？

答： 电路功率用功率表测量，功率表（又称为瓦特表）是一种电动式仪表，其中电流线圈与负载串联，（具有两个电流线圈，可串联或并联，以便得到两个电流量程），而电压线圈与电源并联，电流线圈和电压线圈的同名端（标有 * 号端）必须连在一起，如图 7-21 所示。

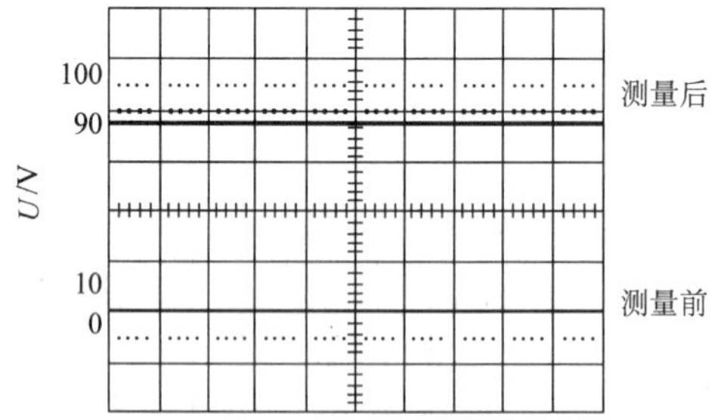

图 7-20　直流电压的测量

图 7-21　功率表

开关往上扳时，测量功率；往下扳时，测量功率因数，数字显示。

功率表的接线端至少应该有 4 个：两个电流端，两个电压端，分别在一个电流端和一个电压端上标有“*”号或“±”号，它们称为电流线圈和电压线圈的“同极性端”。按国标规定：功率表的符号是在一个圆内加一条水平粗实线（表示电流线圈）和一条垂直细线（表示电压线圈）。

接线规则：电流线圈端与被测负载串联，电压线圈端与被测负载并联；电流端的“*”端和电压端的

“ ∗ ” 端必须接在电压的同一极性上；如果“ ∗ ” 端同是电流和电压线圈电流的流入端(在交流情况下,其相位差小于或等于 90°)或流出端时，功率表的指针正向偏转，反之，则反向偏转。故“ ∗ ” 端又称为“发电机” 端。

29. 怎样测量单相功率?

答: (1) 接线方式的选择

在图 7-22 所示的 4 种接线方式中，图 7-22a 为电压支路前接，图 7-22b 为电压支路后接。它们的区别是产生方法误差不同。一般情况下，电流线圈的功耗都比电压线圈支路小，所以一般都采用电压支路前接的接法。

(2) 功率测量

如图 7-23 所示为单相电路功率测量电路，功率表 W 由电压和电流线圈组成，电流线圈与电流表串联，而后与负载 Z 连接；电压线圈与负载并联，两线圈同名端相连后与电源正端连接。

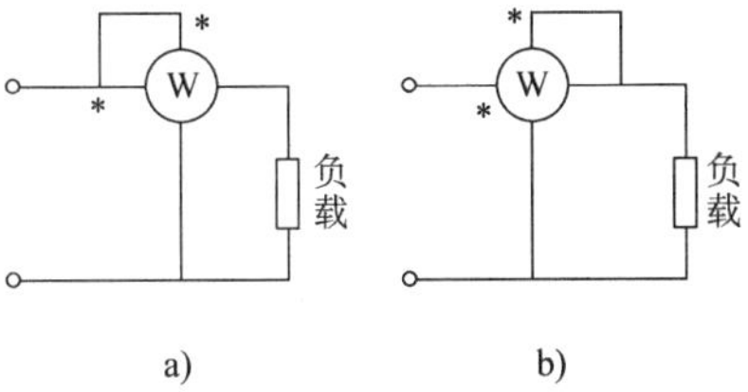

图 7-22　功率表的正确接线方法

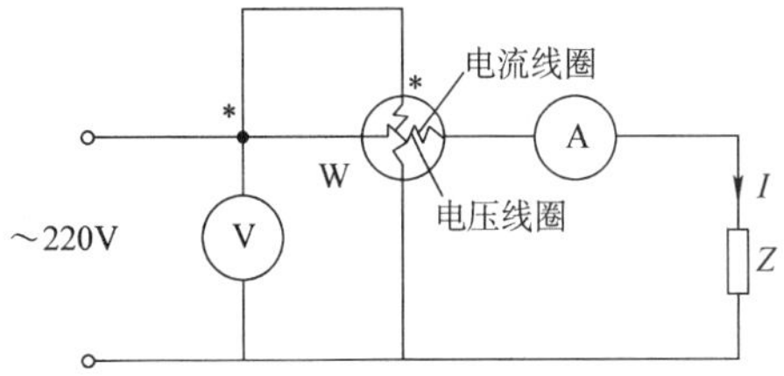

图 7-23　单相功率的测量

接通电源后，功率表显示负载功率，开关置“cosΦ” 处，则可测量负载的功率因数。电路中有电压表和电流表，可同时测量电压和电流。

30. 怎样测量三相功率、无功功率和功率因数?

答: (1) 测量三相功率

1) 三相四线制供电，负载星形联结(即 Y 联结)

对于三相不对称负载，用 3 个单相功率表测量，测量电路如图 7-24 所示，3 个单相功率表的读数为 W_1、W_2、W_3，则三相功率 $P=W_1+W_2+W_3$。

这种测量方法称为三瓦特表法。对于三相对称负载，用一个单相功率表测量即可，若功率表的读数为 W，则三相功率 $P=3W$，称为瓦特表法。

2) 三相三线制供电

三相三线制供电系统中，不论三相负载是否对称，也不论负载是星形联结还是三角形联结，都可用二瓦特表法测量三相负载的有功功率。测量电路如图 7-25 所示，若两个功率表的读数为 W_1、W_2，则三相功率 $P=W_1+W_2=U_lI_l\cos(30°-\varphi)+U_lI_l\cos(30°+\varphi)$，其中，$\varphi$ 为负载的阻抗角(即功率因数角)，两个功率表的读数与 φ 有下列关系：

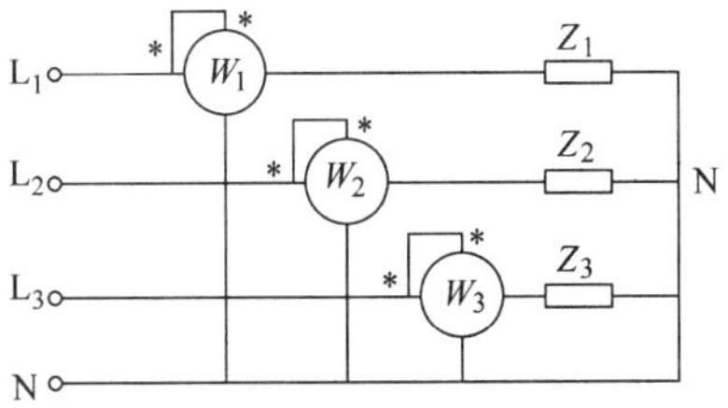

图 7-24　三相四线制负载星形联结

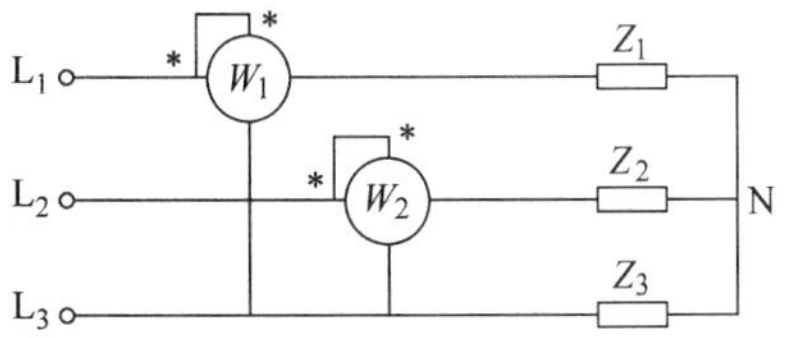

图 7-25　三相三线制负载星形联结

① 当负载为纯电阻时，$\varphi=0$，$W_1=W_2$，即两个功率表读数相等。

② 当负载功率因数 $\cos\varphi=0.5$，$\varphi=\pm60°$时，将有一个功率表的读数为零。

③ 当负载功率因数 $\cos\varphi<0.5$，$|\varphi|>60°$时，则有一个功率表的读数为负值，该功率表的指针将反方向偏转，这时应将功率表电流线圈的两个端子调换（不能调换电压线圈端子），而读数应记为负值。数字功率表将出现负读数。

（2）测量无功功率

在三相对称系统中，三相电压完全对称，各相负载阻抗完全相同，则各相电流亦完全对称，此时仅需用功率表测出一相负载的有功功率 P，再乘以3，则得三相总功率，即

$$P=3P_{\varphi}=3U_{\varphi}I_{\varphi}\cos\varphi \tag{7-1}$$

为了测得三相无功功率，可以按图7-26接线，将功率表的电流线圈串入任意一相线路中，而将电压线圈电路接到另外两相的电源端上，由于三相电路中任意两相间的线电压总是与星形联结时的第三相相电压相位差90°，所以此时功率表的读数为

$$W=U_1I_1\sin\varphi$$

式中，φ 为负载的阻抗角。

则三相负载的无功功率

$$Q=\sqrt{3}W=\sqrt{3}U_1I_1\sin\varphi \tag{7-2}$$

（3）测量功率因数

在图7-27a电路中，负载的有功功率 $P=UI\cos\varphi$

式中，$\cos\varphi$ 为功率因数。

功率因数角

$$\varphi=\arctan\frac{X_L-X_C}{R} \tag{7-3}$$

且 $-90°\leqslant\varphi\leqslant90°$。把图7-27b、c、d分别作为负载接入电路中，则

当 $Z=R$　　$\varphi=0$，$\cos\varphi=1$，电阻性负载。

当 $Z=X_L$　　$\varphi>0$，$\cos\varphi>0$，感性负载。

当 $Z=X_C$　　$\varphi<0$，$\cos\varphi>0$，容性负载。

可见，功率因数的大小和性质由负载参数的大小和性质决定。

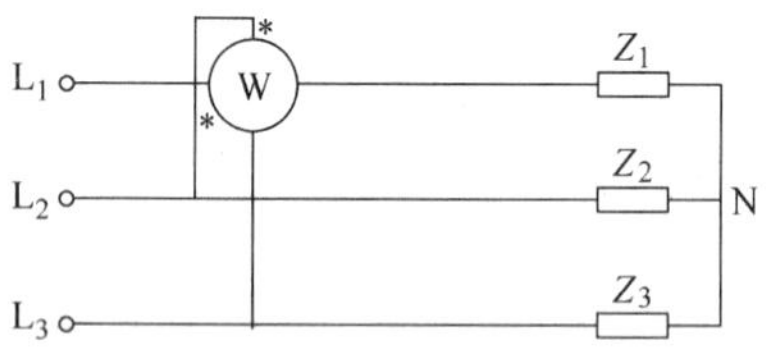

图7-26　无功功率的测量

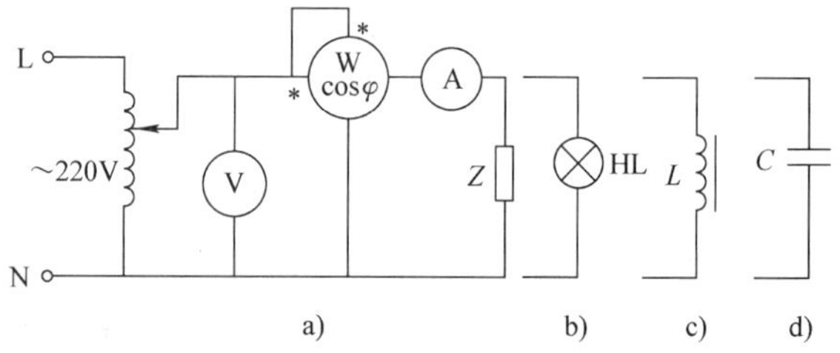

图7-27　功率因数的测量

31. 什么是单相电能表？

答：单相电能表可以分为感应式单相电能表和电子式电能表两种。目前，家庭大多数用的是感应式单相电能表。

电能表是用来计量用电设备消耗电能的仪表，分为单相电能表和三相电能表，准确度一般为2.0级，也有1.0级的高精度电能表。感应式单相电能表有十几种型号，但使用的方法及工作原理基本相同。其常用额定电流有2.5A、5A、10A、15A和20A等规格。常见单相电能表与所带负载对应参数见表7-2。

表 7-2　单相电能表与对应负载参数表

电能表安数/A	2.5	5	10	15	20
负载总瓦数/W	550	1100	2200	3300	4400

32. 电能表的测量接线方法是什么?

答: 电能表由电流线圈、电压线圈及铁心、铝盘、转轴、轴承和数字盘等组成。电流线圈串联于电路中，电压线圈并联于电路中。在用电设备开始消耗电能时，电压线圈和电流线圈产生主磁通穿过铝盘，在铝盘上感应出涡流并产生转矩，使铝盘转动，带动计数器计算耗电的多少。单相电能表接线如图 7-28a 所示。

单相电能表板面的安装及布线：单相电能表板面的安装及板前的布线，如图 7-28b 所示。电能表布线可用明线或暗线，瓷插保险也可装在电能表前线路中，电能表用刀开关上的熔丝来保护负载侧短路。

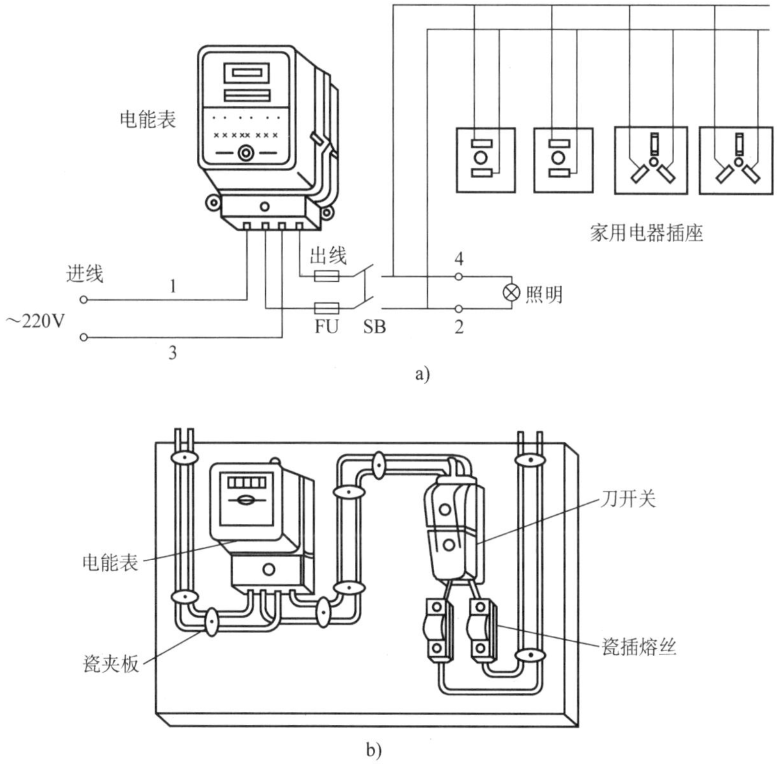

图 7-28　单相电能表
a）单相电能表的接线　b）单相电能表的安装及布线

33. 怎样选用电能表?

答: 电能表的选用是根据所选电能表的容量与电路中负载的大小来确定的，容量或电流选择大了，电能表不能正常转动，会因本身存在的误差影响计量结果的准确性；容量或电流选择小了，会有烧毁电能表的可能。一般应使所选用的电能表负载总瓦数为实际用电总瓦数的 1.25 ~4 倍。例如，家庭照明和家用电器总用电量约为 1100W，再乘以 1.5，即为 1100W ×1.5 =1650W，查表 7-2 可知，选用电流容量为 10A 的电能表为宜。

选用电能表时，还要注意电能表壳上的铅封是否损坏。一般电能表在出厂前要进行准确性校验，检查合格后，要对电能表的可拆部位进行铅封，用户不得私自打开铅封。若铅封损坏，必须经有关部门重新校验后方可使用。

34. 什么是三相有功电能表？

答： 三相有功电能表分为三相四线制和三相三线制两种。常用的三相四线制有功电能表有 DT 系列。

三相四线有功电能表的额定电压一般为 220V，额定电流有 1.5A、3A、5A、6A、10A、15A、20A、25A、30A、40A、60A 等数种。其中，额定电流为 5A 的可经电流互感器接入电路；三相三线有功电能表的额定电压（线电压）一般为 380V，额定电流有 1.5A、3A、5A、6A、10A、15A、20A、25A、30A、40A、60A 等数种。其中，额定电流为 5A 的可经电流互感器接入电路。

三相三线有功电能表由两个驱动元件组成，两个铝盘固定在同一个转轴上，故称为两元件电能表，其原理结构如图 7-29 所示。

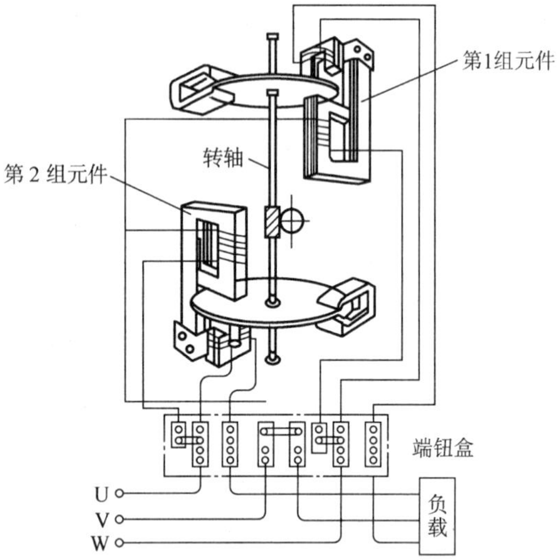

图 7-29　三相三线有功电能表

35. 三相三线有功电能表的接线方法有哪些？

答： 三相三线有功电能表用于三相三线制电路中，第一组元件的电压线圈和电流线圈接 U_{uv}，第二组元件的电压线圈和电流线圈接 U_{vw}。接线时，如果将任一端子接错，就会使铝盘反转，或虽然正转但读数不等于三相电路所消耗的电能，这一点要特别注意。

36. 如果要扩大电流表量程，怎样选择分流电阻的大小？

答： 如果仪表最大仅能测量几十毫安的电流，根据并联分流原理，用它测量更大的电流时需要在测量机构上并联电阻的方法进行。其数值为

$$R = r/n - 1 \tag{7-4}$$

式中　R——分流电阻值（Ω）；

r——电流表内阻值（Ω）；

n——扩大电流表倍数。

万用表的电流档就是并联不同的电阻值而得来的。

37. 如果要扩大电压表量程，怎样选择分压电阻的大小？

答： 如果仪表最大仅能测量很小的电压，根据串联分压原理，用它测量更大的电压时，需要在测量机构上串联电阻。其数值为

$$R = r(n - 1) \tag{7-5}$$

式中　R——分压电阻值（Ω）；

r——电流表内阻值（Ω）；

n——扩大电压表倍数。

万用表的电压档就是串联不同的电阻值而得来的。

38. 家庭用电选多少安培的电能表合适？

答： 根据家庭照明、家用电器的功率大小决定，还要考虑导线的载流量，综合考虑选择电能表的大小。一般家庭选在 15A 就够了。对于特别大的功率，可采用单表专线的方法。

39. 直流电桥的工作原理是什么？

答： 直流单臂电桥的原理电路如图 7-30 所示。电阻 R_x、R_2、R_3 和 R_4 接成封闭四边形，R_x 为检流

计。当接通按钮 SB 后，调节桥臂电阻 R_2、R_3、R_4，使检流计的指示为零，此时电桥平衡。被测电阻 R_x 的数值由下面的公式求得

$$R_x = \frac{R_2}{R_3}R_4 \tag{7-6}$$

式中　R_2/R_3——电桥的比例臂；

R_4——电桥的比较臂电阻。

当直流电桥平衡时，就可以从直流电桥的盘面上直接读出比例臂和比较臂的数值，这样被测电阻的数值也就可知了。因此，用直流电桥测量电阻实际上是将被测电阻与已知电阻进行比较，从而得到测量结果。

直流单臂电桥测量的准确度较高，其准确度等级有 0.01、0.02、0.05、0.1、0.2、0.5 和 2.0 共 7 种。

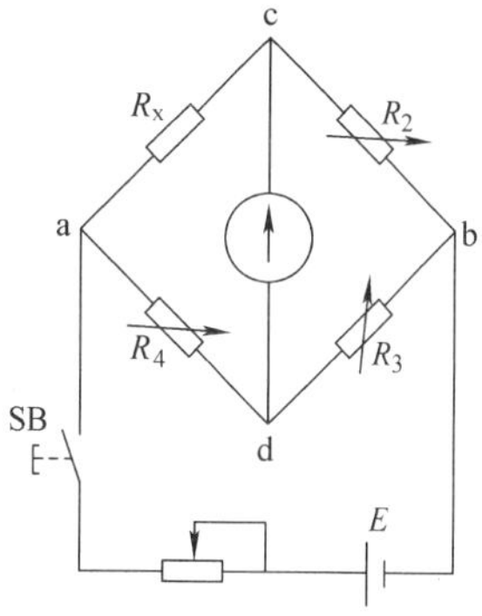

图 7-30　直流电桥的原理

40. 什么是电桥？分哪几种？

答： 电桥是用来测量电参数的仪器，其特点是灵敏度和准确度较高。电桥可分为直流电桥和交流电桥两大类。直流电桥主要用来测量电阻，根据结构的不同，又可分为单臂电桥和双臂电桥及单双两用电桥。单臂电桥适用于测量中值电阻（$1 \sim 10^6\Omega$），双臂电桥适用于测量低值电阻（1Ω 以下）。交流电桥主要用来测量电感、电容和阻抗等参数，也有能兼测电阻的交流电桥。

在测 1Ω 以下的小电阻时，连接线的电阻及接头的接触电阻将给测量带来不允许的误差，因此必须想办法消除或减小接线电阻或接触电阻对测量结果的影响，这一点单臂电桥是无法解决的。因为用它测定小电阻时，被测电阻和接线电阻、接触电阻同接于电桥的一臂，若前者数值和后者相当或小于后者，则测得的结果不可相信。

直流双臂电桥是专门为测量小电阻设计的，它可以消除接线电阻和接触电阻的影响。

41. 为什么用电桥可以对电阻精确测量？

答： 因为用电桥测量电阻是将被测的电阻与其他 3 个桥臂上的已知标准电阻进行比较来确定阻值。而标准电阻的准确度很高（有的电桥达 10^{-4} 以上），并且检流计的灵敏度也可以制作得很高，这样就可以精确地保证平衡条件，所以用电桥能够精确地测量电阻。

42. 什么是转速表？使用过程中应注意哪些事项？

答： 转速表可用来测定电动机转轴旋转的速度，也可测定负载端机械轮的转速。

转速表常用的是离心式手持转速表，如图 7-31 所示。近几年也有新型转速表不断涌现，如用离心式电子显示板显示转速的转速表、感应式转速表等。

离心式手持转速表在使用中应注意以下事项。

① 在测电动机轴的转速之前，要用眼观察电动机转速，大致判断其速度，然后把转速表的调速盘转到所要测的转速范围内。

② 在没有多大把握判断电动机转速时，要将调度盘调到高位观察，确定转速后，再向低档调，以使测试结果准确。

③ 要等转速表停转后再换档，以免损坏转速表的内部机构。

④ 测量转速时，应将转速表的测量轴与被测轴轻轻接触并逐渐增加接触力。测试时要手持转速表保持平衡，转速表测试轴与电动机轴保持同心，直到测试指针稳定时，再记录数据。

⑤ 转速表换轴后可测试设备的转速和线速度。

43. 什么是布线水平测量仪？

答： 如图 7-32 所示为布线水平测量仪，是电工安装布线的工具之一，主要用于电工安装布线时，监测布线是否水平。该仪器打开开关，则发出水平的红光，监测所安装的布线是否水平。

该仪器随身携带，体积小巧、灵活、方便。

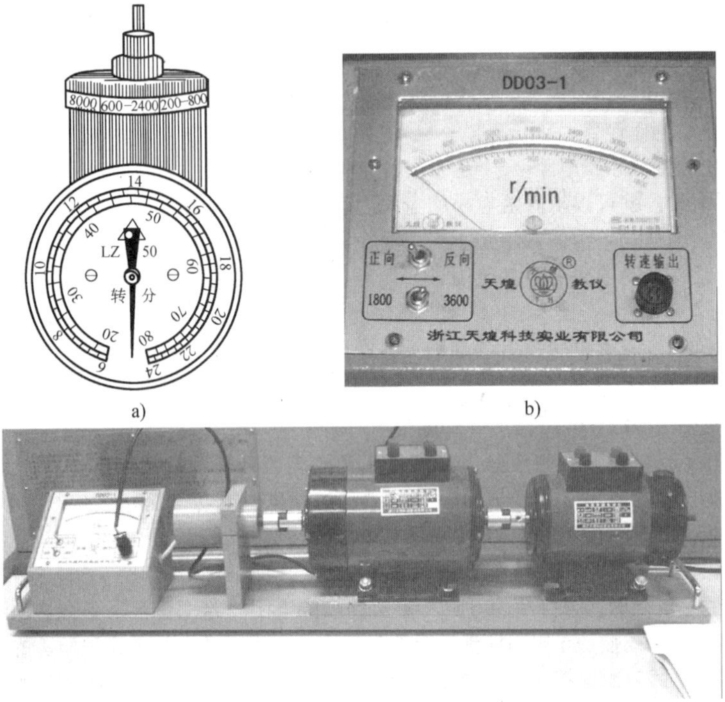

a)　　b)

c)

图 7-31　测速表

a）一般的转速表　b）电子感应转速表　c）电子感应转速表的使用

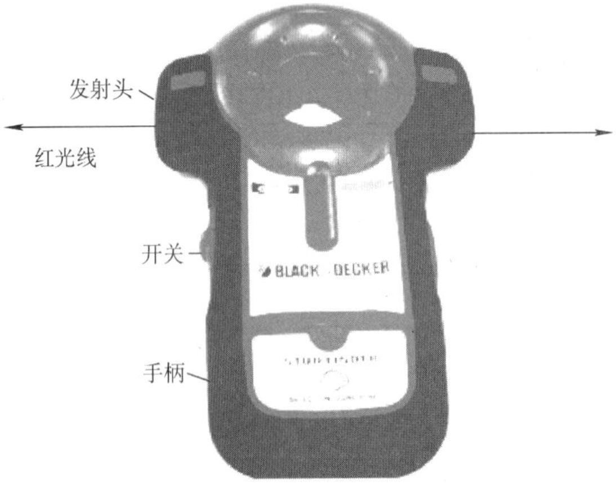

图 7-32　布线水平测量仪

第8章　外线电工应知应会

1. 高压安全用电的规则有哪些?

答: 对工业、企业来讲，变(配)电室是全厂的供电心脏。因此，变(配)电室是全厂产品产量指标、产品质量指标能否完成和能否保证人身、设备安全的先决条件，必须高度重视。特制定如下规则。

① 所有高压开关分合闸动作，必须灵活、可靠，其位置标示牌必须正确。

② 高压隔离开关与高压油断路器的联锁必须可靠。

③ 高压油断路器、电压互感器，不准有漏油、渗油现象，油位应正常。

④ 所有高压电气设备在运行时，除个别电压互感器有轻微“嗡嗡”声外，其他高压电气设备均不应有响声，特别是放电声。

⑤ 高压停电回路，长期不用或有人作业，一定悬挂“有人作业，禁止合闸”的警告牌。

⑥ 高压开关柜底下的地沟，应保持干净、干燥，不得有积水现象。

⑦ 高压系统模拟板上的各路开关分合闸表示位置，必须与实际情况符合。

⑧ 雨季之前，对进出线电缆保护管的管口密封情况，进行检查。防止雨水漏入、渗入室内高压地沟里。如发现地沟有积水，要及时排水。

⑨ 为了测量监视准确和继电保护可靠，对高压开关柜上各种显示仪表、继电保护装置，要定期进行校验、整定。

⑩ 由高压电缆头或高压穿墙套管到变压器高压侧的一段导线，一般用铝母线。此种做法有两个缺点:一是母线裸露带电，当变压器很小时，高压母线距地很低，万一值班人员偶尔绕过高压侧，容易头部碰到铝母线，很不安全;二是变压器吊心检查时，铝母线碍事。安全措施是此段母线用绝缘导线，外边再套2~3层软塑料管，既安全美观、又方便经济。

高压开关柜的布局如图8-1所示。

图8-1　高压开关柜的布局

2. 架空线路的安全操作规程有哪些?

答: ①工作负责人在工作期间不得离开现场，如果因工作需要离开现场时，应由负责人临时指定工作负责人。工作负责人在工作开始前应向全体人员交待工作内容、方法和安全措施，然后才能进行操作。

② 工作人员在工作中必须服从工作负责人的指挥和调动，如有危及人身安全的情况，工作人员应立即提出个人意见，必要时可向上级领导汇报。

③ 工作负责人如果发现工作人员的身体不适、精神不正常以及不适合在高压设备上工作的一切症状，应停止其工作，或另行分配其他工作。

④ 工作人员在工作时应思想集中，遵守纪律，不开玩笑，如有违反安全工作规程的，工作负责人有权停止其工作，并向上级领导汇报。

⑤ 工作人员进入现场应穿好工作服，戴好工作帽，系好安全腰带，扣好工作服纽扣。

⑥ 高空作业前所用的登杆工具、安全腰带和梯子等应事先检查，登木杆前应检查杆根腐蚀程度。腐蚀部分应不超过其横截面积的30%，杆根是否有取土导致杆根埋深不够等情况，必要时要采取临时拉线加固的措施，严防倒杆。

⑦ 上杆时禁止攀拉横担和撑铁，以防横担或撑铁松脱造成事故。

⑧ 攀登水泥杆时，要选用适当脚扣。杆上有覆冰或积雪时应用踩板登杆。登杆后，操作之前一定要先将安全腰带系好并扣牢无误。

⑨ 杆上、杆下严禁抛扔工具及材料，在传送工具袋及材料时，应与杆塔保持一定的距离，防止落物伤人。杆塔横担、导线上面禁止放材料及工具，以防落下伤人。大的工具及材料，一定要用绳子滑车提升，不得由工作人员直接拉上拉下。禁止高空作业时有人从滑车、绳或拉线上滑下，严禁工作人员从水泥杆上直接滑下。

⑩ 在经常有人通行的道路上、交通叉口处，在距杆塔5m范围内用绳索或护网遮拦，并悬挂“施工，禁止通行”的标示牌。

⑪ 杆上工作一般在白天进行，如果须在夜间进行时，一定要有足够的照明设备和保证工作安全的技术与组织措施。

⑫ 如遇雷雨或五级及以上大风时，工作负责人应命令停止一切工作，离开现场。

⑬ 在新立杆上工作时，应将杆基回填埋固后才能登杆。登杆时禁止两人同时攀登，登后两人不要站立同一侧或将安全带绑在一起，以防解错。

⑭ 在两侧或多侧受力的杆塔上工作，如果一侧失去拉力，应事先采取措施，增加临时拉线，以防杆塔倾倒。

⑮ 在立杆、倒杆、紧线和放线时，周围严禁人员通过、停留或围观。

3. 怎样安装架空线路？

答： 架空线路仍是供电线路的主要形式，但在城市建设中正逐步被电缆取代。架空线路供电与电缆线路供电相比，架空线路需要的设备材料简单，成本比较低。一旦发生了故障，维修也比较方便。但是架空线路容易受外界环境的影响，如气温、风速、雨雪、覆冰或机械损伤都可造成事故，故供电可靠性较差，并且需要占用地表面积，影响市容美观。

架空线路的安装，首先要做好施工的组织工作，制订好切实可行的安全措施，做好施工器材和施工工具的准备，施工中要统一指挥，分工明确，确保安全。线路安装的步骤可分为挖杆坑、组装电杆、立杆、安装拉线和架设导线等工作。架空线路的实物图如图8-2所示。高压线路在上层，低压线路在下层。

图8-2　架空线路

4. 架空线路有哪些要求？

答：（1）架空线路的安全距离

架空导线对地必须保证安全距离，架空线路对地安全距离不得低于表8-1中的数值。

表 8-1　架空线路对地安全距离

情　况	跨铁路、河流	交通要道、居民区	人行道、非居民区	乡村小道
安全距离/m	7.5	6	5	4

架空线路应沿道路平行敷设，避免穿过起重机频繁活动的地区，应尽可能减少同其他设施的交叉和跨越建筑物。

建筑工地临时供电的杆距一般不大于 35m；线间的距离不得小于 0.3m；横担间的最小垂直距离应不小于表 8-2 中的规定值。

表 8-2　横担间的最小垂直距离　（单位：m）

排列方式	直线杆	分支或转角杆
高压与低压	1.2	1.0
低压与低压	0.6	0.3

（2）架空导线的最小横截面积

① 6 ~10kA 线路铝绞线，居民区为 $35mm^2$，非居民区为 $25mm^2$。

② 6 ~10kA 线路钢芯铝绞线，居民区为 $25mm^2$，非居民区为 $16mm^2$。

③ 6 ~10kA 线路铜绞线，居民区、非居民区均为 $16mm^2$。

④ 小于 1kA 线路铝绞线，为 $16mm^2$。

⑤ 小于 1kA 线路铜绞线，为 $10mm^2$。

进户线与建筑物的有关部分的距离不得小于表 8-3 中的数值。

表 8-3　进户线与建筑物的有关部分的距离

建筑物的有关部分	距离/m	建筑物的有关部分	距离/m
距离进户线下面的窗户	0.3	与窗户或阳台的水平距离	0.75
进户线距上方的阳台	0.8	和墙、构架的距离	0.05

低压接户线应采用绝缘导线，横截面积不小于表 8-4 中的数值。

表 8-4　低压接户线应采用绝缘导线的横截面积

敷设方式	档距/mm	最小横截面积/mm^2	
		绝缘铝线	绝缘铜线
自电杆上引下沿墙敷设	<10	4	2.5
	10 ~25	6	4
沿墙敷设	≤6	4	2.5

5. 架空线路的导线连接方法有哪些?

答：在架空线路中，导线的接头有两种：一种是在档距中间的接头，对这种接头的要求是既能承受导线的拉力，又能很好地传导电流，接触电阻越小越好；另一种是跳线接头，它不承受拉力，只要求接触良好，能很好地传导电流。导线的连接方法主要有以下几种。

（1）导线的绑接法

导线的绑接法如图 8-3a 所示。用于铝绞线、铜绞线的导线连接。连接时，先把两根导线的接头并好，绑接长度不应小于 150 ~200mm，再用与导线同型号的单股线作为绑线，从中间向两侧缠绕，缠到头时与导线的线头拧成小辫收尾。把导线尾部弯好，防止导线被拉出。横截面积较大的导线使用线夹连接，而不用绑接法。

(2) 导线的叉接法

铜绞线及导线横截面积在 35mm² 及以下的铝绞线，多采用叉接法连接，这种接法的导线连接长度一般为 200 ~300mm。叉接法的具体操作方法如图 8-3b 所示。先把导线接头长度的 1/2 顺序拆开拉直，去掉表面的污垢，做成“伞骨”的样子；把两个伞骨每隔一股互相交叉插到底，把插好的线拢在一起，用电工钳压紧，用同导线一样的单股线在中间缠绕 50mm，绕完后将绑线头弯成直角靠拢在导线上，再用导线本身的单股线压住绑线头，并逐步向两端缠绕；绕完一股后，再用另一股线头把余下的前股线尾压在下面，继续缠绕，直到绕完为止。最后一股缠完后，与前边压住的线头拧成小辫收尾，接头接好后涂上少量中性的凡士林或导电膏，以减少氧化膜的产生。

(3) 导线的压接法

由于铝极易氧化，并且氧化膜的电阻很高，因此铝导线一般应采用钳压法连接，如图8-3c所示。

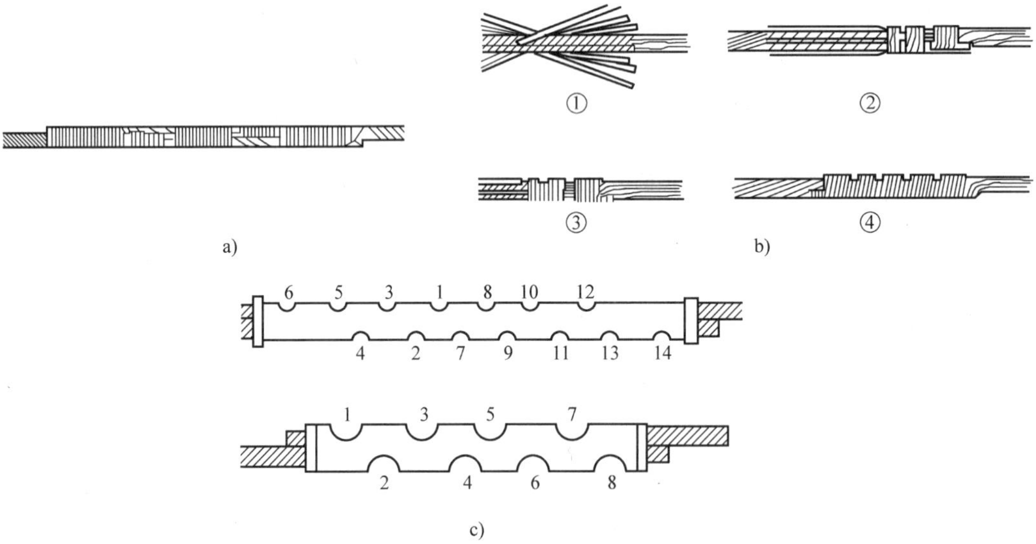

图 8-3 架空线路的连接方法

a) 绑接法 b) 叉接法 c) 压接法

钳压法的操作方法如下：

① 将准备连接的两个断头用绑线扎紧后再锯齐。

② 根据导线规格选择适当的铝压接管及钳压模。

③ 用汽油清洗管内壁及被连接部分导线的表面，并在导线表面涂一层导电膏或中性的凡士林。

④ 将连接的两根导线的端头穿入钳压管中，导线端头露出管外部分不得小于 20mm。用于钢芯铝绞线的钳压管中，两导线间夹有一条铝垫片，可增加接头的连接力，使接头良好。

⑤ 用压接钳压接，压出一定数量的凹坑，每个压坑应一次压完，中途不能间断。导线的型号不同，压坑的深度也不同。压坑过深，会使导线受到损伤，影响机械强度；压坑过浅，可能压接不紧，导线会被抽出来。

6. 怎样安装电杆？

答：在架空线路中，除了上面介绍的内容外，还有以下内容，如电杆、拉线与横担的安装方法。如图 8-4所示是电杆、拉线和横担安装的总图，它说明了各种组成及结构名称。有关各部分的安装过程分别介绍如下。

各种电杆的型式如图 8-5 所示。直线杆用于承受两个方向的电路；耐张杆用于线路分段处，以加强电路机械强度；转角杆用于线路转角处；终端杆用于线路终端或始端，只在单方向装设导线；分支杆用于在一杆上分出不同方向的电路中。

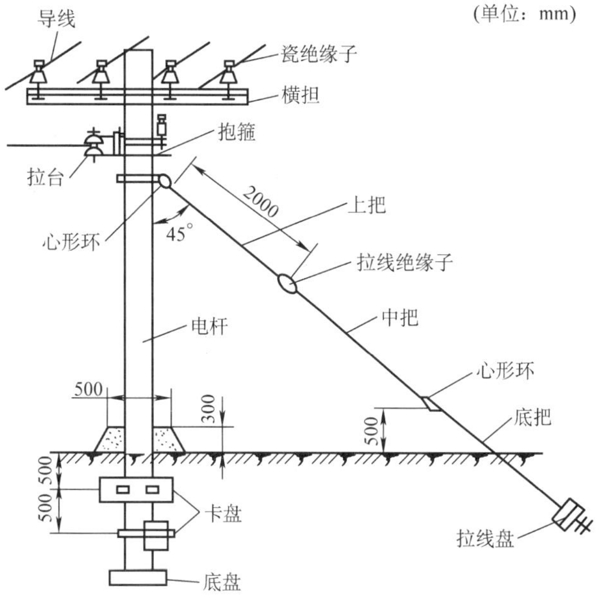

图 8-4　电杆、拉线与横担的安装

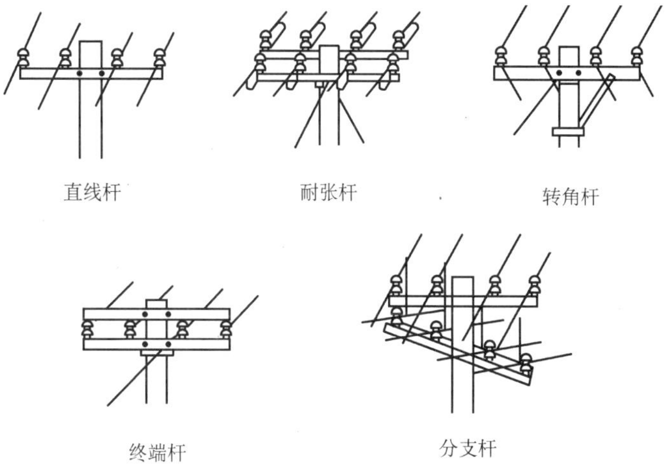

图 8-5　各种电杆

电杆的安装分架杆立杆法、抱杆立杆法。交通方便的地方，可采用吊车直接吊立，既省时又省力。电杆的安装具体分以下步骤：挖坑、立杆、埋土、夯实。

7. 拉线的安装方法有哪些？

答：拉线对电杆起稳定的作用，防止大风刮倒电杆。拉线与地面成 45° 或 60° 夹角。拉线的安装方法有以下几种，如图 8-6 所示。

8. 怎样安装横担？

答：横担在电杆的上部，离杆顶 100mm 处，要装得水平，其倾斜度不大于 1%。安装时，必须使两个固定螺栓承受的压力相等，交替拧紧螺栓上的螺母。横担的安装如图 8-7 所示。

横担主要用于架空线路，在绝缘子上固定高低压电线。

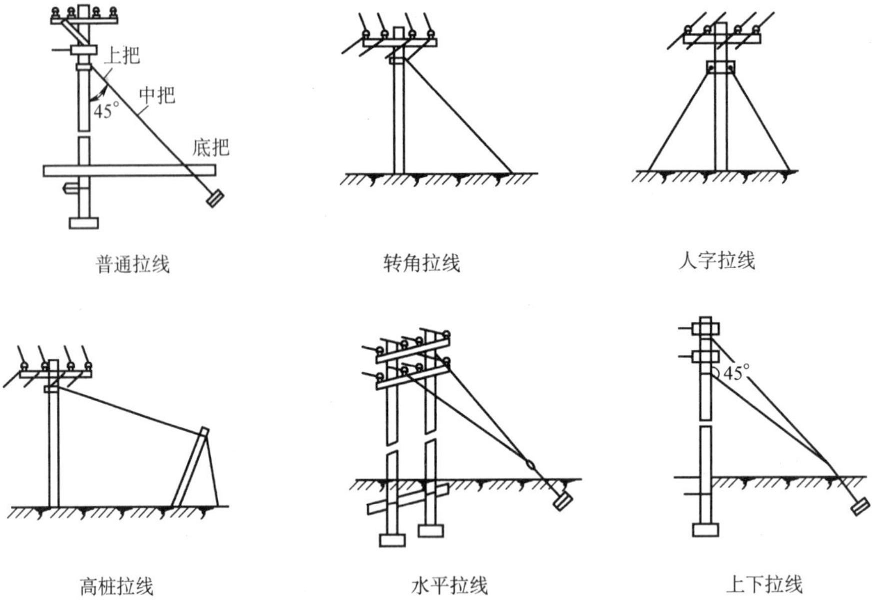

图 8-6　拉线的安装方法

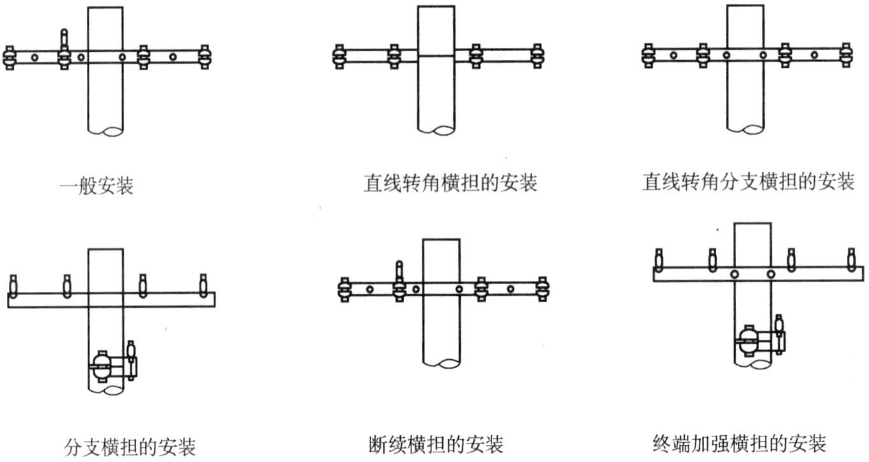

图 8-7　横担的安装

9. 怎样进行登杆操作?

答: 登杆操作是电工的一项基本操作技能，特别是外线电工，是每日必不可少的工作任务。下面介绍登杆工具及登杆操作步骤。

熟练登杆是杆上工作的前提。常用的登杆方法是用脚扣(有的称铁鞋)登杆。登杆前，应检查杆根是否牢固。新立电杆在杆基未完全牢固以前，严禁攀登。遇有冲刷、起土、上拔的电杆，应先加固，支好架杆或打好临时拉线后，再上杆。凡导线、拉线松动的电杆，应先检查杆根并打好临时拉线或支好架杆后再上杆。

上杆前应先检查登杆工具，如脚扣、安全带等是否完整牢靠。在杆上工作时，必须使用安全带。安全带应系在电杆及牢固的构件上，防止安全带从杆顶脱出。系好安全带后必须检查扣环是否扣牢。同时，现场工作人员都应戴安全帽。在电杆上工作的人员应防止掉东西，使用的工具、材料均应用绳索传递，不得乱扔。在电杆上工作需转位时，不得失去安全带保护。电杆上有人工作时，不得调整和拆除拉线。

遇有大雾、雷雨或五级以上大风时，禁止在电杆上工作。

登高工具如图 8-8 所示。在登杆前，要仔细检查脚扣焊接处无断裂，脚扣胶套完好无缺，登杆前必须检查安全带并系扎正确；穿电工工作服和电工绝缘鞋。

脚扣带登杆操作要戴工作帽，对脚扣进行检查后还必须做人体冲击试验方可登杆；登杆练习或作业时，应有专人监护，以防意外事故的发生。

上杆、下杆的方法如图 8-9 所示。上杆时，当左脚向上跨扣时，左手同时向上扶住电杆，右脚向上跨扣时，右手同时向上扶住电杆，手脚的配合要协调。只有当脚扣可靠地扣住电杆后，才可以开始移动身体。下杆时，同样要手脚配合协调，只有当脚扣可靠地扣住电杆后，才能往下移动身体。

登杆的操作步骤如图 8-9a ~ e 所示。

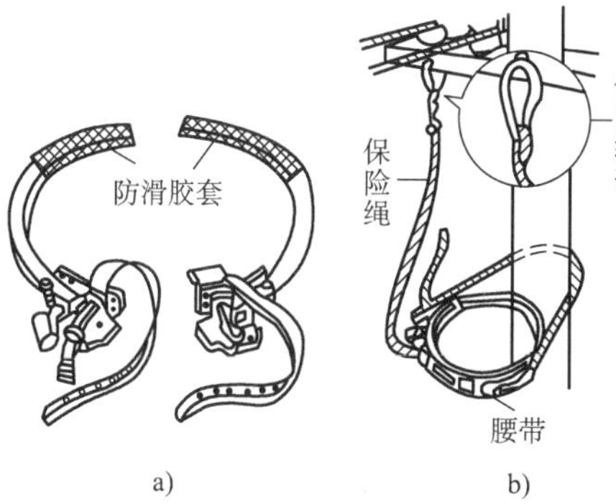

图 8-8　登高工具

a）脚扣　b）安全带

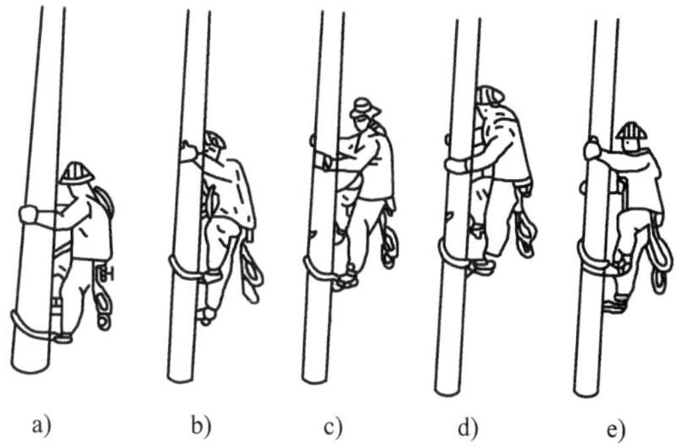

图 8-9　登杆的操作步骤

10. 导线的剥线方法有哪些？

答：作为一名电工，剥线与接线是常有的事，剥线与接线又是电工安装照明和电气设备的基本技能，下面介绍几种导线线头的剥离方法。第 11 个问题将介绍导线的连接方法。

导线在连接前必须先将导线端部的保护层和绝缘层剥去。不同的保护层和绝缘层的剥离方法和步骤也不相同。导线端部绝缘层的剥离长度要根据连接时的需要来决定，剥离长度过长会造成浪费，太短容易影响连接质量。

（1）塑料硬导线线头绝缘层的剥离方法

芯线横截面积为 $4mm^2$ 及以下的塑料绝缘线，其绝缘层用钢丝钳剥离。具体操作方法是根据所需线头长度，用钳头刀口轻切绝缘层（不可切伤芯线），然后用右手握住钳头用力向外勒去绝缘层，同时左手握紧导线反向用力配合动作，如图 8-10 所示。

芯线横截面积在 $4mm^2$ 以上的塑料绝缘线，可用电工刀来剥离其绝缘层，方法如图 8-11 所示。

（2）橡皮线线头的剥离方法

橡皮线线头的剥离方法如图 8-12 所示。

（3）护套线线头的剥离方法

护套线线头的剥离方法如图 8-13 所示。

（4）塑料多芯软线线头的剥离

这种线可以用剥线钳剥离塑料绝缘层，也可用尖嘴钳剥离。

（5）漆包线绝缘层的去除

常用绝缘导线的芯线股数有单股、7 股和 19 股等多种。

漆包线的线径不同，去除绝缘层的方法分为：直径在 1.0mm 以上的，可用细砂纸或细砂布擦除；直径为 0.6 ~1.0mm 的，可用专用刮线刀刮去；直径在 0.6mm 以下的，可用细砂纸或细砂布擦除，也可用打火机烤焦线头绝缘漆层，再将漆层轻轻刮去。

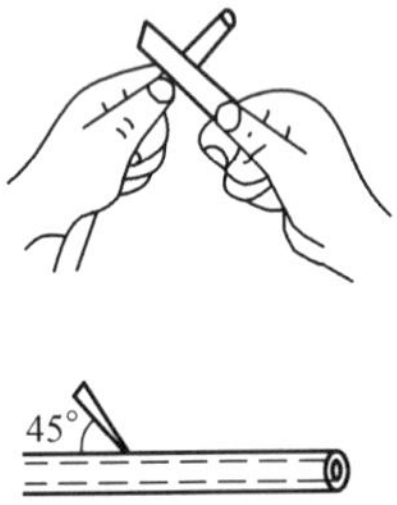

图 8-10　塑料硬导线线头绝缘层的剥离方法（横截面积≤$4mm^2$）

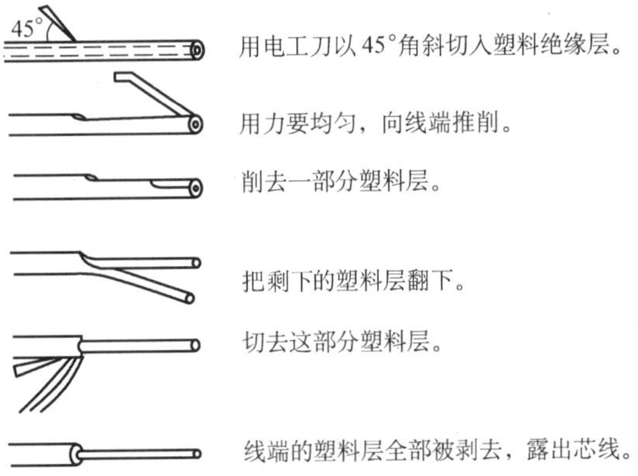

图 8-11　塑料硬导线线头绝缘层的剥离方法（横截面积 > $4mm^2$）

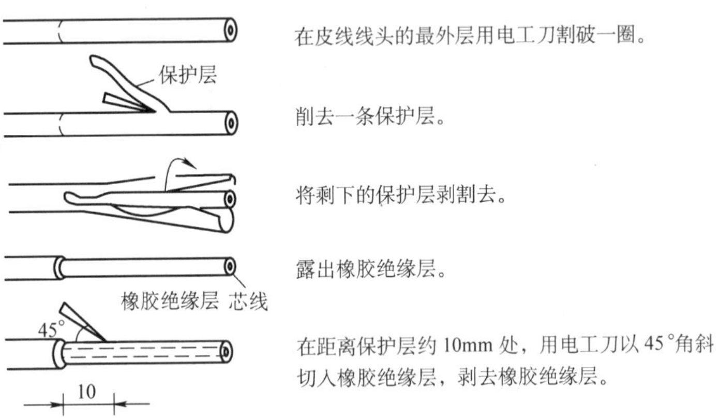

图 8-12　橡皮线线头的剥离方法

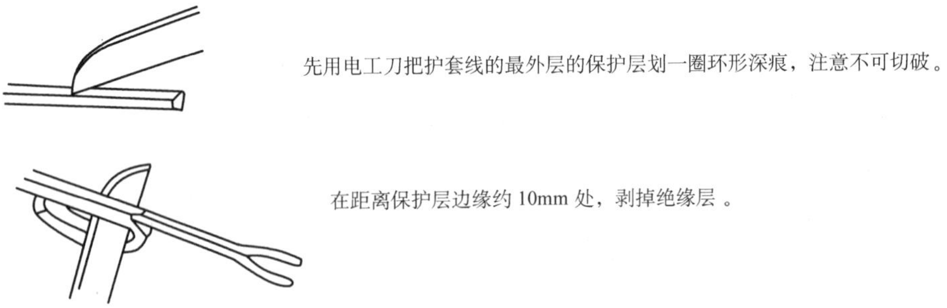

图 8-13　护套线线头的剥离方法

11. 导线的接线方法有哪些?

答：导线连接的方法很多，下面介绍几种常用的连接方法。

（1）铜-铜相接（铜线与铜线连接）

根据铜芯导线股数的不同，有以下几种连接方法。

① 单股铜芯导线的直线连接方法如图 8-14 所示。

② 单股铜芯导线的 T 字分支连接方法如图 8-15 所示。

③ 7 股铜芯导线的直线连接方法如图 8-16 所示。

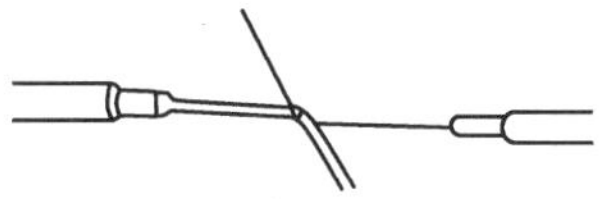

先将两导线芯线线头按 X 形相交。

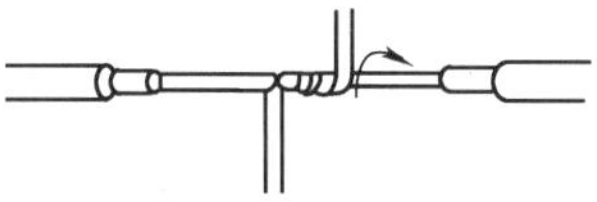

互相绞合 2～3 圈后扳直两线头，
将每个线头在另一芯线上紧贴并绕 6 圈。

用钢丝钳切去余下的芯线，并钳平芯线末端。

图 8-14　单股铜芯导线的直线连接

(单位：mm)

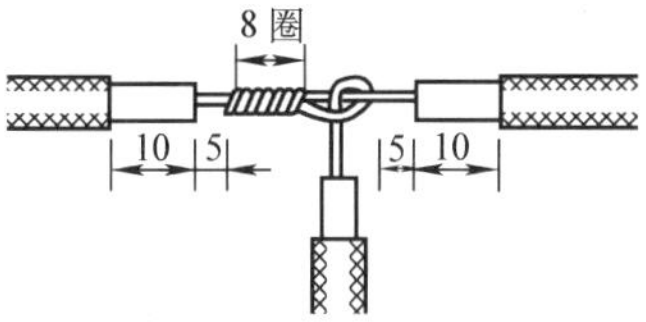

将支线芯线的线头与干线芯线十字相交，在干线芯线根部留出 5mm，然后按顺时针方向缠绕支路芯线，缠绕 6～8 圈后，用钢丝钳切去余下的芯线，并钳平芯线末端 。

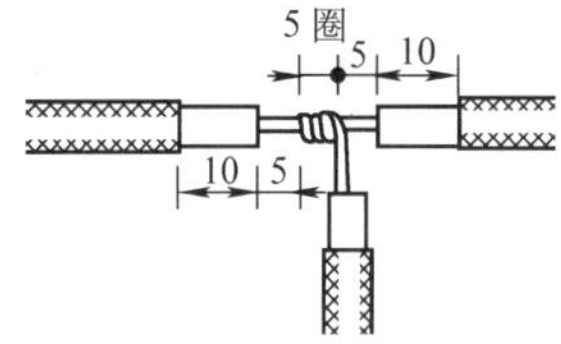

小横截面积的芯线可以不打结，两芯线十字交叉后直接在干线上紧密绕 5 圈即可。

图 8-15　单股铜芯导线的 T 字分支连接

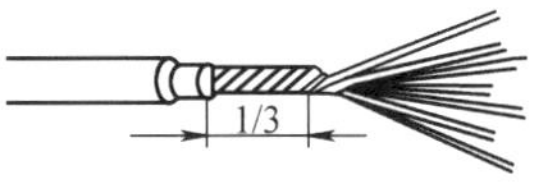

先将剥去绝缘层的芯线散开拉直，把靠近绝缘层的 1/3 线头长度的芯线按导线原缠绕方向绞紧，余下的线头拉直，分散成伞状。

把两个伞状线头隔根均匀交叉，捏平两端芯线。

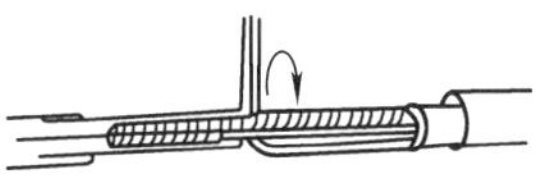

把一端的 7 股芯线按 2、2、3 根分成 3 组，然后把一组 2 根相邻的芯线扳起，按顺时针方向缠绕 2 圈。

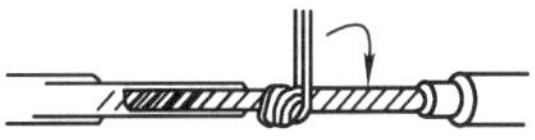

缠绕 2 圈后，余下的芯线向右扳直，再将紧挨一组的 2 根扳起，按顺时针方向压紧前 2 根线头，缠绕 2 圈。

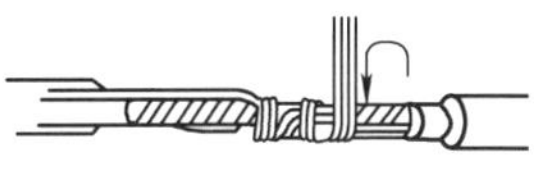

缠绕 2 圈后，也将余下的芯线向右扳直，再把最后一组的 3 根扳起，紧压上一组的2根，扳直芯线，缠绕 3 圈。

切去余下的芯线头，钳平切口毛刺。

图 8-16　7 股铜芯导线的直线连接

④ 7 股铜芯导线的 T 字形连接方法如图 8-17 所示。

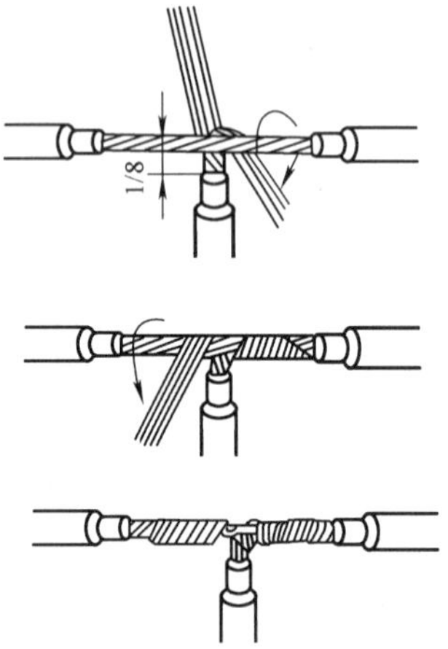

图 8-17　7 股铜芯导线的 T 字形连接

⑤ 焊接连接法。

横截面积为 $10mm^2$ 及以下的铜芯导线接头，可用 30 ~150W 电烙铁进行锡焊。锡焊前，在芯线表面涂一层无酸焊锡膏，待电烙铁烧热后即可锡焊。

横截面积为 $16mm^2$ 及其以上的铜芯导线采用浇焊法，首先在化锡锅内用喷灯加热锡，达到一定温度后，表面呈磷黄色，然后将导线接头放在化锡锅上方，用勺盛熔锡浇接头处，如图 8-18 所示。开始时，接头温度低，锡在接头上流动性差，继续浇下去，使接头温度升高。直至全部焊牢，擦除焊渣，使接头表面光滑。

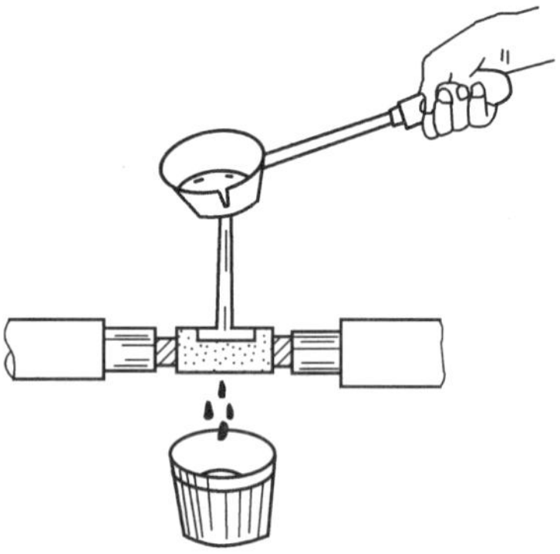

图 8-18　铜芯导线接头浇焊法

(2) 铝-铝相接(铝线与铝线连接)

由于铝的表面极易氧化，而氧化铝薄膜的电阻率又很高，所以铝芯导线主要采用压接管压接和沟线夹螺栓压接。

铝芯线的连接。铝金属材料易氧化，且铝氧化膜的电阻率大，铝导线不宜采用铜导线的连接方法。

① 单股铝芯线一般采用螺钉压接法连接，如图 8-19 所示。

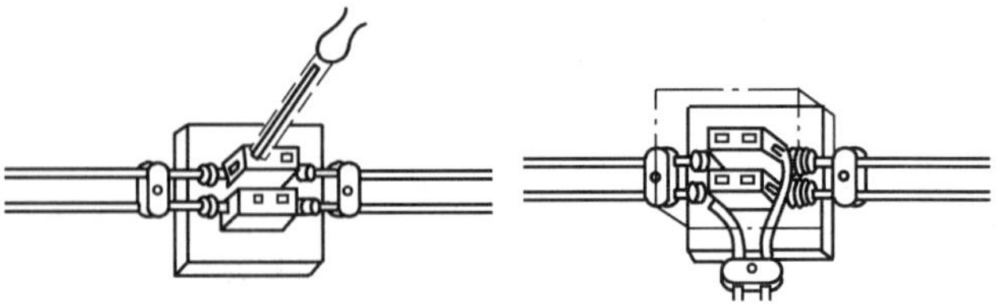

图 8-19　单股铝芯线螺钉压接法连接

② 多股铝芯线常采用压接管压接法连接，如图 8-20 所示。

(3) 铜-铝(铜线与铝线)相接

铜铝导线连接时，由于材料不同，不可忽视电化腐蚀问题。如果简单地用绞接或绑接的方法使二者直接连接，则铜、铝间的电化腐蚀会引起接触电阻增大而造成接头过热。实践表明铜-铝相接时，最好的办法采用压接和焊接的方法，即用一个管子压接的办法，或者用焊接的方法进行，如图 8-21 所示。

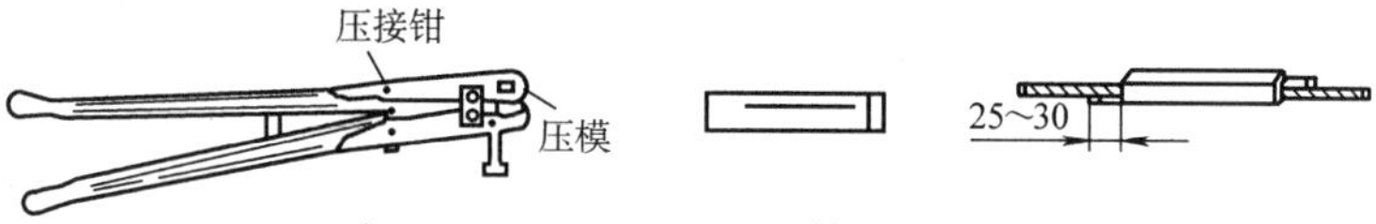

图 8-20　多股铝芯线常采用压接管压接法连接

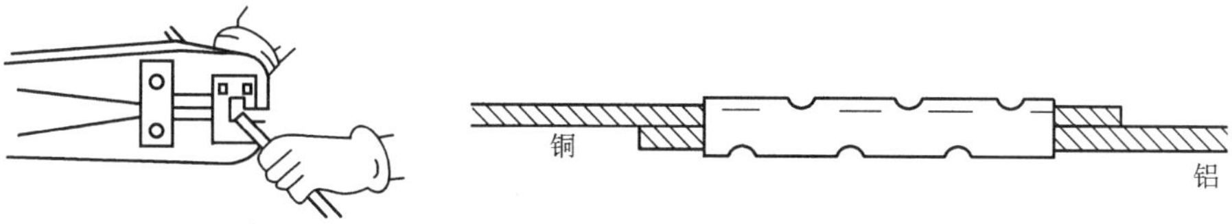

图 8-21　铜铝压接与焊接
a）压接　b）焊接

12. 怎样恢复导线的绝缘层?

答: 导线的绝缘层破损后，必须恢复；导线连接后，也需恢复绝缘。恢复后的绝缘强度应不低于原有绝缘层的绝缘强度。通常用黄蜡带、涤纶薄膜带和黑胶带作为恢复绝缘层的绝缘带。绝缘带的包缠方法如下：将黄蜡带从导线左边完整的绝缘层上开始包缠，包缠两根带宽后才可进入无绝缘层的芯线部分，如图 8-22a 所示。包缠后，黄蜡带与导线保持约 55°的倾斜角，每圈压叠带宽的 1/2，如图 8-22b 所示。

包缠一层黄蜡带后，将黑胶带接在黄蜡带的尾端，按另一斜叠方向包缠一层黑胶布，也要每圈压叠带宽的 1/2，如图 8-22c、d所示。

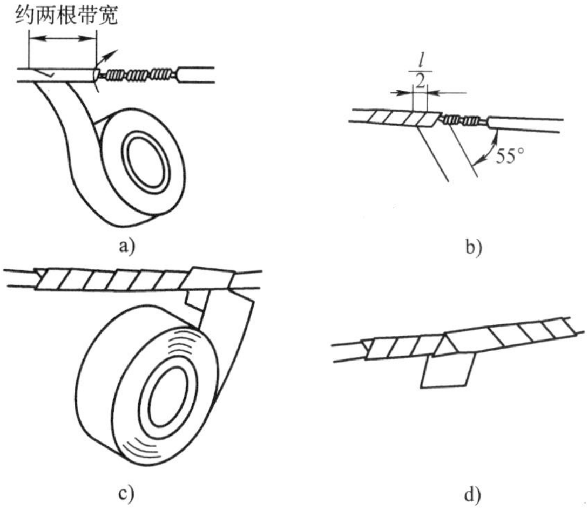

图 8-22　导线的绝缘层恢复

导线绝缘层恢复时，应注意的事项如下：

① 用在 380V 线路上的导线恢复绝缘时，必须先包缠 1 ~2 层黄蜡带，然后再包缠一层黑胶带。

② 用在 220V 线路上的导线恢复绝缘时，先包缠一层黄蜡带，然后再包缠 1 ~ 2 层黑胶带。

③ 包缠绝缘带时，要疏密适宜，不能露出芯线，以免造成触电或短路事故。

④ 绝缘带不用时，不要放在温度很高的地方，以免粘胶热化。

13. 导线的配线方法有哪些?

答: 塑料护套线是一种具有塑料保护层的多芯绝缘导线，具有防潮、耐酸和耐腐蚀的优点，且造价便宜和安装方便等。可用于直接敷设在空心板、墙壁及其他建筑物表面等处。

塑料护套线配线过程包括錾子定位、粉线划线、凿孔、埋设预埋件和保套管、固定线卡(包括铝片卡和塑料卡钉)、导线敷设等。其配线施工步骤如下。

(1) 定位划线

根据电源进线和用电器的安装位置确定导线路径。用錾子打击痕迹作为定位点，用粉线在建筑物表面画出导线走向线，每间隔 150 ~200mm 划出固定钢精轧头的位置，并根据设计安装要求，标出照明器具、穿墙套管、导线分支点及转角处的位置及距开关、插座的距离，如图8-23所示。

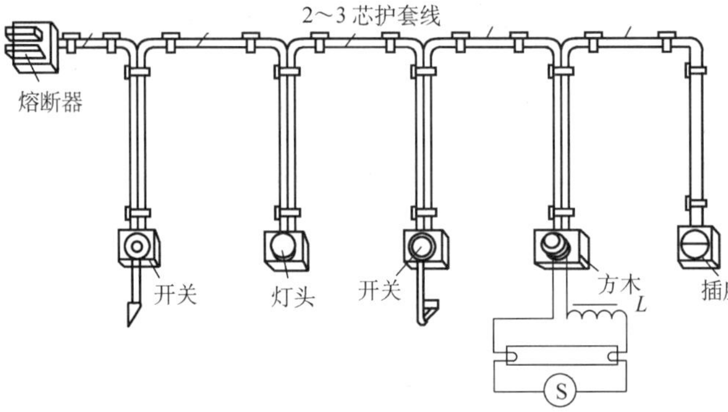

图8-23　塑料护套线配线示意图

(2) 固定接线卡

1) 用钢精扎头固定

钢精扎头用来固定BVV、BLVV型护套线，它是用0.35mm厚的铝片制成的。根据导线的粗细不同、固定方式的不同，钢精扎头的形状分为用小铁钉固定和用黏合剂固定两种。钢精扎头的规格有0、1、2、3号等，号码越大，长度越长。钢精扎头的大小(号数)要与护套线的规格及敷设的根数相配合，具体配合情况见表8-5。如果护套线并排敷设根数多，则用较大的3号钢精扎头也包不过来，或者钢精扎头小了，这时可采用接长的办法，即把一个钢精扎头的尾部，穿入另一个钢精扎头的头部，将尾部翻折一下。

表8-5　钢精扎头与护套线配合表

护套线型号 芯数×横截面积	钢精扎头规格			
	0号	1号	2号	3号
	可夹根数			
BVV—70　2×1.0	1	2	2	3
BVV—70　2×1.5	1	1	2	3
BVV—70　3×1.5		1	1	2
BLVV—70　2×2.5		1	2	2

在木结构上，可沿线路在固定点直接用钉子固定钢精扎头(注意，不要使钉帽突出，以免损伤导线外护套)；在砖结构上，应每隔4~5档将钢精扎头钉牢在预埋的木榫上，中间的钢精扎头可用小钉钉在粉刷层内，如图8-24所示。但在转角、分支、进木台和进电器处应预埋木榫固定铝片卡。在混凝土墙上或预制板上，可用木榫或环氧树脂黏合剂固定钢精扎头。采用黏合剂粘时，在黏贴前应将建筑物上黏贴面的粉刷层清理干净，使钢精扎头底面与水泥或砖面直接粘住，待黏合剂干透方可敷线，否则容易脱落。

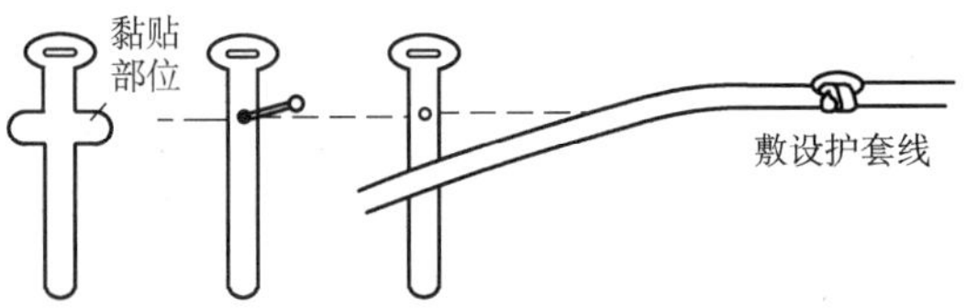

图8-24　钢精扎头的固定方式

2) 塑料卡钉的固定

塑料卡钉由塑料卡和水泥钉组成，其外形有两种，如图8-25所示。配线时，根据所敷设护套线的外形是圆形的还是扁形的，选用圆形卡槽或方形卡槽的卡钉。塑料卡钉的规格很多，可用外径为3~20mm的护套线。常用的塑料卡钉的规格有4、6、8、10、12号等，号码的大小表示塑料卡钉卡口的宽度，10号及以上为双钢钉塑料卡钉。

配线时，用塑料卡钉卡住电线，用锤子将水泥钉直接钉在墙上。在墙面上钉卡钉时，击打要准确，钉入深度要适可而止，以免钉歪或把墙面钉崩了。用塑料电线卡布线，所用的塑料卡槽要与电线的外径相适应，电线嵌入槽内不能太松也不能太紧。同一根护套线上固定单钉塑料卡钉时，钢钉的位置应在同一方向或在同一区域内。

(3) 敷设护套线

护套线的敷设必须横平竖直，敷设时，用一只手拉紧导线，另一只手将导线固定在钢精扎头上，如图 8-26a所示。对横截面积较大的护套线，为了使护套线敷设得平直，可在直线部分的两端临时安装两副瓷夹，敷线时，先把护套线一端固定在一副瓷夹内并旋紧瓷夹，接着在另一端收紧护套线并勒直，然后固定在另一副瓷夹中，使整段护套线挺直，如图 8-26b 所示。最后将护套线依次夹入钢精扎头中。

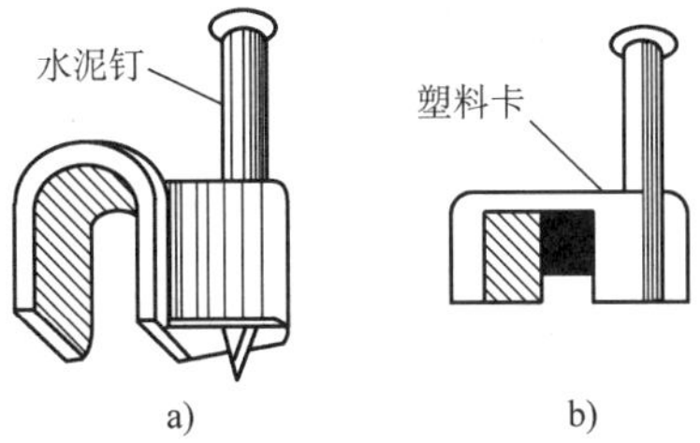

图 8-25　圆形与方形卡钉

a）圆形卡槽卡钉　b）方形卡槽卡钉

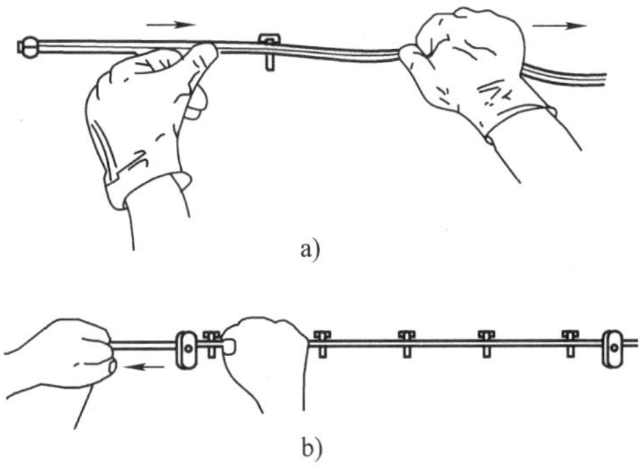

图 8-26　护套线的敷设方法

(4) 钢精扎头的固定

护套线均置于钢精扎头的钉孔位置后，即可按如图 8-27 所示的方法将钢精扎头收紧夹持护套线。需要注意的是，钢精扎头首尾相接的部位最好处于护套线的中间，不要偏。

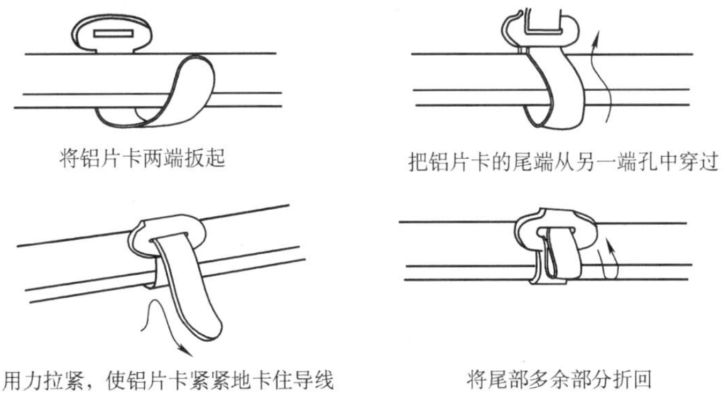

图 8-27　钢精扎头收紧夹持护套线

14. 怎样进行导线的绑扎与束线？

答：瓷柱配线施工中，导线拉紧后，要用铜线或镀锌铁线把导线绑扎到每个瓷柱上。为了避免绑线损伤导线绝缘层，应在绑扎导线的地方用橡胶布带缠上两层。导线绑扎有直线段导线绑扎和始终端导线绑扎两种方式。在瓷柱配线施工中，同一回路中不论是直线段导线绑扎，还是始终端导线绑扎，所用绑线应是同一规格型号。

(1) 导线的绑扎

1) 直线段导线的绑扎法和始终端导线的绑扎法

对直线段导线的绑扎方法又分为两种：单绑法，适用线路导线横截面积在 6mm² 以下的情况，其具体操作方法如图 8-28a 所示；双绑法，适用线路导线横截面积在 10mm² 及以上的情况，其具体操作方法如图 8-28b 所示。始终端导线的绑扎操作方法如图 8-28c 所示，当导线横截面积为 1.5～2.5mm² 时，公圈数为 8 圈，单圈数为 5 圈，若导线横截面积为 4～25mm² 时，公圈数为 12 圈，单圈数为 5 圈。

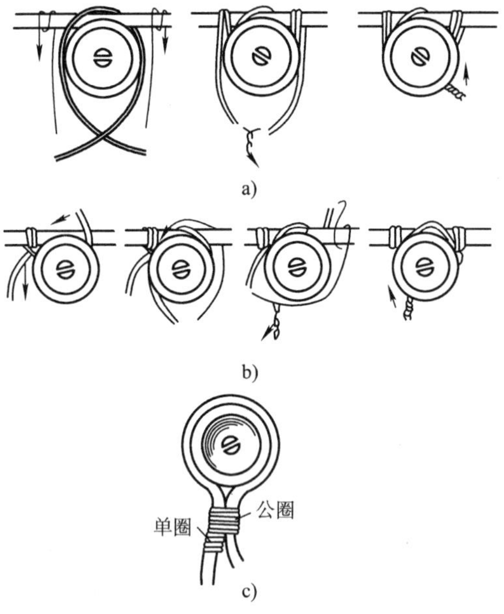

图 8-28 直线段导线的绑扎法

a）单绑法 b）双绑法 c）始终端绑扎法

2) 导线在蝶式绝缘子上的绑扎

① 蝶式绝缘子直线支点的绑扎方法

首先把拉紧的电线紧贴在蝶式绝缘子嵌线槽内，把绑扎线一端留出足够在嵌线槽中绕一圈和在导线上绕 10 圈的长度，并使绑扎线和导线成 X 形相交，如图 8-29a所示。把盘成圈状的绑扎线，从导线的右下方绕嵌线槽背后缠至导线的左下方，并压住原绑扎线和导线，然后绕至导线右边，再从导线的右上方绕至导线的左下方，如图 8-29b 所示。在贴近绝缘子处开始，把绑扎线紧缠在导线上，缠满 10 圈后剪除余端，如图 8-29c所示。把绑扎线的另一端围绕到导线右边下方，也要从贴近绝缘子处开始，紧缠在导线上，缠满 10 圈后剪除余端，如图 8-29d 所示。绑扎完毕如图 8-29e所示。

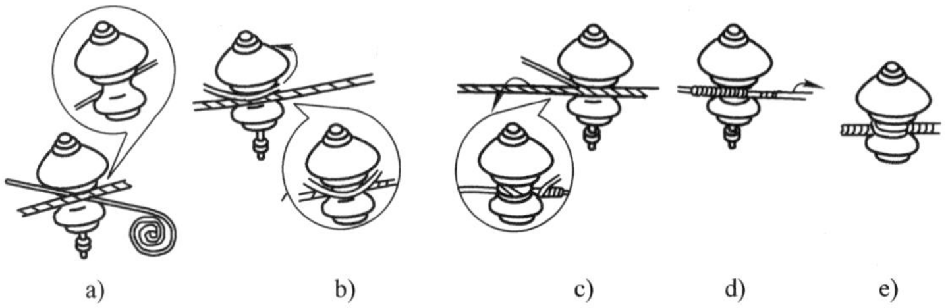

图 8-29 蝶式绝缘子直线支点的绑扎法

② 蝶式绝缘子始终端支点的绑扎方法

首先把导线末端在绝缘子嵌线槽内绕一圈，如图 8-30a 所示。接着把导线末端压住第一圈后再绕第二圈，如图 8-30b 所示。然后把绑扎线短端嵌入两导线并合处的凹缝中，绑扎线长端在贴近绝缘子处按顺时针方向把两导线紧紧地缠扎在一起，如图 8-30c 所示。

把绑扎导线另一端围绕到导线右下方，也要从贴近绝缘子处开始，紧紧缠在导线上，缠满 10 圈后剪除余端，如图 8-30d 所示。

③ 针式绝缘子的绑扎

a. 绑扎前先在导线绑扎处包缠 150mm 长的铝箔带，如图 8-31a 所示。

b. 把扎线短的一端在贴近绝缘子处的导线右边缠绕 3 圈，然后与另一端扎线互绞 6 圈，并把导线嵌入绝缘子颈部嵌线槽内，如图 8-31b 所示。

c. 把扎线从绝缘子背后紧紧地绕到导线的左下方，如图 8-31c 所示。

d. 把扎线从导线的左下方围绕到导线的右上方，并重复③～④，再把扎线绕绝缘子 1 圈，如图 8-31d 所示。

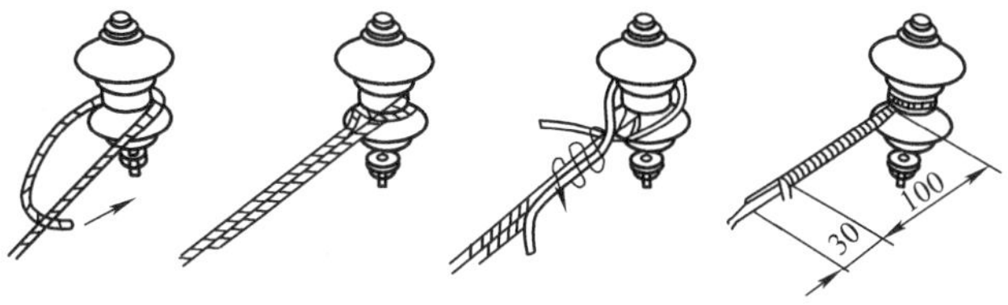

图 8-30　蝶式绝缘子始终端支点的绑扎法

e. 把扎线再绕到导线的左上方，如图 8-31e 所示。

f. 将扎线绕到导线的右下方，使扎线在导线上形成 X 形的交绑状，如图 8-31f 所示。

g. 把扎线绕到导线的左上方，并贴近绝缘子处紧缠导线 3 圈后，向绝缘子背部绕去，与另一端扎线紧绞 6 圈后，剪去余端，如图 8-31g 所示。

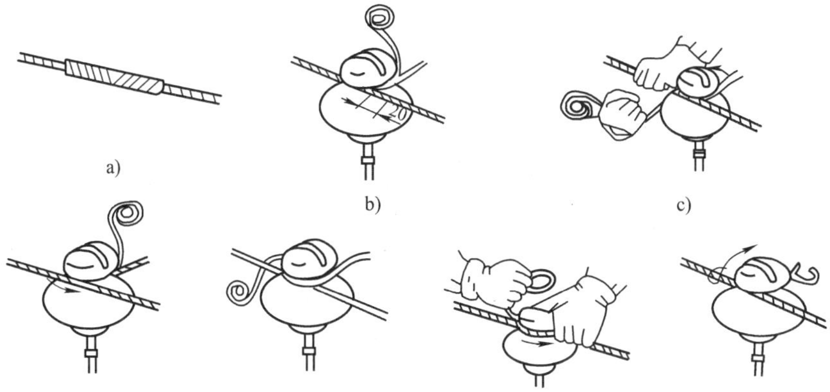

图 8-31　针式绝缘子的绑扎

(2) 束线

电工产品的电子线路处的套管能防止导线断裂、焊点间短路，具有电气安全保护(高压部分)的作用。电工产品的整机连线时要考虑导线的合理走向，杂乱无章的连线，不仅看起来不美观，而且还会影响质量(性能特性、可靠性)。

1) 走线原则

① 以最短距离连线。以最短距离连线，是降低干扰的重要手段。但是，在连线时则需要松一些，要留有充分余量，以便在组装、调试和检修时移动。

② 直角连线。直角连线有利于操作，而且能保持连线质量稳定不变(尤其在扎成线束时)。

③ 平面连线。平面连线的优点是，容易看出接线的头尾，便于调试和维修时查找。

2) 注意问题

① 沿底板、框架和接地线走线，可以减小干扰、固定方便。

② 高压走线要架空，分开捆扎和固定，高频或小信号走线也应分开捆扎和固定，减小相互间的干扰。电源线和信号线不要平行连接。否则交流声经导线间静电电容而进入信号电路。

③ 走线不要形成环路，环路中一有磁通通过，就会产生感应电流。

④ 接地点都是同电位，应把它们集中起来，一点接机壳。

⑤ 离开发热体走线，因为导线的绝缘外皮不能耐高温。

⑥ 不要在元器件上面走线，否则会妨碍元器件的调整和更换。

⑦ 线束要按一定距离用压线板或线夹固定在机架或底座上，要求在外界机械力作用下（冲击、振动）不会变形和位移。

束线的参考样品如图8-32所示。

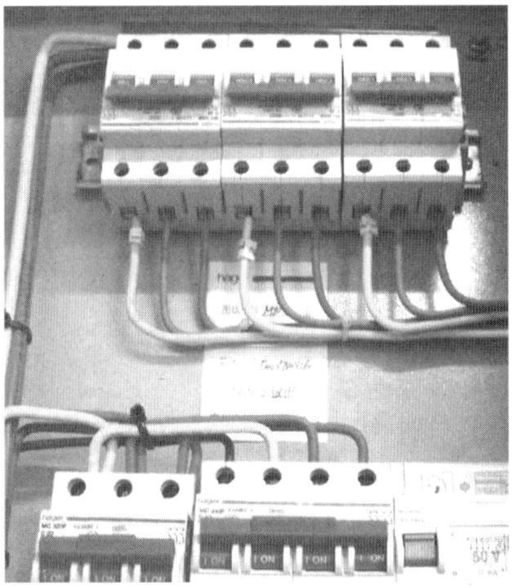

图8-32　束线的参考样品

15. 怎样安装开关？

答：开关和插座的安装方式有明装、暗装两种。在现代建筑中，随着室内装修标准的提高，多采用暗装。

开关的类型很多，有拉线开关、跷板式开关和扳把式开关等。按用途分为一般照明开关、调光开关、调速开关、声光控延时开关、带门铃（“请勿打扰”显示）开关、电子（或机械）式插匙取电开关、电铃开关等。

在宾馆饭店中，为了防止旅客在离开客房时忘记关灯和空调等电器设备，采用节电插匙取电开关控制，旅客进入房间，只有将节电钥匙插入节电开关盒，房间内才有电源；只有将节电钥匙从节电开关盒内取出，房间门才可能锁住，从而达到节电的目的。而对于楼梯、走廊、公厕等公共场所的照明，常出现“常明灯”，浪费了大量电能，因此，最好选用短时接通式按钮或声控、光控延时开关。如图8-33所示为部分开关的实物图。

安装在同一建筑物、构筑物内的开关应尽可能选用同一系列产品，开关的通断位置应一致，且操作灵活，接触可靠。开关安装位置应便于操作，各种开关距门框的距离以150～1200mm为宜。同室内安装的同类开关安装高度差应不大于5mm，成排安装时，开关的高低差应不大于1mm。跷板式、扳把式及按钮距地面高度为1.3m，拉线开关距地面高度为2m左右，且拉线出口应垂直向下，其相邻间距应不小于20mm。在现代高层建筑、民用建筑中，普遍采用暗管配线，下面对暗管配线时开关的明、暗安装方法进行简单介绍。

在安装时，均应与土建施工配合，按设计要求，在土建砌墙时将线管、开关盒预埋在墙体内（应使线管伸进开关盒内约5mm，并在连接处加锁母和密封圈，管端加装塑料线管护口，以保证线管与开关盒可靠连接，防止在穿线时损伤导线绝缘层），做到位置准确到位，并使开关盒面离出砖墙面约15mm，盒体埋设平整，不偏斜，盒的四周不应有空隙，在粉刷后即可使盒口面与墙体的粉刷层面相平齐。在墙面喷白或装修后，即可安装明、暗开关。

如为明装开关，则先进行管内穿线，并将导线从圆木台出线孔中引出，再将圆木台用螺钉安装在开关盒上，再在圆木台上安装开关。如为暗装开关，则在线管内穿线后，将导线与开关面板上的接线端子连接，再将开关面板固定在开关盒上，对于跷板式、扳把式开关，无论是明装还是暗装，在安装接线时，均应实现开关控制火线，并将开关扳把往上扳时，电路接通，电灯点亮；往下扳时，电路切断，电灯熄灭。

（1）拉线开关的安装步骤

① 在墙上装开关的地方居中塞上木枕。

② 对准开关的穿线孔的位置，在木台上钻两个穿线孔和一个螺钉孔。

③ 把中性线线头和灯头与开关连接线的线头对准位置穿入木台的两个孔里，用螺钉把木台连同底板钉在木枕上。

④ 卸下开关的盖子，把开关底座放正（应使拉线口跟拉线时的方向一致），然后把两个线头分别穿入底座上的两个穿线孔里，并用两枚螺钉把底座钉在木台上。

⑤ 把两个线头分别接到接线桩头上，盖上盖子。拉线开关的安装如图8-33b所示。

（2）扳把式开关的安装

扳把式开关必须安装在开关盒内，铁皮开关盒如图8-34a所示。开关接线时，将来自电源的一根相线接到开关静触点接线桩上，将到灯具的另一根线接在动触点接线桩上。在接线时，应接成扳把向上时开灯，扳把向下时关灯，然后把开关连同支持架固定到预埋在墙内的接线盒上，开关的扳把必须放正且不卡在盖

a)

b)

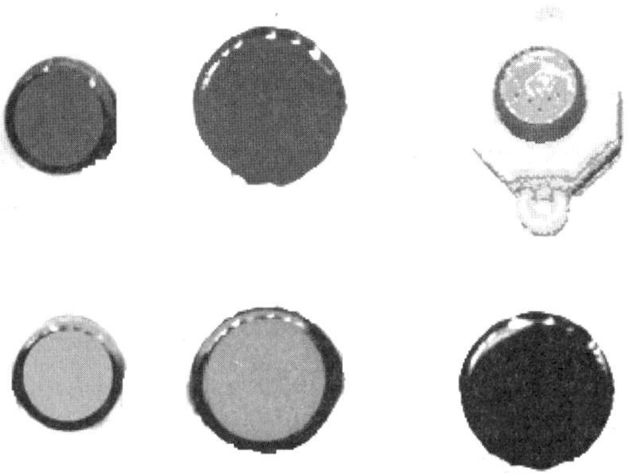

c)

图8-33　开关的安装
a）电源开关　b）拉线开关　c）按钮

板上，再盖好开关盖板，用螺栓将盖板固定牢固，盖板应紧贴建筑物表面。

(3) 跷板式开关的安装

跷板式开关应与配套的开关盒进行安装。常用的跷板式塑料开关盒如图8-34b所示。开关接线时，应使开关切断相线，并应根据跷板式开关的跷板或面板的标志确定面板的装置方向，即装成跷板下部被按下时，开关处在合闸的位置；跷板上部被按下时，开关应处在断开位置。

16. 怎样安装插座？

答： 插座的种类很多，有普通插座、组合插座、防爆插座、带开关及指示灯的插座、带熔断器的插座、地面插座和组合插座箱等。

(1) 安装插座的要求

插座的安装高度应符合工程设计规范要求，一般室内插座距地面最小距离不宜小于1.3m；托儿所、幼儿园及小学校室内插座距地面最小距离不宜小于1.8m；在实验室、车间、宾馆客房等场所内，插座的安装高度可适当降低，但距地面不得低于0.3m；特殊场所内暗装插座安装高度应不小于0.15m。单相双孔插座的插座孔水平排列时，右孔接相线，左孔接中线；垂直排列时，上孔接相线，下孔接中线。单相三孔插座的上孔接地(或接零)保护线，右孔接相线，左孔接中线。在插座内接地(或接零)保护端子与中线(零线)端子不得相互跨接，其连接线必须严格分开。三相四孔插座的上孔接(或接零)保护线，其他3孔的

a)　　　　b)

图 8-34　扳把式与跷板式开关

a）扳把式开关　b）跷板式开关

接线应保证在同一场所内，其接线的相序必须一致，一般是右孔接 L_1 相，左孔接 L_2 相，下孔接 L_3 相。在同一场所安装的插座，安装高度应一致，高低差不大于5mm；成排安装的插座，高低差不大于2mm，并列安装的相同型号插座，高低差不宜大于1mm。在地面安装的地面插座应装设保护盖。明、暗插座的安装方法与开关的安装方法相同，故不赘述。

单相两孔插座为面对插座的右极接电源火线，左极接电源零线；单相三孔及三相四孔插座为保护接地（接零）极均应接在上方，如图8-35所示。插座的接线如图8-36所示。

a)　　　　b)

图 8-35　插座的安装实物图

a）单相 2 ~ 3 孔　b）三相四孔

(2) 单相插座的安装步骤

① 在墙上准备装插座的地方居中塞上木枕。

② 对准插座上穿线孔的位置，在木台上钻两个穿线孔和一个螺钉孔。

③ 把相线线头和中性线线头对准位置穿入木台上的两个孔里，用螺钉把木台连同底板钉在木枕上。

④ 把两个线头分别穿入插座底座上的两个黄线孔里，并用两枚螺钉把底座钉在木台上。

⑤ 把两个线头分别接到接线桩头上。

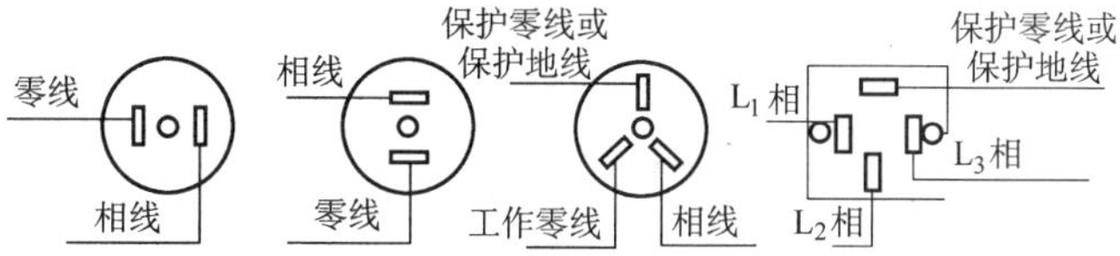

图 8-36　插座的接线

⑥ 装上插座盖子。

(3) 三孔插座的安装步骤

在预埋入墙中导线端的安装位置上按暗盒的大小凿孔，并凿出预埋入墙中的导线管走向位置。将管中导线穿过暗盒后，把暗盒导线管同时放入槽中，用水泥砂浆填充固定。暗盒应安放平整；不能偏斜。将已埋入墙中的导线剥去 15mm 左右的绝缘层后，接入插座接线桩中，拧紧螺钉，如图 8-37 所示。将插座用平头螺钉固定在开关暗盒上，压入装饰钮。

(4) 移动式插座的安装

一端连接三极插头。注意，护套线中的黄绿双色(或黑色线要连接在插头上部中间的地线接线柱上。接着拆开移动式插座的接线板,其结构如图 8-38 所示。然后,将护套软线的另一端剥去绝缘层,从进线口进入接线板,三相线分别接到规定的接线桩上。连接地线插头,黄绿双色(黑色)线应接到接线板中间的地线接线桩上，连接插头零线囊线桩的心线应接到接线板左边的零线接线桩上，连接插头相辅接线桩的心线应接到接线板右边的相线接线桩上。检查后盖上接线板盖，对齐后再穿入螺钉拧紧。

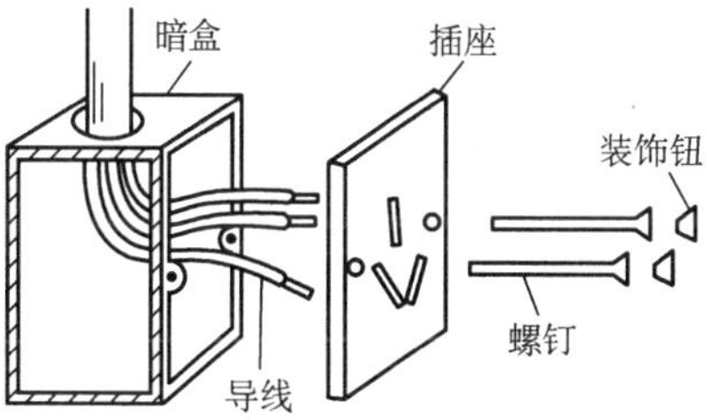

图 8-37　三孔插座的安装

图 8-38　移动式插座

17. 怎样安装熔断器?

答: (1) 填料螺旋式熔断器的安装

填料螺旋式熔断器导热性能好，热容量大，能大量吸收电弧能量。通过灭弧，提高了熔断器的分断能力。它的熔丝的更换方法是更换整个熔断管(芯子)。

此外，还有有填料封闭式熔断器，它被广泛应用于短路电流很大的电力网络或配电设备中。其安装方法如图 8-39a 所示。

(2) RC1A 系列熔断器

瓷插入式熔断器，熔断器与被保护的电路相连，动触点间跨接着熔丝。一般额定电流在 30A 以下的熔丝用软铅丝；30 ~100A 的用铜丝；120 ~200A 的则用变截面冲制铜片。其安装方法如图 8-39b 所示。

RC1A 系列熔断器除了上述的熔断器外，还有快速熔断器、玻璃管式熔断器等，如图 8-39c所示。

18. 怎样安装电工电子元器件?

答: 电工电子元器件的安装如图 8-40 所示。其安装步骤如下。

① 元器件在印制电路板上的安装方法，一般分为卧式安装和立式安装两种方法。立式安装的元器件体积小、重量轻、占用面积小，单位面积上容纳元器件的数量多。这种安装方式适合于元器件排列密集紧凑的产品，如微型收音机等许多小型便携式装置；卧式安装的元器件体积大、机械稳定性好、排列整齐美观、

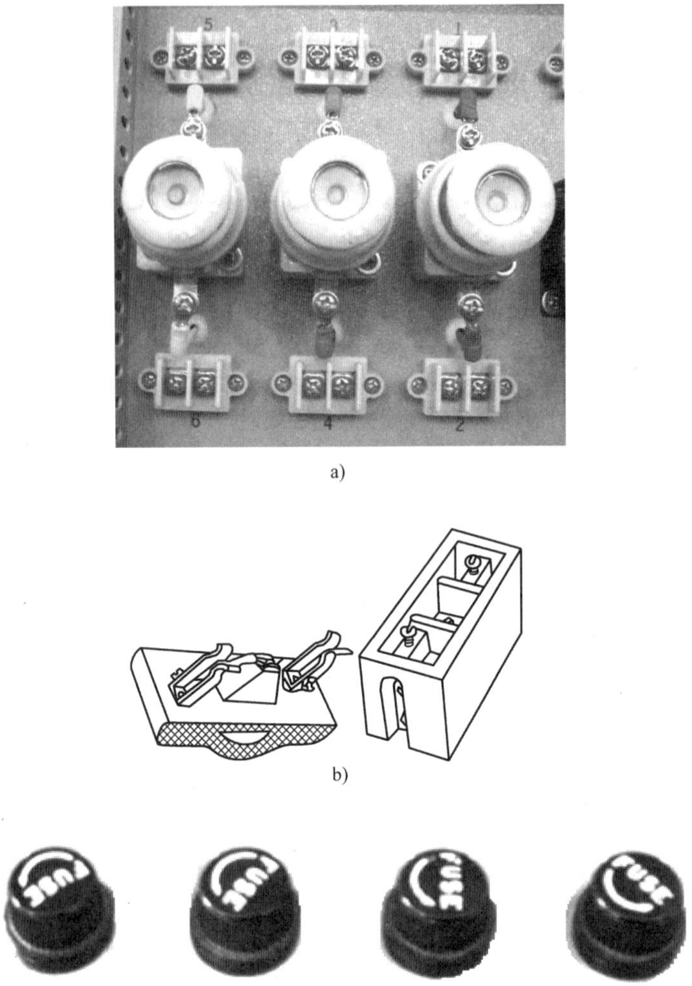

a)

b)

c)

图 8-39　熔断器的安装

a）填料螺旋式熔断器的安装　b）插入式熔断器的安装　c）玻璃管式熔断器

元器件的跨距大、走线方便，得到了广泛应用。

② 电阻器和电容器的引线应短些，以提高其固有频率，以免振动时引线断裂。对较大的电阻器和电容器尽量卧装，以利于抗振和散热，并在元器件和底板间用胶粘住。大型电阻器、电容器需加紧固装置，对陶瓷或易脆裂的元器件则加橡胶垫或其他衬垫。

③ 微电路器件多余的引脚不应剪去。两印制电路板间距不应过小，以免振动时元器件与另一底板相碰撞。

④ 对继电器、电源变压器、大容量电解电容、大功率晶体管和功放集成块等重量级元器件，在安装时，除焊接外，还应采取加固措施。

⑤ 对产生电磁干扰或对干扰敏感的元器件安装时应进行屏蔽。

⑥ 对用插座安装的晶体管和微电路应压上护圈，防止松动。

⑦ 在印制电路板上插接元器件时，参照电路图，使元器件与插孔一一对应，并将元器件的标识面向外，便于辨认与维修。

⑧ 集成电路、晶体管及电解电容器等有极性的元件，应按一定的方向，对准板孔，将元器件一一插入孔中。

⑨ 功率器件散热器的安装。

a. 功率器件与散热器之间应涂敷导热脂，使用的导热脂应对器件芯片表面层无溶解作用，使用聚二甲基硅油时应小心。

b. 散热器与器件的接触面必须平整，其不平整和扭曲度不能超过 0. 05mm。

c. 功率器件与散热器之间的导热绝缘片不允许有裂纹，接触面的间隙内不允许夹杂切屑等多余物。

图 8-40　元器件的安装

19. 怎样安装端子排?

答: 为了布线整齐、美观和便于检查维修，在电工产品中如配电柜、配电箱等设备中，采用端子排引线和出线的连接方法。端子排上有编号 1 ~23，可根据连线的数量进行分配连接。端子排如图 8-41a 所示。

端子排一般安装在接线板的上、下方，或者安装在底板上，用螺钉、螺母固定。然后用十字形螺钉旋具把插入的导线拧紧，如图 8-41b 所示。

a)

b)

图 8-41　端子排的安装

a）端子排　b）连线

20. 怎样安装电缆终端头?

答: 随着工业生产的发展，工业中大量使用电缆。下面介绍电缆终端头的安装连接方法。

（1）户外电缆终端头的连接

电缆终端适用于10kV以下，线芯横截面积在240mm^{2}以下，铅包油浸纸绝缘电力电缆户外终端头的制作与安装。

电缆终端头的连接过程及注意事项如下。

① 施工过程中必须按照有关规则进行安装。

② 施工地点应保证干燥清洁，周围温度一般应在5℃以上。

③ 电缆终端头必须一次性连续切剥后使用。

④ 6～10kV电缆终端头带电导线至接地距离在200mm以上。

⑤ 剖铅（铝）工作应保证光滑无毛刺，且需要用特制工具张成喇叭形。

⑥ 半导体屏蔽纸不应露出铅（铝）包喇叭口。

⑦ 包缠绝缘带应顺着线芯绝缘的绕包方向，一律采取半叠包，绝缘带层间应无味、无析皱。

⑧ 铝芯电缆与接线端子（或接线梗）的连接，采用压接的方法。

⑨ 铜芯电缆与接线端子（或接线梗）的连接，环氧树脂终端头采用压接或焊接的办法进行；焊接时线芯纸绝缘的剥切尺寸应为接线端子内孔深度加15mm。

⑩ 使用瓷质盒、鼎足式铸铁盒时、环氧树脂电缆终端头在吊装之前须将加固抱箍安装好。

⑪ 安装铁件须镀锌。

⑫ 在电缆终端头处，电缆的铠装、铅（铝）包和铸铁终端盒应有良好的电气连接，应按《电气设备接地装置规程》接地，如图8-42a所示。

（2）户内电缆终端头的连接

户内电缆终端头包括环氧树脂电缆终端头、NTN型电缆终端头和户内干包电缆终端头的制作与安装，如图8-42b所示。

其操作工艺如下。

① 施工过程必须按有关规程进行。

② 施工地点应保证干燥清洁，周围温度一般应在5℃以上。

③ 电缆头必须一次性连续切剥后使用。

④ 电缆剖铅（铝）工作应保证包口光滑无毛刺，不应损伤统包绝缘，应用特制工具张成喇叭形，喇叭口要圆滑、规整扣对称。统包绝缘外层的屏蔽纸不应露出喇叭口。

⑤ 包绕绝缘带应顺着线芯绝缘的缠绕方向，以半叠包包绕。

⑥ 铝芯电缆与接线端子的连接采用压接，铜芯电缆与接线端子的连接采用焊接或压接。户内NTN型电缆终端头除外，采用焊接时线芯绝缘切除长度为接线端子内孔深度加15mm，压按时加5mm。

⑦ 户内电缆终端头接线应保持固定位置，其带电引出线部分之间及至接地部分的距离见表8-3。户内电缆终端头引出线绝缘包扎长度见表8-6。

表8-6　引出线绝缘包扎长度表

电压/kV	最小距离/mm
1	160
6	270
10	315

21. 怎样安装电动机？

答： 电动机是用户用得最多的电气设备之一，下面介绍电动机的基础、安装与校正方法。

（1）电动机安装基础

电动机底座的基础一般用混凝土浇注方法施工，在浇注电动机基础之前，应先挖好基坑，夯实坑底，再用石块或砖块铺平，用水淋透，放好四周模板和地脚螺栓，再进行混凝土浇注。用铸铁座做基础以及预埋电动机固定地脚螺栓做基础，如图8-43a、b所示。

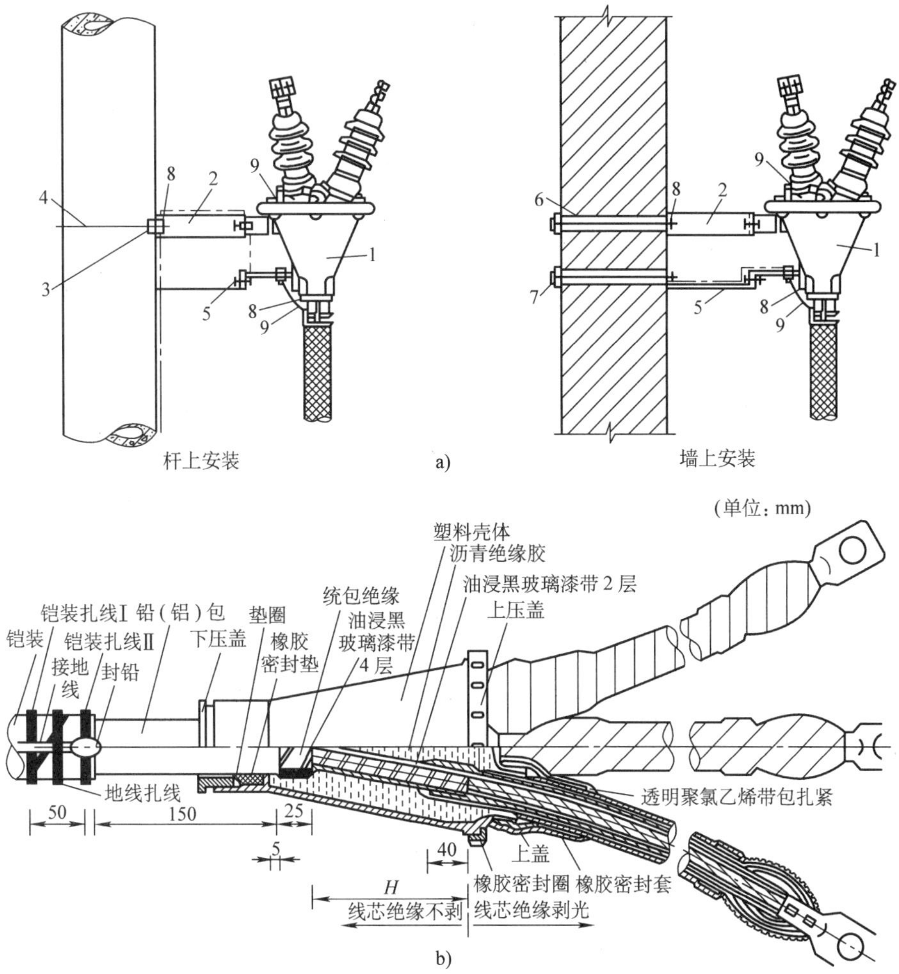

图 8-42　电缆终端头的连接

a）户外电缆终端头的连接　b）户内电缆终端头的连接

1—电缆终端头　2—固定支架　3—M 型垫铁　4—U 型抱箍　5—加固抱箍

6—方头螺栓　7—双头螺栓　8、9—螺栓

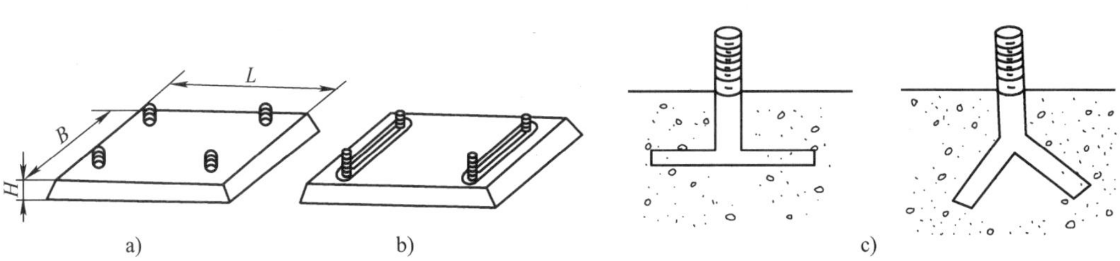

图 8-43　电动机安装基础

为了保证地脚螺栓埋得牢固，埋入混凝土内的一端，要把螺钉切割成“T”字形或“人”字形，如图 8-43c所示。埋入长度为螺栓直径的 10 倍以上。“人”字形开口长度约为 100mm。

(2) 安装要求

每种方法安装都要求整齐，正确、安全、耐用。

(3) 安装连接方法

1) 穿管法

穿导线的钢管应在浇注混凝土前埋好，连接电动机一端的钢管管口高出地面不得少于100mm左右，并最好用蛇形管(带)或软管伸入接线盒内，如图8-44所示。用钢管敷设电动机电源线时，要求一台电动机的三根电源线同时穿入这一根钢管内，并且要对这根穿电线的钢管进行接零或接地处理。首先把电动机的四根电源线(三相四线)穿入具有阻燃性能的塑料管内，然后从电源开关下边明敷到电动机的接线盒内。

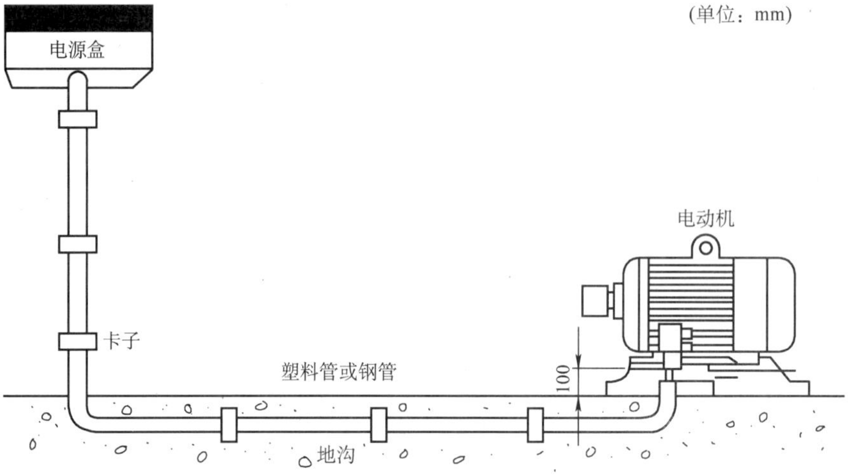

图8-44 电动机的安装

2) 传送带传动的安装法

电动机的两个带轮直径大小应按机械传动要求配套使用，传动比应符合要求。两个带轮的宽度中心线要在一条直线上，两轴在安装中必须平行，否则会损坏传送带，使电动机发生振动，严重时会烧坏电动机绕组，如果是平带，电动机在运行过程中有可能造成脱带事故。

电动机传送带传动的校正。如果两个带轮的宽度相等，可用一根弦线拉紧并紧靠两个带轮的端面，如果弦线均匀地接触一个圆周四点，说明带轮校正好了，否则应进行调整，使两带轮校正到正确范围内，方可使用电动机。

3) 电动机连接减速器法

电动机安装用连接减速器时，首先应把两个半片联轴器分别装在电动机和转动机械的轴上，然后把电动机移近连接处，当两轴处在一条直线上时，先拧紧电动机机座上的地脚螺栓，再用直尺按如图8-44所示的方法放在两个半片联轴器的上侧面，然后用手转动电动机联轴器，旋转180°，同时用直尺查看联轴器转动是否高低一致，否则，应在电动机机座下或机械传动机座下加垫片，使其平衡，在同一轴心位置上。若上述两个方面均已调整好，说明电动机和机械轴已处于同轴状态。再调整两个半片联轴器，使端面同另一轮端面之间有均衡的1~2mm的间隙后，便可将联轴器的机械部分和电动机分别固定，拧紧地脚螺栓，即可试运行。

4) 链条法

用一条选配好齿数的链条，和电动机轴上齿轮连在一起。电动机经齿轮传动，带动机械设备运行。

上述几种方法在工厂里常被使用。要根据不同的设备采用不同的方法。

(4) 校正与测量

电动机的校正与测量如图8-45所示。

电动机的校正要求水平或垂直，在一条直线上。一般采用水平仪测量水平。用转速表测量转速，求出速比，减速器和链条是可以调整的。

22. 怎样安装互感器？

答： 互感器（包括电流互感器 TA 和电压互感器 TV）是一次系统和二次系统间的联络元件，用以分别向测量仪表、继电器的电流线圈和电压线圈供电，正确反映电气设备的正常运行和故障情况。

（1）电压互感器的安装

电压互感器广泛用在电力系统中，分为电磁式和电容式两种。其外形如图 8-46 所示。电压互感器的一次接高压，二次的电压一般为 100V，供仪表指示或作为保护动作装置的起动电源。应用电压互感器时，可将测量仪器电路与高压电路隔离开，可以保证人身及电气设备的安全。

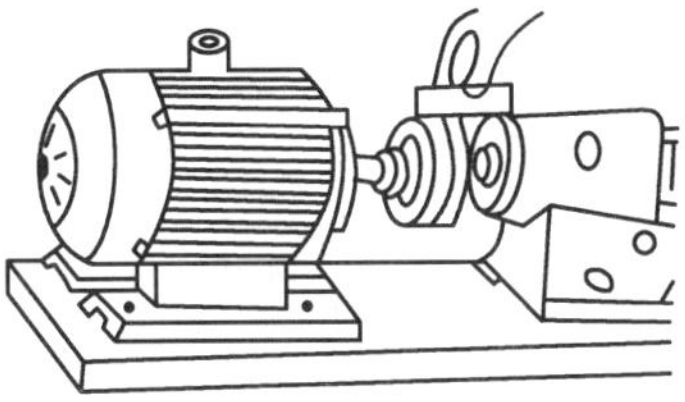

图 8-45　电动机的校正与测量

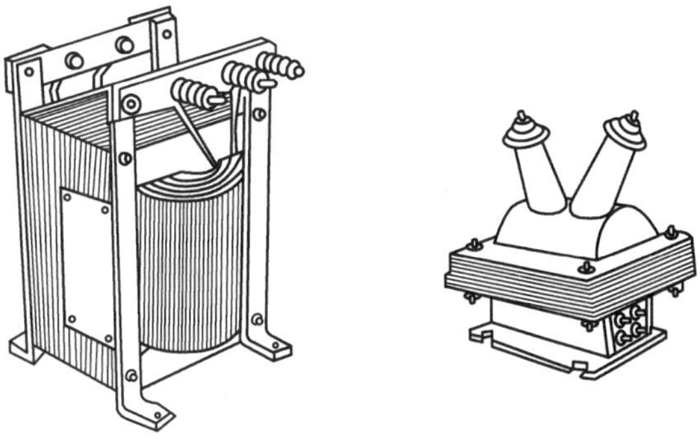

图 8-46　电压互感器的外形

电压互感器是一种小型高压变压器，有单相和三相电压互感器之分。用于单相电力线路上，接线线路如图 8-47 所示。安装电压互感器时要注意以下两点。

① 电压互感器的二次绝不允许短路，经耐压实验合格后方能投入运行。

② 要经常检查电压互感器的缺油、漏油、油瓷套管有无裂纹、损坏等不安全因素。

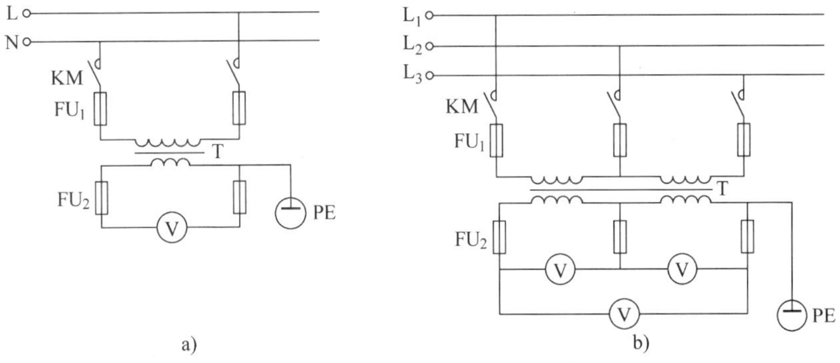

图 8-47　电压互感器电路图

（2）电流互感器的安装

电流互感器安装在高压电气设备或低压电气设备中，应用极为广泛。电流互感器又叫变流器，其安装方法如下：

① 将一次回路的高电压和大电流变为二次。回路标准的低电压（100V）和小电流（5A 或 1A），使测量仪表和保护装置标准化、小型化，并使其结构轻巧、价格便宜和便于屏内安装。

② 使二次设备与高压部分隔离，且互感器的二次均接地，从而保证了设备和人身的安全。

一台电流互感器的接线方法如图 8-48a 所示。这种接线方法用于三相对称电路中，监测任何一相电流均可。

两台电流互感器的接线方法如图 8-48b 所示。这种接线方法可用于测量三相电流、有功和无功功率及保护相间短路等。

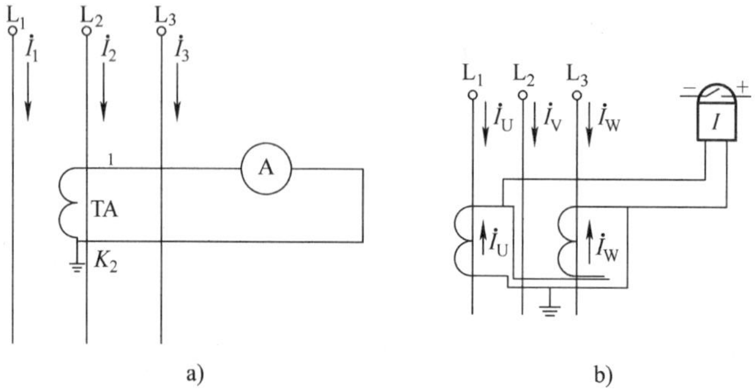

图 8-48　电流互感器的接线方法

a）一台电流互感器的接线方法　b）两台电流互感器的接线方法

3 台电流互感器的接线方法如图 8-49 所示。这种接线方法用于三相四线制电路中，测量三相电流及保护任何形式的短路。

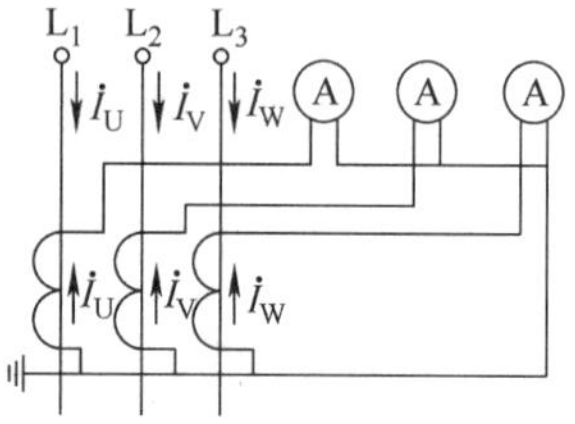

图 8-49　3 台电流互感器的接线方法

安装使用电流互感器时应注意以下事项：

① 经耐压实验合格后方能投入运行。

② 高压电流互感器和低压运行的电流互感器的二次绕组电路不得开路，并且其中一端要可靠接地。否则会使电流互感器铁心中的磁通急剧增大，在二次绕组上产生很高的感应电动势。

23. 怎样安装动力配电箱？

答：① 动力配电箱的型号含义表示如下，其内部结构如图 8-50 所示。

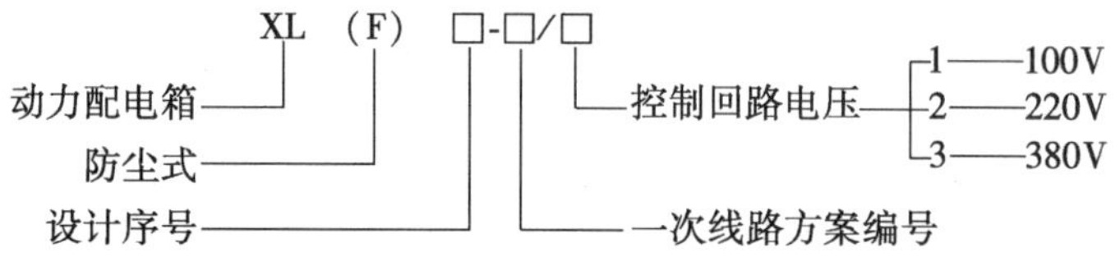

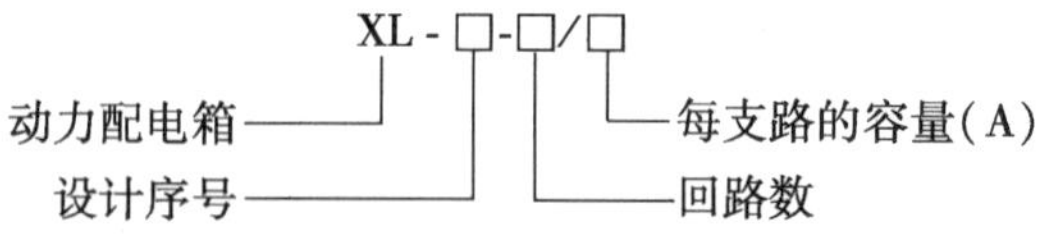

例如，XL-10-4/15 表示这个配电箱的设计序号是 10，有 4 个回路，每个回路为 15A。

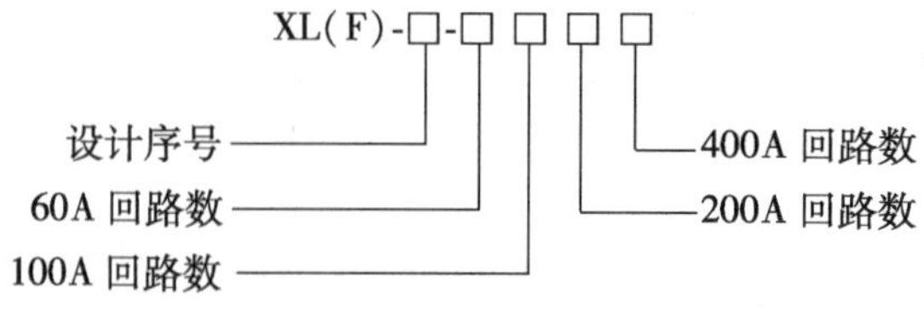

上述设计序号为 14~21，都是落地式防尘型动力配电箱。

② 动力配电箱的安装。

其底座安装及地脚螺栓的尺寸如图 8-51 所示。

24. 架空线路怎样选择导线的横截面积？

答： 架空线路导线横截面积的选择是一项重要的技术工作。导线横截面积不宜选得过大，也不可选得过小。如果选得过大，将会造成有色金属消耗量不必要的增加，使基建投资过大；如果横截面积选得过小，将会使导线严重发热，线路的电压损失和电能损耗增大，使设备无法正常运行，甚至造成事故。因此，导线横截面积的选择，必须遵循基建投资节省、运行经济可靠和技术性能合理的基本原则。选择导线横截面积，应按导线的安全载流量、允许电压损失、机械强度以及经济电流密度等要求来考虑。对高压架空线路来说，一般先根据经济电流密度选择导线的横截面积，再用发热条件(即导线的安全载流量)、允许电压损失以及机械制度(即允许最小横截面积)来校验；对低压架空线路来说，一般应先按允许电压损失条件的计算来选择导线的横截面积，然后再按发热条件和机械强度进行校验。

图 8-50　动力配电箱的内部结构

25. 怎样看电工电路图？

答： 熟悉电工文字符号和图形符号是电工看图的基础，因为电路都是由这些符号组成的，元器件符号、型号、参数也是我们看图的要点。除此之外，还要分清电路原理图和安装图。根据实际位置和应用不同，熟悉电路的原理。

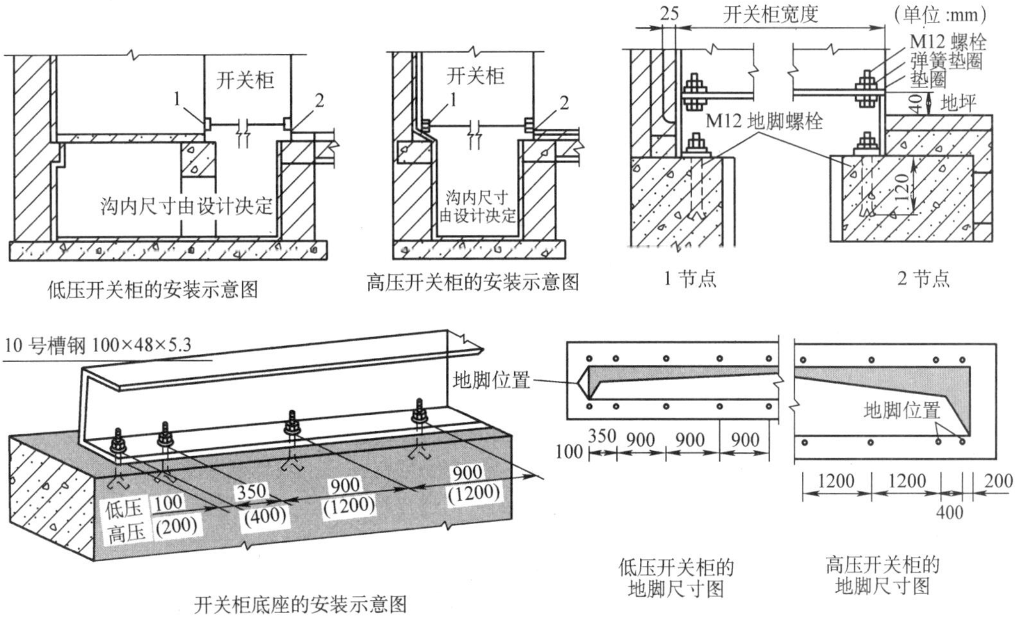

图 8-51　底座安装及地脚螺栓的尺寸

在工农业生产中，广泛采用继电器—接触器控制系统，这种控制系统主要由交流接触器、按钮、热继电器、熔断器等电器组成。对中、小功率异步电动机、机床进行控制。因此，在掌握常用电气符号的基础上，学会识读电气图的基本方法，才能在实际工作中迅速、正确地进行安装、接线和调试。

（1）看图要点

电器控制是借助于各种电磁元件的结构、特性对机械设备进行自动或远距离控制的一种方法。电器元件是一种根据外界的信号和要求，采用手动或自动断开电路，断续或连续改变电参数，以实现电路或非电对象的切换、控制、保护、检测和调节。掌握元器件的结构原理是个重点。例如，接触器、继电器、中间继电器线圈的电，带动衔铁的吸合，使它们的主、辅触点进行相反（原来断开的接通，原来接通的断开）的变化，去接通或断开主电路及其他电路，从而实现对电路的控制。又如时间继电器，线圈得电后，其常开、常闭触点不是马上接通或断开，而是延时一段时间，才接通或断开电路，延时时间的长短是可以调整改变的。只要我们掌握这些元器件的特点，其控制电路就很容易看懂了。

电气控制电路分主控电路（一次电路）和辅助电路（二次电路、控制电路）。主电路一般用粗实线画在图纸的上方或左方，它与三相电源相连，连接负载，允许通过大电流，受辅助电路的直接控制；辅助电路是通过较弱电流的控制，用细实线画在图纸的下方或右方，用于控制主电路动作。

（2）看图步骤

1）看产品使用说明书

在看图之前应首先了解设备的机械结构、电气传动方式、对电气控制的要求、电动机和电气元件的大体布置情况以及设备的使用操作方法，各种按钮、开关、指示器等的作用。此外还应了解使用要求、安全注意事项等，对设备有一个全面完整的认识。

2）看图纸说明

图纸说明包括图纸目录、技术说明、元器件明细表和施工说明书等。识图时，首先要看清楚图纸说明书中的各项内容，搞清设计内容和施工要求，这样就可以了解图纸的大体情况和抓住识图重点。

3）看标题栏

图纸中标题栏也是重要的组成部分，它告诉你电气图的名称及图号等有关内容，由此可对电气图的类型、性质、作用等有明确认识，同时可大致了解电气图的内容。

4）看框图

读图纸说明后，就要看框图，从而了解整个系统的组成概况、相互关系及其主要特征，为进一步理解系统的工作原理打下基础。

5）读主电路图

按先读主电路，再读控制电路的顺序识读。看主电路时，通常从下往上看，即从用电设备开始，经控制元件、保护元件依次看到电源。通过看主电路，要搞清楚用电设备是怎样取得电源的，电源是经过哪些元件到达负载，这些元件的规格、型号、作用是什么。

6）看控制电路

应自上而下，从左向右看，即先看电源，再依次看各条回路，分析各条回路元器件的工作情况及其对主电路的控制关系。看控制电路时，要搞清电路的构成，各元件间的联系（如顺序、互锁等）及控制关系和在什么条件下电路构成通路或断路，控制电路是如何控制主电路工作的，从而搞清楚整个系统的工作原理。

7）看接线图

接线图是根据电路原理图绘制的，读接线图时，要对照原理图来读接线图。

先看主电路，再看控制电路。看接线图要根据端子标志、回路标号，从电源端顺次查下去，搞清楚线路的走向和电路的连接方法，即搞清楚每个元器件是如何通过连线构成闭合回路的。读主电路时，从电源输入端开始，顺次经过控制元器件、保护元器件到用电设备，与看电路原理图有所不同。

读控制电路时，要从电源的引入端，经控制元件到构成回路，回到电源的另一端，按元器件的顺序对每个回路进行分析。接线图中的回路标号（线号）是电器元件间导线连接的标记，标号相同的导线原则上都可以接在一起。由于接线图多采用单线表示，因此对导线走向应加以辨别。此外，还要搞清端子排内外电路的连线，内外电路的相同标号导线要接在端子排的同号接点上。

总之，电路原理图是电气图的核心，对一些小型设备，电路比较简单，读图相对容易，但对一些大型设备，由于电路比较复杂，读图难度较大。不论怎样，都应按照由简到繁、由易到难、由粗到细的步骤分步读图，直到完全搞清楚为止。

第9章 内线电工应知应会

1. 临时安全用电的注意事项是什么?

答:① 由于生产需要架设临时线路时，要有一套严格的管理制度，经有关部门负责人批准，签定允许使用期限(一般应不超过3个月)，并有专人负责，定期巡视检查，期满后立即拆除。如继续使用，需严格检修。

② 临时线路要使用合格的设备与器材，导线应使用绝缘电线或电缆，线路布置整齐牢固。

③ 架设临时线路要考虑电力负载平衡、开关保护整定值是否满足要求。

④ 临时线路应有开关控制，不得从线路上直接引出，也不能以插销代替开关来分合电路，有关设备应加遮栏、标示牌等。

⑤ 临时线路不可任意拖拉、马虎架设，可沿建筑物构架敷设。其长度一般不宜超过10m，离地面高度不应低于4m；沿地面敷设应采取穿管保护措施。临时架空线长度不得超过500m，离地面高度不应小于4~5m，与建筑物、树木或其他导线的距离一般不得小于2m。

⑥ 事实证明，在电力线路上发生安全事故者，大多是在临时明敷线路上作业。因此，对明敷临时线路导线接头漏电、破皮、断线落地、破皮导线碰接金属构架等隐患，要经常检查，及时处理。

2. 临时线路有哪些特点?

答:(1) 临时性

一般单位建筑工程工期只有几个月，多则一两年，交工之日，临时用电设施即可拆除。

(2) 美观性

临时线路要使用合格的设备与器材，导线应使用绝缘电线或电缆，线路布置整齐、牢固和美观。

(3) 平衡性

装设临时线路要考虑三相电力负载平衡、开关保护整定值是否满足要求。

3. 临时供电包括哪些内容?

答:根据“在施工现场专用的中性点直接接地的电力线路中必须采用TN—S系统”的规定。用电单位有专门的供电变压器时，应按TN—S系统供电。

实际生产中常采用架空线路供电方式，也可用五芯电缆。

如果建筑施工现场用电量达到100kW，或者是临时用电设备有5台以上时，就应该进行临时供电施工设计。

统计工地的用电量，选择适当容量的电力变压器；草绘施工供电平面布置图，其中包括初步确定电力变压器的最佳位置、供电干线的数目及其平面布局，确定各主要用电点配电箱的位置，计算各条干线的横截面积等。

4. 布局供电线路有哪些要求?

答:供电线路的布局应综合施工总平面图中的各个用电中心及土建设计统筹考虑，应注意：电线杆不能影响地下光缆通信，天然气管道及上下水管道的通畅。除此之外，还应满足供电线路的尺寸要求。例如，建筑物的水平距离应不小于1.5m，与没有门、窗之墙的距离不小于1m，如图9-1所示。

布线应平坦、取直，拐弯处应进行拉线。电线杆间距不大于35m，导线间距不小于0.3m。

5. 怎样架设临时线路?

答:(1) 电源变压器的选择

采用TN—S系统即可。在从零线端子板分出一根保护线PE，形成TN—S系统。

(2) 电源变压器位置的选择

电源变压器的位置关系着供电是否安全、可靠，能否节约电气材料等，一般应考虑以下因素。

① 电源变压器的位置应尽量靠近高压线路，但为了安全，高压线不得穿越施工场地。

② 电源变压器尽量靠近负荷中心。临时线路沿高压线路附近选择负荷中心即可。准确的负荷中心位置可以用平面坐标法计算。

③ 尽量避开危险处，如有开山放炮、化工厂污染、出现有泥石流等处。选在安全可靠，运输方便的地方。

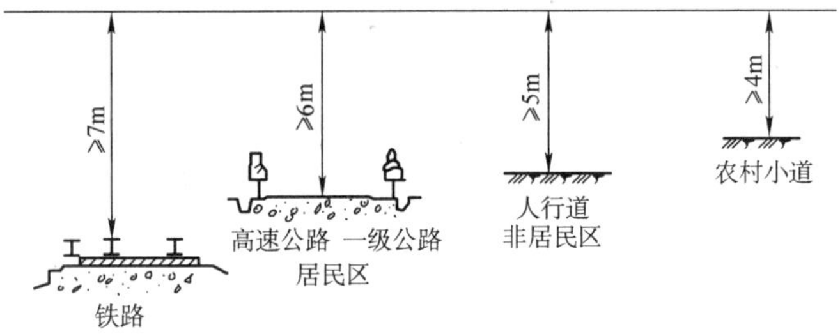

图 9-1 供电线路的布局图

④ 当电源变压器低压为380/220V 时，其供电半径一般不大于 700m，否则供电线路的电压损失将大于5%。室内电源变压器地面宜高出室外地面 0.15m 以上。

(3) 临时线路的架设

根据平面图的要求，进行施工。安装电源变压器，然后根据负荷拉线至所需位置。

6. 怎样用瓷夹板配线?

答: 瓷夹板配线的结构简单，布线费用少，安装和维修方便，但由于瓷夹板较薄，导线距建筑物较近，机械强度也小，容易损坏；因此在室内配线中，瓷夹板配线已逐渐被护套线配线所取代，仅在干燥且用电量较小的环境中应用，如图 9-2 所示。

(1) 瓷夹板的安装过程

先用两个瓷夹板夹住导线的两端，然后拉直用螺钉旋具固定，如图 9-2a 所示。接着安装 3 ~4 组瓷夹板后，把导线放入夹板槽内，左手拉紧，右手用螺钉旋具依次拧紧瓷夹板上的螺钉，如图 9-2b 所示。导线拐弯时，应在拐弯处安装一对瓷夹板，夹住导线，如图 9-2c 所示。

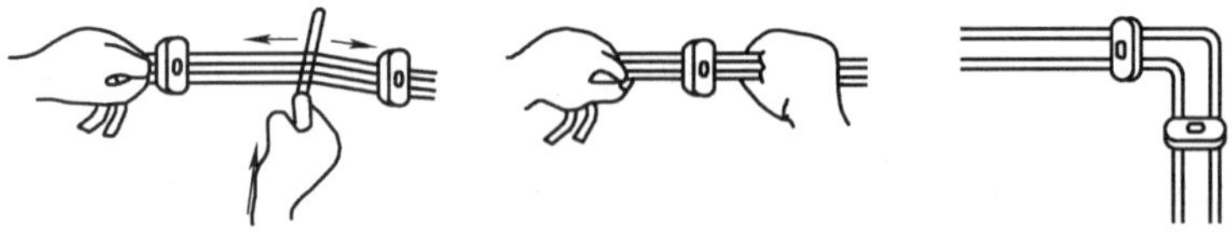

a) b) c)

图 9-2 瓷夹板配线

(2) 瓷夹板线路安装的注意事项

① 瓷夹板线路安装时，铜导线芯线的横截面积不小于 $1mm^2$，铝导线芯线的横截面积不小于 $1.5mm^2$。

② 埋设木榫或其他紧固件的孔应严格地打造在标划的位置上，以保持支持点的档距均匀和高低一致。

③ 安装木榫时尾部不准打烂，尾部应打得与墙面平齐，不能突出或陷进过多。

④ 用黏结剂黏结固定瓷夹板时，应先将瓷夹板底部刷干净，再用湿布擦净晾干，然后将黏结剂涂在瓷夹底部，涂料要均匀，不能太厚，黏结时用手边压边转，使黏结面有良好的接触。调好后的黏结剂，须在 1h 内用完，因此不要一次配制过多，以免凝固不能使用，造成浪费。

7. 怎样利用钢索配线?

答: 钢索线路就是借助钢索的支持，在钢索上吊装护套线路或钢管等线路的一种配线方法。它适合用于一般性厂房内，如当厂房较高，而需要降低灯具安装高度，以提高被照面亮度时，即可采用钢索配线。

钢索线路的安装方法与步骤:

① 根据设计图纸，在墙、柱或梁等处，埋设支架、抱箍、紧固件以及拉环等物件。

② 根据设计图纸的要求，将一定型号、规格与长度的钢索组装好。

③ 将钢索架设到固定点处，并用花篮螺栓将钢索拉紧，如图 9-3 所示。

④ 将塑料护套线或穿管导线等不同配线方式的导线吊装并固定在钢索上。

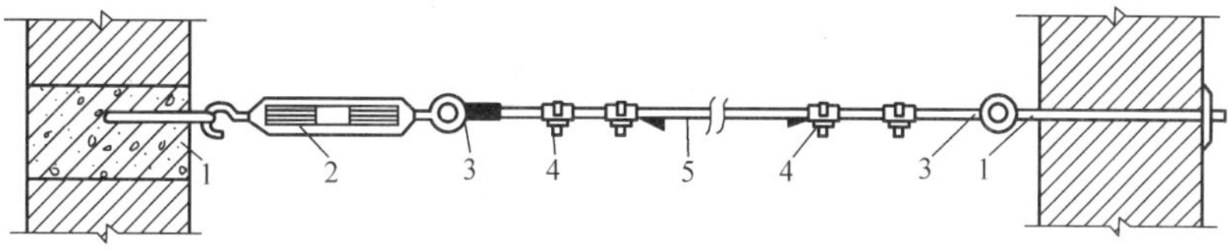

图9-3 钢索配线示意图

1—终端拉环 2—花篮螺栓 3—索具套环 4—钢丝绳扎头 5—钢索

钢索吊装塑料护套线的安装，采用铝片线卡将塑料护套线固定在钢索上，使用塑料接线盒与接线盒固定钢板将照明灯具吊装在钢索上，将接线盒固定在钢板上。

钢索吊装塑料护套线布线时，照明灯具一般使用吊链灯，灯具吊链可用螺栓与接线盒固定钢板下端的螺栓连接固定。当采用双链吊链灯时，另一根吊链可用 20mm ×1mm 的扁钢吊卡和 M6 ×20mm 的螺栓固定，如图 9-4 所示。

(单位：mm)

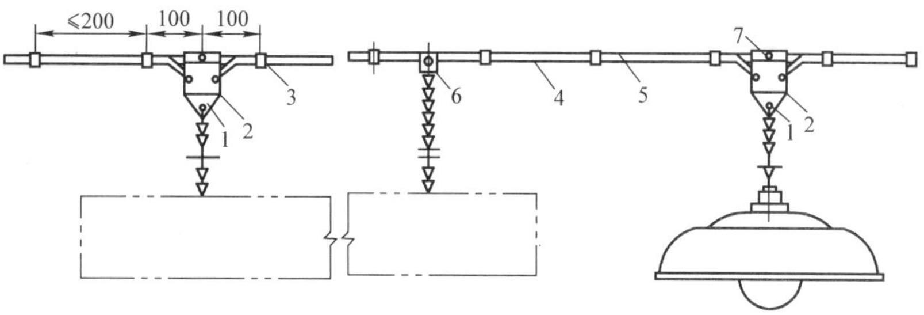

图9-4 钢索吊装塑料护套线线路

1—接线盒固定钢板 2—塑料接线盒 3—铝片线卡 4—塑料护套线 5—钢索 6—吊卡 7—螺栓

8. 怎样利用护管配线?

答: ① 护套线不得直接埋入抹灰层内暗配敷设及不得在室外露天场所直接明配敷设。

② 护套线明配敷设时，导线应平直，紧贴在建筑物的敷设面上，不应有松弛、扭绞和曲折现象；弯曲时不应损伤护套和芯线的绝缘层，弯曲半径不应小于导线护套宽度的3倍。

③ 固定护套线的线卡之间的距离一般为 150 ~200mm；线卡距接线盒、灯具、开关、插座等 50 ~100mm 处应增加一个固定点。在导线转弯时也应在转弯点两侧 50 ~100mm 处增加固定点，将导线固定牢靠。

④ 护套线线路中间不应有接头，分支或接头应在灯座、开关、插座或接线盒内进行。在多尘和潮湿的场所应用密封式接线盒。

⑤ 护套线与接地体、不发热的管道交叉敷设时，护套层应引入接线盒内或器具内。

⑥ 护套线进入接线盒或与器具连接时，护套层应引入接线盒内或器具内。

⑦ 在空心楼板板孔内暗配敷设时，不得损伤护套线，并应便于穿导线；在板孔内不得有接头，板孔内应无积水和脏杂物。

9. 车间设备的操作方法有哪些?

答: ① 对车间配电干线进行合闸、拉闸时，应由电气值班人员执行。各机组的供电线路应由机组有关工作人员进行操作，但操作人员应受过电气安全技术教育并熟悉该机组及电气设备性能。

② 在配电箱、母线、吊车线以及其他较复杂的低压设备上进行检修和安装工作时，应由两人进行。一人工作，一人监护。

③ 对带电部分检修时，应保持一定的安全距离，如果距离达不到安全要求，必须设法隔离，以免触及。

④ 保护电气设备的保护装置动作后，应查明故障原因，消除故障后，方可恢复保护装置或更换熔丝。

⑤ 测量电动机转速时，应在没有装带轮的一端进行。如果因地点限制，必须在装有带轮的一端进行时，应使用长柄转速表，并提高警惕，以免带轮伤人。

⑥ 在检查机电设备故障原因不明时，未查出事故情况，必须与该机操作人员密切配合，操作检查试验，以免发生设备或人身事故。

⑦ 在高空检修行车时，必须注意轨道上及滑线是否有人以及地面过路人员的安全，并严格遵守下列规定。

a. 必须有两人进行工作。

b. 必须断开来自地面的一切电源开关(拉开开关,拔去熔丝管)，并挂上“有人工作，禁止合闸”的警告牌。必要时派人守护，如需通电检查故障或试车时，应设专人上下联系，才能进行操作。

c. 参加检修的工作人员要互相照顾，加强联系，服从工作负责人的统一指挥。

d. 如需对吊车、行车进行试车，在合闸前应先得到吊车、行车上的检修人员的通知后，工作负责人下命令，地面的工作人员才能合闸送电。

e. 维护人员必须注意吊车上的电气设备及绳索等是否有松脱现象，检查所用工具、器材，不得遗留在吊车上。

10. 内线电工的巡视制度有哪些?

答: ① 变(配)电室的值班人员和经领导批准的非值班人员允许单独巡视电气设备。巡视时只许在遮栏外面，不得对设备进行任何操作。

② 若发现高压设备接地时，室内不得接近故障点4m以内，室外不得接近故障点8m以内。进入上述范围时，人员必须穿绝缘鞋，接触设备外壳和构架时，应戴绝缘手套。

③ 雷雨天气巡视室外高压设备时应穿绝缘靴，并且不得靠近避雷器和避雷针。

④ 变(配)电室设备的倒闸操作必须得到电气负责人或变(配)电室值班负责人的批准，受令人复述无误并做好记录后，填写操作票，方可进行工作，并在“监护人”签名处填入发令人的名字，有调度协议者应按调度协议执行。

⑤ 在变(配)电室配出的线路上进行操作时，应办理工作票，严禁约时停送电。

⑥ 停电拉闸必须按照开关、负荷侧刀开关、电源侧刀开关顺序依次操作，送电时合闸顺序与此相反，严禁带负荷拉刀开关。

⑦ 下列项目应填入操作票内：应拉合的开关和刀开关，检查开关和刀开关的实际位置，检查接地线是否安装或拆除，检查负荷分配，安装或拆除控制回路电压互感器回路的熔断器，切换保护回路并检验是否确无电压等。

⑧ 操作人员和监护人员应根据模拟图板或接线图核对所填写的操作项目，并经值班负责人审核签名。

⑨ 操作前应核对设备名称、编号和位置，操作中应认真执行监护复述制。必须按操作顺序操作，每操作完一项，做一个记号“√”，全部操作完毕后进行复查。

⑩ 倒闸操作必须由两人执行，其中对设备较为熟悉者进行监护。一般由副值班员操作，正值班员监护，复杂操作还须有负责人在场监护。单人值班的变电室必须严格按操作规程进行操作。雷雨天时，禁止进行倒闸操作。

⑪ 操作中有疑问时不准擅自更改操作票，必须向发令人乃至电气负责人和变电室领导(值班负责人)报告，弄清楚后再进行操作。

⑫ 用绝缘棒拉合刀开关或经传动机构拉合刀开关和开关时均应戴绝缘手套。雨天操作室外高压设备时，绝缘棒应有防雨罩，应穿绝缘靴。接地网电阻不符合要求的，晴天也应穿绝缘靴。有雷电时，禁止进行倒闸操作。

⑬ 装卸高压熔断器时，应戴护目眼镜和绝缘手套，必要时使用绝缘夹钳，并站在绝缘垫或绝缘台上。

⑭ 电气设备停电后，即使是事故停电，在未拉开有关开关和做好安全措施以前，不得触及设备或进入遮栏，以防突然来电。

⑮ 在发生人身触电事故时，为了解救触电人员，可以不经许可断开有关设备的电源，但事后必须立即

报告上级及有关部门。

11. 内线电工的安全工作规程有哪些?

答: ① 变(配)电室内外要保持清洁，道路不得堵塞。在室内使用携带型火炉及喷灯时应远离导电部分。10kV 及 10kV 以下间隔距离不得小于 1.5m，10kV 以上间隔距离不得小于 3m。不允许在带电设备附近点燃火炉和喷灯。

② 在带电设备下搬运物件应特别小心。如搬运梯子、管子等长物时，应放倒后由两人搬运，并与带电部分保持足够的安全距离，必要时由值班人员严格监护。在高处工作传递物件时，不得上下抛掷。夜晚工作时应有充足的照明。

③ 严禁将易燃易爆物品带入工作现场。如果因工作需要必须带入工作现场时，应有防止燃烧和爆炸的措施。遇有电气设备着火时，应立即切断设备电源，然后进行救火。对带电设备应使用干式灭火器、二氧化碳灭火器或四氯化碳灭火，不得使用泡沫灭火器灭火。而对注油设备应使用泡沫灭火器或干燥的砂子等进行灭火。

④ 在带电设备周围禁止使用钢卷尺、皮卷尺和线尺(带有金属丝者)进行测量工作。

⑤ 在电容器组上或进入其围栏内工作时，应先将电容器逐个多次放电并接地。

⑥ 装建容量在 1000kVA 及以上用户的变(配)电室应有运行模拟图，各变(配)电室应配备全套安全工具。

⑦ 检修人员进入变(配)电室后应先与值班人员联系，等值班人员做好安全措施后才能开始工作。非值班人员需要进入变(配)电室时，应由值班人员带领并进行监护，未经许可不得靠近高压设备。

12. 对变(配)电室的值班工作有哪些要求?

答: 供电电压在 6kV 及以上的供电单位和容量在 560kV·A 及以上的用电单位，一般都应配备电气运行值班电工。电气运行值班电工的条件应符合电气安全工作规程。

变(配)电室的值班人员必须熟悉本站电气设备的性能及运行方式，并掌握相关操作技术。值班负责人和单独值班人员应由有实际工作经验的人员担任，并经领导批准。

变(配)电室的值班人员一般不少于两人。对于设备简单和不重要的变(配)电室，可由单人值班。高压设备由单人值班时，必须具备下列条件。

① 室内高压设备的隔离室设有遮栏，其高度应为 1.7m 以上。遮栏应安装牢固，门应加锁。

② 单人值班时，不应进行高压设备清扫或检修工作，也不能进行装设接地线工作。

③ 室内高压开关的操作机构，应用墙或金属板进行隔离，或装有远距离操作机构。

④ 不论高压设备是否带电，值班人员不得单独移开或越过遮栏进行工作，若有必要移开遮栏时，必须有监护人员在场，并符合高压设备的安全距离。

⑤ 在变(配)电室进行停电检修或安装时，值班人员应负责完成有关安全措施(如停电、验电、接地线、装遮栏、挂标示牌等)，并向工作人员指明停电处并指明带电设备所在位置。

13. 停电检修应注意哪些问题?

答: 停电检修必须事先做好全部准备工作，方可进行检修工作。停电检修分全部停电检修和部分停电检修两种，其工作顺序如下。

(1) 停电

应根据工作内容，做好全部(或部分)停电的倒闸操作，必须将有可能送电到检修设备的线路开关或刀开关全部断开，并要有一个明显的断开点。

除此之外，还要做好防止误合闸措施。如在开关或刀开关的操作手柄上悬挂“禁止合闸，有人工作”的警示牌，必要时加锁，切断低压断路器的操作电源等。对多回路的线路，要防止其他方面突然来电，尤其要注意防止低压方面的反馈电。

(2) 放电和验电

停电后，为消除被检修设备上的残存电荷，应对线与地间、线与线间逐一放电。放电时应用临时接地线，用绝缘棒操作，避免人手与放电导体相接触。由于电力电容器，电力电缆等设备的残存电荷较多，要先经放电电阻放电，然后再短接。放电后应用合格的验电器对检修设备进行验电。验电时，应按电压等级选用相应的验电器。

(3) 装设携带型接地线

为防止意外来电，应在停电检修设备的来电电源侧装设携带型接地线。装设接地线的工作必须由两人进行。若为单人值班，只允许使用接地刀开关接地，或使用绝缘棒和接地刀开关。装设接地线时，必须先接接地端，后接导体端，并应接触良好。拆除的顺序与此相反。装、拆接地线时，均应戴绝缘手套。

(4) 装设遮栏和悬挂警示牌

在部分停电检修工作中，对于可能碰触的导体或线路，在安全距离不够时，应装设临时遮栏及护罩，将带电体与检修设备、检修线路隔离，悬挂“禁止合闸，有人工作”的警示牌，以提醒人们注意，确保检修工作人员的安全。

检修工作结束后，必须将工具、器具材料等收拾清理。然后拆除携带型接地线、临时遮栏、护罩等，再摘掉开关、刀开关手柄上的警示牌，经检查无误后才可进行送电的倒闸操作。

14. 带电检修应注意哪些问题?

答：带电检修是指在有电设备或导体上进行的工作。

(1) 带电工作制度

① 检修人员应由经过严格训练，考核合格的电工担任。

② 工作时必须保证有足够的安全距离。

③ 必须严格执行监护制度。

④ 必须使用合格的并经检查确实是安全可靠的绝缘手柄工具。

⑤ 检修工作的时间不宜太长。以防检修人员注意力分散而发生事故。

(2) 低压带电工作制度

① 工作人员应由经过严格训练，考核合格的电工担任。

② 工作时应由有低压带电工作实践经验的人员监护。

③ 使用合格的绝缘手柄工具，严禁使用无绝缘手柄的金属工具。

④ 作业电工应穿好长袖工作服，戴绝缘手套、安全帽和穿绝缘鞋并站在干燥的绝缘垫上工作。

⑤ 在高低压同杆架设的低压带电线路上工作时，应先检查与高压线的距离，采取防止误碰高压带电设备的措施。

⑥ 在低压电导线未采取绝缘措施前，工作人员不得穿越。

⑦ 在带电的低压配电装置上工作时，要保证人体和大地之间、人体与周围接地金属之间、人体与其他相的导体或零线之间有良好的绝缘或相应的安全距离。应采取防止相间短路和单相接地的隔离措施。

⑧ 上杆前须分清相线、零线，选好工作位置，带电导体只允许在作业电工的一侧。断开导线时，应一根一根剪断，先断开相线，后断开零线；搭接导线时，应先将线头试搭，然后先接零线，后接相线。

⑨ 因低压相间距离很小，检修中要注意防止人体同时接触两根线头。

15. 怎样进行倒闸操作?

答：倒闸操作是确保安全经济供电的一项极其重要的工作，每一步操作都关系到设备和人身的安全，所以，必须以高度认真负责的精神，严格执行倒闸操作制度。

倒闸操作必须根据倒闸操作票的内容进行。其内容包括：发令人、受令人，操作目的和操作任务、操作项目和操作顺序、操作人和监护人签名、操作开始和结束时间，书写时应字迹清晰，整洁；不得涂改每个项目。操作完毕，经检查无误后即打“√”号；操作要执行完毕，操作人应写明“已执行”并签名。

(1) 送电操作的一般程序

① 检查设备上装设的各种临时安全措施并确认接地线已完全拆除。

② 检查有关的继电保护和自动装置确已按规定投入。

③ 检查断路器确实在开闸位置。

④ 合上操作电源与断路器控制回路中的熔断器。

⑤ 合上电源侧隔离开关。

⑥ 合上负荷侧隔离开关。

⑦ 合上断路器。

⑧ 检查送电后，负荷、电压应正常。

(2) 停电操作的一般程序

① 检查有关仪表计量指示是否允许拉闸。

② 断开断路器。

③ 检查断路器确实在断开位置。

④ 拉开负荷侧隔离开关。

⑤ 拉开电源侧隔离开关。

⑥ 切断断路器的操作电源。

⑦ 拉开断路器控制回路中的熔断器。

⑧ 按照检修工作票要求布置安全措施。

16. 高压跌落式熔断器的操作顺序是什么?

答: (1) 送电

① 在变压器二次确认无负荷条件下方可合闸操作。

② 先合两边相，后合中间相。

(2) 停电

① 必须先断开变压器二次全部负荷，方可进行高压停电操作。

② 先断开中间相，后断开两边相。

17. 移相电容器合理运行的规程是什么?

答: 变电室是提供全厂用电的枢纽，对它的要求不只是安全运行还要经济运行，也就是说变电室在供电方面不单是一个技术问题，还包含着经济问题。经济运行能使全厂每月少支出电费，降低产品用电单耗，降低产品成本。要收到预想效果，其中主要手段是改善全厂功率因数。改善功率因数的方法很多，普遍常用的方法是安装移相电容器进行无功补偿，无功补偿分高压侧补偿和低压侧补偿。一般中小型厂、矿企业、机关、学校都采用低压侧集中补偿方式，即移相电容器集中安装在变电室内，接在变压器低压侧母线上。电容器单独一个屏，操作方式分手动、自动两种。低压集中补偿的移相电容器合理运行的规程如下。

① 电容器不能有漏油、渗油现象。

② 电容器上不能有油垢、灰尘。

③ 运行时三相电流应基本平衡，如严重不平衡，说明分路熔断器有烧断的，要及时更换相应的熔丝。

④ 运行时三相电压应接近额定值，如电压超过电容器自身额定电压(400V)的1.1倍(440V)时，电容器应退出。理由如下:

a. 电容器自身发热损耗(即介质损耗)和电压平方成正比，电压增高10%，其发热损耗则增加21%，电容器容易鼓肚，甚至破裂、爆炸。

b. 电容器有两个作用：一是提高功率因数；二是提高端电压。如电压升高到440V，低压配电屏上的接触器吸持线卷、万能式低压断路器失电压线全都是380V的，若加440V电压长时间运行，线圈会烧毁。如电容器退出，电压则明显下降，这样就能保证低压电器的安全运行。当电压升到440V时，相电压则升至254V，对照明专用电容器是否需要投退，投退量多少，是由功率的好坏和负荷的大小来决定的，要保持功率因数在0.95以上(指低压侧计费的)。

⑤ 全厂月平均功率因数，低压侧计费的要在0.95以上，满压侧计费的也要在0.95以上，否则要罚款。每月底值班电工须知道本月全厂平均功率因数为多少。

⑥ 中午、晚上、夜间非生产时间，要按时退出电容，以免造成过补偿，使变压器电流无谓增加，电压升高。相反倒增加了变压器的铜损耗。

⑦ 电容器放电电阻必须可靠，不能断路，保证电容器自动放电，否则电容器残存大量电荷，下次合闸时容易产生大电流冲击，烧毁熔断器。

⑧ 电源停电后，电容器要自动退出，否则下次来电时容易产生电流冲击。

18. 变压器对周围环境有哪些要求?

答: ① 变压器周围严禁有灰尘、腐蚀性气体。

② 变压器室必须是砖墙，不得用木质类围墙。屋顶也不得用木质类、油毡类建筑物。

③ 变压器室门要用金属制成并向外开，门外要写有“高压危险”字样。门用铁锁，铁锁要采取防雨措施(如用塑料布包扎)。

④ 对于6~10kV，800kVA及以上的变压器，变压器下边应有储油坑，坑内铺上卵石，地面向坑边要稍有倾斜。

⑤ 变压器室门侧下方应有通风道，墙上高处应开设通亮窗口。

⑥ 变压器室内要装有照明灯。

⑦ 变压器室屋顶应装有变压器吊心用的吊环。变压器室必须干净，不得堆放其他物品特别是易燃易爆物品。

19. 变压器的运行规则有哪些?

答: ① 运行中的变压器低压侧电压不应与额定电压相差±5%。

② 变压器最大不平衡电流(中性线电流)不得超过低压侧额定电流的25%。

③ 一般变压器不提倡满负荷运行，因其经济运行负荷率为40%~70%，因此，各相电流不得超过额定电流。

④ 变压器上层油温不得超过85℃。

⑤ 变压器油绝缘强度要合格：35kV以上的变压器，新油为40kV/2.5mm，运行中的油为35kV/2.5mm；10kV的变压器，新油为30kV/2.5mm，运行中的油为25kV/2.5mm。不合格者要及时更换或过滤。

⑥ 变压器不得有漏油、渗油现象，变压器器身要干净不得有油垢、灰尘。油位计内的油位应正常。

⑦ 装有防爆管的变压器，防爆管端部玻璃应完整无缺，不得有裂纹现象。

⑧ 变压器呼吸器内吸潮剂(硅胶)要经常检查，发现潮湿要及时更换。

⑨ 装有压力式温度计的变压器，从感温元件(温包)到表头的一段连线(毛细管，里边是空心的)，不得有压扁、折断现象。

⑩ 变压器外壳及中性点与室外接地极相接，接地电阻不得大于4Ω。

⑪ 变压器保护装置应满足选择性的要求，即当低压侧母线短路时，低压侧的短路保护装置应可靠地先动作切断低压侧总电源。高压侧短路保护装置不宜动作，但当变压器低压线圈和从低压瓷瓶到低压短路保护装置前一段线路发生短路时，高压侧短路保护装置应迅速动作，切断高压电源。

⑫ 小容量变压器，高压侧短路保护装置一般选高压熔断器，低压侧短路保护装置有的选熔断器，有的选低压断路器。高压侧熔丝额定电流是按变压器高压额定电流乘上一定倍数来计算。一般6~10kV的变压器。100kVA及100kVA以下者，按其额定电流的2~3倍计算；100kVA以上者，按其额定电流的1.5~2倍计算。低压侧熔丝额定电流按变压器低压侧额定电流或略大一点的电流计算。

⑬ 变压器运行时，其声音应正常，不应有“吱吱”的放电声或“爆豆”声。发现变压器声音异常时，必须及时检查原因，并妥善处理。

◆◆◆第 10 章　维修电工应知应会

1. 维修电工应具备哪些基础知识？

答： 维修电工除应具有一定的理论知识外，还要有一定的实践经验。要在实践中边干边学，实践中有许多书本上找不到的知识和宝贵的经验。

（1）理论是维修的基础

电器产品的种类繁多，但不管哪种产品的电路都可以归纳为几种类型。例如，电器元器件的维修、照明电路的维修、电动机的维修、仪器仪表的维修、家用电器的维修等。在弱电方面，按基本功能分，可大致分为放大、整流、开关和振荡四种。还有如缓冲、滤波、整形以及分频、倍频等。所以维修电器产品必须很好地掌握基本电路的工作原理和维修方法。

（2）实践是提高维修技术的根本途径

熟练的维修人员能从整机故障的现象中很快地确定故障元件的位置。例如，一位经验丰富的电视机修理人员，通过一定的步骤观察图像，便可知道哪个元件坏了，进而快速排除故障。检修电器产品，要有熟练的工作经验才行。检修电器产品要从错综复杂的故障现象中辨别出是什么故障，故障辨清后，又要从众多的元件中找出损坏的元件。但任何复杂的事物都具有一定的规律，问题是如何认识这种规律。对于初学者，当具备了一定的基本知识后，关键在于实践，经过一定的实践，掌握了一定的检修方法，积累了一定的经验，就由被动变为主动。学习维修应先弄通电路原理，熟悉产品各部分的结构，测一下电路各点的电压，逐步发现问题，再对照原理分析一下毛病出在什么地方，每维修一台机器后，也要用原理对照一下，看看元件更换得对不对，有没有道理。这样边干边积累经验，也加深了对理论的理解。

既要提倡敢于实践，又要反对盲目实践，在没有理论指导下实践，乱拆乱换，不但不能找到故障所在，还会致使故障扩大。

（3）细心操作是维修的保证

在检修电器产品中，由于操作不当而引起人为故障的例子很多，既浪费时间，又可能损坏元件。即使分析故障时判断正确，但操作粗心大意便会前功尽弃。因此，有经验的修理人员，遇到自己不太熟悉的机型，并不急于动手检修。往往是先熟悉一下方框图，看看具体的电路结构及电路有什么特殊要求，各级电流、电压的具体数据等，做到心中有数再进行修理。初学者在学修过程中，要养成分析问题的习惯，也要养成细心的习惯。例如，当焊开元件进行检查时，一定要使这个元件恢复到原位；在替换元件时，焊点一定要焊牢；更换变压器、晶体管和集成电路等元器件时，要记下各引线的连接点，安装时不可接反、接错。这些看来似乎是小事，但做好了就可以收到事半功倍之效，做得不好就要走弯路。

2. 电器产品的基本检修方法有哪些？

答： 检修电器产品的方法就是如何判断故障部位和排除故障。电器设备的故障是多种多样的：有些故障从表面上就清楚了；有些故障略加检查，做些简单修理，电器就可以恢复正常工作；有些故障必须反复检查，才能发现；而有些故障需借助于专门仪器检查才能发现。

一般的电器产品都有几十、几百个元件，甚至成千上万个元件，若靠检查每个元件来发现其中的故障，是很困难的。因此必须掌握基本的检修方法。

（1）直接检查法

直接检查法一是种初步检修法，根据故障现象先察看一下有关部位和元件，有时能够将故障找出来。用眼睛观察到设备的某个元件发焦、某处元件引线脱落、焊点松动、元件相碰以及印制电路板锈蚀、断裂等；在接通电源检查时，有跳火、冒烟等。除了用眼看以外，有些故障还可以用听、嗅、摸等辅助方法检查。例如，有异常声音、异味、元件烫手等。

(2) 电压检查法

电器产品正常工作的重要条件之一是各级电路加有正常的工作电压、电路中工作电压失常，就无法正常工作，就会出现故障。因此许多故障都与工作电压是否正常有关，电压检查法主要利用万用表或晶体(电子)管电压表测量电源电压、电路中各级电压，以及各级电路中的晶体管的发射极的电压，集电极—发射极间的电压及其相关的阻容元件上的电压等，判断电路的工作状态，查找故障部件位置和元件。

(3) 信号注入检查法

有些电子设备，如收音机、电视机和示波器等，为了判断其故障情况，要把相应频率的信号发生器产生的信号，注入到电路中，用以检查有关放大器的工作情况。如果在电路最前级注入信号，而无输出(声音、图像)，需逐次向后移动注入信号的级，直到有输出为止，故障就在此处的前级。

在无信号发生器的情况下，为了方便地判断出故障部位，有经验的维修人员可用手拿一小螺钉旋具，指头贴住小螺钉旋具的金属部分，用刀口去触碰电路中除接地或旁路接地的各点，这相当于在该点注入一个干扰信号。这种方法也称为“干扰法”。用干扰法检查故障，一般由电路的末级向前级依次注入干扰信号。如果检修的是收音机电路，被触点以后的电路工作正常，喇叭里有“喀喀”声，越往前级越响。如果触碰各点均无声，则故障多半在末级；如果从后向前注入干扰信号，到某一级无声，故障就在此级。

(4) 代替法

在检修时，如发现可疑的元件，可用一个好元件代替它试一下，如果故障消除了，则证明所怀疑元件的确是坏的。有的大设备，可以用备用的单元电路或电路板替换有故障的单元电路或电路板，这种方法叫“代替法”。

(5) 逐步接近法

电器产品的检修方法很多，但没有一种方法，对各种情况都是最佳的。然而可以找到一种适合大多数情况的方法——逐步接近法。逐步接近法就是用逐级进行分析的方法分析电路故障，它是一种综合性的检修方法，它可以用到上述各种基本检修方法，首先找到出故障的级，然后再找到出故障的元件。

逐步接近法的步骤是：①初步检查。②熟悉整机。③把故障范围缩小到某一级。④把故障范围缩小到故障元件。⑤替换坏的元件，并检查整机恢复工作的情况。

初步检查即直观检查。这种检查似乎相当肤浅，但却不容忽视。在初步检查中，花一点力气会节约时间和避免混乱，防止扩大故障的好处。值得注意的是，一旦忽视这种检查就可能出现别的问题。

初步检查包括：试作正常操作、电源与外观的检查。

先检查整机的所有开关和调整机构。简单地说，要证实问题确实存在，并且问题不是因操作不当而引起的。接着，检查电源的初级，电源线是否开路，电池电压足不足，接线有无开路处，熔丝是否烧断。

外观检查包括：寻找有无冒烟，打火或电弧产生，有无拆断现象，松脱的接头，有无烧坏的元器件……，如果有，可以找出故障的原因。如果在初步检查中，没有找出故障的原因，维修人员就必须熟悉整机。

首先，必须了解设备的输入和输出，以及整机的方框图。一般电子设备的技术说明书都提供框图。如果没有图纸，维修人员应自行绘制。框图是由原理图简化而来的。它说明整机有几级，以及级与级之间的连接。在检修过程中，原理图是重要的。

除框图外，维修人员应当了解每一级的正常输入和输出。一些工厂产品提供的维修框图和原理图都标出了各级间的正常电平或波形。但是，在许多情况下，维修人员必须自己对各级进行分析，并确定其正常电平或波形。

在被检修设备的输入端加上额定的输入信号，维修人员逐级检查其输出情况，当判别出哪一级的输入为正常而输出异常时，那么这一级就是故障级。

然后，就要判别这个故障级中损坏的元器件，并予以掉换。最后复查一下设备整机的工作是否恢复正常。

总而言之，检修电器产品包括：把故障缩小到某一级，分析各级的情况，以及在故障级中找出损坏的元器件。

3. 怎样对车间设备进行维护?

答: ① 对设备检查时，应注意不要触及或靠近带电导体及正在运行的设备，如传送带、齿轮和天车等设备。

② 在车间各项工作中，非电气工作人员，不得进入配电盘后面。如果工作确实需要，必须经领导和电工许可。若配电盘带电时，必须有电工监护，方可进入。

③ 在车间内尽量采用停电工作，如需带电作业，则应遵守下列各项要求。

a. 高压带电作业必须由经过专门带电作业训练的专业人员担任，且每项工作应有具体的安全技术措施。

b. 低压带电作业应由熟练的电工担任，在绝缘导线或简单设备上工作应使用绝缘工具。在裸体导线或复杂的设备上工作应有安全技术措施，并应有专人监护。

④ 新装电动机试运行前，必须安装良好，接线正确，保护齐全，性能符合使用要求。电动机风叶端盖底座等部件要紧固。

⑤ 电动机起动或试车前，应检查四周有无杂物，并用手将电动机转动数转，确无障碍才能起动(经常开动的小型电动机除外)。

⑥ 在带电设备上进行工作时，应先检查外壳保护接地是否良好，如果要移动正在使用的电气设备(如电风扇,鼓风机等)，必须首先切断电源，禁止在电动机转动部件附近使用拖把进行清洁工作。

⑦ 电气工作人员维护检修电气设备或开动设备检查故障时，必须注意周围及同一电气连接部分的其他工作人员的安全，防止误操作造成人身事故。

4. 刀开关常出现哪些故障? 怎样维修?

答: 刀开关是我们生活和生产中常用的开关器件，由于操作不当或年长日久，会出现各种故障，现就发生的故障和维修方法介绍如下。

1) 故障现象：熔丝熔断

故障原因：

① 所带的负载短路。

② 负载过大，引起电流过大。

③ 刀开关熔丝未压紧。

维修方法：

① 拉下刀开关，更换同型号的熔丝。若怀疑线路负载短路，用小钳形电流表测量线路电流，查找出短路点。若测得某处主线路无电流时，则证明短路点就在此处附近。找到短路点后，进行修复。

② 打开刀开关，观察熔丝熔断情况。负载较大超负荷时；更换大一号的熔丝，但更换熔丝时需要考虑在刀开关容量的允许范围内。

③ 如在垫片下熔断而整个熔丝完好无损，这通常是因为熔丝未压紧，引起接触电阻增大发热引起。及时要更换新垫片，清除刀开关的氧化层，更换同型号的熔丝，压紧螺钉。

2) 故障现象：刀开关被烧坏

故障原因：

① 刀片与底座插口接触不良。

② 刀开关压线固定螺钉未压紧。

③ 刀片合闸时合得过浅。

④ 刀开关容量与负载不配套，过小。

⑤ 刀开关负载端短路，引起刀开关短路或弧光短路。

维修方法：

① 断开刀开关，切断电源，用钳子修整刀开关底座插口片，使刀开关合上后刀片与底座能良好接触。

② 检查刀开关压线处的发热电线绝缘外皮是否烧坏。若烧坏，则说明刀开关固定线螺钉未压紧电线。这时，要重新把电线从刀开关接线孔拉出，剥去绝缘皮，清理生锈面后，重新把电线插入刀开关接线孔内并用螺钉压紧，烧坏的电线端要用绝缘胶布重新包好。

③ 每次合闸时都用力把刀开关合到位。

④ 在线路容量允许的情况下，更换额定电流更大一级的刀开关。

⑤ 刀开关因受潮、进水发生短路故障并引起相间弧光短路，有时也会因负载侧短路、刀开关本身线头短路和接触不良等原因，导致合闸瞬间产生弧光短路烧坏刀开关。因此，平时要特别注意刀开关的维修，尽可能避免接触不良和短路事故的发生。

如果刀开关被烧坏，一定要更换同型号新的刀开关，不能图省事，凑合用，因为出现过弧光短路的刀开关即使经摩擦暂时能用，但在以后使用中仍易再次出现弧光短路事故。

3）故障现象：刀开关漏电

故障原因：

① 刀开关受潮或遭雨淋。

② 刀开关在油污、导电粉尘环境中工作时间过长。

维修方法：

① 若发现刀开关受潮或遭雨淋，禁止使用，并切断电源用干棉布将其擦干净再用。若受雨淋严重，则要拆下进行烘干处理后装上再用。

② 在断电情况下清除刀开关油污、粉尘，然后用酒精重新清洗刀开关并进行烘干处理后再使用。在环境受污染严重的场合使用刀开关时，要用小箱子包装起来，或换成封闭式负荷开关。

4）故障现象：拉闸后，刀开关刀片及刀开关下桩头仍带电

故障原因：

① 刀开关进线与出线反接。

② 刀开关倒装或水平安装。

维修方法：

① 刀开关进线与出线的安装如不按规定操作，则很容易发生事故。正确的安装方法是：刀开关的上边接线孔内接电源进线，下边接线孔内接负载端。可用验电笔检查刀开关进线与出线是否正确。

② 在装配刀开关时，禁止倒装刀开关和水平装设刀开关。

5. 交流接触器常出现哪些故障？怎样维修？

答：1）故障现象：接触器相间短路

故障原因：

① 接触器在潮湿、尘土、水蒸气或有腐蚀性气体的环境下工作造成短路。

② 接触器灭弧盖损坏或脱落。

③ 负载短路造成接触器触点同时短路。

④ 正反转接触器操作不当，加上联锁互锁不可靠，造成换向时两只接触器同时吸合。

维修方法：

① 改善工作环境，保持清洁。

② 重新选配接触器灭弧罩。

③ 处理负载短路故障。

④ 重新检查接触器互锁电路，并改变操作方式。

2）故障现象：接触器触点熔焊

故障原因：

① 接触器负载侧短路。

② 接触器触点超负载使用。

③ 触点表面有异物或有金属颗粒突起。

④ 触点弹簧压力过小。

⑤ 接触器线路接触不良，使接触器瞬间多次吸合释放。

维修方法：

① 首先断电，用螺钉旋具把熔焊的触点分开，修整触点接触面，并排除短路故障。

② 更换容量大一级的高质量接触器。
③ 用钢锉把接触器触点表面修整平整并清除异物。
④ 重新调整好弹簧压力。
⑤ 检查接触器线圈控制回路接触不良处，重新把线路接通或更换电气元件，使其通断可靠良好。
3）故障现象：接触器铁心吸合不上
故障原因：
① 电源电压过低。
② 接触器控制线路有误或接不通电源。
③ 接触器线圈断线或烧坏。
④ 接触器磁铁机械部分不灵活及动触点卡住。
⑤ 触点弹簧压力过大。
维修方法：
① 如果测得值与线圈额定电压差别太大，则要从电源上查找原因并调整电压达到正常值。
② 更正接触器控制线路，按正确线路连接；更换损坏的电气元件。
③ 用万用表电阻档在接触器线圈断电情况下，测线圈电阻，如电阻过大、线圈断路或短路，应更换线圈。
④ 修理接触器机械故障，去除生锈，并在机械动作机构处加些润滑油；更换损坏零件。
⑤ 按技术要求重新调整触点弹簧压力。
4）故障现象：接触器铁心释放缓慢或不能释放
故障原因：
① 接触器铁心端面有油污造成释放缓慢。
② 反作用弹簧损坏，造成释放慢。
③ 接触器铁心机械动作机构被卡住或生锈动作不灵活。
④ 接触器触点熔焊造成不能释放。
维修方法：
① 拆开接触器，把动铁心取出，用棉布反复擦拭铁心两端面，把油污擦净，重新装配好。
② 更换新的反作用弹簧。
③ 拆开接触器，检查机构卡住的原因，修理或更换损坏零件；清除杂物与除锈。
④ 用螺钉把动、静触点分开，并用铁锉修整触点表面。修好后要查出熔焊原因，进行处理。
5）故障现象：接触器线圈过热或烧毁
故障原因：
① 电源电压过高。
② 操作接触器过于频繁。
③ 环境温度过高。
④ 接触器铁心端面不平。
⑤ 接触器动铁心有机械故障，使其通电后不能吸合，匝间短路。
维修方法：
① 测量接触器上的工作电压是否与接触器线圈的额定电压相符，如电压过高或过低，将其调整到正常电压值上。
② 改善工作环境温度，加强散热。
③ 清洗擦拭接触器铁心端面，严重时更换铁心。
④ 检查接触器机械部分动作是否灵活，如果线圈已烧毁，修复后应更换同型号的线圈。
⑤ 排除造成接触器线圈机械损伤的原因，更换接触器线圈。
6）故障现象：接触器主触点过热或灼伤
故障原因：
① 接触器在环境温度过高的地方长期工作。

② 操作过于频繁，触点超程太小。
③ 触点表面有杂质或不平。
④ 触点弹簧压力过小；三相触点不能同步接触；负载侧短路。
维修方法：
① 在高温环境下对接触器要实行强迫风冷。
② 更换比原来大一级容量的接触器或重新更换触点。
③ 去除触点毛刺，使其平滑接触良好。
④ 更换新弹簧和触点。
7）故障现象：接触器工作时噪声过大
故障原因：
① 通入接触器线圈的电源电压过低。
② 铁心端面生锈或有杂物。
③ 吸合时歪斜或机械卡住。
④ 接触器铁心短路环断裂或脱掉。
⑤ 铁心端面磨损严重。
维修方法：
① 用万用表测接触器线圈上的电压是否低于所要求的额定电压值，如果电压过低，应在线路上查找原因，并调整电压达到正常值。
② 用细砂纸打磨接触器铁心的吸合端面，清除杂物，必要时在端面上涂少许全损耗系统用油，并重新装配。
③ 重新装配、修理接触器机械动作机构。
④ 焊接短路环并重新装上。
⑤ 更换接触器铁心。

6. 时间继电器常出现哪些故障？怎样维修？

答：1）故障现象：延时触点不动作
故障原因：
① 电磁铁线圈断线。
② 电源电压低于线圈额定电压值过多。
③ 电动式时间继电器的同步电动机线圈断线。
④ 电动式时间继电器的棘爪无弹性，不能刹住棘齿。
⑤ 电动式时间继电器的游丝断裂。
维修方法：
① 更换线圈。
② 更换线圈或调高电源电压。
③ 调换同步电动机。
④ 调换棘爪。
⑤ 调换游丝。
2）故障现象：延时时间缩短
故障原因：
① 空气阻尼式时间继电器的气室装配不严，漏气。
② 空气阻尼式时间继电器的气室内橡胶薄膜损坏。
维修方法：
① 修理或调换气室。
② 调换橡胶薄膜。
3）故障现象：延时时间变长

故障原因：

① 空气阻尼式时间继电器的气室内有灰尘，使气道阻塞。

② 电动式时间继电器的传动机构缺润滑油。

维修方法：

① 清除气室内的灰尘，使气道畅通。

② 加入适量的润滑油。

7. 热继电器常出现哪些故障？怎样维修？

答： 1）故障现象：热继电器产生误动作

故障原因：

① 选用热继电器规格不对或大负载选用小热继电器电流值。

② 整定热继电器电流值偏低。

③ 电动机起动电流过大。

④ 在短时间内起动电动机，操作过于频繁。

⑤ 连接热继电器主回路的导线过细、接触不良或主导线在热继电器接线端子上未压紧。

⑥ 热继电器受到强烈的冲击振动。

维修方法：

① 更换热继电器，使它的额定电流值与电动机额定电流值相符，最好选用负载电流最大值正好是热继电器能调节的中间范围内的电流值，这样便有一定的调节范围。

② 调整热继电器整定值，使其正好与电动机的额定电流值相符合并对应。

③ 电动机起动电流过大有两方面的原因：一是负载过重，这要从机械方面去找原因，尽可能减轻起动负载；二是电动机电源线路过长、过细造成电压降过大，使电动机起动电流增大，这要从改变电动机线路、提高供电电压方面着手解决。如果是电动机起动时间过长，应调整时间继电器，或按电动机起动时间要求选择合适的热继电器。

④ 减少操作电动机起动的次数。

⑤ 更换连接热继电器主回路的导线，使其横截面积符合电流要求；重新压紧热继电器主回路的导线端子，从而减少热继电器主回路接点的发热。

⑥ 改善热继电器配电柜外环境振动的影响，如果无法改变或不能彻底改变，应按技术条件选用带防冲击振动装置的专用热继电器。

2）故障现象：热继电器烧坏

故障原因：

① 流过热继电器的电流严重超载或负载短路。

② 热继电器额定电流与实际负载电流不符。

③ 电动机操作过于频繁。

④ 热继电器动作机构不灵，使热元件长期超载而不能保护热继电器。

⑤ 热继电器连接线头接触不良引起热继电器发热烧坏。

维修方法：

① 热继电器的规格要选择适当，规格过小会使热继电器误动作，并且主电流容易烧坏热继电器主回路；规格过大时会造成热继电器不动作。所以在选择热继电器时，要使热继电器额定调整范围内的中间值，正好与所控制的电动机负载的额定电流值一致，使热继电器有一定的电流调节范围为最佳。

② 检查电路故障，在排除短路故障后，更换合适的热继电器。

③ 改变操作电动机的方式，减少起动电动机的次数。

④ 更换动作灵敏的合格热继电器。

⑤ 设法去掉接线头与热继电器接线端子的氧化层，并重新压紧热继电器的主接线。

3）故障现象：热继电器在电流超载时不能切断电路

故障原因：

① 热继电器动作电流值整定得过高。
② 动作二次接点有污垢造成短路。
③ 热继电器烧坏。
④ 热继电器动作机构卡死或导板脱出。
维修方法：
① 重新调整热继电器的电流值，使整定的热继电器电流值与电动机的额定电流值一致。
② 打开热继电器，用酒精清洗热继电器的动作触点，更换损坏部件。
③ 更换同型号的合格热继电器。
④ 打开热继电器，重新调整热继电器动作机构，并加以修理。如果导板脱出，要重新放入并调整好。

8. 怎样维修三相交流电动机？

答： 1）故障现象：三相异步电动机起动不了，且无任何声响
故障原因：
① 电源没电；熔丝熔断数相；电源线断线或有接触不良处。
② 按钮或起动设备卡死或控制线路接触不良。
③ 过载保护装置动作，切断电路。
维修方法：
① 用低压试电笔测量三相电源是否有电，如无电压要先接通电源。

② 用低压试电笔测该配电起动设备熔断器下桩头，检查是否三相都带电，如果某一相或某两相、三相熔丝熔断，要更换同样规格的熔丝。测量时要注意细心观察，看低压试电笔对每一相熔断器下桩头带电的亮度是否一致，以防感应电造成错误判断。

③ 检查线路有无接触不良处，找出故障后要重新把线头刮净接好。

④ 检查机械吸合动作装置是否灵活，如卡死要重新进行装配并加润滑油，然后断开电源，用万用表检查开关、按钮，看常开点是否能按下闭合，常闭点是否能接通复位，以及起动设备、电动机绕组接触处是否良好。

⑤ 首先检查过载保护调整的电流与电动机额定电流配合是否合适，如果不合适，要调整好再将热继电器动作机构复位。

2）故障现象：三相异步电动机不能起动，但电动机有“嗡嗡”声
故障原因：
① 电源电压过低。
② 缺相，电源线路或熔丝有一相断线，绕组有一相或两相断线。
③ 定子与转子相摩擦。
④ 负载机械卡死。
⑤ 电动机轴承损坏卡死或润滑油过多、过硬。
维修方法：
① 用低压试电笔检查，如果缺相，应找出断相点修复供电。

② 用万用表重新检查电动机三相绕组有无断线处，如果测出电动机绕组内部的三相绕组有一相断线，或三角形绕组有两相断线，需打开电动机端盖，找出断线点的接头重新接好；如果是线圈本身局部烧坏，则需局部换线或重新绕制电动机绕组。

③ 如果电源电压过低，应找出电压过低的原因。
④ 查找接线有无错误。如果有错误重新接线。
⑤ 把电动机拆开，对转子清洗污垢、除铁锈，经校准后重新装配。
⑥ 判断是否负荷过重或卡死。
⑦ 检查轴承是否损坏。如果轴承损坏严重，应换新轴承或者更换新的润滑油。
3）故障现象：电动机起动困难
故障原因：

① 电源电压过低。

② 电动机的负载过重、卡死。

③ 定子绕组一相接反或把星形联结误接成三角形联结或把三角形联结误接成星形联结。

④ 电动机三角形联结时接线绕组的一相中断，定子线圈有短路或接地。

⑤ 转子笼条或端环断裂。

⑥ 电动机轴承损坏。

⑦ 电动机转子与电动机中心轴脱开。

⑧ 电动机所配熔丝容量过小。

⑨ 电动机受潮严重，内部进水短路。

维修方法：

① 检查电源电压过低的根本原因。如果是线路太长、导线太细，要重新架设横截面积较大的线路，从而减少电压降。如果是专用电力变压器供电，要与供电部门协商，把变压器电压适当调高。

② 检查机械传动装置，传送带是否过紧，过紧时要把传送带调整得松紧适当。检查负载机械有无卡死现象，如果为负载过重，要首先处理机械负载方面的原因。

③ 打开电动机接线端子，拆除电源线，检查定子绕组有无一相接反。如果电动机原来为三角形联结，现接成了星形联结，又加上重负载起动，电动机起动就很困难，这时要按正确方法更正接线。

④ 首先用 500V 的绝缘电阻表测电动机定子绕组三相对地的绝缘电阻，如果为零，就要分析三相绕组对地短路的原因。如果是潮湿所致，应烘干处理后再测量。如果绝缘层损坏是因为连接线对电动机外壳短路，要更换新的连接线，如果是线圈本身内部对电动机外壳短路，就需更换电动机绕组。电动机如有匝间短路，首先打开电动机，观察线圈变色部位，进行局部修复；若是故障点不明显，要用“短路侦察器”进一步检查，查出短路点并及时修复或更换电动机绕组。

⑤ 查出电动机转子笼条、端环有断裂痕迹，更换转子。

⑥ 如果轴承损坏，应予更换。

⑦ 检查电动机转子与电动机中心轴是否脱开，如果脱开要重新焊接。

⑧ 电动机熔丝要选配合理，选择熔丝的额定电流为电动机额定电流的 1.5 ~2.5 倍。

⑨ 用 500V 的绝缘电阻表测电动机的绝缘情况。对地为零时应对电动机清除污垢后进行干燥处理。如果烘干后仍短路，就要重新绕制电动机的绕组。

4）故障现象：电动机三相电压不平衡，导致电动机温度过高甚至冒烟

故障原因：

① 电源电压不平衡；电动机单相运转；电源电压过低或过高；电动机过载。

② 电动机三相绕组接线有误或部分导线或支路有断线。

③ 电动机轴承损坏，转子与定子相碰。

维修方法：

① 首先用万用表测三相是否断相或接地。当高压平衡时，应查低压侧线路有无断相、接地或某处接触不良，并进行相应处理。

② 造成电动机单相运转的原因很多，具体检查方法有：一是听，电动机有无“嗡嗡”声。若有，则是断相运行；二是闻，电动机断相运转时其外壳的温度会升得很高，并可嗅到焦糊味，可进一步确定电动机是否断相运行；三是触摸，感觉温度的高低；四是测量，用钳形电流表测量电动机三相引出线上的电流是否平衡，若一相无电流或电流较小，则可判断电动机处于单相运行，这时要立即停机，接好断线处。

③ 电源电压过低或过高时，可适当调整供电电压达到正常值。

④ 检查电动机过载时，一般先用手转动电动机对轮或带轮，看其是否卡死或过载。

5）故障现象：电动机有异常的振动或声响

故障原因：

① 电动机基础不稳或校正不好，安装固定不符合要求。

② 转子风叶碰触风叶罩外壳或风叶片某处损坏造成转子不平衡。

③ 转子铁心变形或轴弯曲有裂纹。

④ 电动机传动装置不同心或传动带接头不好或对轮与齿轮配合不好。

⑤ 滑动轴承与轴承内圈间隙过大或过小，滚动轴承在轴上装配不好，轴承损坏严重。

⑥ 电动机单相运行时，有“嗡嗡”声。

⑦ 机座和铁心配合不好。

⑧ 转子笼条或端环断裂。

⑨ 电动机绕组有短路、并联支路断路或开路，绕组绝缘损坏有接地处。

维修方法：

① 检查电动机基础的安装情况。如果不牢固，应重新加固安装，并加以校正。

② 校正风叶，旋紧螺钉。如果风叶片损坏不对称，应设法从对称角度去掉对方的另一片风叶的一部分，使风叶整体基本对称平衡。如果损坏严重，则应重新更换。

③ 将转子在车床上用千分表找正，并校正弯轴，严重时应更换新轴。

④ 如果电动机所带的传动带接头不好，应重新接好。当齿轮不平衡时，要做静平衡或动平衡试验加以校正。

⑤ 打开电动机，细心检查滑动轴承的情况，并处理间隙过大或过小的问题。检查轴承的装配情况，轴承损坏时要更换新轴承并重新加油。

⑥ 电动机单相运行时有异常振动或伴有“嗡嗡”声，要立即停止运行，查出缺相原因，并接上缺相的熔丝或是接上缺相的电线接头再重新起动电动机。

⑦ 机座和铁心配合不紧密时要重新加固。

⑧ 转子笼条或端环断裂的情况较为少见，可打开电动机，直接观察转子上的烧伤痕迹即可发现，也可用“短路侦察器”进行侦察作出判定。如果确定是转子笼条或端环断裂，要更新铸铝，严重时要更新转子。

⑨ 打开电动机，用万用表查找断线处并接好，或用500V的绝缘电阻表检查对地绝缘情况，看有无短路、绕组断线、短路、有接地处，要予以修复。损坏严重时，应重新更换电动机线圈。

6）故障现象：电动机正常运转，但电动机内部温度过高

故障原因：

① 电动机周围环境温度过高。

② 电动机中灰尘、油泥过多，通风不畅，影响散热，电动机上的风叶损坏严重，角度不对。

③ 电动机受太阳直接曝晒。

④ 电动机受潮或浸漆后未烘干。

⑤ 电源电压过高、过低。

⑥ 转子运转时与定子相摩擦使温度升高，或是铁心部分硅钢片之间绝缘不良有毛刺。

⑦ 电动机绕组接线错误或局部有短路、断路、接地等故障。

维修方法：

① 电动机周围环境温度过高，又满负荷运转，热量不易散发，使电动机温度过高。这时应改善环境温度，保持通风良好，必要时可采用大排风扇降温，对连续工作且必须在高温环境中运行的电动机，可换绝缘等级较高的B级、F级电动机。

② 检查电动机通风孔道是否堵塞，清除灰尘、油泥以及影响通风的东西，周围设施尽量远离电动机。

③ 电动机在户外应用，应增设遮阳设施和防雨设施，最好根据电动机的大小在其上方焊一个铁架子，上面加装铁皮，一方面防阳光曝晒；另一方面起防雨防潮作用。

④ 一旦检查出电动机受潮或浸漆后未烘干，就要尽快拆下电动机，彻底进行一次干燥处理。

⑤ 用万用表检查电动机三相电压是否过高或过低，如果因为电压不正常使电动机过热，应仔细检查线路。

⑥ 转子与定子相互摩擦大多是因电动机轴承损坏所致，可更换轴承。如铁心之间有毛刺，可用钢锉将毛刺削掉。

⑦ 对照电动机铭牌，检查电动机绕组接线方式是否正确，如接错应予纠正。

9. 怎样维修直流电动机?

答： 1）故障现象：直流电动机不能起动

故障原因：

① 电动机未接入合适的电压或电源无电压。

② 励磁回路断路。

③ 电刷有接触不良处。

④ 起动时通入直流电动机的电流过小。

⑤ 负载过重难以起动。

维修方法：

① 首先用万用表测电源有无电压，无电压时要恢复供电电压。检查熔丝是否熔断，线路接线是否断路，如果线路断路，应接好连接线。另外检查过载保护动作情况，如果已动作，应查明原因后进行复位，再重新起动电动机。

② 用万用表电阻档测励磁绕组通断，如果接头烧断，要重新接好；如果线圈烧毁断路，应更换线圈。最后用万用表电压档测所通入的励磁电压是否正常，从配电线路上查找原因，并加以修复。

③ 检查直流电动机电刷的接触情况，并用细砂纸磨平接触面，调整电刷压力，使电刷压力适当。

④ 检查线路是否有接触不良处，核对起动设备与直流电动机是否配套。

⑤ 电动机负载过重是直流电动机不能起动的重要原因之一。首先用手转动一下电动机对轮或传动带，看其是否能灵活转动，如果电动机负载过重或卡死，应从机械传动方面找原因，并修复机械设备。如果是电动机的轴承损坏卡死，就需打开电动机，更换相同型号的轴承。

2）故障现象：直流电动机起动后转速异常，过高或过低，并有剧烈的火花

故障原因：

① 电刷位置偏移，不在正常位置上。

② 励磁线圈回路电阻过大。

③ 电枢及磁场绕组有短路或断路点。

④ 串激电动机负载过轻。

⑤ 串激磁场绕组接反。

维修方法：

① 重新按原来刻记的位置装配电刷或用感应法调整电刷位置。

② 检查磁场线圈回路的所有接头是否有氧化层，这会造成接触不良，用细砂纸磨平接好。用万用表检查磁场线圈，电阻过大时，应打开电动机查找原因，并测实际通入磁场的电压值对不对，如果不对，要从配电线路上查找原因。

③ 打开直流电动机，分开接线连接头，分别测量磁场绕组的电阻，查找每组线圈的断路点，并局部更换线圈或修复线圈。

④ 串激电动机轻载时转速不正常，而电动机线路又无问题时，要适当增加电动机的负载。

⑤ 检查串激磁场绕组接线情况，并按正确方法重新接线。

3）故障现象：直流电动机在运行时出现振荡

故障原因：

① 直流电动机电源电压波动。

② 电动机电刷未在中性线上。

③ 励磁电流过小或励磁电路有短路。

④ 串激绕组或换向极绕组接反。

⑤ 机械负载在转动时波动太大。

维修方法：

① 首先断开电动机电枢电压，接上电炉负载，检查电枢电压波动原因，从配电设备上查找原因并加以

处理。

② 按照原来刻记的位置重新装配电刷，或按照感应法调整电刷位置。

③ 检查励磁线路中有无短路点或断路处，线路短路严重时，要更换线圈。

④ 对照直流电动机铭牌上的接线，重新连接换向绕组。

⑤ 检查机械磨损情况，是否有瞬间过载，并更换机械磨损严重的部件。

4）故障现象：直流电动机在运行中电刷火花过大

故障原因：

① 电刷与换向器有接触不良处。

② 电刷与刷架配合过紧，在里面卡死。

③ 电刷磨损过度或新更换的电刷尺寸与性能和原来的不一致。

④ 电刷分布不均以及电刷之间电流分布不均。

⑤ 换向极绕组接反或有短路点。

⑥ 电枢绕组与换向器脱焊。

⑦ 电刷位置不在中性线上或刷架松动移动。

⑧ 电刷压力不适当或不均匀。

⑨ 换向器极面有污垢，接触电阻太大，或换向片间绝缘物突出。

⑩ 机械负载过重。

维修方法：

① 用细砂纸研磨电刷接触面，并用干净布擦磨电刷与换向器的接触处，装好电刷，通入电压，使直流电动机在低转速轻载下空转 1h 左右。

② 用细砂纸稍微磨小电刷，使电刷在刷架内上下活动自如。

③ 按直流电动机原来的型号和尺寸，更换合格的新电刷。

④ 重新调整电刷分布位置。

⑤ 按正确的方向，重新连接换向极绕组的接线，并用 500V 的绝缘电阻表测绝缘情况，线圈短路严重时应更换线圈。

⑥ 打开直流电动机，认真观察电枢绕组与换向器脱焊点，并重新焊接。

⑦ 调整刷杆座至原位或用感应方法重新找出电刷中性线位置。例如，在电动机停电时，将毫伏表接到相邻两组的电刷上，励磁绕组串联一个开关，接上 3V 的电池，当通断开关时，毫伏表指针即左右摆动，这样连续反复通断开关，将电刷架位置来回移动，直到指针摆动最小时，电刷位置即正好在中性线上，如图 10-1 所示。

⑧ 找一个弹簧秤，校正电刷压力，在 150～250g/cm^2 之间最佳。

⑨ 擦拭换向器不洁处，将云母绝缘物适当消除掉。

⑩ 检查负载过载原因，是电动机轴承引起的要更换轴承，是机械负载引起的应修理机械故障点，电动机容量不适当时应更换一台容量大的直流电动机。

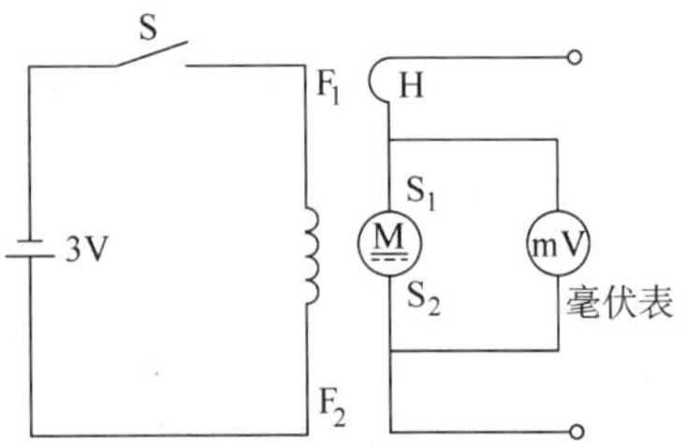

图 10-1　电刷中性线位置检查法

5）故障现象：直流电动机的配电柜冒烟

故障原因：

① 电动机过载时间较长。

② 电动机的换向器或电枢短路。

③ 电动机直接高速起动或正反向运转频繁。

④ 电动机端电压过低。

⑤ 电动机轴承损坏。

⑥ 定子与转子内有铁锈杂物相互摩擦。

维修方法：

① 立即断开电动机电源，查找机械负载故障原因，待负载正常时再起动电动机。

② 细心观察换向器内有无异物或金属屑等落入，进行清扫处理，然后用毫伏表检查电枢绕组短路情况，短路较轻微能修复的应修复，最后加绝缘漆处理。不能修复的要重新绕制线圈。

③ 使用配套的配电柜，并调整起动操作方法，延长正反转换接时间。

④ 检查配电设备，用万用表测量电动机电枢电压是否过低。若过低，应将电压调到正常值。

⑤ 打开直流电动机，检查电动机轴承损坏情况，更换同型号质量较好的轴承。

⑥ 打开电动机抽出转子，清除铁锈杂物，检查电动机气隙是否均匀，气隙不均匀时应更换轴承。

6）故障现象：直流电动机换向片每隔一片烧焦发黑，经清刷后使用，换向片仍发黑

故障原因：

① 烧焦发黑的换向片均压线，与电枢绕组连接之间有脱焊、断路故障。

② 连接到这些烧焦发黑的换向片上的电枢绕组有短路点。

维修方法：

① 重新焊接断路均压线，检查与电枢绕组之间脱焊处，重新焊接。

② 打开电动机，检查电枢绕组短路处，加以修复。如果短路严重，要重新更换电枢绕组。

7）故障现象：直流电动机并励电动机起动时反转，起动后又变成正转

故障原因：串激绕组接反。

维修方法：调换一下串激绕组两根出线的引出线接头。

8）故障现象：直流电动机机壳漏电

故障原因：

① 电动机进水或有其他导电杂质进入电动机内部。

② 电动机引出线某处与电动机外壳接触。

③ 电动机接地线断路或电动机绕组对外壳绝缘电阻太小。

④ 电动机绕组绝缘损坏与外壳连接。

维修方法：

① 打开电动机，直接观察内部有无进水和潮湿处，经清洗后加以烘干，然后用 500V 的绝缘电阻表测电动机每相绕组及对地绝缘，达到要求方能再使用电动机。

② 打开电动机，对引出线接触外壳或对外壳绝缘差的导线进行更换。

③ 用多股铜导线重新接好电动机保护接地线。对绝缘性能差的电动机进行刷绝缘漆处理，并加以烘干。

④ 更换电动机绝缘损坏的绕组。

9）故障现象：直流电动机有异常振动

故障原因：

① 直流电动机基础不牢。

② 固定电动机螺钉未紧固或滑丝。

③ 电动机轴承损坏。

④ 直流电动机和机械轮配合不同心。

维修方法：

① 重新安装电动机基础设施。

② 紧固电动机地脚螺钉或重给地脚孔攻螺纹。

③ 更换同型号的电动机轴承。

④ 把电动机地脚螺钉松开，重新校正电动机轮与机械负载轮，使其同心对正。

10）故障现象：直流电动机火花等级判别

直流电动机在运转时有时很难完全避免火花的发生，在一定程度内，火花对电动机的连续正常工作，实际上并无影响，在无法消除火花的情况下，可允许其存在，如果所发生的火花大于规定的限度，则将起破坏作用，必须及时加以检查纠正。

电动机的火花，可根据表10-1鉴别等级，以确定电动机是否能继续工作。1、1.25、1.5级火花，对电刷及换向器的连续工作，实际上并无损害。在正常连续工作时，可允许其存在。

直流电动机火花等级的鉴别见表10-1。

表10-1　直流电动机火花等级的鉴别

火花等级	电刷下的火花现象	换向器及电刷的状态
1	无火花	换向器上没有黑痕及电刷上没有灼痕
1.25	电刷边缘仅小部分有微弱的点状火花，或有非放电性的红色——小火花	
1.5	电刷边缘大部分或全部有轻微的火花	换向器上有黑痕出现，但不发展，用汽油擦其表面即能除去，同时在电刷上有轻微灼痕
2	电刷边缘全部或大部分有较强烈的火花	换向器上有黑痕出现，用汽油不能擦除，同时电刷上有灼痕。如短时出现这一级火花，换向器上不出现灼痕。电刷不会被烧焦或损坏
3	电刷的整个边缘有强烈的火花即环火，同时有大火花飞出	换向器上的黑痕相当严重，用汽油不能擦除，同时电刷上有灼痕。如在这一火花等级下短时运行，则换向器上将出现灼痕，同时电刷将被烧焦或损坏

10. 使用和维护直流电动机时应注意哪些事项?

答: ① 直流电动机在满载连续运转下，周围的空气温度不应高于40℃，相对湿度不得超过75%(在20℃时)。

② 安装电动机的室内，不得有有害及腐蚀性气体或瓦斯等可燃气，以及煤灰等污物侵入。

③ 电动机运转时，应保持其外表面及其周围环境的清洁，在电动机上或电动机内部不得放置异物。应检查电动机的底脚是否紧固于地基，运转时是否有异声或振动情况，通风窗是否空气畅通，是否有长时间的过载，接地装置是否可靠。

④ 对经常运转的直流电动机，需进行定期检查，每月不少于一次，在额定负载下换向器上不得有大于1.5级的火花出现，检查换向器的表面是否光洁，电刷是否磨损过重，刷握之压力是否适当。

⑤ 如电动机需经较长时间才能停止运转，则需以厚1mm，浸过石腊的纸板将换向器包好，并用厚防雨布将整个电动机盖起，保证电动机存放地点的温度不低于+5℃，并不得有水蒸气及腐蚀性气体侵入。

⑥ 当电动机的换向器表面磨损很多时，片间的云母层将凸出铜面，这时必须将片间云母下刻1~1.5mm。

⑦ 电刷必须与光洁的换向器工作面有良好的接触，电刷压力正常为0.15~0.25kg/cm^2 电刷与刷握的配合不能过紧，而需留有适量的间隙(不大于0.15mm)。

⑧ 轴承的正常工作温升应不超过+55℃，且有轻微且均匀的响声，当发现温度太高或夹有不均匀的杂声时，说明轴承可能损坏或有外物侵入，应即拆下清洗并加以检查，若清洗后，未发现有损坏迹象，但在运转时仍有“轧轧”的杂声时，则必须更换新轴承。

⑨ 轴承安装后，在轴承盖的油室内填入约等于2/3空间的润滑油，在工作2000~2500h后应调换新的润滑油，但每年不得少于一次，同时防止灰尘及潮气侵入。

11. 照明电路常出现哪些故障? 怎样维修?

答: 1) 故障现象: 灯泡不亮

故障原因:

电源进线无电压、灯丝断开、灯头内接线脱落、灯头内接触点与灯泡接触不良、电路中有断线处、电路中有短路处、开关接触不良、电源熔丝断开。

维修方法：

① 电源进线无电压。不是正常停电，应查找线路的原因，并加以处理。

② 灯丝已断，应更换新的灯泡。

③ 灯头内接线脱落，重新接好。

④ 接触不良。如果是挂口灯头，应去掉灯泡，修理弹簧触点，恢复弹性；若是螺口灯头，在去掉灯泡后，用电笔头将灯头中间的铜皮舌头向外撬出一点，使其与灯泡接触良好。

⑤ 电路断线，用试电笔测试总开关相线和中性线是否断开，找出附近断线点，把断线接通。

⑥ 开关接触不良应打开开关修理，或更换新开关。

⑦ 熔丝断开，查找短路点，分析短路原因，排除短路点，更换新熔丝，然后送电。

2）故障现象：灯光暗淡

故障原因：

电源电压过低、灯泡使用时间长，灯丝逐渐蒸发变细而使灯光变暗、绝缘损坏而有漏电现象，使灯泡得到的电压过低。

维修方法：

① 如果电源电压过低，应在电源电路上找原因，这段线路是否过长，负荷过重，电压降过大，根据具体情况进行处理。

② 灯泡使用时间过长，灯丝老化，应更换新灯泡。

③ 如果因线路某处潮湿、漏电或有短路现象，要根据情况(如增加新的绝缘层,更换新的电气开关、灯头、保险座等,如线路老化应更换新电线)查出原因后及时处理。

④ 如果是灯泡搭丝，最好更换新灯泡。

3）故障现象：灯泡发出强烈白光

故障原因：

电源电压过高、灯泡烧断后又重新搭丝使用、灯泡的额定电压低于电源电压。

维修方法：

用万用表测电源电压上下波动是否过大，如果电源电压与白炽灯泡所要求的电压相差很大，查明原因。

4）故障现象：灯泡忽明忽暗

故障原因：

① 电源电压忽高忽低。

② 附近有大电动机起动，受振动忽接忽离。

③ 熔丝与金属连接处电阻值增大。

④ 灯头、灯座、吊盒、开关以及导线接线点有接触不良处。

维修方法：

① 用万用表测电源电压是否波动很大，电路上是否有接触不良处，应在电路上查找原因并进行处理。

② 如果是线路上其他大型负载的影响，待电动机起动后会好转。

③ 灯丝快断时，应及时更换灯泡。

④ 换新的熔丝，旋紧加固。

⑤ 查出接触不良处，重新接线，加固压紧。

5）故障现象：荧光灯不亮

故障原因：

① 电源电压过低。电源线路较长造成电压降过大。

② 镇流器内部断路。

③ 灯管灯丝断丝或灯管漏气。

④ 启动器损坏。

⑤ 荧光灯接线错误。

⑥ 灯管与灯座或启动器与启动器座接触不良。

⑦ 气温太低难以启动。

维修方法：

① 调整电源电压，线路较长时应加粗导线。

② 更换与灯管配套的镇流器。

③ 用万用表测灯管两头有无断丝，一头断丝或两头断丝应更换新灯管。另外，观察荧光粉有无变色，表面有无开裂，是否漏气等，若存在类似问题均应更换新的荧光灯管。

④ 用万用表检查启动器里的电容器是否短路，如果短路应更换新的启动器。

⑤ 按照荧光灯线路图检查线路各部位接线是否正确，若接错，应断开电源及时更正。

⑥ 一般荧光灯灯座与灯管接触处最容易接触不良，应检查修复。另外，重新调整启动器与启动器座，使它们接配良好。最后检查各个接线端子的螺钉是否紧固。

⑦ 进行灯管加热、加罩或换用低温灯管。

6）故障现象：荧光灯亮度低

故障原因：

① 温度太低或冷风直吹灯管。

② 灯管老化陈旧。

③ 线路电压太低或电压降太大。

维修方法：

① 加防护罩并避免冷风直吹。

② 更换新灯管。

③ 检查线路电压太低的原因，有条件时可调整线路或更换横截面积更大的导线，使电压升高。

④ 断电后清洗灯管并进行烘干处理。

7）故障现象：荧光灯灯光抖动及灯管两头发光

故障原因：

① 荧光灯接线有误。

② 灯座与灯管接触不良、电源电压太低、线路太长。

③ 导线太细，导致电压降加大。

④ 镇流器与灯管内部接触不良。

⑤ 气温较低，难以启动。

维修方法：

① 对照线路图检查实际线路，更正错误接线，修理加固灯脚接触点。

② 更换启动器，修复启动器座的触片位置或更换启动器座。

③ 配换镇流器，加固接线。

④ 更换新的荧光灯灯管。

⑤ 进行灯管加热或加罩处理。

8）故障现象：夜晚关闭开关后，荧光灯有微弱亮光

故障原因：

① 线路潮湿、开关有漏电现象。

② 开关错接于零线上。

维修方法：

① 对开关烘干除湿，进行绝缘处理，严重时应更换开关。

② 将开关接在火线上，即可消除灯管在关闭后有微弱发光的现象。

9）故障现象：荧光灯管两头发黑

故障原因：

① 电源电压过高、接线不牢，引起长时间的闪烁。

② 灯管内水银凝结（这是细灯管常见现象）、启动器短路。

③ 灯管使用时间过长，老化陈旧。

维修方法：

① 用万用表测量电源电压是否过高，若电压超过 220V，则应调整线路或处理电压升高的故障。

② 更换新的启动器，检查接线点。

③ 更换与荧光灯管配套的镇流器。

④ 启动后灯管内水银凝结会蒸发，也可将灯管旋转 180°后再使用。

⑤ 更换新的启动器和新的灯管。

⑥ 灯管两头发黑严重，且常常自动熄灭又自动启动时，要更换新灯管。

10）故障现象：灯光闪烁

故障原因：

① 荧光灯启动器损坏。

② 镇流器与荧光灯接触不良。

维修方法：

① 换新灯管后常见这种现象，一般使用一段时间后即可好转，有时将灯管两端对调一下即可正常。

② 更换新的启动器；检查接线是否有松动，进行加固处理。

11）故障现象：噪声太大

故障原因：

① 镇流器硅钢片松动。

② 电路上的电压过高，使镇流器发出噪声。

③ 镇流器过载，或内部有短路处。

④ 启动器电容器失效开路，或电路中某处接触不良。

维修方法：

① 更换新的镇流器，或紧固硅钢片铁心。

② 测量电路电压，如果电压过高，要找出原因，设法降低线路电压。

③ 检查镇流器过载的原因(如是否与灯管配套,电压前段是否过高,气温是否过高,有无短路现象等)，并进行处理。若内部有短路处，则需更换新的镇流器。

④ 更换新的启动器。

12）故障现象：镇流器过热

故障原因：

① 气温太高，灯架内温度过高。

② 电源电压过高。

③ 镇流器线圈内部匝间短路或接线不牢。

④ 灯管闪烁时间过长。

⑤ 荧光灯接线有误。

维修方法：

① 保持通风，改善荧光灯的环境温度。

② 查找电源电压过高的原因，并加以处理。

③ 用螺钉旋具旋紧接线端子，必要时更换新的镇流器。

④ 检查闪烁原因，接触不良时要加固处理，启动器质量差要更换。

⑤ 对照日光灯线路图，查对接线有无错误，有误时要进行改正。

12. 如何排除电能表的故障？

答：电能表使用的负载应在额定负载的 5% ~150% 之内。例如，80A 的电能表可在4 ~120A范围内使用。

电能表运转时转盘从左向右，切断三相电流后，转盘还会微微转动，但不超过一整转，转盘即停止转动。

电能表的计数器均具有5位读数，标牌窗口的形式分为一红格、全黑格和全黑格×10三种，当计数器指示值为38225时，一红格的表示为3822.5度，全黑格的表示为38225度。全黑格×10的表示为382250度。

1）故障现象：单相电能表不转或倒转

故障原因：

① 直接式单相电能表的电压线圈端子的小连接片未接通电源。

② 如果是经电流互感器接电能表的，可能是互感器的二次极性接反。

③ 电能表安装倾斜。

④ 电能表的进出线相互接错引起倒转。

维修方法：

① 打开电能表接线盒，查看电压线圈的小钩子是否与进线火线连接，未连接时要重新接好。

② 若为互感器的二次极性接反，要重新连接。

③ 重新校正电能表的安装位置。

④ 单相电能表应按接线盒背面的线路图正确接线。

2）故障现象：三相四线有功电能表不转或倒转

故障原因：

① 电能表电源与负载的进出线顺序相互接错。

② 电能表的电压线圈与电流线圈在接线中未接在相应的相位上。

③ 经电流互感器接入的电能表，其二次极性接反。

④ 电能表的零线未接入表内。

维修方法：

① 打开电能表，检查三相四线制电能表电压线圈的小钩子连片是否接通电源，若未接通，则应接在电源上。

② 对照电能表线路图将进出线相互调整过来。

③ 更正错误接法。

④ 电流互感器的二次一般是有极性的，所以经电流互感器接入的电能表也要纠正。

⑤ 检查电能表零线断线故障点，并接好电能表零线。

13. 如何排除功率表的故障？

答： 1）故障现象：功率表、功率因数表不走

故障原因：

① 仪表控制线路有断线处。

② 电流互感器的二次连接点有断线处。

③ 电压互感器的二次断路或短路。

④ 电源电压熔丝熔断。

⑤ 电能表游丝卡住，表盘摩擦阻力大。

⑥ 电能表内部电流线圈或电压线圈损坏。

维修方法：

① 检查断线处，并接通断线点。

② 接通电源，认真检查二次断路点，并接通二次线路。

③ 更换短路的电压互感器或修复再用。

④ 更换熔丝。

⑤ 打开电能表更换游丝，校准表盘。

⑥ 更换损坏的线圈。

2）故障现象：功率表、功率因数表指示不准

故障原因：

① 电压线圈相位接错。
② 电压互感器未按规定电压比连接。
③ 电流线圈相位接错。
维修方法：
① 对照功率表或功率因数表接线图重新纠正电压线圈的相位接法。
② 检查电能表，按规定变压比使电压互感器与电能表连接。
③ 注意电流线圈接入电能表的相位顺序，严格按照正确接线方法重新连接电流线圈。

14. 低压断路器的故障维修方法有哪些？

答： 1）故障现象：电动机操作的低压断路器触点不能闭合
故障原因：
① 电源电压与开关所需电压不一致。
② 电动机操作定位开关不灵，操作机构损坏。
③ 电磁铁拉杆行程不到位。
④ 控制设备电路断路或元件损坏。
维修方法：
① 用万用表测量操作时所通入的电压和开关要求的电压是否一致，不一致时应重新输入一致的电压。
② 重新校正定位机构，更换损坏机构。
③ 手动检查电磁铁拉杆行程距离，观察到位情况或更换杆。
④ 用万用表测量控制回路的接通情况，检查控制器中的整流二极管或电容损坏情况，更换损坏的元器件。

2）故障现象：手动操作自动开、关触点不能闭合
故障原因：
① 开关机械机构复位不好。
② 失电压脱扣器无电压或线圈烧毁。
③ 弹簧变形，导致闭合力减弱。
④ 弹簧的反作用力过大。
维修方法：
① 调整机械机构使其能够复位。
② 用万用表测量失电压脱扣器上有无通入电压，有电压时应断开电源，用万用表电阻档测量线圈，看其有无烧毁、断路或短路，若有应更换同型号的线圈。
③ 重新更换储能弹簧，使其恢复原状。
④ 重新调整弹簧，减少反作用力。

3）故障现象：低压断路器有一相触点接触不上
故障原因：
① 低压断路器一相连杆断裂。
② 操作机构一相卡死或损坏。
③ 低压断路器连杆之间角度变大。
维修方法：
① 更换其中一相连杆。
② 检查机构卡死的原因，更换损坏器件。
③ 把连杆之间的角度调整至 170° 为宜。

4）故障现象：失电压脱扣器不能使低压断路器分断
故障原因：
① 低压断路器机械机构卡死不灵活。
② 反力弹簧作用力变小。

③ 用万用表测量控制回路接通情况，检查控制器中的整流二极管或电容损坏情况，更换损坏的元器件。

维修方法：

① 打开低压断路器，检查卡死的原因，重新装配低压断路器，使其机构灵活。

② 调整反力弹簧，使反作用力及储能能力增大。

5）故障现象：失电压脱扣器不能使低压断路器分断

故障原因：

① 电源电压与线圈电压不一致。

② 线圈烧毁。

③ 失电压脱扣器整定值不对。

④ 电动开关机构螺钉未拧紧。

维修方法：

① 用万用表测线圈上的电压，核对与线圈的工作电压是否一致，若不一致要重新通入合适的电压。

② 断开电源，用万用表电阻档量一下线圈是否烧毁，如果线圈烧毁应予更换。

③ 重新调整失电压脱扣器的整定值，使其动作准确。

④ 检查开关所有螺钉，并加以紧固。

6）故障现象：在起动电动机时低压断路器立刻分断

故障原因：

① 负荷电流瞬时过大。

② 过电流脱扣器瞬时整定值过小。

③ 橡胶膜损坏。

维修方法：

① 检查负荷是否在起动时超过低压断路器的整定值，并处理负荷超载的问题，然后恢复供电。

② 打开低压断路器，重新调整过电流脱扣器瞬时整定弹簧、螺钉，使其整定到适合的位置。

③ 若是电气式脱扣器，检查橡胶膜破损情况，并加以更换。

7）故障现象：低压断路器在运行一段时间后自动分断

故障原因：

① 较大容量的低压断路器电源的进出线接头连接处松动，接触电阻大，在运行中发热，引起脱扣。

② 过电流脱扣器延时整定值过小。

③ 热元件损坏。

维修方法：

① 对于较大负荷的低压断路器，要松开电源进出线的固定螺钉，去掉接触杂质，把接线鼻重新压紧。

② 重新整定过电流值。

③ 更换热元件，严重时要更换低压断路器。

8）故障现象：低压断路器噪声较大

故障原因：

① 失电压脱扣器反力弹簧作用力过大。

② 线圈铁心接触面不洁或生锈。

③ 短路环断裂或脱落。

维修方法：

① 重新调整失电压脱扣器弹簧压力。

② 打开开关，用细砂纸打磨铁心接触面，涂上少许全损耗系统用油。

③ 重新加装短路环。

9）故障现象：低压断路器辅助触头不通

故障原因：

① 低压断路器辅助触点卡死或脱落。
② 低压断路器辅助触点不洁或接触不良。
③ 低压断路器辅助触点传动杆断裂或滚轮脱落。
维修方法：
① 把低压断路器打开，重新拨正装好辅助触点机构。
② 把低压断路器辅助触点清擦一次或用细砂纸打磨触点。
③ 更换同型号的传动杆和滚轮。
10）故障现象：低压断路器在运行中温度过高
故障原因：
① 通入开关的主导线接触处未接紧，接触电阻过大。
② 低压断路器触头表面磨损严重或有杂质，接触面减小。
③ 触点压力降低。
维修方法：
① 重新检查主导线的接线鼻，并使导线在低压断路器上压紧。
② 用锉刀把触点打磨平整。
③ 调整触点压力或更换弹簧。
11）故障现象：带半导体过电流脱扣器的低压断路器，在正常运行时误动作
故障原因：
① 低压断路器周围有大型设备的磁场影响半导体过电流脱扣器开关，使其误动作。
② 半导体元件损坏。
维修方法：
① 仔细检查周围的大型电磁铁分断时磁场产生的影响，并尽可能使两者距离远些。
② 用万用表检查电子元件，更换损坏的元件。

15. 万用表的维修方法有哪些？

答：1）故障现象：万用表指针不能正常来回摆动
故障原因：
① 机械平衡不好，指针与外壳玻璃或表盘相摩擦。
② 表头线断开或分流电阻断开。
③ 游丝绞住或游丝不规则。
④ 支撑部位卡死。
维修方法：
① 打开万用表表壳，用小镊子和螺钉旋具整修机械摆动部位，并把指针校正在不接触表壳玻璃和表盘的中间位置，使其指针摆动灵活。
② 重新焊接表头线，或检查分流电阻是否断开烧断。断开时要重新连接，烧断时要换同型号的分流电阻。
③ 用镊子重新调整游丝外形，使其外环圈圆滑，布局均匀。
④ 检查造成支撑部位卡死的原因，并加以整修。
2）故障现象：万用表电阻档指针不示数
故障原因：
① 电池无电或接触不良。
② 调整电位器中心焊接点引线断开或电位器接触不良。
③ 转换开关触点接触不良或引线断开。
维修方法：
① 重新装配万用表电池，如电池无电，应更换新电池。
② 重新焊接调整电位器中心焊接连线，并检查调零电位器中心触片与电阻丝接触是否良好，如果接触

不好要用镊子往下压些，使其接触良好。

③ 转换开关触点油污太多，接触不良，要擦净油污，并修整触片。如果焊接连接线断开，要重新焊接。

3）故障现象：万用表电阻档不能调零

故障原因：

① 电池电压不足或电池电能即将耗尽。

② 串联电阻值变大。

③ 表笔与万用表插头处接触不良。

④ 转换开关接触不良。

⑤ 调零电位器接触不良。

维修方法：

① 更换同型号的新电池。

② 更换串联电阻。

③ 修整万用表表笔插头处，如果插头插入万用表有松动，则要调整插座或插头弹片弹簧，使其接触良好，并同时去掉万用表表笔及插头插座上的氧化层。

④ 用酒精清洗万用表转换开关的接触触点，并用镊子校正动触点与静触片，使其接触良好。

⑤ 用镊子把调零电位器中间的动触片往下压些，使其与静触点电阻丝接触良好。

4）故障现象：万用表电阻档量程不通

故障原因：

① 串联电阻断开或电阻值变化。

② 转换开关接触不良。

③ 该档分流电阻断路或短路。

④ 电池电量不足。

维修方法：

① 用另一只万用表测串联电阻值，若阻值改变，则要更换同样阻值功率的电阻。

② 用酒精擦洗转换开关并修理接触不良处。

③ 更换该档分流电阻。

④ 更换同型号的新电池。

5）故障现象：直流电压测量不指示电压

故障原因：

① 测电压部分开关公用焊接线脱焊。

② 转换开关接触不良。

③ 表笔插头与万用表接触不良。

④ 最小量程档附加电阻断线。

维修方法：

① 重新焊接测电压部分脱焊的连接线。

② 用酒精擦净转换开关上的油污并调整转换开关的接触压力。

③ 重新修整万用表测量表笔插头与插座的接触处，使其接触良好。

④ 焊接附加电阻连接线。

6）故障现象：直流电压量程不通或某量程测量误差大

故障原因：

① 转换开关接触不良，或该档附加电阻脱焊烧断。

② 某量程附加电阻阻值变化使其测量不准。

维修方法：

① 修整转换开关触片，并重新焊接或更换该量程的附加串联电阻。

② 更换某量程的附加串联电阻。

7）故障现象：直流电流测量不指示电流

故障原因：

① 转换开关接触不良。

② 表笔与万用表有接触不良处。

③ 表头串联电阻损坏或脱焊。

④ 表头线圈脱焊或线圈断路。

维修方法：

① 打开万用表，调整修理转换开关。

② 处理表笔与万用表接触插头处，使其紧密配合。

③ 更换表头串联电阻或焊接脱焊处。

④ 焊接表头线圈，使其重新接通。

8）故障现象：直流电流档各档测量值偏高或偏低

故障原因：

① 各量程精度不同。

② 表头串联电阻值变大或变小。分流电阻值变大或变小。

③ 表头灵敏度降低。

维修方法：

① 用万用表测串联电阻值，若变大或变小要更换电阻。

② 检查万用表分流电阻，若阻值变化要更换。

③ 表头灵敏度降低要根据具体情况处理。若游丝绞住要重新修好，表头线圈损坏要更换。

9）故障现象：万用表交流电压档指针轻微摆动，指示差别太大

故障原因：

① 万用表插头与插座处接触不良。

② 转换开关触点接触不良。

③ 整流全桥或整流二极管短路、断路。

维修方法：

① 处理万用表插头与插座接触不良处，将插头表面用细砂纸打磨干净，使插头插座紧密配合。

② 用万用表检查转换开关，用酒精清洗干净，然后处理接触不良触点。

③ 更换短路或断路的二极管或全桥块。

10）故障现象：直流电压档测量值与实际值相差较大

故障原因：

某只整流二极管损坏，或全波整流已变为半波整流。

维修方法：

用万用表欧姆档测量 4 只整流二极管的正反向电阻，查出哪只二极管损坏，用同型号的整流二极管进行更换。

16. 怎样对电力变压器进行吊心大修？

答：变压器吊心大修是在当地电业主管部门的指导下进行的，可按以下步骤进行：

① 打开变压器箱盖，用电葫芦吊出变压器铁心，把油泥、灰尘清除干净。

② 检修绕组线圈、铁心、开关及引线。

③ 检修箱体、箱盖、储油柜、继电器、阀门及防爆装置等。

④ 过滤变压器油或换新的变压器油。

⑤ 更换封油密封垫圈。

⑥ 检修制冷系统。

⑦ 重新检测仪表及信号装置。

⑧ 重新装配良好，并按原始数据进行测试正常，方可继续投入运行。

17. 电工常见故障与维修有哪些?

答: 电工电子产品在长期使用过程中，可能出现以下故障。

(1) 开关(按钮)的故障

由于开关或按钮经常使用，反复操作，发生自然损坏、接触不良、接线脱落等，使电器装置无法工作。

应过一段时间检查一次开关(按钮)，如发现上述故障，可用钳子、螺钉旋具把松动的接线、螺母拧紧，脱落的导线用电烙铁重新焊接即可。损坏严重不能继续维修使用的，可按原型号更换新的。

(2) 熔丝(管)熔断

熔丝(管)的熔断是一切电器装置、产品常见的故障，导致整机无电不能工作。产生原因是内部出现短路，或开、关过程中冲击电流过大。

熔丝(管)熔断后，换上同规格容量大小相同的熔丝(管)即可。但一定不能用铜丝或铁丝来代替。

(3) 电池夹生锈霉变

现代的电子装置日趋微型化，交直流两用或用电池供电。特别用电池供电的，时间长了，电池流出腐蚀液体，使电池夹生锈霉变，导致电路接触不良或不通电。

要注意定期更换电池，对生锈霉变的电池夹，可用细砂纸、小刀和除锈剂把锈除掉，使电池夹光亮如初，接触良好。

(4) 弹簧弹失、螺母松动

在电子装置中，弹簧弹失、螺母松动、脱落的现象时有发生，影响整机的工作，且不好寻找。这时可用一块永久磁铁把它吸住。然后用扳手或钳子把它拧紧。

(5) 内部元件损坏

内部元件出现损坏，可用万用表检查元件的参数、工作点电压是否符合正常值，否则，用同规格型号的元件换上。

(6) 空气潮湿

电子装置由于空气潮湿，使印制电路板、变压器等受潮、发霉或绝缘性能降低，甚至损坏。此时，应排除湿气，加温来提高温度。

(7) 元器件失效

某些元器件失效。例如，电解电容器的电解液干涸，导致电解电容器的失效或损耗增加而发热，这时应更换元件。

(8) 接插件接触不良

如印制电路板插座簧片弹力不足；断电器触点表面氧化发黑，造成接触不良，使控制失灵。应检查或更换插接件，使其接触良好。

(9) 元器件布局不当

元器件由于布局不当，相碰而引起短路。有的是连接导线焊接时，绝缘外皮剥除过多或因过热而后缩，也容易和别的元器件或机壳相碰引起短路。拉开元器件间的距离，使其不能相碰。

(10) 线路设计不合理

线路设计不合理，允许元器件参数的变动范围过窄，以致元器件参数稍有变化，机器就不能正常工作。这时应修改线路设计或调整元器件参数。

第 11 章 安全用电、防雷、防火与防震

1. 电气工作人员的安全注意事项有哪些?

答: 电气工作人员在进行电气操作时必须按规程进行，必须具备相关安全知识，在工作中采取必要的安全措施，确保人身安全和电气设备正常运行，为此必须做到:

① 电气工作人员在安装配电设备时，必须把电源引入线装配在该配电设备的总刀开关、总开关或总电源的上桩头，不得倒装。这样在拉下单元配电设备总开关时，即可断开所有熔断器及用电设备的电源。

② 不要在室内和其他用电场所乱拉电线，乱接电气设备。如因需要必须增加电气线路时，其敷设高度应符合《电气设备安装标准》的有关规定。

③ 在电气线路中安装合格的漏电保护装置是防止因电气线路或电气设备绝缘损坏造成触电事故的有效措施。

④ 安装电灯时，保证火线进开关。

⑤ 平时应防止导线和电气设备受潮，不要用湿手去拔插头或扳动电气开关，也不要用湿毛巾去擦拭带电的用电设备。

⑥ 使用移动式电气设备时，应先检查其绝缘性是否良好，在使用过程中应采取增加辅助绝缘的措施，如使用手电钻时最好戴绝缘手套并站在橡胶垫上进行工作。

⑦ 选用熔丝要与电器设备的容量相适应，不能用金属丝代替熔丝使用。

⑧ 当发现电气设备出现故障时，应请专业电工来修理。

⑨ 合理选择导线横截面积，必须满足最大负载电流的要求。

⑩ 使用各种电气设备时，应严格遵守《电气安全工作规程》的有关规定及电气设备使用说明的要求。电气设备使用完毕，应立即切断电源。

⑪ 停电维修电气设备时，要按操作规程办事，采取安全措施，严防突然来电。

⑫ 应定期对电气线路和电气设备进行检查和维修，更换绝缘老化的线路，对绝缘破损处进行修复，确保所有绝缘部分完好无损。

⑬ 家用电器在安装使用时，必须按要求将其金属外壳做好接零线或接地线的保护措施，以防止电气设备绝缘损坏时外壳带电造成触电事故。

2. 高压供电有哪些安全要求?

答: ① 高压开关柜的外壳及柜内所有高压设备金属底座要可靠接地。接地电阻值不大于 4Ω。

② 对一、二级负荷两路供电的两路电源进线柜之间，必须采取可靠的机械联锁，单靠电气联锁是不够的。

③ 不管室内室外，高压电器表面，必须干净、无灰尘、无油垢、无其他附着物。

④ 所有高压开关分合闸动作，必须灵活、可靠，其位置标示牌必须正确。

⑤ 高压隔离开关与高压油断路器的联锁必须可靠。

⑥ 高压油断路器、电压互盛器，不准有漏油、渗油现象，油位应正常。

⑦ 所有高压电气设备在运行时，除个别电压互感器有轻微“嗡嗡”声外，其他高压电气设备均不应有响声，特别是放电声。

⑧ 高压停电回路，长期不用或有人作业，一定悬挂“有人作业，禁止合闸”的警告牌。

⑨ 高压开关柜底下的地沟，应保持干净、干燥，不得有积水现象。

⑩ 高压系统模拟板上的各路开关分合闸标示的位置，必须与实际情况符合。

3. 低压供电有哪些安全要求?

答: ① 选择低压配电装置时，除应满足所在网络的标称电压、频率及所在回路的计算电流外，还应

满足短路条件下的动、热稳定。对于要求断开短路电流的通、断保护电器，应能满足短路条件下的通断能力。

② 布置配电装置时，应考虑设备操作、搬运、检修和试验时是否方便。屋内配电装置裸露且带电部分的上方不应有明敷的照明或动力线路跨越。

③ 成排布置的配电屏，长度超过6m时，配电屏后面的通道应有两个通向本室或其他房间的出口，分布在通道的两端。当两出口之间的距离超过15m时，其间还要增加出口。

④ 低压配电室通道上方裸露带电体不应低于下列数值。

a. 配电屏前通道内者为2.5m，加护网后其高度可降低，但护网最低高度为2.2m。

b. 配电屏后通道内者为2.3m，否则应加护网，加护网后的高度不应低于1.9m。

4. 什么是工作票制度?

答：在电气设备上工作，应填写工作票或按命令执行，其方式有下列3种。

(1) 第一种工作票

第一种工作票的使用范围：在高压设备上工作需要全部停电或部分停电的；高压室内的二次接线和照明等回路上的工作，需要将高压设备停电或采取安全措施的。

(2) 第二种工作票

第二种工作票的使用范围：带电作业和在带电设备外壳上的工作；控制盘和低压配电盘、配电箱、电源干线上的工作；二次接线回路上的工作，无需将高压设备停电者；转动中的发电机、同期调相机的励磁回路或高压电动机转子电阻回路上的工作；非当值班人员用绝缘棒和电压互感器定相或用钳形电流表测量高压回路电流。

(3) 口头或电话命令

有时无须用第一种、第二种工作票，只需口头或电话命令即可。口头或电话命令，必须表达清楚、正确，值班员应将发令人、负责人及工作任务详细记录在操作记录簿中，并向发令人复述核对一遍。

5. 电工安全操作规程是什么?

答：(1) 人身安全的防护

① 劳动防护规程：从事电工操作，必须完备各项劳动防护用品，一进入施工现场就应严格执行电工安全操作规程。

a. 身上应穿电工服，袖口和裤管必须扣紧。

b. 脚上应穿电工鞋(有积水处应穿电工胶靴)。

c. 加工有锋利刃口的工件时，应戴防护手套；操作有金属外壳的电器时，应戴绝缘胶质手套。

d. 头上需戴安全帽。

② 登高安全措施：电工操作离不开梯子，电工宜采用竹木结构的梯子(尤其是在检修操作时)。在一般情况下，不宜采用金属结构的梯子。常用的有“人”字梯和直梯两种，梯脚应裹扎防滑胶皮。“人”字梯应扎两道防自行滑开的安全绳，两片梯格之间的夹角不可小于35°，但也不可大于65°。直梯长于13档的(或在较滑的场地施工时)，梯脚应有人扶持和看护；梯格与建筑面靠贴应稳妥，两者之间的夹角不应小于30°也不应大于40°。操作时，两脚不准踏在同一梯档上。如在高度较低的场所操作时，应用木凳衬垫，不可站在不平稳的物体上进行操作。

(2) 停电检修规程

停电检修是指在电工检查维修照明线路和配电装置或检查各种电力设备和用电器具时，必须在检修范围内实现完全而可靠的停电，反对带电检修。为了保障检修人员的绝对安全，规定必须采取以下各项安全措施。

① 必须断开检修段的电源总开关。所谓检修段，就是指检修范围内线路上的各种装置和设备。电源总开关一经断开，在这些装置和设备上(包括线路)就应没有电源。如果仍有电源，就有下列一些可能：存在双路或多路电源，则应把所有电源的总开关都断开；存在自行发电的备用电源，则应把备用电源总开关也断开；检修段内装有电容器设备(如功率因数补偿电容器组)，则应把电容器设备的控制开关断开(或彻底放完电容器上的所有电荷)。

为了确保检修时的绝对安全，除了断开检修段的电源总开关以外，还必须采取以下安全措施：

随身带走总熔丝盒插盖(或熔芯)，在总开关上挂上“正在修理，严禁合闸”的警示牌。各种警示牌如图 11-1 所示。

必要时还应把总开关的操作手柄缚住或锁牢。上述两项安全措施必须双管齐下，才能避免因旁人盲目合上总开关而导致检修段恢复通电的危险。

② 验明检修段确实无电。为了防止检修段存在多路电源、备用电源或电容器设备，在断开电源总开关后，必须在检修段的导体上反复验电，验明确实无电后方可着手检修。

图 11-1　警示牌

③ 临时进行相间短路并接地。在有可能会意外来电的场所，在高压线路和设备上进行检修前，必须采取临时性的各相间的短路连接，并进行临时接地，然后方可进行检修。

④ 严禁约时送电。在检修前或在检修过程中，是绝对禁止预先约定送电时间的，以免出现检修尚未竣工就进行送电的恶性事故。同时必须指出：断开总开关和检修完毕后恢复送电的各项操作，应由负责检修的人员亲自掌握，不应委托旁人代行操作。

⑤ 检修完毕，恢复送电的规定。

必须先在每个检修点进行逐一检查，检查检修质量是否合格，是否存在漏修，检修工具和器具是否撤清，零角废料是否清除，清点检修人员是否全部撤离。

当上述各项检查无异时，才可告知每个用电部门或具体用电人员，开始送电时应指明：每个供电或用电设备均应断开控制开关，即不应处于负载状态。

6. 什么是停电、放电和验电?

答：停电检修必须事先做好全部准备工作，方可进行检修工作。停电检修分全部停电检修和部分停电检修两种，其工作顺序如下。

(1) 停电

应根据工作内容，做好全部(或部分)停电的倒闸操作，必须将有可能送电到检修设备的线路开关或刀开关全部断开，并要有一个明显的断开点。

除此之外，还要做好防止误合闸措施。如在开关或刀开关的操作手柄上悬挂“禁止合闸，有人工作”的警示牌，必要时加锁，切断低压断路器的操作电源等。对多回路的线路，要防止其他方面突然来电，尤其要注意防止低压方面的反馈电。

(2) 放电和验电

停电后，为消除被检修设备上的残存电荷，应对线与地间、线与线间逐一放电。放电时应用临时接地线，用绝缘棒操作，避免人手与放电导体相接触。由于电力电容器，电力电缆等设备的残存电荷较多，要先经放电电阻放电，然后再短接。放电后应用合格的验电器对检修设备进行验电。验电时，应按电压等级选用相应的验电器。

7. 人体的安全电压与安全电流是多少?

答：(1) 安全电压

安全电压一般是指人体较长时间接触而不致发生触电危险的电压。国家标准 GB 3805—1993《特低电压(ELV)限值》规定 42V、36V、24V、12V、6V 为安全电压，这是为防止触电而采用的供电电压系列。实际工作中应根据使用环境、人员和使用方式等因素选用电压值。如在有触电危险的场所使用的手持电动工具等可采用 42V；久热高温的建筑物内可采用 36V 作为安全电压；特别潮湿、有腐蚀性蒸汽、煤气或游离物的场所及某些人体可能触及的带电设备，可选用 24V、12V、6V 作为安全电压。

(2) 安全电流

当工频频率为 50Hz 时，流过人体的电流不超过 10mA，因此，规定 10mA 为安全电流。

如果通过人体的交流电流超过 20mA 或直流电流超过 80mA，就会使人感觉麻痛或剧痛，呼吸困难，自己不能摆脱电源，会有生命危险。随着电流的增大，危险性也增大，当有 100mA 以上的工频电流通过人体时，人在很短的时间里就会窒息，心脏停止跳动，失去知觉，出现生命危险。

8. 电流对人体的伤害与哪些因素有关？

答：（1）触电电流

电流对人体的伤害与流过人体电流的大小有关。按照电流流过人体的大小不同，人体呈现不同的生理状态。将电流分为 3 级。

1）感知电流

电流流过人体，能引起感觉的最小电流叫感知电流。男人的感知电流为 1.1mA 左右，女人的感知电流为 0.7mA 左右。

2）摆脱电流

人手握住带电体时，能自主摆脱的最大电流叫摆脱电流。男人的摆脱电流为 9mA 左右，女人的摆脱电流为 6mA 左右。儿童的摆脱电流比成人更小。

3）致命电流

在较短时间内能危及人生命的最小电流叫致命电流。

（2）与电流流过人体时间的长短有关

电流流过人体的时间越长，对内脏器官破坏的可能性越大，人体电阻下降，通过人体的电流越大，后果更严重。

（3）与电流流过人体的途径有关

触电电流通过人体心脏、呼吸系统、中枢神经三个部位时，危险程度最大。

（4）与触电电压高低有关

当然在相同条件下，触电电压越高，危险性越大。

（5）与人体电阻大小有关

人体的 70% 为水分，故人体内部电阻并不大。人触电时限制触电电流大小的因素，除自身电阻外，皮肤表面接触电阻，鞋袜绝缘电阻也起主要作用。不利情况是人体电阻是变化的，与通电时间、外加电压成反比。

（6）与电流频率有关

常用的 50 ~60Hz 交流电对人体伤害程度最严重，随着频率的减少或增加，其危害程度也随之减少，尤其是直流电，在相同条件下，触电危险程度最小。

（7）与人体健康状况有关

人体触康状况越好，在相同条件下，触电危险程度就越轻。对于患有心脏病、结核病、精神病、内分泌器官疾病或醉酒的人来讲，由于自身抵抗力差，当然危险程度相对较严重。

9. 什么是触电？触电对人体有哪些伤害？

答：当人体触及带电体，或带电体与人体之间由于距离近电压高产生闪击放电，或电弧烧伤人体表面对人体所造成的伤害都叫触电。触电分电击、电伤两种。所谓电击是电流通过人体内部造成的伤害；所谓电伤是由于电流的热效应、机械效应、化学效应对人体外部造成的伤害，如电弧烧伤、电烙印、皮肤金属化等。最危险的触电是电击，绝大多数触电死亡事故是由电击造成的。

10. 引起触电的原因有哪些？

答：（1）单相触电

当人体直接碰触带电设备或带电导线其中的一相时，电流通过人体流入大地，这种触电称为单相触电。有时对于高压带电体，人体虽未直接接触，但由于电压高超过了安全距离，高压带电体对人体放电，造成单相接地而引起的触电，也属于单相触电。

单相电路中的电源火线与零线（或大地）之间的电压是 220V。在室内电路使用中，如果使用者操作有误，导致站在地上的人体直接或间接地与火线接触，则加在人体上的电压约是 220V，这远高于 36V 的安全电压。这时电流就通过人体流入大地而发生单相触电事故，如图 11-2 所示。

(2) 两相触电

人体同时接触带电设备或带电导线其中两相时，或在高压系统中，人体同时接近不同相的两相带电导体，而发生闪击放电，电流通过人体从某一相流入另一相，此种触电称为两相触电。这类事故多发生在带电检修或安装电气设备时，如图 11-3 所示。

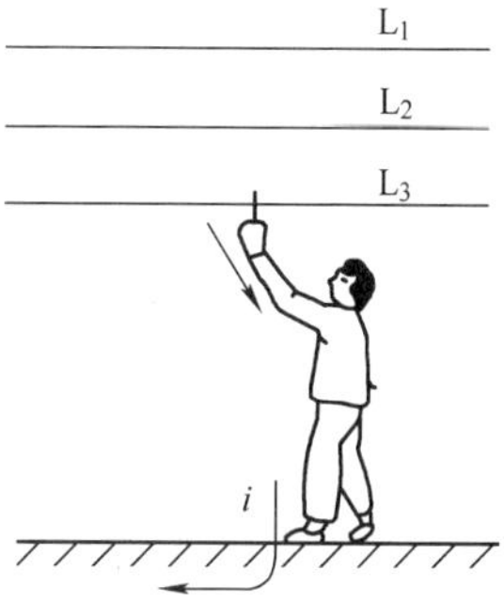

图 11-2　单相触电

(3) 跨步电压触电

当电气设备发生接地短路故障时或电力线路断落接地时，电流经大地流走，这时，接地中心附近的地面存在不同的电位。此时人若在接地短路点周围行走，人两脚间(按正常人 0.8m 跨距考虑)的电位差叫跨步电压。由跨步电压引起的触电叫跨步电压触电。人与接地短路点越近，跨步电压触电越严重。特别是大牲畜，由于前后脚间跨步距离很大，故跨步电压触电更严重，如图 11-4 所示。

图 11-3　两相触电

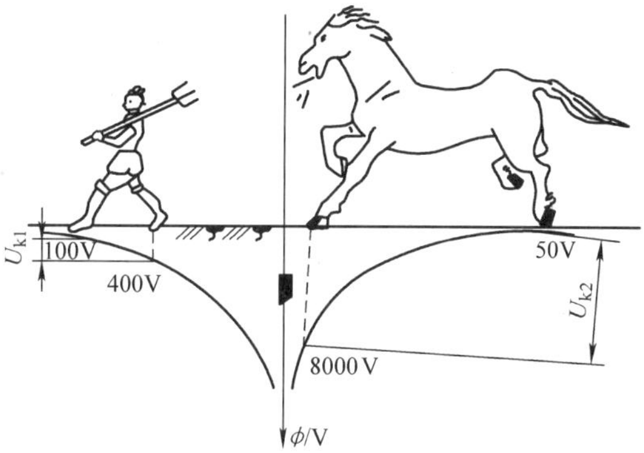

图 11-4　跨步电压触电

(4) 间接触电

所谓间接触电是指由于事故使正常情况下不带电的电气设备金属外壳带电，致使人们触电。另外，由于导线漏电触碰金属物(如管道、金属容器等)，使金属物带电而使人们触电，也叫间接触电。

11. 触电有什么规律性?

答: ① 低压触电多于高压触电。主要原因是低压设备多，低压电网广；设备简陋，相关人员管理不严；群众缺乏电气安全知识等。

② 农村触电事故多于城市。统计资料表明，农村触电事故为城市触电事故的 6 倍。主要原因是农村用电设备简陋，相关人员技术水平低、管理不严，群众缺乏电气安全知识。

③ 中青年人触电事故多，男士多于女士。一方面由于中青年男士多是主要操作者，接触电气设备的机会多；另一方面多数操作者不谨慎，经验不足，电气安全知识比较欠缺。

④ 单相触电多于三相触电。统计资料表明，单相触电占触电事故的 70% 以上。防触电的技术措施应着重考虑单相触电的危险。

⑤ 事故点多发生在电气连接部位。统计资料表明，电气事故点多数发生在分支线、接户线、地爬线、接线端、压接头、焊接点、电线接头、电缆头、灯头、插头、插座、控制器、开关、接触器、熔断器等处。

⑥ 触电事故多发的季节性。统计资料表明，一年之中第二、三季度事故较多，六至九月最集中。主要原因是夏秋天气潮湿、多雨，降低了电气设备的绝缘性能；由于天气炎热，工作人员多不穿工作服，也不带绝缘护具；正值农忙季节，农村用电量增加，导致触电事故增多。

⑦ 触电事故与生产部门性质有关。冶金、矿业、建筑、机械等行业由于存在潮湿、高温、现场混乱、移动式设备和携带式设备多及现场金属设备多等不利因素，因此，触电事故较多。

12. 触电急救的方法有哪些?

答: 坚持迅速准确地进行现场急救、护理、治疗，并且坚持救治是抢救触电者生命的关键。不仅是所有电气工作人员，应熟练掌握触电急救的方法，广大群众也应懂得触电急救的常识。

人触电以后，往往会出现神经麻痹、呼吸中断、心脏停止跳动等症状，呈现昏迷不醒的状态。如果没有明显的致命外伤，就不能认为触电人已经死亡，而应该看作是假死，要分秒必争地进行现场救护。

(1) 脱离低压电源

① 就近拉开电源开关或拔出电源插头。但应注意，拉线开关和扳把开关只能断开一根导线，有时由于安装不符合安全要求，开关安装在零线上，虽然断开了开关，人身触及的导线仍然带电，不能认为已切断电源。

② 如果电源开关或电源插座距离较远，可用有绝缘手柄的电工钳或有干燥木柄的斧头、铁锹等利器切断电源线。切断点应选择在导线在电源侧有支持物处，防止带电导线断落触及其他人体。电源线应分相切断，以防短路伤人。

③ 如果导线搭落在触电者身上或压在身下，可用干的木棒、竹竿等挑开导线或用干燥的绝缘绳索套拉导线或触电者，使其脱离电源。

④ 救护人可一只手戴上手套或垫上干燥的衣服、围巾、帽子等绝缘物品把触电者拉离电源。如果触电者衣服是干燥的，又没被紧缠在身上，不致于使救护人直接触及触电者的身体时，救护人才可直接用一只手抓住触电者不贴身的衣服，将触电者拉离电源。

⑤ 救护人可站在干燥的木板、木桌椅或橡胶垫等绝缘物上，用一只手把触电者拉离电源。

⑥ 如果触电者由于触电痉挛，手指紧握导线或导线缠绕在身上时，可首先用干燥的木板塞进触电者身下使其与地绝缘来隔断电源，然后采取其他办法切断电源。

(2) 脱离高压电源

① 立即通知有关部门停电。

② 戴上绝缘手套、穿上绝缘靴，拉开高压断路器；用相应电压等级的绝缘工具拉开高压跌落式熔断器、切断电源线。

③ 抛掷裸金属软导线，造成线路短路，迫使保护装置动作切断电源。应保证抛掷的导线不触及人体。

采用上述办法使触电者脱离电源时，应注意以下事项：

a. 救护人不得采用金属和其他潮湿的物品作为救护工具。

b. 未采取任何绝缘措施，救护人不得直接触及触电者的皮肤和潮湿衣服。

c. 在使触电者脱离电源的过程中，救护人最好用一只手操作，以防触电。

d. 当触电者站立或位于高处时，应采取措施防止脱离电源后触电者摔倒。

e. 夜晚发生触电事故时，应考虑切断电源后的临时照明问题，以有利于救护。

(3) 现场救护

触电者脱离电源后，应立即移至干燥、通风的位置，分情况迅速进行现场救护，如图 11-5 所示。同时拨打 120 救护中心，通知医务人员到现场并做好送往医院的准备工作。

(4) 人工呼吸法

人工呼吸法有口对口(鼻)人工呼吸法、俯卧压背人工呼吸法、仰卧牵臂人工呼吸法等。现以口对口(鼻)人工呼吸法为例进行讲解，如图 11-6 所示。口对口(鼻)人工呼吸法简单易行，效果也最好，不受胸、背部外伤的限制，同时可以和胸外心脏按压配合进行。

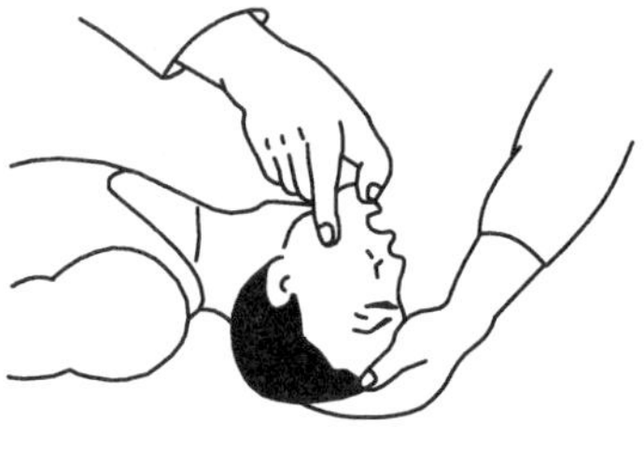

图 11-5 现场救护

口对口(鼻)人工呼吸法的操作步骤如下：

① 使触电者仰卧，迅速解开其围巾、领扣、紧身衣扣并放松腰带，头下不要垫枕头，以利于触电者呼吸，还应再一次检查其是否已停止呼吸。

② 把触电者的头侧向一边，清除口腔中的假牙、血块、粘液等物。如果触电者牙关紧闭，可用小木片、小金属片等坚硬物品从其嘴角插入牙缝，慢慢撬开嘴巴。

③ 使触电者的头部尽量后仰，鼻孔朝天，下颚尖部与前胸部大体保持在一条水平线上，这样，舌根部

不会阻塞气道。

④ 救护人蹲跪在触电者头部的左侧或右侧，一只手捏紧触电者的鼻孔，另一只手的拇指和食指掰开其嘴巴，如果掰不开嘴巴，可用口对鼻人工呼吸法，捏紧触电者的嘴巴，紧贴其鼻孔吹气。

⑤ 深吸气后，紧贴掰开的嘴巴吹气，吹气时也可隔一层纱布或毛巾。吹气时要使触电者的胸部膨胀，每 5s 一次，吹气 2s。对儿童进行抢救时，吹气量酌减。

⑥ 救护人换气时，放松触电者的嘴和鼻，让其自动呼气。

(5) 胸外心脏按压法

胸外心脏挤压法如图 11-7 所示。

图 11-6　人工呼吸法

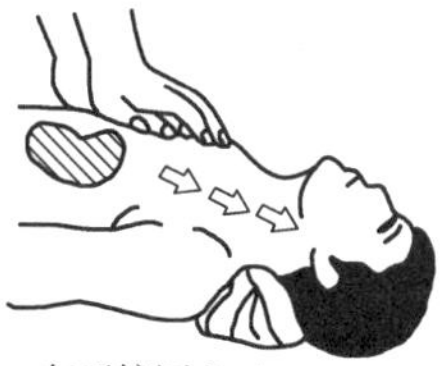

图 11-7　胸外心脏按压法

① 使触电者仰卧在比较坚实的地面或地板上，姿势与口对口(鼻)人工呼吸法相同。

② 救护人蹲跪在触电者腰部一侧，或跨腰跪在其腰部，两手相叠，手掌根部放在正确的压点上，即心口窝稍高、两乳头间略低、胸骨下 1/3 处。

③ 救护人两臂肘部伸直，掌根略带冲击地用力垂直下压，压陷深度为 3 ~5mm，压出心脏里的血液。以 100 次/min 为宜。

④ 挤压后掌根迅速全部放松，让触电者胸廓自动复原，这样血液又充满心脏。

13. 电气设备为什么要接地?

答: 用接地线把电气设备的某些部分与接地体进行可靠而又符合技术要求的电气连接称为接地。如电动机、变压器和开关设备的金属外壳接地。

当电气设备漏电时，其外壳、支架及与之相连的其他金属部分将呈现电压。若有人意外触及这些带电部分，就可能发生触电事故。接地的目的就是为了保证电气设备的正常工作和人身安全。为了达到这个目的，接地装置必须十分可靠，其接地电阻也必须保证在一定范围之内。例如，容量为 100kV·A 以上的变压器中性点接地装置的接地电阻应不大于 4Ω，零线重复接地电阻应不大于 10Ω 等。在电力系统中应用较多的有工作接地、保护接地、保护接零、重复接地等，此外还有防雷接地、公共接地、过电压保护接地、防静电接地、屏蔽接地等。

为了防止电气设备的金属外壳意外带电而造成触电事故，这些金属外壳部分必须进行保护性接地或接零。

14. 什么是保护接地和保护接零? 预防金属外壳意外带电的方法有哪些?

答: 为了防止电气设备的金属外壳意外带电而造成触电事故，这些金属外壳部分必须进行保护性接地或接零。

(1) 保护接地

保护接地是将电动机、家用电器设备的金属外壳，通过导体和埋入地下的金属接地体连接在一起的技术措施。这种方法既可用于三相电源中性点不直接接地的系统 (如 GB14050—2008 规定的 IT 系统)，也可用于三相电源中性点直接接地的系统 (如 TN-S、TN-C-S 系统)，如图 11-8 所示。其作用是一旦电器设备绝缘损坏漏电时，人体接触带电外壳，此时，人体电阻远大于接地电阻(4Ω)，大量电流通过金属外壳泄入大地，对地电压可降至安全电压 36V 以下，从而保证了人身安全。

(2) 保护接零

保护接零是专指将电动机、家用电器等用电设备的金属外壳，通过导线与 380V 三相四线制

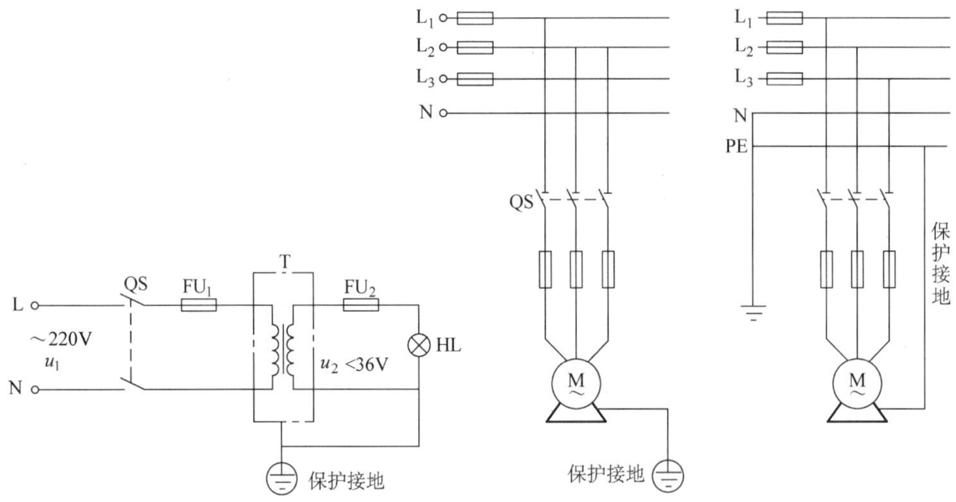

图 11-8　保护接地

(TN-C) 供电系统的零线（保护中性线）接在一起的技术措施。其作用是一旦电器设备绝缘损坏漏电时，漏电电流能使保护装置动作或熔丝熔断，从而自动切断电源，如图 11-9 所示。值得注意的是，在同一电网内，应采用同一种保护方式，不允许一些电气设备接零，而另一些电气设备接地。需要注意的是，一旦 TN-C 系统的 PEN 线断裂后，断点前部仍然是零线 PEN，而断点后部则成为负载侧的中性线。1）断点后部因为三相不平衡的原因会使得中性线电压上升；2）当发生相对 PEN 短路时，由于用电设备的外壳是接在 PEN 上的（保护接零），所以用电设备外壳会带电，继而发生人体电击事故。因此，TN-C 的 PEN 必需多点接地，以避免出现上述问题。由于 TN-C 系统逐渐被 TN-S 或 TN-C-S 系统取代保护接零已经很少见了，常见的都是 TN-S 或 TN-C-S 里的保护接地方式。

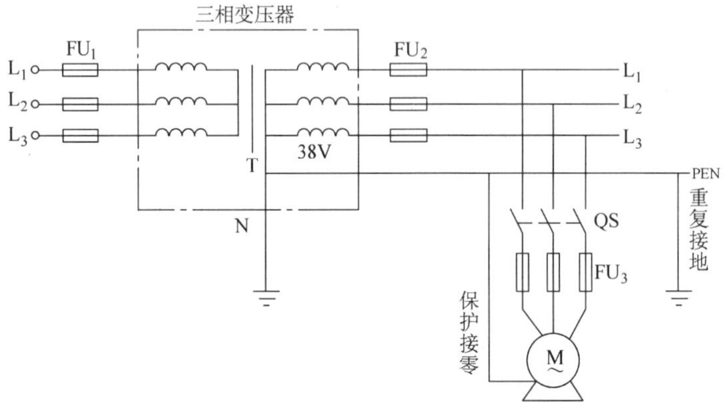

图 11-9　保护接零

(3) 接地或接零的方法

每个电气设备必须单独与接地或接零的干线连接，不能将每个设备外壳串联后再接到接地或接零的干线上。电气设备外壳的接头可用螺栓连接接地或接零线。照明设备各部件（照明器插座、开关）必须用专门设置的接头螺栓来接地或接零线。电缆和金属管的外皮可用做接地或接零的导线。电缆接头、管子接头和分线盒处均应用电焊焊一个分路，使数个管子外皮有很好的电气连接。插座均接一根接地或接零导线。

敷设在厂房内的接地、接零干线应便于检查，并须避免机械和化学的损伤。在没有爆炸危险的场所，可利用电线管子作为接地或接零线导线。

（4）注意事项

接地线、接零线要求：一般接地干线和接零干线必须有足够的机械强度，其最小横截面积不得小于下列数值：一般明设裸体铜线的横截面积应不小于 $4mm^2$；一般明设裸体铝线的横截面积应不小于 $6mm^2$；一般绝缘铜导线的横截面积应不小于 $1.5mm^2$；一般绝缘铝导线的横截面积应不小于 $2.5mm^2$。

接地或接零应在以下方面进行：一是对地电压高于 150V 的电气设备；二是对地电压为 150V 以下但大于 65V，安装在特别危险场所的电气设备（在危险厂房内只需将经常摸到的机件手柄、手轮等物体接地或接零）。

15. 什么是重复接地体？其接地电阻是多少？

答： 在三相四线供电系统中，当单根接地体的接地电阻不能满足要求时，常用多根接地体并联起来把零线多处与大地连接，称为重复接地。

重复接地体的接地电阻由于接地体之间的屏蔽影响，不等于每一根接地体接地电阻的并联值。重复接地电阻在 10Ω 以下。

重复接地可以避免因零线中断产生的触电电压，减少外壳漏电的对地电压和触电的危险。

16. 什么是工作接地和保护接地？

答： 为了使电力系统以及电气设备安全可靠地运行，将系统中的某一点或经某些设备外壳直接或间接接地，称为工作接地；把不带电的金属外壳或电气故障情况下可能出现对地电压的金属部分与接地装置连接，叫作保护接地。

17. 什么是接地、接地体、接地线和接地装置？

答： 电力系统、配电装置、电气设备中的某一点与大地进行良好的连接称为接地。埋入地下与大地接触的金属导体为接地体。电气设备接地部分与接地体的连接导线称为接地线。接地体、接地线的总称为接地装置。

18. 如何选择接地装置的装设地点？

答： 接地装置埋设位置应在距建筑物 8m 以外。应安装在土壤电阻率较低的地方，并应避免靠近烟道或其他热源处，以免土壤干燥，电阻率增高。

19. 什么是内部过电压？什么是大气过电压？

答： 内部过电压是由于合闸、拉闸操作和故障等原因，引起电力系统的状态突然从一种稳态转变为另一种稳态的过渡过程，在极短的时间内（几微秒），远远超过正常值，在这个过程中会产生过电压。这些过电压是系统内部电磁能的振荡和积聚所引起的，所以叫作内部过电压。内部过电压可分为操作过电压和谐振过电压。操作过电压出现在系统操作或故障情况下；谐振过电压是由于电力网中的电容和电感元件（特别是带铁心的铁磁电感元件）参数的组合谐振而产生的。

大气过电压（外部过电压）包括两种：一种是对设备的直击雷过电压；另一种是雷击于设备附近时，在设备上产生的感应过电压。

不管内部过电压还是大气过电压，都是很危险的。随时有可能使线路的绝缘受到破坏，甚至引起大火。

20. 漏电保护有哪些作用？

答： ① 防止由于电气设备和电气线路漏电引起的触电事故。

② 防止用电过程中的单相触电事故。

③ 及时切断电气设备运行中的单相接地故障，防止因漏电引起的电气火灾事故。

④ 随着工农业生产的发展和人们生活水平的日益提高，工业用电和家用电器不断增加，在用电过程中，由于电气设备本身的缺陷、使用不当和安全技术措施不利而造成的人身触电和火灾事故，给人民的生命和国家财产带来了不应有的损失，而漏电保护器的出现，对预防各类事故的发生，及时切断电源，保护设备和人身安全，提供了可靠而有效的技术手段。漏电保护器的外形如图 11-10 所示。

21. 漏电保护器的工作原理是什么？

答： 如图 11-11 所示为简单的漏电保护装置的原理图。从图 11-11 中可以看到漏电保护装置安装在电源线进户处，也就是电能表的附近，接在电能表的输出端即用户端。图中把所有的用电器用一个电阻 R 替代，用 R_N 替代接触者的人体电阻。

图 11-10　漏电保护器的外形

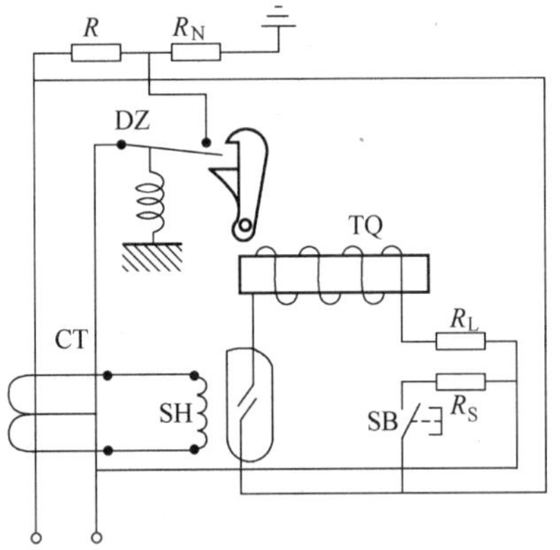

图 11-11　漏电保护器的原理图

图中的 CT 表示电流互感器，它是利用互感原理测量交流电流的，所以叫互感器，实际上是一个变压器。它的一次绕组是进户的交流线，把两根线当做一根线并起来构成一次绕组。二次绕组则接到舌簧继电器 SH 的线圈上。

所谓舌簧继电器，就是在舌簧管外面绕上线圈，当线圈里通电的时候，电流产生的磁场使得舌簧管里面的簧片电极吸合，接通外电路。线圈断电后簧片释放，外电路断开。总而言之，这是一个灵巧实用的继电器。

原理图中开关 DZ 不是普通的开关，它是一个带有弹簧的开关，当人克服弹簧力把它合上以后，要用特殊的钩子扣住它才能够保证电路处于通的状态；否则一松手就又断了。

舌簧继电器的簧片电极接在脱扣线圈 TQ 电路里。脱扣线圈是个电磁铁的线圈，通过电流就产生吸引力，这个吸引力足以使上面说的钩子解脱，使得 DZ 立刻断开。因为 DZ 就串在用户总电线的火线上，所以脱了扣就断了电，触电的人就得救了。

不过，漏电保护器之所以可以保护人，首先它要“意识”到人触了电，那么漏电保护器是怎样知道人触电了呢？从图中可以看出，如果没有人触电的话，电源来的两根线里的电流肯定在任何时刻都是一样大的，方向相反。因此 CT 的一次绕组里的磁通完全消失，二次绕组没有输出。如果有人触电，相当于相线上有经过电阻，这样就能够联锁导致二次上有电流输出，这个输出就能够使 SH 触电吸合，从而使脱扣线圈得电，把钩子吸开，开关 DZ 断开，从而起到了保护的作用。

值得注意的是，漏电保护器一旦脱了扣，即使脱扣线圈 TQ 里的电流消失也不会自行把 DZ 重新接通。因为没人帮它合上是无法恢复供电的。触电者离开，触电者经检查无隐患，想再用电，需将 DZ 合上使其重新扣住，才能恢复供电。

22. 什么是漏电过电压保护器？

答：家用漏电过电压保护器上利用“剩余动作电流”原理派生过电压过载保护功能。如图 11-12 所示的电路中，在试验按钮 SB 和试验电阻 R_1 构成的回路两端并联一只标称值的压敏电阻或一定启动值的氖泡，使漏电过电压保护器具有过电压保护功能。其原理是试验回路跨接在电流互感器上下两端的电源的两侧，在这上边通过的电流，就相当于互感器 B 的一次通过的剩余电流，这就模拟了人体触电或设备漏电状况，

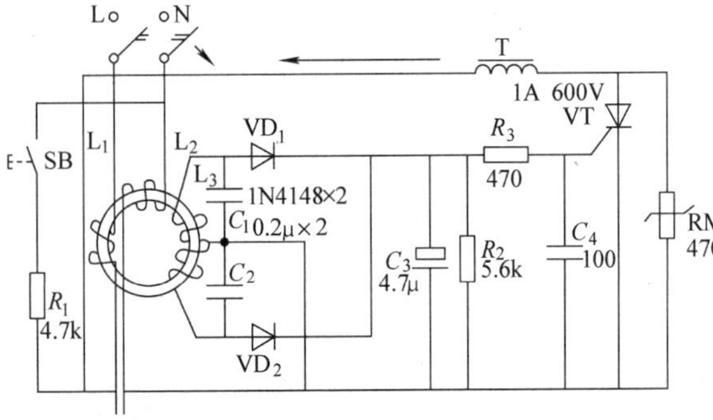

图 11-12　漏电过电压保护器

借此验证电路动作是否正常。当在 SB、R_1 回路并联稳压二极管一类的器件后，其稳压值就是过电压保护动作值，一般设定为 280V。当电网故障引起电压升高超过设定值时，稳压二极管很快导通，互感器一次出现剩余电流，二次感应出漏电流信号，经处理放大推动执行部件脱扣器迅速动作，切断电源。漏电保护的基础就派生出过电压保护功能。

23. 什么是漏电过载保护器？

答： 如图 11-13 所示，由 R_3、RP 分压电路中检取市电的过电压信号，通过触发二极管，驱动微触发晶闸管导通，使脱扣器动作。漏电过载保护器的过载保护用干簧管绕制的线圈利用剩余电流原理完成。干簧管的常开触头并接在试验按钮 SB 上；线圈串接在绕组 L_1 上，当负载电流超过设定值时（过载设定值由线圈的线径、匝数确定）；弹簧管的常开触点便因磁化而闭合，相当于试验按钮 SB 的闭合，在互感器 B 的一次产生剩余电流，二次信号便触发 VT 导通，脱扣器动作，迅速切断电源。其电气原理与第 21 问讲的漏电、第 22 问讲的过电压保护动作原理类似。

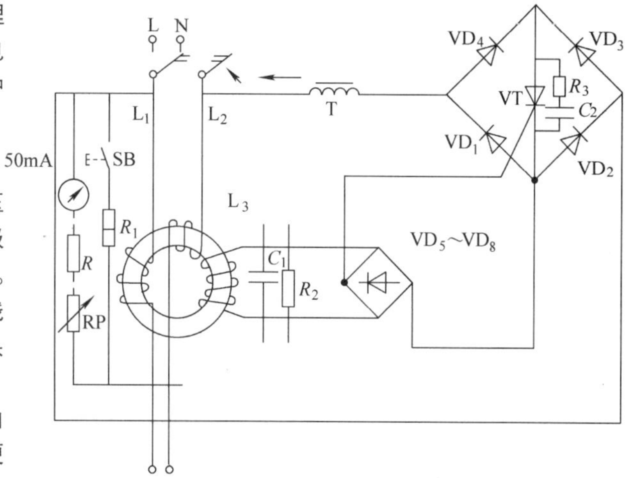

图 11-13　漏电过载保护器

24. 360°脉冲无声运行保护器是怎样工作的？

答： 360°脉冲无声运行保护器是一种高科技产品，它适用于三相四线中性点直接接地的低压配电系统，用做人身触电保护和电网漏电保护。与交流接触器配合对交流线圈有节点消声、增加线圈的使用寿命等功能。

该保护器脉冲指触电脉冲电流（突发性电流）在全相位内的任何角度都能进行动作保护，和线路漏电有根本的区别。它可以自动区分触电电流和漏电电流，当线路漏电电流大于或等于 400mA 时，保护器有闭锁功能，使线路不再送电，保护线路的完整性。还有重合闸功能，当突发性电流大于 15mA，小于 60mA 时，在 0. 1s 内能自动切断电源，25s 后又可自动合闸送电，保证线路畅通和人身的安全。整机外形如图 11-14a 所示。分路保护接线图如图 11-14b 所示。

a)

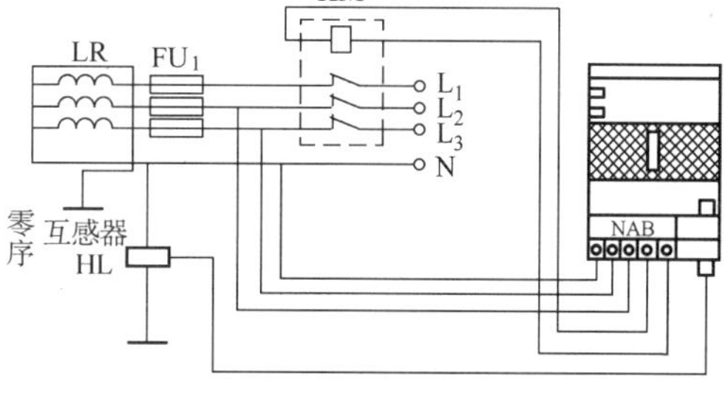

b)

图 11-14　360°脉冲无声运行保护器

a）整机外形　b）保护接线图

25. 怎样进行防雷？

答：雷电给人们的生命财产造成重大损失，特别是在夏季雷电多发期，我们必须采取各种措施，防止雷电的侵袭。

雷雨天时，如果人站在空旷的野外，人就成了空旷地面上的凸出部分，这时带着大量电荷的云就可能通过人体对地发生放电，把人击伤或击死。同样的道理，大树和高大的建筑物也是凸出部分，受雷击的可能性就比矮的树和房子要大，所以雷雨天不要到空旷的田野里去，也不要到大树或高墙附近去避雨。

预防雷电的方法有：利用避雷针接闪器、避雷带和避雷网以及接地装置把雷电送入大地。

（1）防避直击雷的措施

防避直击雷采取的措施是引导雷云对避雷装置放电，使雷电流迅速流入大地，从而保护建筑物免受雷击。防避直击雷的避雷装置有避雷针、避雷带、避雷网、避雷线等。对建筑物屋顶易受雷击部位，应装避雷针、避雷带、避雷网进行直击雷防护。如屋脊装有避雷带，而屋檐处于此避雷带的保护范围以内时，屋檐上可不装设避雷带。

（2）防雷电感应的措施

防止雷电感应在建筑物上聚集电荷的方法是：在建筑物上设置收集并泄放电荷的避雷带或避雷网，防止建筑物内金属物上雷电感应的方法是：将金属设备、管道等金属物，通过过接地装置与大地进行连接，以便将雷电感应电荷迅速引入大地，避免雷害。

（3）防雷电波侵入的措施

防止雷电波沿供电线路侵入建筑物，行之有效的方法是安装避雷器将雷电波引入大地，以免危及电气设备。但对于易燃易爆的建筑物，当避雷器放电时，线路上仍有较高明电压要进入建筑物，还是不安全。对这种建筑物可采用地下电缆供电方式，这就从根本上避免了过电压雷电波侵入的可能性，通过一段电缆可以将雷电波的过电压限制到安全范围之内。

26. 防雷平面图由几部分组成？

答：防雷平面图是在建筑平面图的基础上画出的。在四周画上避雷带、引下线、扁钢、支架、卡子、接地体等，如图 11-15 所示。

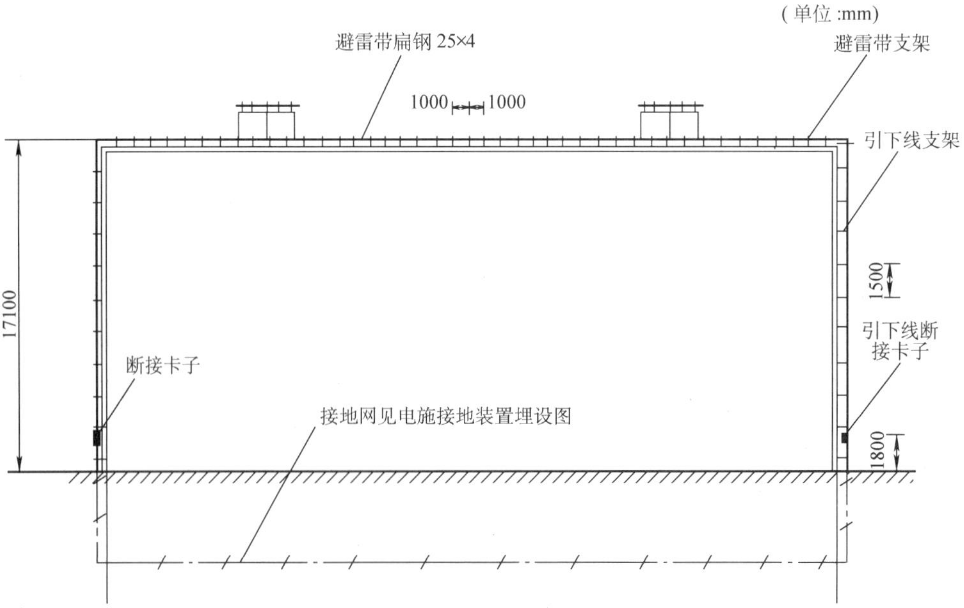

图 11-15　防雷平面图

27. 电气火灾发生的原因是什么?

答: 一般发生电气火灾的原因是线路严重过载、接头处接触不良，引起发热，使附近易燃品燃烧而发生火灾。另外，开关的拉合闸或熔断器熔断时喷溅出的火花，也会引起周围易燃、易爆物质的燃烧或爆炸。由于电气设备受潮、绝缘性能差而发生漏电、短路的故障也能引起火灾。

在电力的生产、传输、变电和使用过程中，由于线路短路、接点发热、电动机电刷打火、电动机长时间过载运行、油断路器或电缆头“爆炸”、低压电器触头分合、熔断器熔断、电热器使用不当等原因，可能会引起电气火灾。作为电气操作人员应该掌握必要的电气消防知识，以便在发生电气火灾时，能运用正确的灭火知识，指导和组织人员迅速灭火。

28. 火灾灭火器有哪些?

答:（1）泡沫灭火器

泡沫灭火器适用于扑救油脂类、石油类产品及一般固体物质的初起火灾。泡沫灭火器只能立着放置。

泡沫灭火器筒身内悬挂装有硫酸铝水溶液的玻璃瓶或聚乙烯塑料制成的瓶胆，筒身内装有碳酸氢钠与发泡剂的混合溶液。使用时将筒身颠倒过来，碳酸氢钠与硫酸两溶液混合后发生化学作用，产生二氧化碳气体泡沫由喷嘴喷出。对准被灭火物持续喷射，大量的二氧化碳气体覆盖在物体表面，使其与氧气隔绝，即可将火势控制。使用时，必须注意不要将筒盖、筒底对着人体，以防万一爆炸伤人。

（2）二氧化碳灭火器

二氧化碳灭火器主要适用于扑救贵重设备、档案资料、仪器仪表、额定电压在 600V 以下的电器及油脂等的初起火灾，但不适用于扑灭金属钾、钠的燃烧。二氧化碳灭火器分为手轮和鸭嘴式两种手提式灭火器。

二氧化碳灭火器的钢瓶内装有液态的二氧化碳，使用时液态二氧化碳从灭火器喷出后迅速蒸发，变成固体雪花状的二氧化碳。固体二氧化碳在燃烧物体上迅速挥发而变成气体。当二氧化碳气体在空气中含量达到 30%~35% 时，物质燃烧就会停止。使用鸭嘴式二氧化碳灭火器时，拔下保险销，一只手拿喷筒对准火源，另一只手握紧鸭舌，气体即可喷出。二氧化碳导电性差，电压超过 600V 必须先停电后灭火，二氧化碳怕高温，存放点温度不应超过 42℃。使用时不要用手摸金属导管，也不要把喷筒对着人，以防冻伤。喷射方向应顺风，切勿逆风使用。

（3）干粉灭火器

干粉灭火器主要适用于扑救石油及其产品、可燃气体和电气设备的初起火灾。

使用干粉灭火器时先打开保险销，一只手把喷管口对准火源，另一只手紧握导杆提环，将顶针压下，干粉即喷出。

（4）1211 灭火器

1211 灭火器适用于扑救油类、精密机械设备、仪表、电子仪器、设备及文物、图书、档案等贵重物品的初起火灾。

1211 灭火器钢瓶内装满二氟一氯一溴甲烷的卤化物，是一种使用较广的灭火器。使用时，拔掉保险销，然后用力握紧压把开关，由压杆使密封阀开起，在氮气压力作用下，灭火剂喷出。灭火时，应垂直操作，不可平放和颠倒使用，喷嘴要对准火焰根部，沿顺风左右扫射，并快速向前推进，当火扑灭后，松开压把开关，喷射即停止。1211 灭火器如图 11-16a 所示。消火栓灭火装置如图 11-16b 所示。

29. 扑灭电气火灾的方法是什么?

答: 当发生电气火灾时，应首先迅速断开电源，以防触电，并迅速脱离现场，以免扩大事故。电气火灾一般采用二氧化碳、四氯化碳等灭火剂、消火栓或干燥的黄沙进行灭火，不允许用水扑灭电气火灾或在高压区域中用水灭火，不能使用泡沫灭火器扑灭电气设备的火灾。因为泡沫是灭火器中加入的某种化学药品，此类药品是导电的。

① 电气火灾的危害性很大，一旦发生，损失惨重。因此，对电气火灾一定要贯彻“预防为主”的原则，防患于未然。

② 发生电气火灾时，不要惊慌，迅速报警；尽快切断电源，防止火势蔓延。

③ 不可用水和泡沫灭火器灭电气火灾（尤其是油类火灾），应采用黄砂和二氧化碳、1211、四氯化碳、

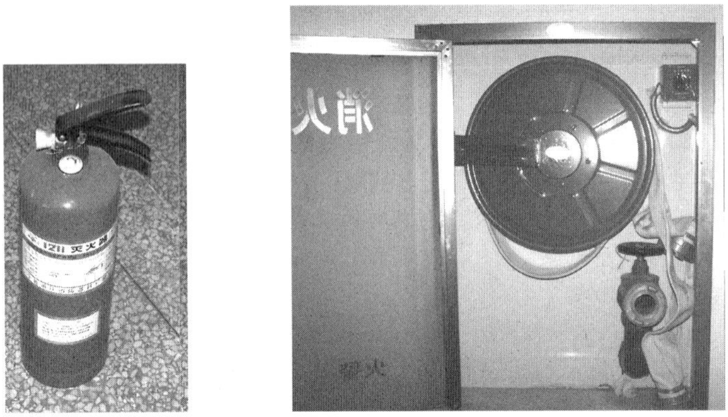

a)　　b)

图 11-16　灭火装置

a）1211 灭火器　b）消火栓灭火装置

干粉灭火器灭火。

④ 灭火人员不可使身体及手中的灭火器碰触到有电的导线或电气设备，防止灭火时发生触电事故。如果电线断落在地上，灭火人员最好穿绝缘鞋。

⑤ 在危急情况下，为了争取灭火的主动权，争取时间控制火势，在保证人身安全的情况下可以带电灭火，在适当时机再切断电源，但千万要注意安全。

⑥ 对于旋转电动机火灾，为防止矿物性物质落入设备内部，击穿电动机的绝缘，一般不宜用干粉、沙子、泥土灭火。

30. 家庭生活中的安全用电应注意哪些问题？

答：用电安全涉及千家万户，只有做到注意安全用电，才能避免发生漏电和触电事故。作为一名专业电工，应积极向广大群众宣传以下安全用电常识：

① 不用湿抹布擦拭电气装置或家用电器。

② 不用铜丝替代熔丝。

③ 不可将活动用电器的软线勾挂在电源线上。

④ 螺口灯头的相线应装在中心舌片上，并应装上安全罩。

⑤ 电气装置的外壳破损时应及时更换、修复。

⑥ 大功率家用电器（如电取暖器、空调器等）应敷设专用电源线，在停用时，除关掉开关外，还应及时拔掉电源插头。

⑦ 不要在照明电路上使用大功率用电器，不能把电炉的插头插在普通的插座上；同一个插座上不允许接插多个大功率用电器。

⑧ 在大扫除或遇到室内火灾时，应及时关掉总闸，未拉总闸前，不要用水或一般灭火器灭火。

31. 防震的方法有哪些？

答：震时就近躲避，震后迅速撤离到安全的地方是应急防护的较好方法。所谓就近躲避，就是因地制宜地根据不同的情况作出不同的对策。

（1）学校人员的避震方法

在学校中，地震时最需要的是学校领导和教师的冷静与果断。有中、长期地震预报的地区，平时要结合教学活动，向学生们讲述地震和防震、避震知识。地震前要安排好学生转移、撤离的路线和场地；地震后沉着地指挥学生有秩序地撤离。在比较坚固、安全的房屋里，可以躲避在课桌下、讲台旁、有管道支撑的房间里，不可让学生们乱跑或跳楼。

(2) 在街上行走时的避震方法

地震发生时，高层建筑物的玻璃碎片和大楼外侧混凝土碎块、以及广告招牌、马口铁板、霓红灯架等，可能掉下伤人，因此在街上走时，最好将身边的皮包或柔软的物品顶在头上，无物品时也可用手护在头上，尽可能做好自我防御的准备，要镇静，应该迅速离开电线杆和围墙，跑向比较开阔的地区躲避。

(3) 车间工人的避震方法

车间工人可以躲在车、机床及较高大设备下，不可惊慌乱跑，特殊岗位上的工人要首先关闭易燃易爆、有毒气体的阀门，及时降低高温、高压管道的温度和压力，关闭运转设备。大部分人员可撤离工作现场，在有安全防护的前提下，少部分人员留在现场随时监视险情，及时处理可能发生的意外事件，防止次生灾害的发生。

(4) 楼房内人员的避震方法

地震一旦发生，首先要保持清醒、冷静的头脑，及时判别震动状况，千万不可在慌乱中跳楼，这一点极为重要。其次，可躲避在坚实的家具下，或墙角处，也可转移到承重墙较多、开间小的厨房、厕所去暂避一时。因为这些地方结合力强，尤其是管道经过处理，具有较好的支撑力，抗震系数较大。总之，地震时可根据建筑物布局和室内状况，寻找安全空间和通道进行躲避，减少人员伤亡。

(5) 商店内人员的避震方法

在商店遇到地震时，要保持镇静。由于人员众多，商品掉落，可能使避难通道阻塞。此时，应躲在近处的大柱子和大商品旁边(避开商品陈列橱)，或朝着没有障碍的通道躲避，然后屈身蹲下，等待地震平息。处于楼上位置，原则上向底层转移为好。但楼梯往往是建筑物抗震的薄弱部位，因此，要看准脱险的合适时机。服务员要组织群众就近躲避，震后安全撤离。

(6) 家庭避震

地震预警时间短暂，室内避震更具有现实性，而室内房屋倒塌后形成的三角空间，往往是人们得以幸存的相对安全地点，可称其为避震空间。这主要是指大块倒塌体与支撑物构成的空间。室内易于形成三角空间的地方是：炕沿下、坚固家具附近；内墙墙根、墙角；厨房、厕所、储藏室等开间小的地方。

(7) 震后自救

地震时如果被埋压在废墟下，周围又是一片漆黑，只有极小的空间，一定不要惊慌，要沉着，树立生存的信心，相信会有人来救你，要千方百计地保护自己。地震后，往往还有多次余震发生，处境可能继续恶化，为了免遭到新的伤害，要尽量改善自己所处的环境。此时，如果应急包在身旁，将会为脱险起很大作用。在这种极不利的环境下，首先要保护呼吸畅通，挪开头部、胸部的杂物，闻到煤气、毒气时，用湿衣服等物捂住口、鼻；避开身体上方不结实的倒塌物和其他容易引起掉落的物体；扩大和稳定生存空间，用砖块、术棍等支撑残垣断壁，以防余震发生后，环境进一步恶化。设法脱离险境，如果找不到脱离险境的通道，尽量保存体力，用石块敲击能发出声响的物体，向外发出呼救信号，不要哭喊、急躁和盲目行动，这样会大量消耗精力和体力，尽可能控制自己的情绪或闭目休息，等待救援人员到来。如果受伤，要想法包扎，避免流血过多。维持生命，如果被埋在废墟下的时间比较长，救援人员未到，或者没有听到呼救信号，就要想办法维持自己的生命，防震包的水和食品一定要节约，尽量寻找食品和饮用水，必要时自己的尿液也能起到解渴作用。

(8) 震后互救

地震后，外界救灾队伍不可能立即赶到救灾现场，在这种情况下，为使更多被埋压在废墟下的人员，获得宝贵的生命，灾区群众积极进行互救，是减轻人员伤亡最及时、最有效的办法，也体现了“救人于危难之中”的崇高美德。

抢救时间及时，获救的希望就越大。据有关资料显示，震后 20min 获救的救活率达 98% 以上，震后 1h 获救的救活率下降到 63%，震后 2h 还无法获救的人员中，窒息死亡人数占死亡人数的 58%。他们不是在地震中因建筑物垮塌砸死，而是窒息死亡，如能及时救助，是完全可以获得生命的。唐山大地震中有几十万人被埋压在废墟中，灾区群众通过自救、互救使大部分被埋压人员重新获得生命。由灾区群众参与的互救行动，在整个抗震救灾中起到了无可替代的作用。

32. 电工安全用具有哪些?

答:(1) 绝缘手套

绝缘手套是用特殊橡胶制成的。它是在高压电气设备上操作时的辅助安全用具，也是在低压设备的带电部分上工作时的基本安全用具。根据规程要求，绝缘手套必须定期检查并做交流耐压试验和泄漏电流试验。

绝缘手套在使用前要检查是否破损漏气(可将手套向手指方向弯曲);使用时手套的伸长部分应该戴到外衣袖的外面，至少要套过手腕。平时不用时要放在干燥通风的地方。应当注意，不能用医疗、化学用的手套代替绝缘手套，也不能将绝缘手套用做其他用途。

(2) 绝缘靴

绝缘靴也是用特殊橡胶制成的，里面有衬布，通常不上漆。

在操作电气设备时，必须穿绝缘靴，以便与地保持绝缘和防止跨步电压触电，平时不用时要放在干燥无油迹的柜子里，并与其他工具分开。

根据规程要求，绝缘靴必须定期检查并做交流耐压和泄漏电流的试验，试验周期一般为6个月。应当注意，不能用普通水靴代替绝缘靴，也不能将绝缘靴当普通水靴穿用。

(3) 绝缘垫、绝缘台

绝缘垫和绝缘台的作用与绝缘靴相同，主要起着与地面隔电的作用，防止发生人身触电事故。在电工作业的任何情况下，绝缘垫和绝缘台都只能作为辅助安全用具。

绝缘垫一般用特殊橡胶制成，其厚度不应小于5mm、表面应有防滑条纹。通常铺在配电装置周围的地面上，以便在操作时增强绝缘。绝缘垫的最小尺寸不应小于0.8m×0.8m。

绝缘垫必须放在干燥的地方，经常保持清洁。一旦发现绝缘垫破损等情况，应立即停止使用。

绝缘台是用干燥而坚固的木条制成的，底部的四角用针式绝缘子(瓷绝缘子)作为支持物。木条与木条之间的距离不大于2.5cm，以免鞋根陷入。台面板用支持瓷绝缘子的高度不得小于10cm，台面板边缘不得伸出支持瓷绝缘子以外，以免绝缘台倾翻。绝缘台的最小尺寸不应小于0.8m×0.8m，为了便于移动和检查，最大尺寸也不宜大于1.5m×1.0m。

绝缘台应置于硬实的地面上，台面板不得与地面其他物体接触。在室外使用时，应放在硬地面上，绝缘台的支持瓷绝缘子不得陷入泥中，台面板也不可与杂草接触，如图11-17所示。

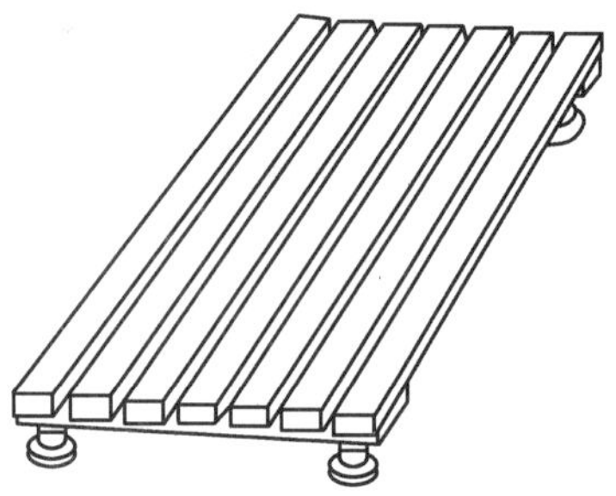

图11-17 绝缘台外形

33. 什么是便携式接地线?

答:便携式接地线是用来防止突然来电(如错误合闸送电)，消除临近高压线路产生的电压，放尽断开电源的电气设备剩余电荷必不可少的安全用具，是保证电工作业人员安全的有效技术措施。

便携式接地线由接线夹头、短路软导线和接地夹头三部分组成，各部分连接应可靠。短路软导线必须采用多股软裸铜线，其横截面积不小于25mm^2。严禁使用其他导线做接地线。所有便携式接地线都要有编号，存放在固定处，并且要对号存放(放置处也要编号)。使用时要做好记录，交接班时要交代清楚。

34. 遮栏在电工施工中有什么用途?有哪些尺寸要求?

答:遮栏是用于防护工作人员误碰或接近带电部分的安全用具，有固定遮栏和临时遮栏两种。固定遮栏常用金属件焊接而成;临时遮栏可用干燥木材制成。临时检修用遮栏也可用绳子代替。

遮栏的高度不应小于1.8m，下脚边缘离地面不应超过0.1m，栏条间净距不大于0.1m。遮栏上必须有“止步，高压危险”等字样，或悬挂其他标示牌。

35. 安全带和脚扣有哪些作用?

答:安全带又称安全腰带，是用于防止坠落事故发生的“保险带”。它是高处作业时防止由于操作人员失误或设施有缺陷而发生人身伤亡的“救命带”。因此，一切高处作业人员必须使用安全带，如图11-18a所示。

使用安全带的注意事项：

① 使用前应检查安全钩环是否齐全，保险装置是否可靠，大、小带有无老化、脆裂、腐朽等现象。若发现有破损、变质等情况，严禁使用。

② 安全带应高挂低用或平行拴挂，严禁低挂高用。

③ 使用安全带时，只有勾好安全钩环，上好保险装置，才可探身或后仰；杆上转位时，不应失去安全带的保护。

④ 安全带不应拴挂在杆尖、戗板和其他要撤换的部件上，而应系在电杆上合适、可靠的部位。

脚扣是电工架高压外线必需的工具，它是上下电杆时用的安全用具，如图 11-18b 所示。

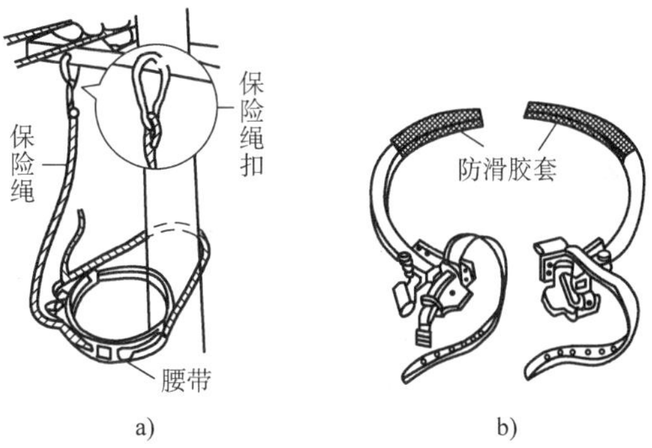

图 11-18　安全带与脚扣
a）安全带　b）脚扣

36. 零克杆有什么用途？在使用和保管中要注意哪些事项？

答： 零克杆主要用来拉合 35kV 及以下高压跌落式熔断器、高压隔离开关、安装和拆除便携式接地线，以及进行电气测量和试验等工作。

零克杆由工作部分、绝缘部分和握手部分构成，其外形如图 11-19 所示。

零克杆的工作部分由铜、铸钢、铝合金等金属材料制成，根据需要，可以做成不同的形状，装于零克杆的顶端。应注意的是，工作部分的金属钩，在满足需要的情况下，应尽量做得短些，以免在操作时造成接地或相间短路。工作部分的长度，一般为 50 ~80mm。

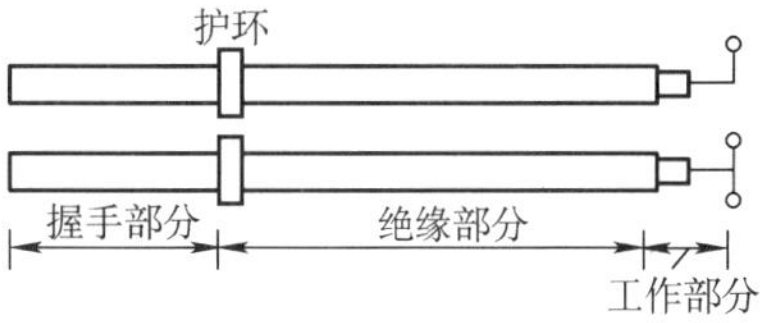

图 11-19　零克杆的组成

零克杆的握手部分和绝缘部分，是由电木、胶木、硬质塑料或经绝缘油煮过的木料制成的，其间由护环隔开。握手部分和绝缘部分的长度，视电压等级和工作环境的不同而定。10kV 零克杆等级见表 11-1。

表 11-1　10kV 零克杆等级表

电气设备的额定电压	户内设备		户外设备及架空线	
	绝缘部分长度/m	握手部分长度/m	绝缘部分长度/m	握手部分长度/m
10kV 及以下	0.7	0.3	1.1	0.4

在使用和保管零克杆时应注意以下事项：

① 使用前应用干净的棉布等将零克杆表面擦拭干净。

② 操作时，应戴绝缘手套，穿绝缘靴或站在绝缘垫(台)上。

③ 操作者的手握部分不得越过护环。雨天使用时一定要采取防雨措施。

④ 使用后应放置在固定的便于拿取的地方，并应注意防潮。应垂直存放，放在木支架上或吊挂在室内，不得接触墙壁，以免受潮破坏其绝缘性。

第 12 章 电工实用电路举例

1. 高层建筑供料信号联络电路是怎样工作的?

答: 高层建筑施工中，为了及时提供各层楼房所需要的原料，如砖、泥、门窗、工具等，解决用卷扬机送料无法识别的困难，可采用供料信号联络电路。本电路联络信号控制器，便能方便地掌握哪层需要原料，并能及时提供原料。

高层建筑供料信号联络电路如图 12-1 所示。工作时合上电源开关 QS，50V·A 变压器即通电开始工作，变压器可选用机床控制的 50V·A 小型变压器，6.3V 一组的接电源指示灯，当指示灯亮时，证明电路开始工作。然后是每一组联络信号指示灯，HL_1 ~HL_{16}指示 1 ~16 层楼房要料指示信息，S_1 ~S_{16}开关分别安装在正在施工建筑地 1 ~16 层楼房的交接处。SB_1 ~SB_{16}是 JRX—13F 灵敏继电器的开关，开关上有两组触点，一组分别串接于指示 6.3V 信号灯。

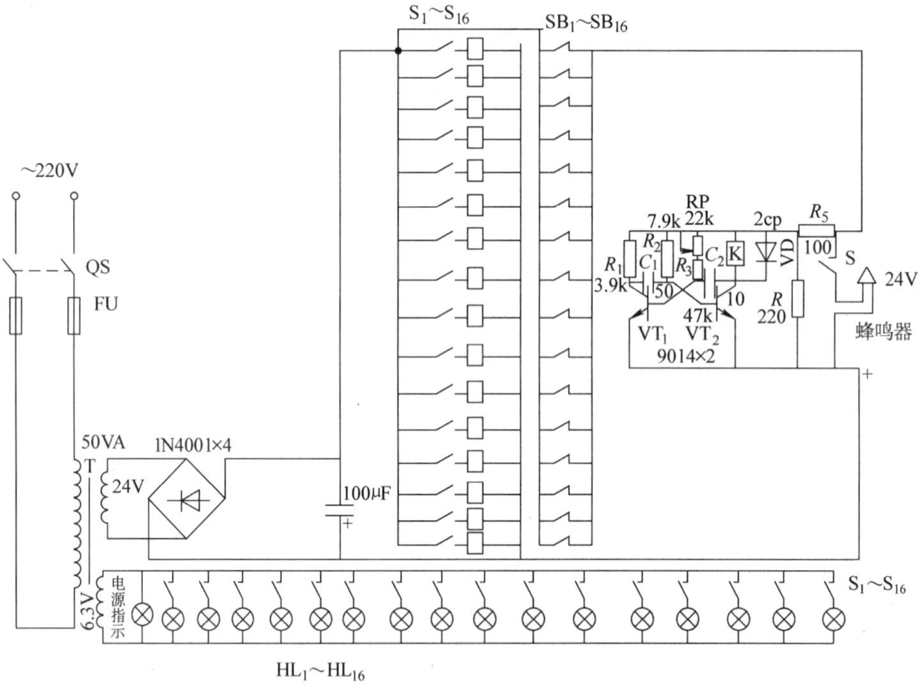

图 12-1 高层建筑供料信号联络电路

当某层楼房要原料时，如 6 层或 8 层楼房需要泥浆时，只要接车人员在他所在楼层与卷扬机架子交接口处拨动开关 S_6 或 S_8，这时，操作卷扬机房内的工作人员便可从信号蜂鸣器中听到要料的断续信号，此时只要操作人员观察一下指示灯便可从事先编好号的小指示灯中得知此时 6 层或 8 层楼房内要泥浆，这时操作卷扬机的工作人员便可顺利地把泥浆送往 6 层或 8 层楼房中去。要完泥浆后，只要 6 层或 8 层楼房接原料人员拨动开关 S_6 或 S_8，此时要料信号便被解除。

整个工作控制的线路较简单，省时省力，联络效果很好。如果预先商定开关次数，可根据信号灯闪亮次数多少，定出联络的其他不同内容。

2. 散装水泥计量电路是如何计量的？

答： 在建筑施工中，散装水泥通常放在储罐内储存，在需要水泥时，从罐中出料后通过散装水泥自动称量控制线路即可自动计数称量，如图 12-2 所示。

散装水泥是通过振动给料电动机 M_2 驱动从罐中给料的，当电动机 M_1 转动时，就可以将水泥通过螺旋运输机送入称量斗，称量斗也是利用杠杆平衡原理带动的，一头装有水银开关 S_1、S_2 使开关导通或断开来达到测量目的。

当水泥不够预定重量时，秤杆达不到平衡，水银开关处于导通位置，使 KA_1 得电吸合，电动机 M_1 运转，从而带动螺旋给料机不断给料；当达到预定重量后，水银开关断开，电动机 M_1 停止供料，这时安装在秤杆上的行程开关 ST 断开，使继电器 KA_2、KA_3 同时释放，从而使振动给料器 M_2 也停止工作，电磁铁 YA 释放，带动计数器计数。

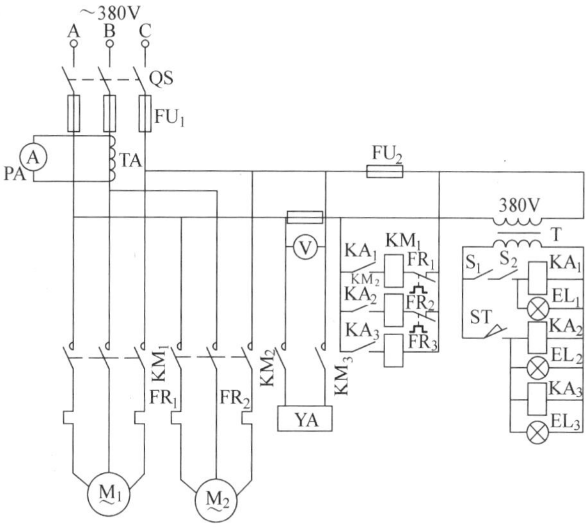

图 12-2　散装水泥计量电路

3. 缺水的地方应怎样进行自动供水？

答： 在某些缺水的地方加装一台自动节水器非常实用，如图 12-3 所示是一台自动接水器电路，当水缸中的水位处在检测电极 b 以下时，IC 的 2 脚为低电平，IC 导通，继电器 K 得电吸合，K 的触点 1 ~2 接通，电磁阀 YV 得电放水。当水缸水位到达检测电极 A 的最低端时，电极 A ~E 导通，IC 的 2 脚为高电平，IC 截止，继电器 K 失电，K 的触点 1 ~2 断开，YV 停止注水。K 的触点 3 ~4 闭合，接通电极 A、b。当水缸的水用到 A 极低端以下，由于 A、b 两极经 K 触点 3 ~4 接通，使 IC 的 2 脚仍为高电平，IC 保持截止状态。直至水位低于 b 极最低端时，IC 导通，YV 才又进入放水状态。

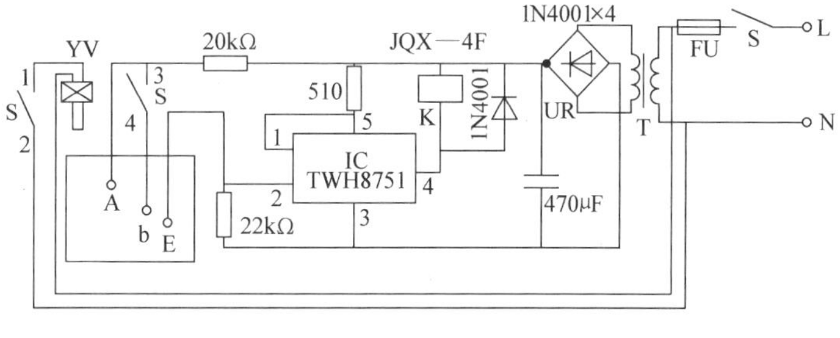

图 12-3　自动接水器电路

4. 混凝土搅拌机电路的工作原理是什么？

答： 混凝土搅拌机的控制电路如图 12- 4 所示。它主要用于建筑工地。把沙土、水泥、水等掺在一起，进行搅拌均匀。料斗电动机 M_2 上并联了一个电磁铁 YA_1 线圈，供制动用。当料斗电动机 M_2 通电运转时，电磁铁 YA_1 也同时得电吸合，使电动机 M_2 轴上的制动闸瓦松开，使电动机运转；停电时，由于电动机 M_2 断电，使电磁铁 YA_1 也断电，在弹簧的作用下，电动机 M_2 使它立即停转。

其主电路和普通的电动机正反转完全一样。电路中的限位开关 SQ_1、SQ_2 在上下运料过程中，达到极限位置时，料斗升降撞击限位开关后，接触器线圈便断电释放，从而使电动机停止运行。SB_7 是加水控制电磁阀开关。

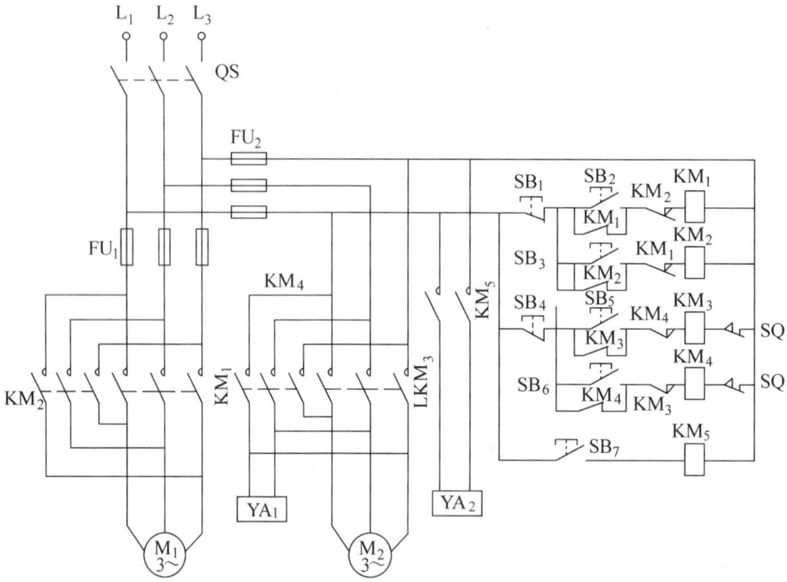

图 12-4　混凝土搅拌机的控制电路

5. 生产线上怎样用传送带进行传送?

答: 在大型的建筑工地上，由于原料堆放较远，使用时需要利用传送带传送把原料运到施工现场或送入施工机械加工，这就需要采用多条传送带联合运送，把原料运到指定位置。

为了防止运料传送带上运送的物料在传送带上堵塞，在运输传送带的机械电气控制上做了必要的程序控制，在起动电动机时，要求先起动第一条传送带的电动机 M_1，在电动机运转后才能起动第二条运输传送带电动机 M_2，这样可首先把第一条运输传送带上的原料先清理干净，来原料后能迅速把原料运走，不至于在第一条传送带上造成堵塞。

停止传送带运输时，要先停第二条传送带，然后才能停第一条传送带，这是为了避免在传送带中间造成堵塞现象。

如图 12-5 所示是多条传送带运输原料的控制电路。当按下起动按钮 SB_2 后，接触 KM_1 得电吸合，主触点闭合，使电动机 M_1 运转。第一条传送带首先开始工作。由于 KM_1 吸合，自保接点闭合，维持 KM_1 继续吸合，另一组 KM_1 的辅助常闭触点也同时闭合，为 KM_2 的线圈电源回路的接通做好了准备，这时只要操作人员按下 SB_4，第二条传送带便可投入运行。

与此同时，为了操作程序上的需要，KM_2 辅助触点闭合并短接了 SB_1 停止按钮，从而为先停电动机 M_2 后，才能停电动机 M_1，控制回路做了必要的工作。

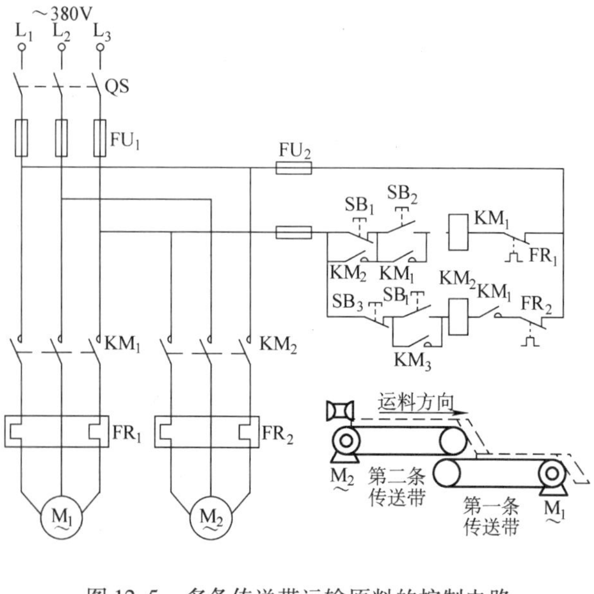

图 12-5　多条传送带运输原料的控制电路

在停止运输传送带时，只有先按下 SB_3 使 KM_2 释放，即可解除停止按钮的短接线路。当电动机 M_2 停转后，操作 SB_1，即可使电动机 M_1 停转，从而实现按预定的程序控制电动机的开、停程序，做到正常有序的工作。

6. 汽车转弯指示灯是怎样工作的?

答: 当汽车转弯时，方向指示灯一闪一闪地发光，指示转弯的方向，以引起来往车辆及行人的注意。汽车转弯指示灯电路的工作原理如图 12-6 所示，VT_1、VT_2 组成无稳态电路，当 S_1 合上后，无稳态电路开始工作，由于 VT_1 不断导通与截止，从而使继电器 K 不断吸合与释放，使指示灯电路接通和断开，灯发出一闪一闪的亮光。S_2 合在“1”上时，汽车左边的指示灯发光，S_2 合到“2”上时，汽车右边的指示灯发光。

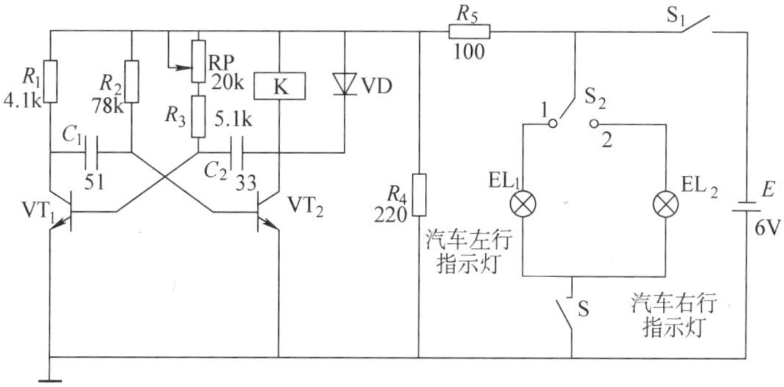

图 12-6　汽车转弯指示灯电路

7. 自行车车速表如何计量车速?

答: 自行车车速表的电路如图 12-7 所示。这个车速表利用自行车骑行速度与车轮转动成比例的关系，把车轮转动频率线性转换成直流电压，并取出其脉动电压值由电压表显示，电压值对应骑行车速。骑行时红外光检测器在车轮每转动一周时发出一次脉冲，使晶体管 VT_2 导通产生一个下跳脉冲去触发时基集成电路 NE555 构成的单稳态电路。骑行速度越快，红外光检测器两次脉冲发出的时间就越短，单稳态电路输出高电平次数增加，其直流平均值由电压表指示。电压表刻度以速度单位 km/h 表示，自行车车轮的转动次数可根据车轮周长计算得出，目前，常用的自行车有 28in、26in、24in、20in 4 类，刻度定为 4 条即可。以 28in 自行车计算，如 20km/h 速度行驶时，车轮转动约 2. 5 次/s。故单稳态电路定时电阻 RP_1 和电容 C_2 的值可选用 100kΩ 和 0. 47μF。

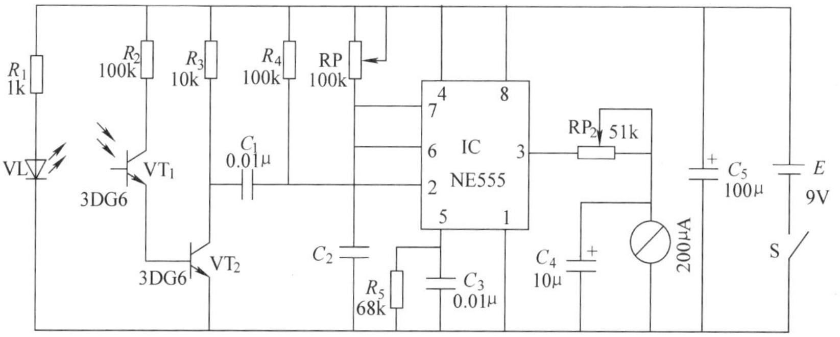

图 12-7　自行车车速表电路

在自行车车速表中，红外光检测器可用任何红外对管，VL 及 VT_1 装于专门支架中，支架用金属薄板自制，形状可参考车锁结构，并在装支架的自行车前轮幅条上装一片遮挡物，使每次车轮转动一周，红外光检测器被遮光一次。晶体管 VT_2 用硅 NPN 型晶体管 9014，β 值选 120 左右，时基集成电路(NE555)IC。电位器 RP_1、RP_2，均用 WH7 型微调电位器，其余电阻均用 RTX 型 1/8W 碳膜电阻，表头用 91C2 型的。

其余电容均用 CJ Ⅱ 金属化纸介电容。

8. 卫生间怎样实现自动冲水?

答: 卫生间自动冲水器是在普通坐便器的基础上改制而成，使用后自动冲水一次，简单可靠。不用时电源完全断开，具有节电、使用方便、寿命长等优点。

(1) 电路组成

卫生间自动冲水器电路由电源电路、单稳态触发器和电磁阀控制电路组成，如图 12-8 所示。电源电路由降压电容器 C_1、整流二极管 VD_1、稳压二极管 VS 和电容器 C_2 等组成。

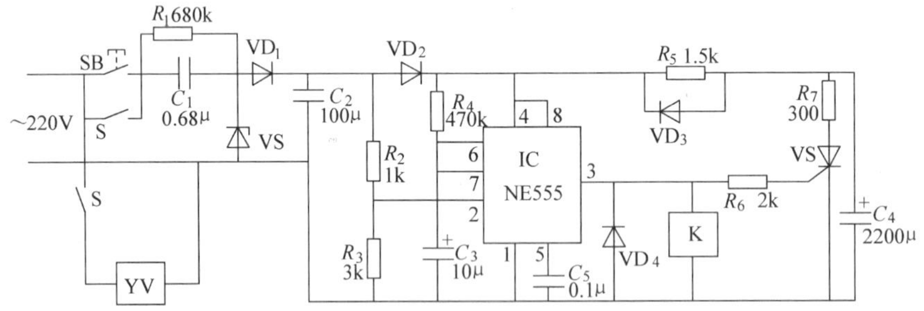

图 12-8　卫生间自动冲水电路

(2) 工作过程

掀开坐便器盖时，开关 SB 被接通，交流 220V 电压经 C_1 降压、VD_1 整流、VS 稳压及 C_2 滤波后，为电路提供工作电源。

单稳态触发器电路由时基集成电路(NE555)IC 和有关外围元件组成。IC 的 2 脚触发端初始电压由 R_2、R_3 分压后高于 $U_{CC}/3$，IC 的 3 脚输出低电平，单稳态触发器处于稳态，继电器 K 不动作，大容量电容器 C_4 被充满电。

使用完毕，盖上坐便器盖时，开关 SB 断开，电路断电，由于 VD_2 的隔离作用，C_2 上的电荷很快被 R_2 和 R_3 放掉，IC 的 2 脚变为低电平而被触发。此时大容量电容 C_4 经二极管 VD_3 为 IC 供电，单稳态电路被触发后进入暂停状态，IC 的 3 脚变为高电平，继电器 K 吸合。K 闭合后自锁，使电路恢复供电，K 闭合接通电磁阀 YV，开始冲水。同时，电源经电阻器 R_4 为 C_3 充电，当 C_3 充电使 IC 的 6 脚电位升高至 $2V_{cc}/3$ 时，暂态结束，IC 的 3 脚翻回低电平，继电器 K 释放，K 断开，使整个电路断电，冲水结束。

电路中使用了晶闸管 VS 对 C_4 放电，保证只冲水一次。当 IC 的 3 脚刚由低电平翻转为高电平时，VS 被触发导通，将 C_4 放电，电压降至 2 ~3V。若不设置 C_4 放电回路，则 IC 暂态结束后，继电器 K 释放，K 突然断开使电路失电，IC 的 2 脚又跳变为低电平，C_4 通过 VD_3 为 IC 提供工作电源，单稳态电路再次被触发，继电器 K 又吸合……，如此往复循环。

9. 怎样应用自动水阀门电路?

答: 我们都希望家用的电动水阀门，不仅能自动给水箱加水，还能在进水管无水的情况下自动将电磁阀关闭，以防止在进水管无水时电磁阀长期通电而损坏。

(1) 电路组成

家用自动水阀门电路由电源电路、检测电路和控制电路三部分组成，如图 12-9 所示。电源电路由电源变压器 T、整流二极管 VD_1 ~VD_4 和滤波电容器 C_1 等组成。

检测电路由高水位检测电极 a、低水位检测电极 b 和进水管内有无水检测电极 c 等组成。控制电路由时基集成电路(NE555)IC、继电器 K 及其相关外围元器件组成。

(2) 工作原理

IC 的 2 脚(低触发端)与低水位检测电极 b 连接，6 脚(高触发端)与高水位检测电极 a 连接，4 脚(复位端)与进水管内电极 c 相连，d 点与水箱体和金属进水管相连。

当水箱内水位低于 b 点时，IC 的 3 脚输出高电平，使继电器 K 工作，电磁阀通电工作，水箱开始进水；当水箱内水位高于 a 点时，IC 的 3 脚变为低电平，使继电器和电磁阀均断电，停止进水。

当进水管中无水时，IC 的 4 脚为低电平，使 IC 复位，其 3 脚输出低电平，继电器 K 和电磁阀均不工作。

为了避免在水管内有气泡时，电磁阀会反复通、断而设置 C_3 为延时电容器。

电气元件参数如图 12-9 所示。

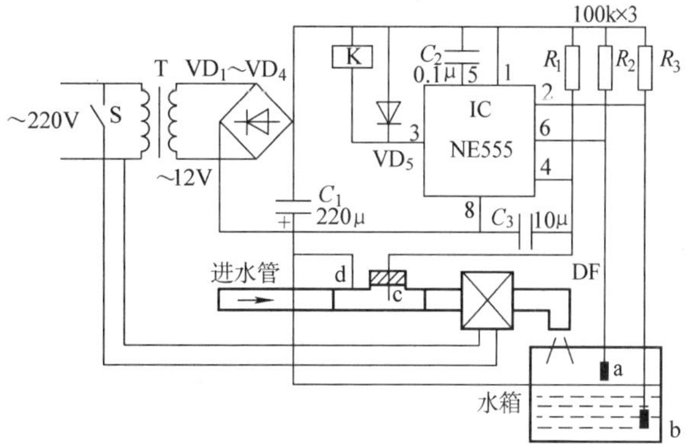

图 12-9　自动水阀门电路

10. 怎样控制电梯间的排风扇？

答：电梯机房或其他设备装置的排气扇，原来是手动控制，使用不够方便，但可设置单间放置，使排气扇在一定的温度区间自动运转，而温度在区间外时，则停转。如图 12-10 所示。

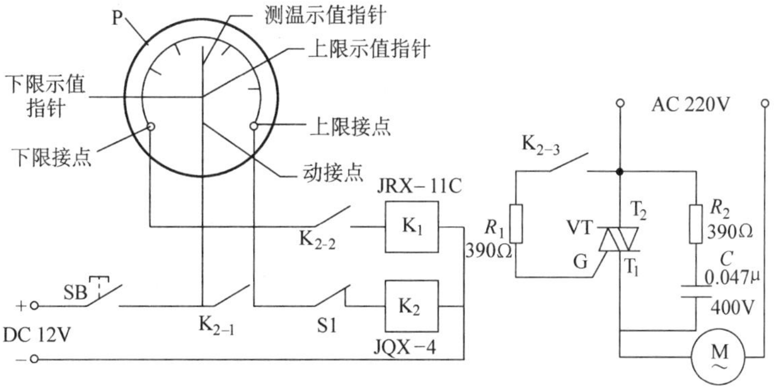

图 12-10　电梯间排气扇的控制电路

P 为电接点温度计，它的表盘上有三根指针，即测温示值指针，上、下限示值指针(分别用于温度的上、下限值)。与上、下限示值指针对应的为上、下限接点，与测温示值指针连接的接点为动接点。工作前先根据需要设定上、下限示值指针的位置。接通直流电源开关，当温度达到上限值时，P 的动接点与上限接点接通，继电器 K_2 得电吸合，其触点 $K_{2\text{-}3}$ 闭合，双向晶闸管 VT 的 G 极获得触发信号而导通，排气扇 M 通电运转。

一段时间后温度略降，动接点与上限接点断开，但因 K_2 的常开触点 $K_{2\text{-}1}$ 已闭合自锁。故 M 仍通电运转。当温度降至下限值时，P 的动接点与下限接点接通，继电器 K_1 得电吸合，K_2 失电释放，VT 的 G 极失去触发信号而关断，M 断电停转，此后温度略升，P 的动接点与下限接点断开，整个电路恢复为常态。随温度再次升高，电路重复上述工作过程。排气扇 M 的运转实现了在一定温度区间的自动运转。

11. 电梯控制电路的工作原理是什么？

答：(1) 电梯的组成结构及功能

一部交流电梯或直流电梯，都是由机械系统和电气控制系统两大部分组成。除此之外，还要有电梯专用井道、机房等，机械系统一般由桥厢、门系统、导向系统、牵引系统、对重系统及保安系统组成。各部分的功能如下：

① 桥厢是供乘客乘机、载运货物用的，是电梯的主要设备。

② 门系统由电梯门、自动开门机、门锁、层门联动机构及门安全机构组成。

③ 导向系统由导轨、导靴、导轨架等组成，有对桥厢和对重的运行起导向和防止摆动的作用。

④ 牵引系统由牵引机组、牵引轮、导向轮、钢丝绳组成。其作用是产生动力并负责传送。

⑤ 对重系统对重系统由对重和平衡补偿装置组成，其作用是平衡桥厢自重及载重量。

⑥ 限速装置由安全钳和限速器组成，其主要作用是限制电梯桥厢的运行速度。

（2）电梯的基本工作原理

电梯的控制从性质上可分为两个方面：一是电梯的拖动系统的控制，它是以速度给定曲线为依据，利用模拟或数字控制装置，根据牵引电动机的不同调速方式构成闭环或开环的速度控制系统；另一个是电梯的逻辑控制，也称为电梯的操纵，它主要是对电梯的空间距离、位置、时间、起停等逻辑关系进行综合处理，其性能决定着电梯的自动化程度。

牵引式电梯是靠牵引力实现相对运动的，安装在机房内的电动机通过减速箱、制动器等组成的牵引机，使牵引钢丝绳通过牵引轮，一端连接轿厢，一端连接对重装置，轿厢与对重装置的重力使牵引钢丝绳压紧在牵引轮绳槽内产生摩擦力，这样电动机一转动就带动牵引轮转动，驱动钢丝绳，拖动轿厢和对重作相对运动，即轿厢上升，对重下降；轿厢下降，对重上升。于是轿厢就在井道中沿导轨上、下反复运行，电梯就能执行竖直升降的任务。

（3）PLC 控制电梯的工作原理

如图 12-11 所示为 PLC 控制的电梯电路图。

与其他类型的电梯控制系统一样，电梯的 PLC 控制系统由信号控制系统和拖动控制制系统两大部分组成。系统的核心是 PLC 主机，操纵盘、呼梯盒、井道及安全保护等装置的信号与 PLC 的输入接口模块相连，CPU 通扫描将这些信号输入运行，固化在存储器的控制程序，运算结果通过 PLC 的输出接口模块向指层器及召唤指示灯等发出显示信号以及向主拖动和门机控制系统发出控制信号。

① 信号控制系统：电梯信号控制基本由 PLC 软件实现，绝大部分继电器已被 PLC 取代。输入到 PLC 的控制信号有：运行方式选择（如自动、有司机、检修、消防运行方式等）、运行控制、内指令、外召唤、安全保护、井道信息或旋转编码器光电脉冲、开关门信号控制系统的所有功能，如召唤信号登记、轿厢位置判断、选层定向、顺向截梯、反向截梯、消号及安全保护、换速、平层、开关门、电梯自动运行过程均为程序控制。

② 交流电梯拖动控制系统：交流电梯拖动控制系统的主电路及调速装置与继电控制系统相比有些不同，差别主要是拖动控制系统的工作状态及部分反馈信号送入 PLC，由 PLC 向拖动控制系统发出速度指令切换、起动、运行、换速、平层等控制信号。

交流双速电梯快加速及三级减速制动电阻切换的时间控制均由 PLC 内部定时器完成。PLC 程序根据召唤信号定向，快车起动运行、慢车减速制动。

交流调速电梯很多，用 PLC 实现控制的方法也不尽相同，PLC 直接对电梯的运行方向控制、检修运行及快车运行控制 PLC 发出的换速信号，使主拖动电路由快车运行切换到减速制动状态，同时换速信号输入调速器，由设定好的减速运行曲线通过速度调节器控制制动电流，并通过速度或位置检测进行闭环控制，当达到零速时，由调速器向 PLC 发出零速信号，PLC 控制抱闸停车。

12. 自动灌溉控制电路的工作原理是什么？

答：自动灌溉控制电路能根据土壤湿度的大小对农作物进行自动灌溉，可广泛应用于农场、果园、塑料大棚蔬菜种植、温室栽培及广阔农田的喷灌。

（1）电路组成

自动灌溉控制电路由土壤湿度检测传感器、施密特触发器、单稳态触发器、LED 显示电路和控制执行电路组成，如图 12-12 所示。

施密特触发器由与非门集成电路 IC_1 ~ IC_2 与电阻器 R_1 和 R_2 和电容器 C_1 和 C_2、电位器 RP_1 组成。

单稳态触发器由 IC_3 ~ IC_4、电阻器 R_3 和 R_4、电位器 RP_2 和电容器 C_3 组成。

LED 显示电路由晶体管 VT_3、发光二极管 VL_1 和 VL_2 和电阻器 R_5 ~ R_7 组成。

控制执行电路由电阻器 R_8、晶体管 VT_1 和 VT_2、继电器 K 和二极管 VD 组成。

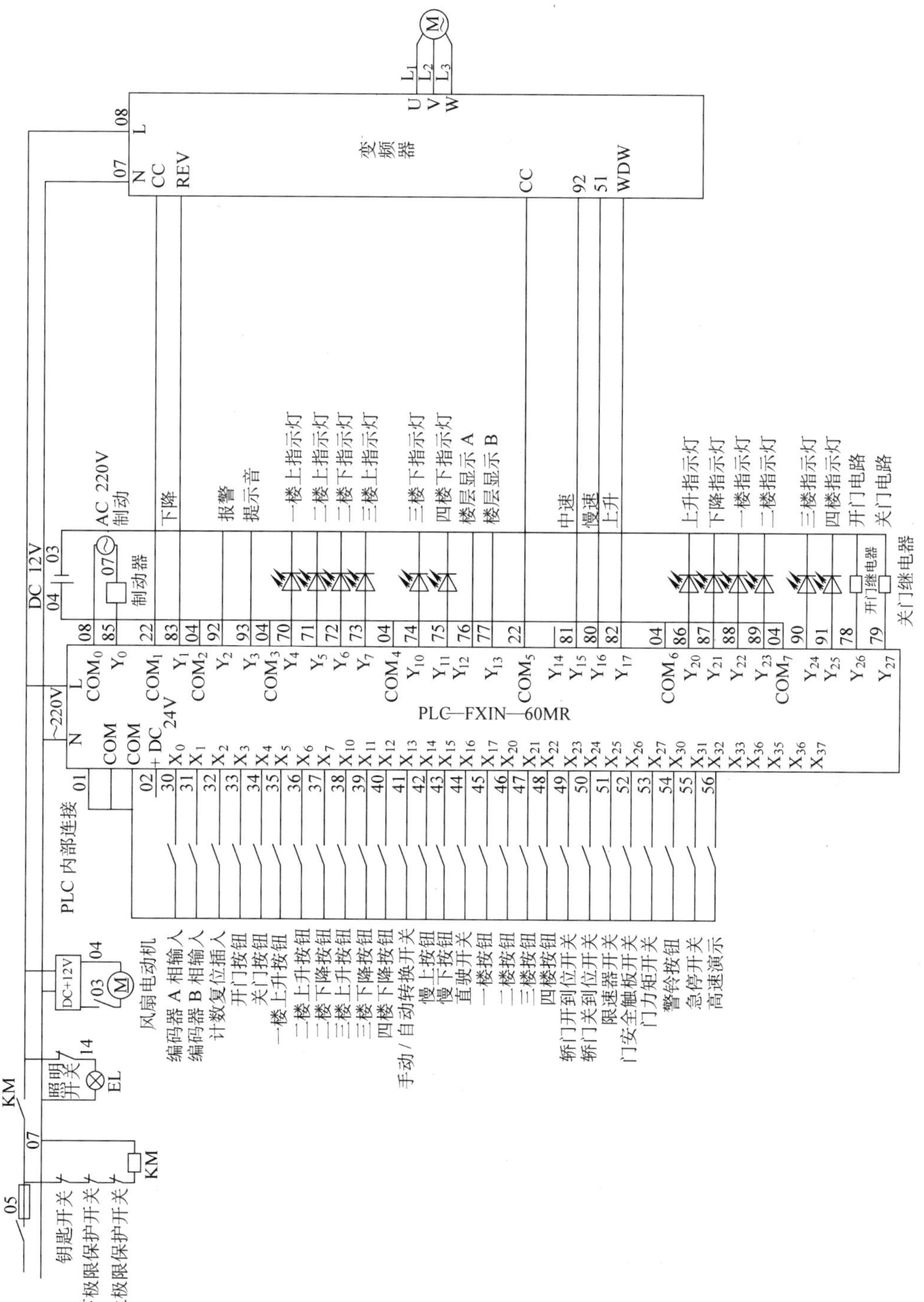

变频器
PLC—FXIN—60MR
PLC 内部连接
DC 12V
~220V
AC 220V 制动
制动器
开门继电器
关门继电器
钥匙开关
下极限保护开关
上极限保护开关
KM
照明开关
EL
风扇电动机
编码器 A 相输入
编码器 B 相输入
计数复位插入
开门按钮
关门按钮
一楼上升按钮
二楼上升按钮
二楼下降按钮
三楼上升按钮
三楼下降按钮
四楼下降按钮
手动 / 自动转换开关
慢上按钮
慢下按钮
直驶开关
一楼按钮
二楼按钮
三楼按钮
四楼按钮
轿门开到位开关
轿门关到位开关
限速器开关
门安全触板开关
门力矩开关
警铃按钮
急停开关
高速演示
下降
报警
提示音
一楼上指示灯
二楼上指示灯
二楼下指示灯
三楼上指示灯
三楼下指示灯
四楼下指示灯
楼层显示 A
楼层显示 B
中速
慢速
上升
上升指示灯
下降指示灯
一楼指示灯
二楼指示灯
三楼指示灯
四楼指示灯
开门电路
关门电路

图 12-11　电梯电路

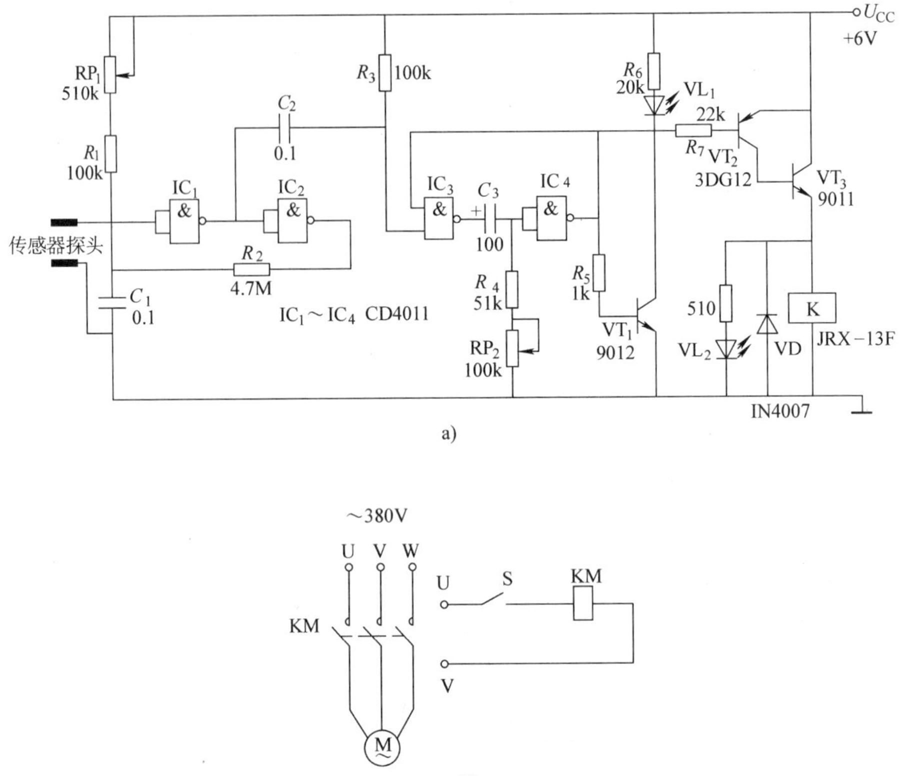

图 12-12 自动灌溉控制电路

(2) 电路工作原理分析

在土壤湿度适宜时，土壤湿度检测传感器两探针之间的电阻值较小，IC_1 的输入端呈低电平，施密特触发器不能被触发。此时 IC_4 输出高电平，使 VT_1 和 VT_2 截止，K 不吸合，水泵电动机 M 不工作，VL_2 不发光；同时 VT_3 导通，LED_1 点亮，表示土壤湿度适宜。

当土壤干燥到一定程度，土壤湿度传感器两探针之间的电阻值上升到某一预定值时，施密特触发器受触发而翻转，通过 C_2 为单稳态触发器提供一个负跳变脉冲，使单稳态触发器翻转，IC_4 输出低电平，使 VT_3 截止，LED_1 熄灭；VT_1 和 VT_2 导通，K 吸合，水泵电动机 M 通电工作，开始灌溉，同时 LED_2 点亮，表示水泵电动机 M 运转正常。

RP_1 用来控制土壤湿度，调整其阻值，可以根据土壤的湿度来确定灌溉的时机。调整 RP_2 的阻值，可以调整灌溉时间的长短。

13. 怎样用超声波进行打孔?

答：超声波钻孔机是首饰珠宝加工业必备的加工机械，主要用于天然宝石、水晶玛瑙、翡翠及玻璃制品等高硬度材料的钻孔和雕刻。下面介绍一种超声波钻孔机电路，供从事这方面工作的读者参考。

(1) 电路组成

超声波钻孔机电路由电源电路、超声波振荡器电路、驱动放大电路和功率输出电路组成，如图 12-13 所示。

电源电路由电源开关 S、电源变压器 T_1、双路桥式整流电路 AB_1 和 AB_2、电流表 A、电阻器 R_8、三端稳压集成电路 7815 和滤波电容器 C_1、C_3、C_5、C_6 组成。

超声波振荡器电路由电阻器 R_9、R_{11}、R_{12}，电感器 L，电容器 C_7 ~ C_9 和晶体管 VT_7 组成。

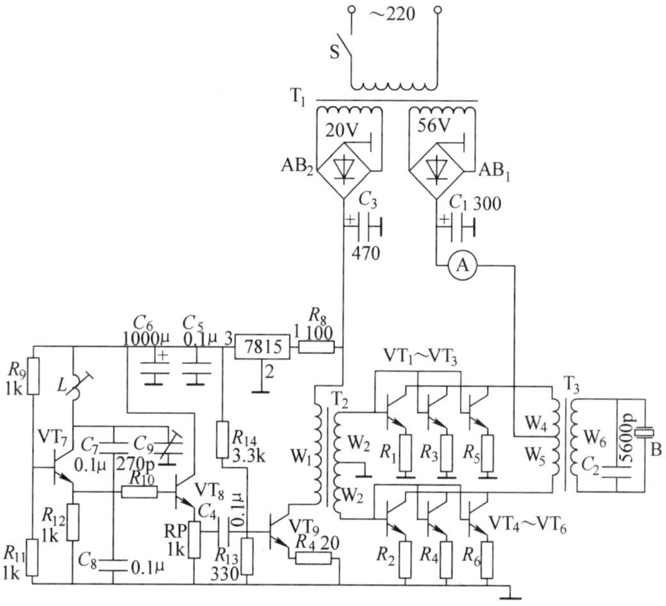

图 12-13　超声波钻孔机电路

驱动放大电路由电容器 C_4、晶体管 VT_8 与 VT_9、输入变压器 T_2 和电阻器 R_7、R_{10}、R_{13}、R_{14} 组成。

功率输出电路由输入变压器 T_2 的绕组 W_2 与 W_3、功率放大管 VT_1、VT_6、电阻器 R_1、R_6、输出变压器 T_3、电容器 C_2 和超声波换能器 B 组成。

(2) 工作原理分析

接通电源开关 S，交流 220V 电压经电源变压器 T_1 降压后，在 T_1 的绕组 W_7 和 W_8 上分别产生交流 20V 的电压和交流 56V 的电压。交流 20V 的电压经 AB_2 整流、C_3 滤波后，一路经 W_1 绕组加到 VT_9 的集电极上，为驱动放大电路提供近 24V 的直流电压；另一路经 7815 稳压为 +15V，作为超声波振荡器的工作电源。

交流 56V 的电压经 AB_1 整流及 C_1 滤波后，经电流表 A 为功率输出电路提供 60V 左右的直流工作电压。

超声波振荡器通电后振荡工作，产生的超声波振荡信号经 VT_8、VT_9 放大后，通过它耦合至功率输出电路，经 VT_1 ~ VT_6 功率放大后，再通过 T_3 驱动换能器，将超声波电能转换为机械振动能，振动头在磨粉(一般为金刚砂)和水的配合下反复振动，对被加工件的加工部位进行磨削，形成磨孔或雕刻图案。

调节 L 的电感量或 C_9 的电容量，可改变超声波振荡器的频率。

调节 RP 的阻值，可改变输出功率的大小(可通过电流表 A 来监视输出功率)。

14. 怎样进行司机瞌睡报警?

答: 机动车在高速路上奔驰，特别是长途驾驶，因司机疲倦、瞌睡，造成各种交通事故的事情时有发生。为此，本例介绍的司机瞌睡报警电路，可防止或消除此类事故的发生。

如图 12-14 所示的电路为瞌睡报警电路。图 12-14a 为水银开关和插头组成的报警开关，水银开关是在玻璃壳内安上电极，再注入水银后构成的。图 12-14b 为报警电路，它使用摩托车(或汽车)上的照明灯电源(或蓄电池电源)代替，报警发声也可不用耳机，而是用 HTD——有反馈电极的压阻发声元件。

使用时，将图 12-14a 部分戴在司机头部，插上耳机。水银开关的位置应根据司机头部的习惯位置调好角度，使电路不接通。当司机瞌睡时，头部晃动或身体倾斜，使水银开关中的水银流动，将水银开关接通，电路 VT 工作，HTD 立即发出报警声音。该电路发音频率为 4kHz，对人的听觉极为敏感。调整电阻 R_1，可以改变声音的大小。

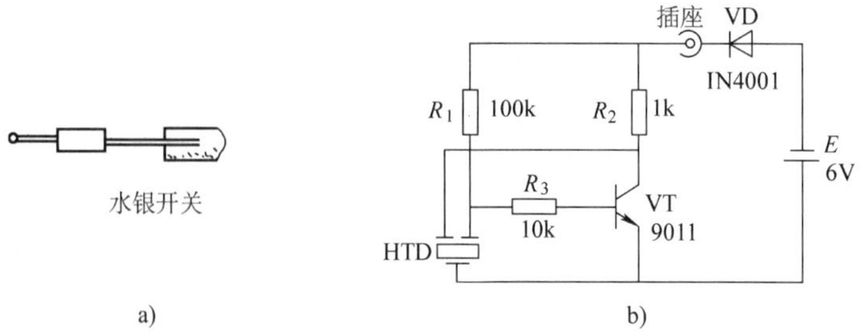

图 12-14　司机瞌睡报警电路

a）报警开关　b）电路

15. 地震时如何报警?

答: 这里介绍一种地震报警电路，它可以在发生四级以上地震时立即报警，并能自动点燃照明灯。这种装置简单易作，非常适合家庭使用。

(1) 电路工作原理

如图 12-15 所示为地震报警电路。图中 A 为一只铜圆柱体，B 为中间有孔的铜板。A 与 B 固定在地震探测架上，由于铜板的圆孔与铜圆柱体绝缘，所以平时继电器处于释放状态，电源不耗电，但该报警器却保持着监视状态。

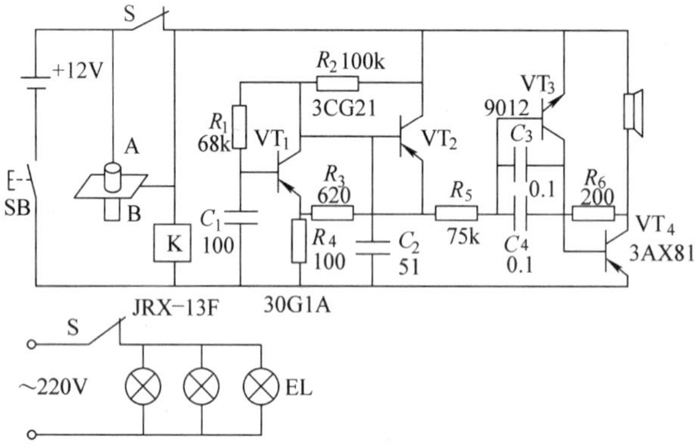

图 12-15　地震报警电路

当发生四级以上的地震时，铜圆柱体 A 发生倾斜和摆动(A 与 B 之间的间隙为 2mm)，A 与 B 相碰，使继电器线圈与电源接通，其常开触点闭合，扬声器发出报警，与此同时，开关闭合，接通过道中的电灯，使人们得知发生地震而迅速转移。

在电路中，VT_1 与 VT_2 等组成一个超低频正弦波振荡器，VT_3、VT_4 等组成音频振荡器。这两个振荡器通过电阻 R_5 实现调制，因而超低频正弦振荡器的输出电位的高低，直接影响 VT_3 基极的工作状态。

图 12-15 中的 SB 是地震报警器的解除按钮。

(2) 制作地震报警器

在装置中，关键是地震探测架的制作。探测架要求有足够的灵敏度，在制作工艺上必须严格、精细。底座一般用铸铁或用废旧水泵底座等，也可将金属支架直接预埋到水泥地面中。铜圆柱体底面的直径为 30mm，高为 30 ~45mm，在其顶端钻有 ϕ2mm 的小孔，供扎系多股铜丝用。

16. 电工绕线机电路是怎样工作的?

答: 电工绕线机分手工、电动、半自动、全自动绕线机多种，本例介绍的绕线机具有电子计数功能，可供用户绕制线圈、电动机绕组时使用。

(1) 电路组成

该绕线机外形如图 12-16a 所示。电路由光电传感器电路、整形电路、加/减识别电路和四位数字计数电路组成，如图 12-16b 所示。

a)

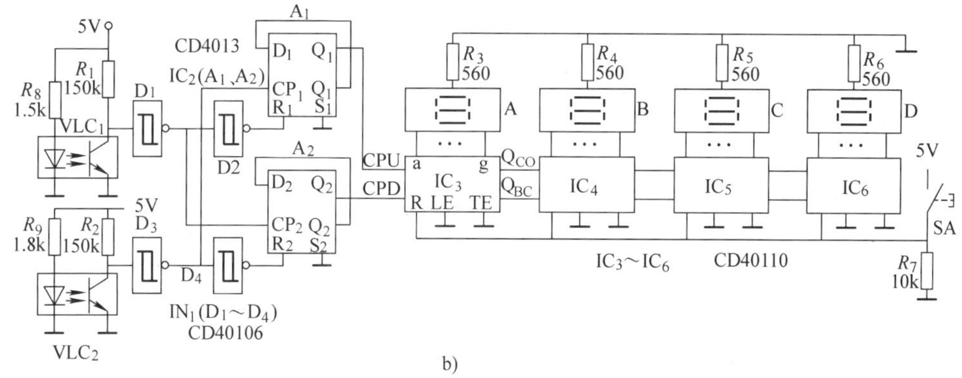

b)

图 12-16　自动绕线机

a）全自动绕线机外形　b）电路

光电传感器电路由电阻器 R_1、R_2、R_8、R_9 和光耦合器 VLC$_1$、VLC$_2$ 组成。R_1、R_8 和 VLC$_1$ 组成加法计数传感器电路，R_2、R_9 和 VLC$_2$ 组成减法计数传感器电路。

整形电路由六非门施密特触发器集成电路 IC$_1$ 内部的 D$_1$ ~ D$_4$ 构成。

加/减识别电路由双 D 触发器 IC$_2$ 内部的触发器 A$_1$、A$_2$ 组成。

四位数字计数器由电阻器 R_3 ~ R_7、复位按钮 SA、计数/译码器集成电路 IC$_3$ ~ IC$_6$ 和 LED 数码显示器 A ~ D 组成。

(2) 电路原理

使用前，先按一下 SA，对计数器进行清零复位，此时 D$_1$、D$_3$ 的输入端和 D$_2$、D$_4$ 的输出端均为高电平，IC$_2$ 的 Q$_1$、Q$_2$ 输出端为低电平，IC$_3$ 不计数。

当绕线机正转(加法计数)时，绕线转盘上的长方形透光孔使 VLC$_1$ 先触发，使 D$_1$ 输出高电平，D$_2$ 输出低电平，随后 VLC$_2$ 触发，D$_3$ 的输出电平作为 IC$_2$ 的 CP$_1$ 端的触发脉冲，使 A$_1$ 翻转，在 IC$_3$ 的 CPU 端加入计数脉冲，计数器开始加法计数。同理，若绕线机反转，则 VLC$_2$ 先触发工作，VLC$_1$ 后触发工作，A$_2$ 翻转，为 IC$_3$ 的 CPD 提供计数脉冲，计数器开始减法计数。

调整 R_1 和 R_8 的阻值，可改变 VLC$_1$ 的灵敏度。

调整 R_2 和 R_9 的阻值，可改变 VLC_2 的灵敏度。

自动绕线机具有计数、5 个线圈同时绕制等功能，对批量生产可提高效率。

17. 煤厂怎样随时掌握存煤的数量？

答： 煤位自动跟踪信号器能随时掌握煤厂的存煤数量。

(1) 煤位自动跟踪信号器的组成

煤位自动跟踪信号器的组成如图 12-17a 所示。

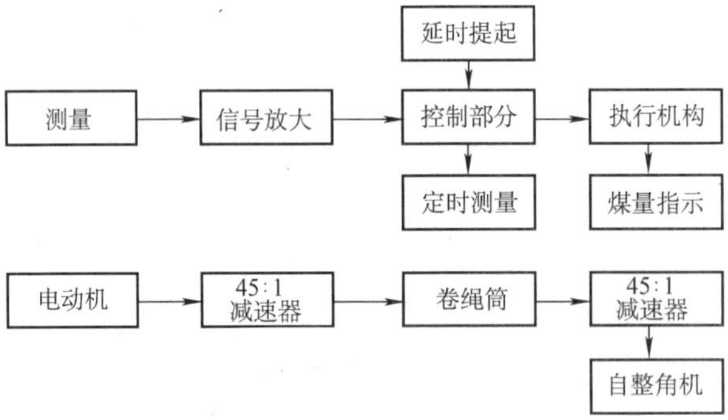

a)

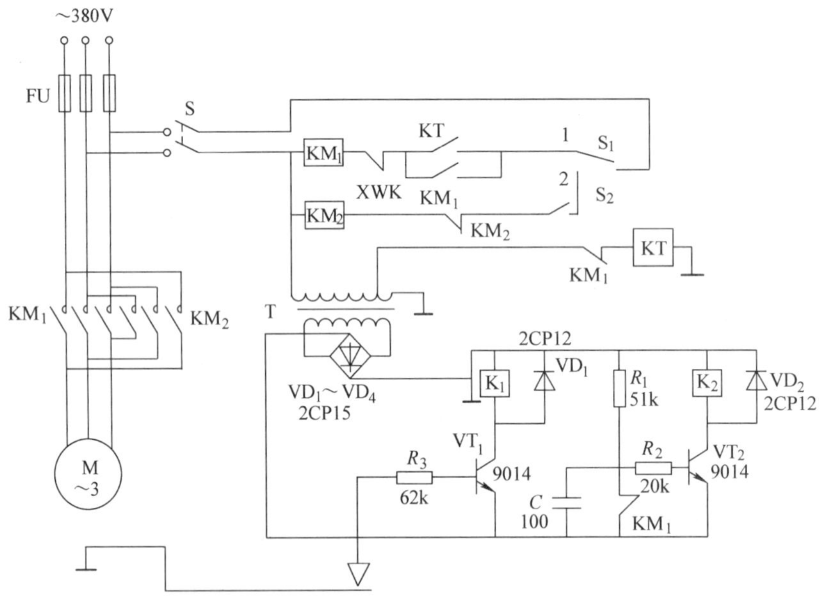

b)

图 12-17 煤位自动跟踪信号器的电路

a）框图 b）电路

当煤位下降或上升时，测量部分将测得的信号控制电动机的正转或反转，带动测量锤跟着煤位下降或上升，连续地反映出煤仓内煤位的高低。由此可见，煤位自动跟踪信号器也可测量其他粉状潮湿物的位置变化。

图 12-17a 中的测量部分由测量锤和钢丝绳组成；信号放大部分是一个晶体管 VT_1 组成的放大器；控制部分包括继电器、高灵敏继电器、时间继电器和交流接触器；延时提起部分包括晶体管 VT_2 和电容 C、电阻 R_2；定时测量部分是一只延时继电器 KT；执行机构包括传动部分、电动机和减速器；测量信号变换

成煤量指示主要由自整角机完成。

（2）煤位自动跟踪信号器工作原理

煤位自动跟踪信号器的电路图如图 12-17b 所示。接通电源过 3 ~5min 后，延时继电器 KT 开始吸合，由于 KT 常开接点的闭合，下放接触器 KM_1 吸合，使电动机 M 起动，电动机通过 45∶1 减速器与卷绳筒连接，使卷绳筒跟着转动，测量部分的钢丝绳和测量锤就一齐下降。当测量锤接触煤位时，VT_1 导通，高灵敏继电器 K_1 动作，接点 K_1 由位置"1"转向"2"，接触器 KM_1 断开，电动机停止，钢丝绳和测量锤也就停止下降。

由于接触器 KM_1 断开，电容 C 开始充电，使 VT_2 延时导通，继电器 K_2 动作，提升接触器 KM_2 动作，电动机 M 开始反转，把测量部分向上提升，当测量锤离开煤位时，VT_1 截止，K_1 断开，接点 K_1 转向"1"，KM_2 断流，电动机停止反转。当煤位连续上升时，VT_1 也连续导通，执行机构也跟着动作，发出煤位指示。如果煤位连续下降，则每隔 3 ~5min KT 动作一次，KM_1 重复前述动作。

（3）煤位自动跟踪信号器的元件选用

测量锤选用 Φ30mm 圆钢，长 150mm，头部做成尖形，便于接触煤位。进入仓内的钢丝绳用 Φ3mm 的，长短根据煤仓的深度确定。卷绳筒必须用绝缘材料制成，并与大地隔离，以免产生误动作。当电动机反转或正转时，经减速后带卷绳筒和自整角机的发射机一起转动，自整角机的发射机转一个角度，它的接收机也相应地转一个角度。自整角机的接收机分别装在司机岗位和调度室，从接收机的刻度盘上就能观察出煤仓内存煤数量。

KM_1、KM_2 用 CJO-10 型交流接触器，KT 用 110V 交流，3 ~5min 延时继电器，K_1 和 K_2 用 5500Ω 的灵敏继电器，T 为 220V/28V 变压器。

18. 班产量统计电路是怎样工作的?

答：在企业中，统计班组、个人的日产量是每天必做的工作。对于半成品，无法用包装、打包后的件数来计数，如果很多台(套)设备同时运行，且这些设备又是由多班组轮流操作、每个班组的日产数量均很大时，要精确统计班组、个人的日产量就非常困难。本电路能很好地解决这个问题。该电路内置万年历(2001 ~2099 年)，可对每日四个班组轮流工作的时间、产量进行记录并存储，最大存储量为 136 班次，为生产管理提供了很大方便。

电路原理如图 12-18 所示，主控芯片 AT89LV51 单片机工作电压为 2. 6 ~6V，由于片内 RAM 容量有限，故扩充了一片 SRAM6264。LCD_1 是 20 ×4 字符液晶显示模块，G1 是光电开关。当有一个产品通过时，P_{33}脚收到一个负脉冲，单片机对产品进行计数并通过液晶屏显示出来。初次通电时，液晶屏显示如图 12-18a 所示。第一行显示当前时间 2005 年 8 月 19 日 12 时 0 分；第二行的 000000 表示当前产量为 0。最大产量计数可达到 999999。符号"?"表示当前的组别还没有选择。当某班组上班时，按一下组选键"SB_1"，"＊"会变为 A。连续按动 SB_1，循环显示组别 A、B、C、D。选好组别后，按确定键 SB_2，"?"会变成"!"，表示组别选择成功，这时产量自动清零，为该组的工作做好了准备。该组下班时，可按保存键 SB_7 保存数据。为避免误操作浪费 RAM，本装置还设有操作提示。具体的做法是：按一下 SB_7，屏幕上显示："save no!"。如果不想保存，可再按一下 SB_7，返回原来的显示状态；如果要保存数据，则按一下 SB_4，显示变为："Save yes!"；如果仍不想保存，可不按任何键，在 10s 后系统会自动返回原显示状态，不保存数据；如果确实要保存数据，按一下 SB_7，该组工作的起始时间、终止时间、组别、产量便被存入 IC_3 6264 中。每次储存前，单片机都要查询一下存储器是否被写满。在仅仅能够存储最后 3 次数据时，P_{34} 变为低电平，接通音乐电路，发出报警，提示赶快抄写数据，否则当存储器用完后，最早存储的数据将被覆盖。报警时，按一下 SB_2 可停止报警，其他功能不受影响。存储后，屏显上的组别重新变为"*?"，产量变为"000000"，为其他班组工作做好准备。SB_3 是时间校准键，按一下 SB_3，屏幕上"分钟"闪烁，这时按 SB_4 键，可改变分钟的数值；再按一下 SB_3，"时"闪烁，按 SB_4 可进行校时。用同样的方法校好年、月、日，再按一下 SB_3，可退出校准。SB_5、SB_6 是查询键。需要查询产量时，按一下 SB_5，每个班组工作的情况便会出现在屏幕上，屏幕一次显示两个班次。连续按 SB_5，可从前往后查询。当后面没有有效数据时，屏幕显示"—end—"。按 SB_6，可从后往前查询。按一下 SB_2，可退出查询状态。SB_8 是清除键，需要清除当前保存的数据时，按一下 SB_8，屏幕显示"clear no!"，这时可按 SB_4 和 SB_8 进行清除操作，方法与保存数据相同。图 12-18b 中的 B_1 是备用电池。

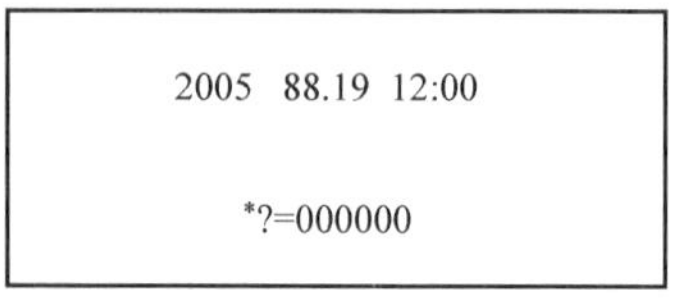

a)

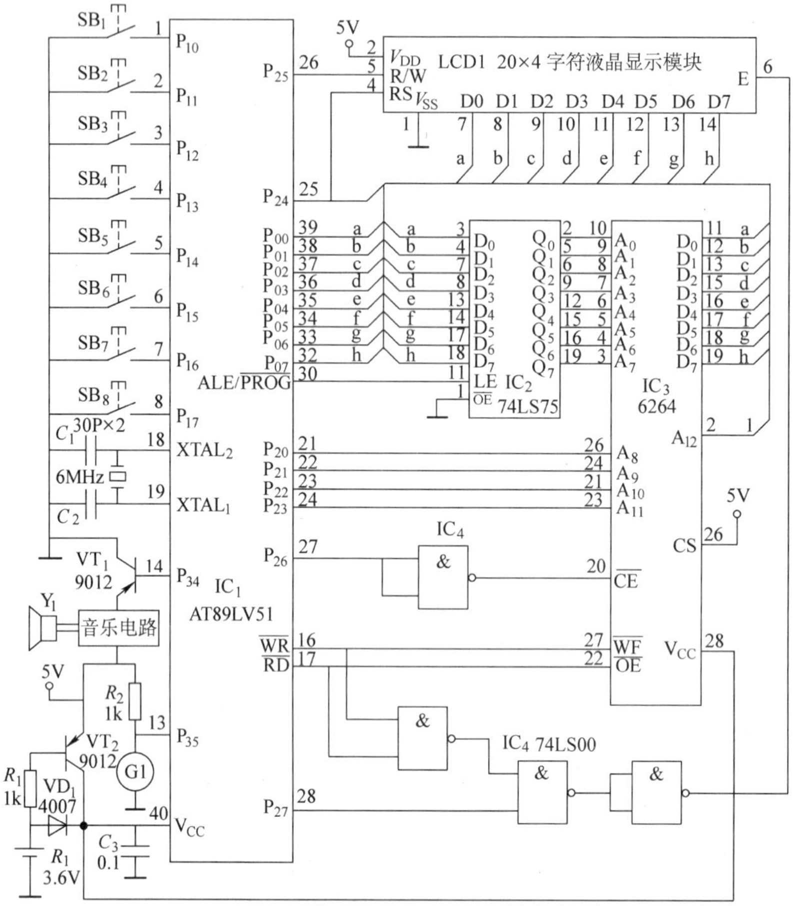

b)

图 12-18 班产量统计电路

第 13 章　变频器与软起动器

1. 怎样安装和使用变频器?

答: 变频器是应用变频技术制造的一种静止的频率变换器，它是利用半导体器件的通断作用将频率固定的交流电变换成频率连续可调的交流电的电能控制装置。变频器的外形如图 13-1所示。

图 13-1　变频器的外形

(1) 变频器的安装

① 变频器应安装在无水滴、无蒸气、无灰、无油性灰尘的场所。该场所还必须无酸碱腐蚀，无易燃易爆的气体和液体。

② 变频器在运行中会发热，为了保证散热良好，必须将变频器安装在垂直方向，因变频器内部装有冷却风扇以强制风冷，其上下左右与相邻的物品和挡板必须保持足够的空间。平面安装如图 13-2a 所示，垂直安装如图 13-2b所示。

③ 变频器在运转中，散热片的附近温度可上升到 90℃，变频器背面要使用耐温材料。

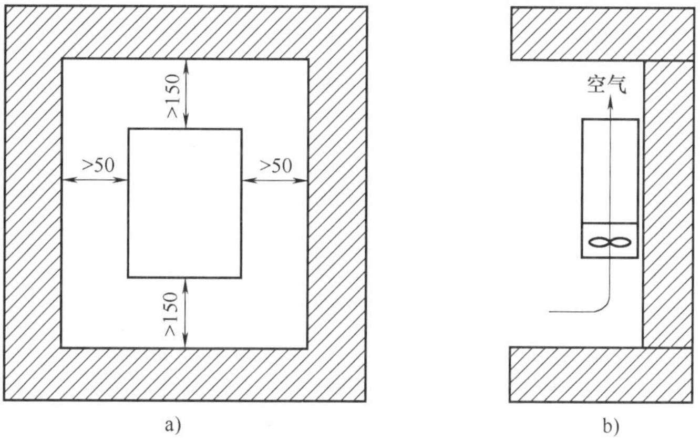

图 13-2　变频器的安装
a) 平面安装　b) 垂直安装

④ 将多台变频器安装在同一装置或控制箱里时，为减少相互热影响，建议横向并列安装。必须上下安装时，为了使下部的热量不至影响上部的变频器，应设置隔板等物。箱（柜）体顶部装有引风机的，其引风机的风量必须大于箱（柜）内各变频器出风量的总和，没有安装引风机的，其箱（柜）体顶部应尽量开启，无法开启时，箱（柜）体底部和顶部保留的进、出风口面积必须大于箱（柜）体各变频器端面面积的总和，且进出风口的风阻应尽量小。多台变频器的安装示意图如图 13-3 所示。

(2) 变频器的使用

① 严禁在变频器运行中切断或接通电动机。

② 严禁在变频器 U、V、W 三相输出线中提取一路作为单相电用。

③ 严禁在变频器输出 U、V、W 端子上并接电容器。

④ 变频器输入电源容量应为变频器额定容量的 1.5 倍到 500kV·A 之间，当使用大于 500kV·A 电源时，输入电源会出现较大的尖峰电压，有时会损坏变频器，应在变频器的输入侧配置相应的交流电抗器。

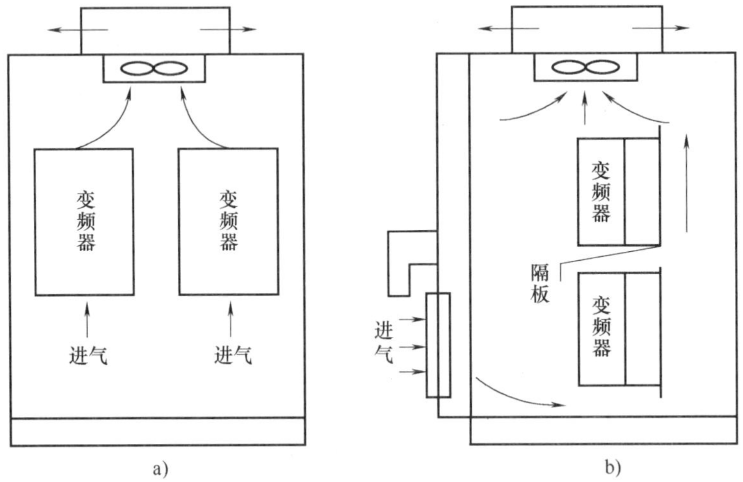

图 13-3 多台变频器的安装

a）横向并列安装 b）纵向上下安装

⑤ 变频器内的电路板及其他装置有高电压，切勿以手触摸。

⑥ 切断电源后因变频器内高电压需要一定时间泄放，维修检查时，需确认主控板上高压指示灯完全熄灭后方可进行。

⑦ 机械设备需在 1s 以内快速制动时，则应采用变频器制动系统。

⑧ 变频器适用于交流异步电动机，严禁使用带电刷的直流电动机等。

2. 变频器的电气控制线路如何画?

答：变频器的基本接线图如图 13-4 所示。

接线时应注意以下几点：

① 输入电源必须接到端子 R、S、T 上，输出电源必须接到端子 U、V、W 上，若接错，会损坏变频器。

② 为了防止触电、火灾等灾害，并且降低噪声，必须连接接地端子。

③ 端子和导线的连接应牢靠，要使用接触性良好的压接端子。

④ 配完线后，要再次检查接线是否正确，有无漏接现象，端子和导线间是否短路或接地。

⑤ 通电后，需要改接线时，即使已经关断电源，主电路直流端子滤波电容器放电也需要时间，所以很危险。应等充电指示灯熄灭后，用万用表确认 P、N 端之间直流电压降到安全电压（DC36V 以下）后再操作。

（1）主回路端子的接线

变频器的主回路配线图如图 13-5 所示。

主回路端子的功能如表 13-1 所示。

表 13-1 主回路端子功能说明

种类	编号	名称
主回路端子	R（L_1）	主回路电源输入
	S（L_2）	
	T（L_3）	
	U（T_1）	变频器输出（接电动机）
	V（T_2）	
	W（T_3）	
	P	直流电源端子
	N	

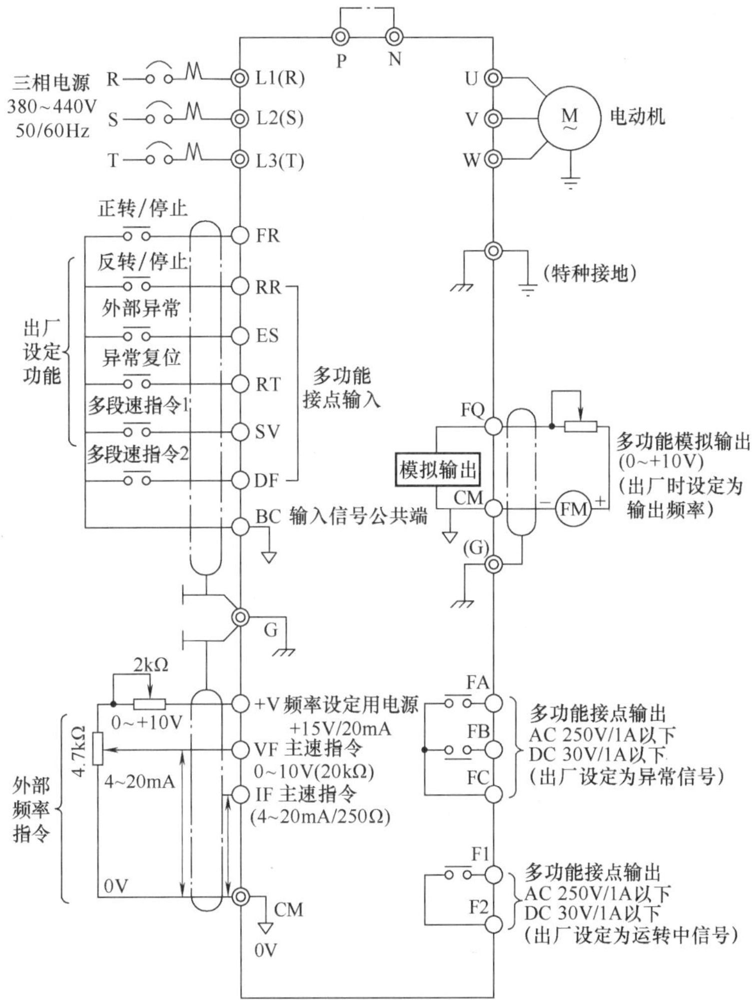

注：①主速指令由参数no42选择为电压（VF）或电流（IF）指令，
出厂时设定为电压（VF）指令。
②+V端子输出额定为+15V、20mA。
③多功能模拟输出（FQ、CM）为外接频率/电流表用。

图 13-4　变频器的基本接线图

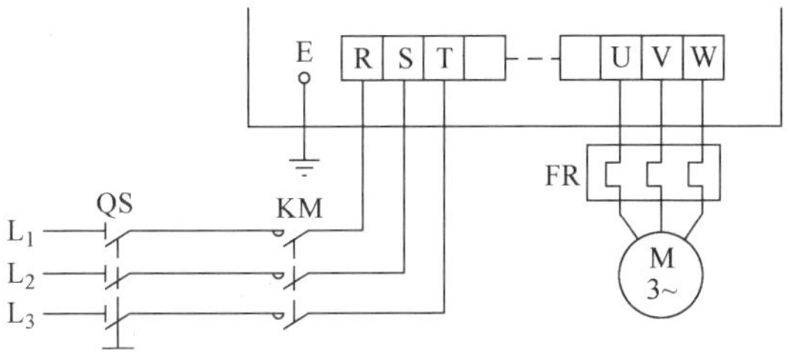

图 13-5　变频器的主回路配线图

进行主回路接线时，应注意以下几点：

① 主回路端子 R、S、T，经接触器和断路器与电源连接，不用考虑相序。

② 不应以主回路的通断来进行变频器的运行、停止操作。需要用控制面板上的运行键（RUN）和停止键（STOP）来操作。

③ 变频器输出端子最好经热继电器再接到三相电动机上，当旋转方向与设定不一致时，要调换 U、V、W 三相中的任意两相。

④ 星形联结电动机的中性点绝不可接地。

⑤ 从安全及降低噪声的需要出发，变频器必须接地，接地电阻应小于或等于国家标准规定值，且用较粗的短线接到变频器的专用接地端子上。当数台变频器共同接地时，勿形成接地回路，如图 13-6 所示。

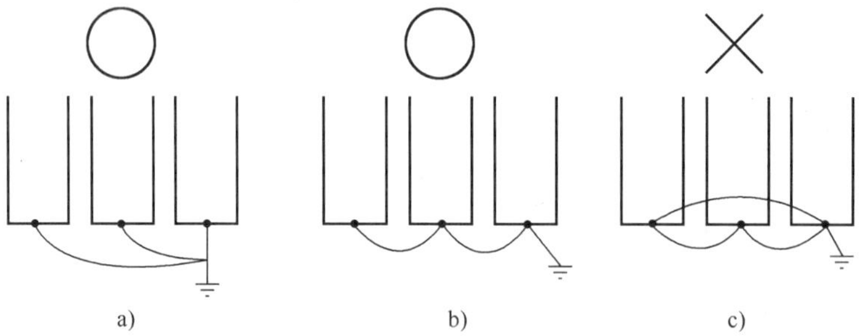

图 13-6　接地线不得形成回路

a）良　b）良　c）不良

(2) 控制电路端子的接线

控制电路端子的排列如图 13-7 所示。

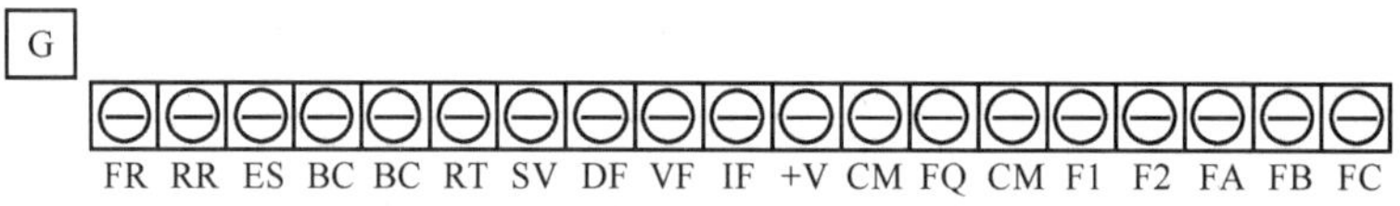

图 13-7　变频器控制电路端子的排列

控制电路端子的符号、名称及功能说明见表 13-2。

表 13-2　控制电路端子功能说明

种类	编号	名　称	端子功能		信号标准
运转输入信号	FR	正转/停止	闭→正转→开→停止	端子 RR、ES、RT、SV、DF 为多功能端子（no35 ~ no39）	DC24V，8mA 光耦合隔离
	RR	逆转/停止	闭→逆转→开→停止		
	ES	外部异常输入	闭→异常→开→正常		
	RT	异常复位	闭→复位		
	SV	主速/辅助切换	闭→多段速指令 1 有效		
	DF	多段速指令 2	闭→多段速指令 2 有效		
	BC	公共端	与端子 FR、RR、ES、RT、SV、DF 短路时信号输入		
模拟输入信号	+V	频率指令电源	频率指令设定用电源端子		+15（20mA）
	VF	频率指令电压输入	0 ~ 10V/100% 频率	no42 = 0 VF 有效	0 ~ 10V（20kΩ）
	IF	频率指令电流输入	4 ~ 20mA/100% 频率	no42 = 1 IF 有效	4 ~ 20mA（250Ω）
	CM	公共端	端子 VF、IF 速度指令公共端		——
	G	屏蔽线端子	接屏蔽线护套		——

（续）

种类	编号	名　称	端子功能		信号标准
运转输出信号	F1	运转中信号输出（a 接点）	运转中结点闭合	多功能信号输出（no 41）	接点容量 AC250V，1A 以下 DC30V，1A 以下
	F2				
	FA	异常输出信号 FA—FC　a 接点 FB—FC　b 接点	异常时 FA—FC 闭合 FB—FC 断开	多功能信号输出（no 40）	
	FB				
	FC				
模拟输出	FQ	频率计（电流计）输出	0～10V/100% 频率（可设定 0～10V/100% 电流）	多功能模拟输出（no 48）	0～+10V 20mA 以下
	CM	公共端			

进行控制电路接线时，应注意以下几点：

① 控制回路配线必须与主回路控制线或其他高压或大电流动力线分隔及远离，以避免干扰。

② 控制回路配线端子 F1、F2、FA、FB、FC（接点输出）必须与其他端子分开配线。

③ 为防止干扰、避免误动作发生，控制回路配线务必使用屏蔽隔离绞线，如图 13-8所示。使用时，将屏蔽线接至端子 G。配线距离不可超过 50m。

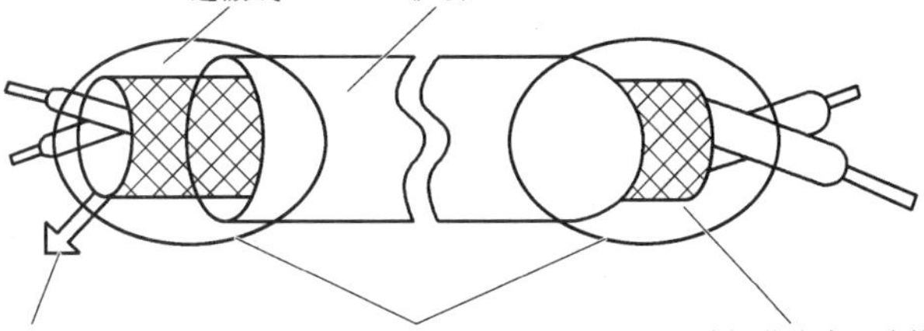

图 13-8　配线用屏蔽隔离绞线

3. 变频器的实际应用线路如何画？

答：（1）有正反转动功能变频器控制电动机正反转调速线路

对于有正反转功能的变频器，可以采用继电器来构成正转、反转、外接信号。有正反转动功能变频器控制电动机正反转调速线路如图 13-9 所示。

正转时，按下按钮 SB_1，继电器 K_1 得电吸合并自锁，其常开触头闭合，FR-COM 连接，电动机正转运行；停止时，按下按钮 SB_3，K_1 失电释放，电动机停止。

反转时，按下按钮 SB_2，继电器 K_2 得电吸合并自锁，其常开触头闭合，RR-COM 连接，电动机反转运行；停止时，按下按钮 SB_3，K_2 失电释放，电动机停止。

事故停机或正常停机时，复位端子 RST-COM 断开，发出报警信号。按下复位按钮 SB_4，使 RST-COM 连

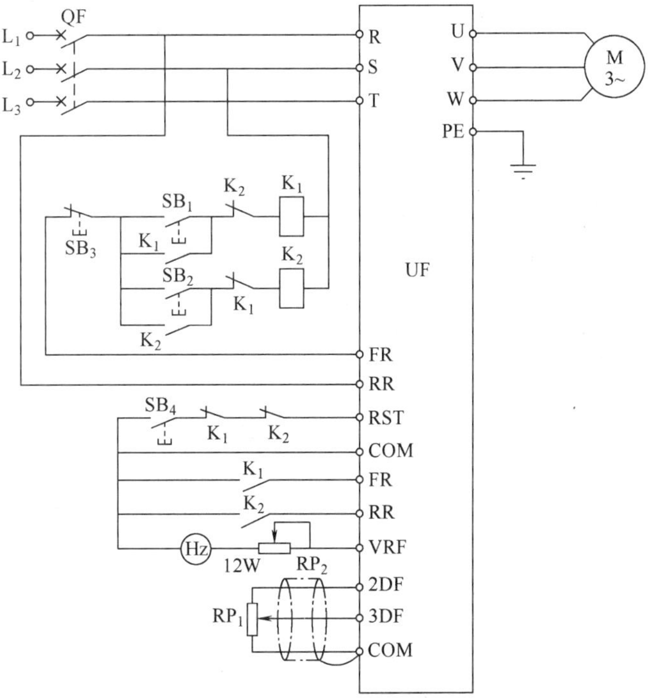

图 13-9　有正反转动功能变频器控制电动机正反转调速线路

接，报警解除。

图 13-9 中 Hz 为频率表，RP_1 为 2W、1kΩ 线绕式频率给定电位器，RP_2 为 12W、10kΩ 校正电阻，构成频率调整回路。

（2）无正反转功能变频器控制电动机正反转调速线路

有些变频器无正反转功能，只能使电动机向一个方向旋转，这时采用本例线路可实现电动机正反转运行。无正反转功能变频器控制电动机正反转调速线路如图 13-10 所示。

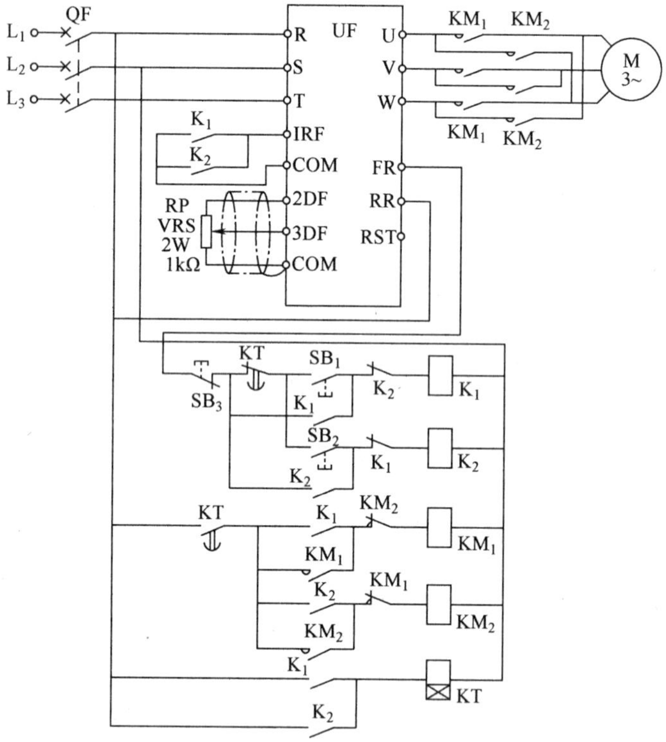

图 13-10　无正反转功能变频器控制电动机正反转调速线路

正转时，按下按钮 SB_1，中间继电器 K_1 得电吸合并自锁，其两副常开触头闭合，IRF-COM 接通，同时时间继电器 KT 得电进入延时工作状态，待延时结束后，KT 延时闭合触点动作，使交流接触器 KM1 得电吸合并自锁，电动机正转运行。

欲要使 M 反转，在 IRF-COM 接通后，变频器 UF 开始运行，其输出频率按预置的升速时间上升至与给定相对应的数值。当按下停止按钮 SB_3 后，K_1 失电释放，IRF-COM 断开，变频器 UF 输出频率按预置频率下降至 0，M 停转。按下反转按钮 SB_2，则反转继电器 K_2 得电吸合，使接触器 KM_2 吸合，电动机反转运行。

为了防止误操作，K_1、K_2 互锁。

RP 为频率给定电位器，须用屏蔽线连接。时间继电器 KT 的整定时间要超过电动机停止时间或变频器的减速时间。在正转或反转运行中，不可关断接触器 KM_1 或 KM_2。

（3）电动机变频器的步进运行及点动运行线路

电动机变频器的步进运行及点动运行线路如图 13-11 所示。此线路电动机在未运行时点动有效。运行/停止由 REV、FWD 端的状态（即开关）来控制。其中，REV、FWD 表示运行/停止与运转方向，当它们同时闭合时无效。

转速上升/转速下降可通过并联开关来实现在不同的地点控制同一台电动机运行，由 X4、X5 端的状态（开关 SB_1、SB_2）确定，虚线即为设在不同地点的控制开关。

JOG 端为点动输入端子。当变频器处于停止状态时，短接 JOG 端与公共端（CM）（即按下 SB3），再闭合 FWD 端与 CM 端之间连接的开关，或闭合 REV 端与 CM 端之间连接的开关，则会使电动机 M 实现点动正转或反转。

（4）用单相电源变频控制三相电动机线路

变频控制有很多好处，例如三相变频器通入单相电源，可以方便地为三相电动机提供三相变频电源。线路如图 13-12 所示。

4. 软起动器的特点是什么？

答：电动机软起动器是一种减压起动器，是继星-三角起动器、自耦减压起动器、磁控式软起动器之

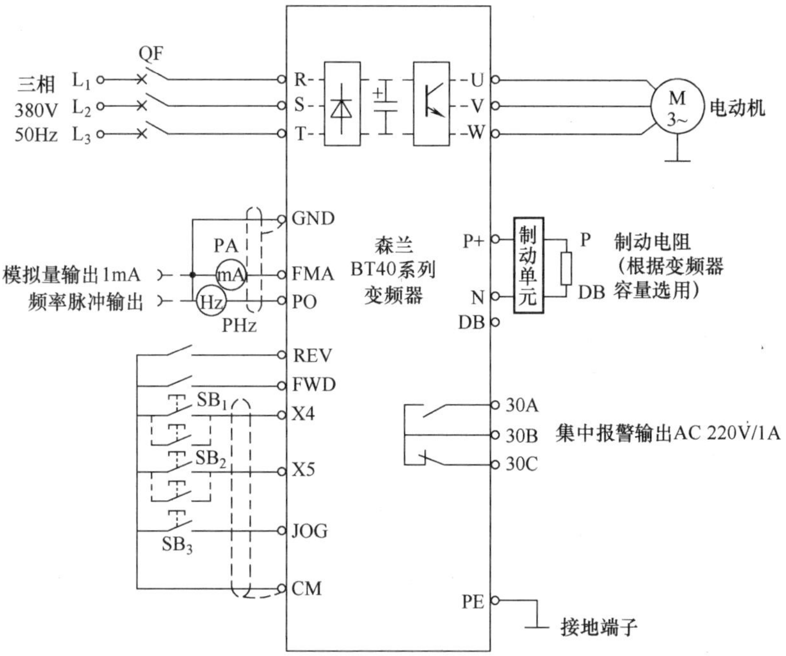

图 13-11　电动机变频器的步进运行及点动运行线路

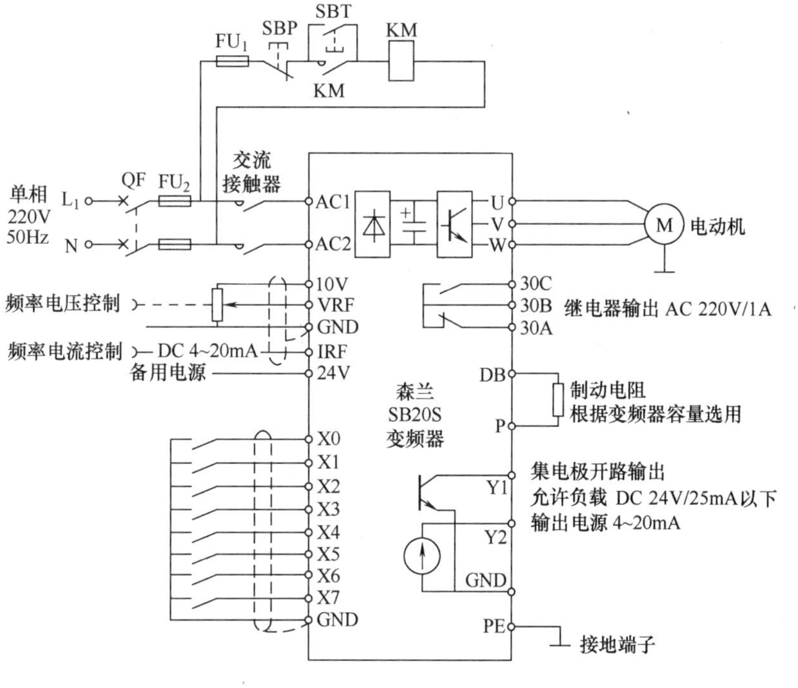

图 13-12　用单相电源变频控制三相电动机线路

后，目前最先进、最流行的起动器，如图 13-13 所示。它一般采用 16 位单片机进行智能化控制，既能保证电动机在负载要求的起动特性下平滑起动，又能降低对电网的冲击，同时还能直接与计算机实现网络通信控制，为自动化智能控制打下良好基础。

电动机软起动器有以下特点：

① 降低电动机起动电流、降低配电容量，避免增容投资。

② 降低起动机械应力，延长电动机及相关设备的使用寿命。

③ 起动参数可视负载调整，以达到最佳起动效果。

④ 多种起动模式及保护功能，易于改善工艺、保护设备。

⑤ 全数字开放式用户操作显示键盘，操作设置灵活简便。

⑥ 高度集成微处理器控制系统，性能可靠。

⑦ 相序自动识别及纠正，电路工作与相序无关。

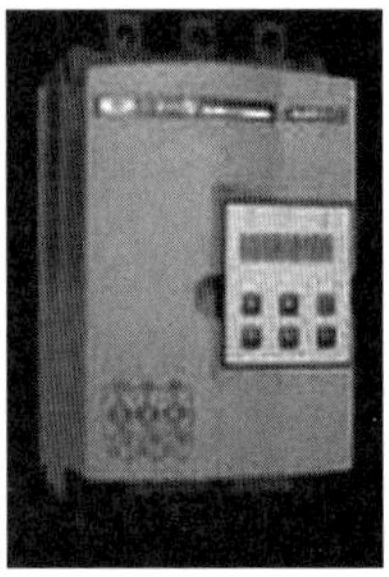

图 13-13　电动机软起动器的外形

5. 软起动器的电气控制线路如何画？

答：（1）软起动器的主电路连接图

电动机软起动器的主电路连接图如图 13-14 所示。

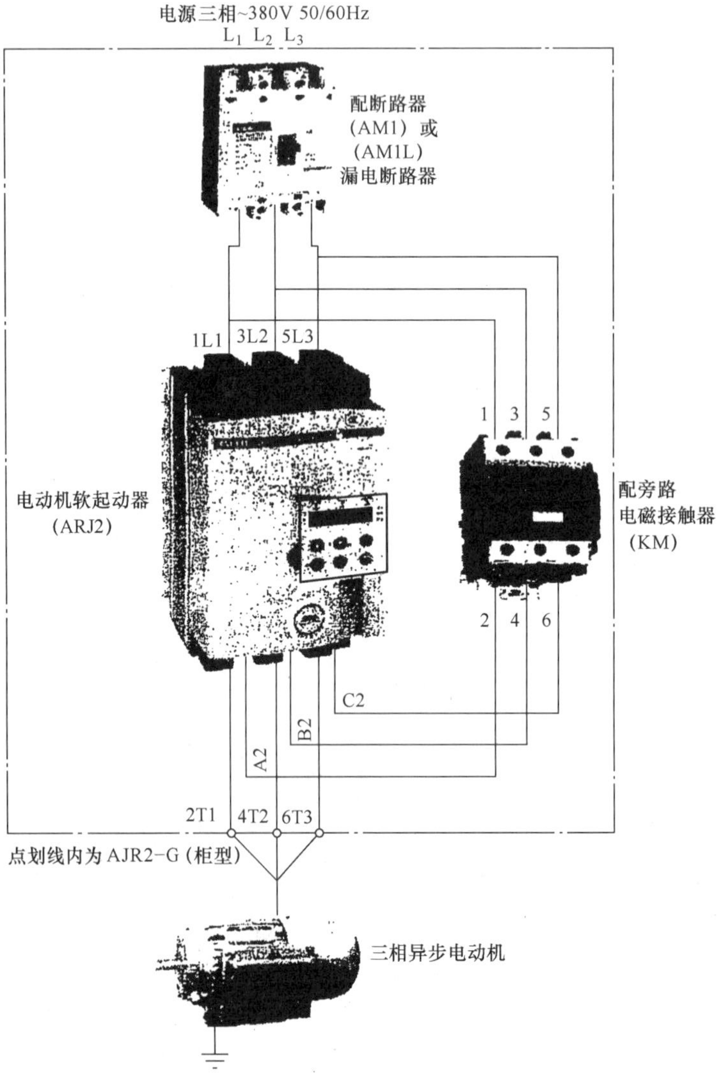

图 13-14　电动机软起动器的主电路连接图

（2）软起动器的总电路连接图

电动机软起动器的总电路连接图如图 13-15 所示。

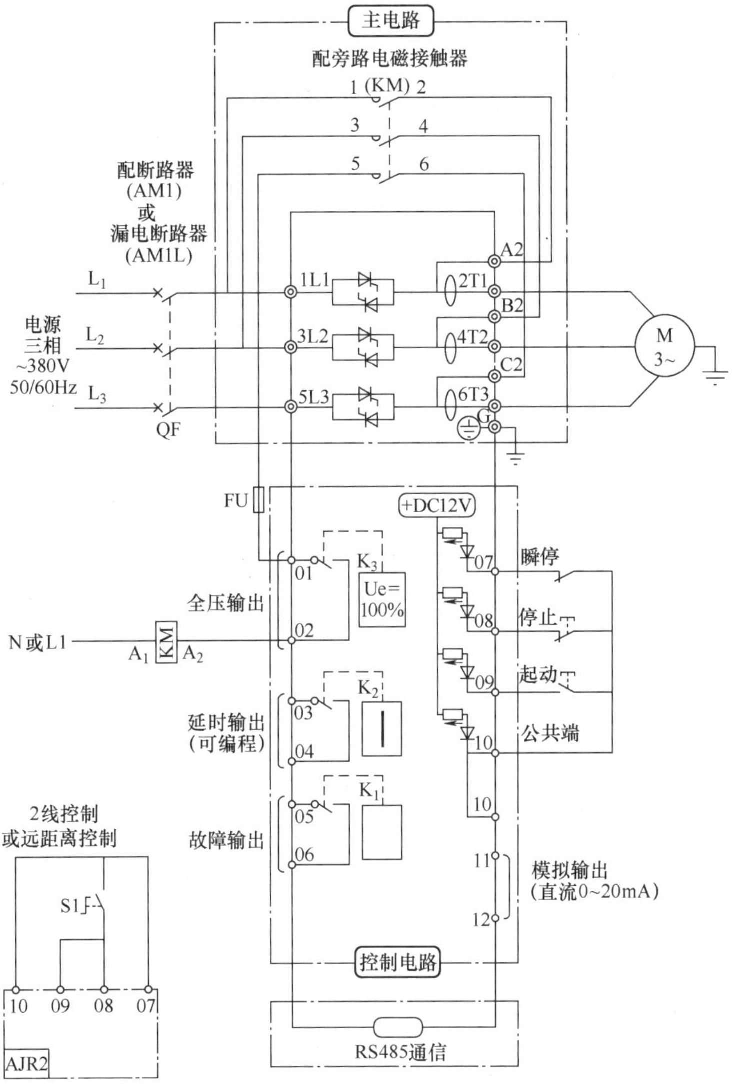

图 13-15　电动机软起动器的总电路连接图

6. 软起动器的实际应用线路如何画？

答：（1）西普 STR 软起动器一台控制两台电动机线路

西普 STR 软起动器一台控制两台电动机线路如图 13-16 所示。

用一台软起动器控制两台电动机，并不指同时开机。而是开一台，另一台作备用。

此例是电动机一开一备，这就需要在软起动器外另接一部控制电路（见图 13-16，也叫二次电路）。S 为切换开关，S 往上，则 KM_1 动作，为启动电动机 M_1 作准备，指示灯 HL_1 亮，HL_2 灭；S 往下则 KM_1 不工作，KM_2 工作，指示灯 HL_2 亮，HL_1 灭。

电动机工作之前，需根据需要切换开关 S，然后在 STR 的操作键盘上按动 RUN 键起动电动机；按动 STOP 键则停止。JOG 是点动按钮，可根据需要自行设置安装。

（2）西普 STR 软起动器一台起动两台电动机线路

西普 STR 软起动器一台起动两台电动机线路如图 13-17 所示。

先操作二次电路，让 KM_1 吸合，为起动 M_1 做好准备，然后按下起动按钮 SB_2。因为只有 KM_1 吸合

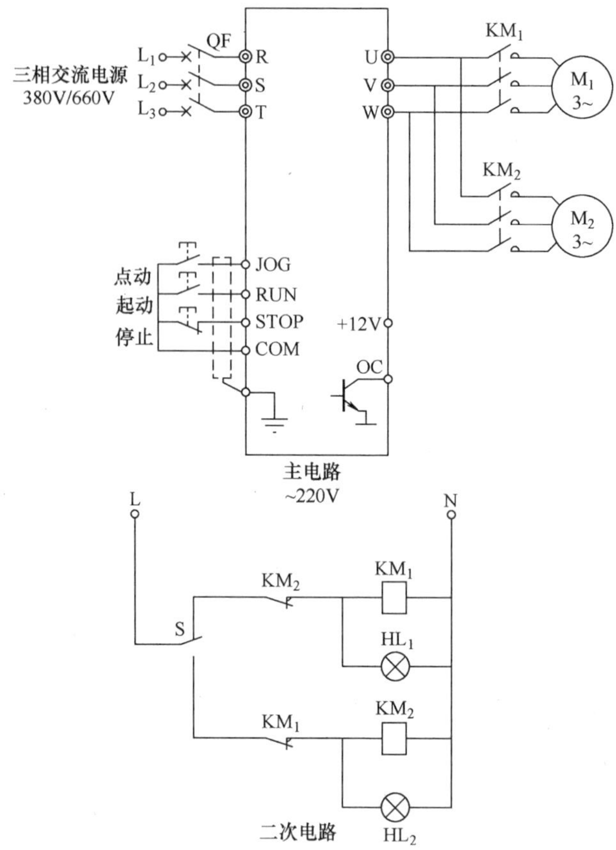

图 13-16　西普 STR 软起动器一台控制两台电动机线路

后，SB_2 才有效，在 KM_1 吸合后，旁路接触器 KM_3 吸合。时间继电器 KT_1 开始延时，延时结束后，KT_1 常闭触头断开，切断 KM_1。至此，由旁路接触器 KM_3 为 M_1 供电，而 STR 软起动器已退出运行状态。用上

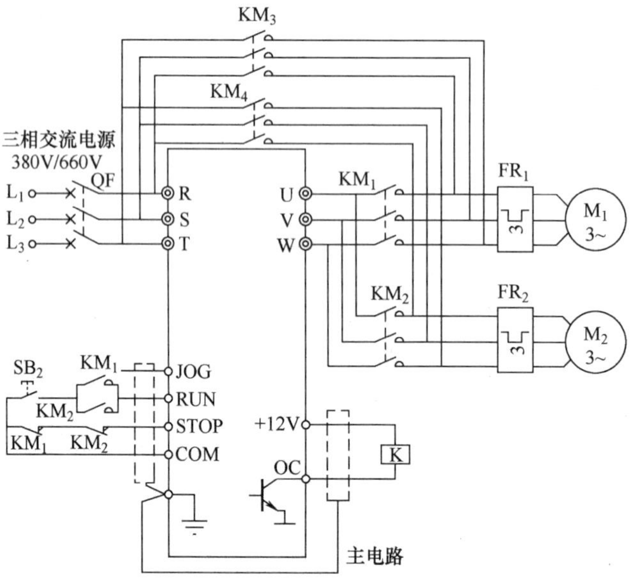

图 13-17　西普 STR 软起动器一台起动两台电动机线路

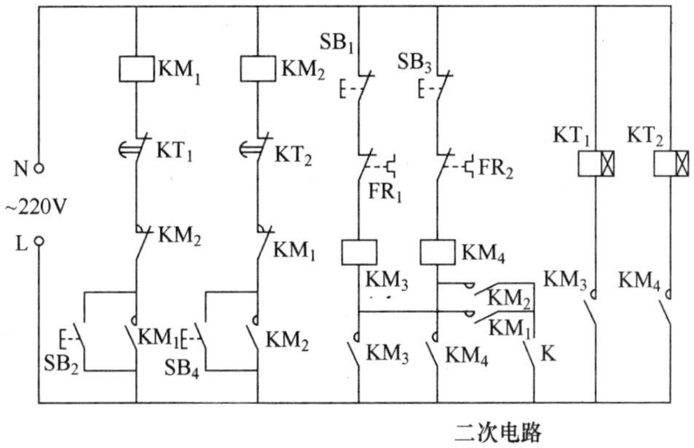

图 13-17　西普 STR 软起动器一台起动两台电动机线路（续）

述同样方法，起动 M_2。

按下二次电路中的 SB_1、SB_3 则 M_1、M_2 停止运行。

第 14 章 数控机床与可编程序控制器

1. 数控机床基本知识是什么？

答： 数控机床是单机高精度自动电子控制机床的一种，是具有高性能、高精度和高自动化的新型机电一体化的机床，如数控车床、数控铣床等。

数控机床具有很大的机动性和灵活性。当它的加工对象改变时，除了重新装工件和更换刀具外，一般只要更换一下控制介质（如穿孔卡、穿孔带、磁带或操作拨码开关等），即可自动地加工出所需要的新的零件来，而不必对机床作任何调整。数控机床在自动加工循环中，不仅能对机床动作的先后顺序及其他各种辅助机能（如主轴转速、进给速度、换刀和冷却液的开关等）进行自动控制，而且还能控制机床运动部件的位移量。数控机床的外形如图 14-1 所示。

（1）数控机床的控制原理

数控机床加工零件前，首先编制零件的加工程序，即数控机床的工作指令，将加工程序输入数控装置，再由数控装置控制机床执行机构，按照设置的运动轨迹，使其按照给定的图样要求进行加工，从而加工出合格的零部件。

图 14-1 数控机床

（2）数控机床的特点

其特点之一是，它的程序指令的制作较一般自动机床上采用的凸轮、或调整限位开关等要简便得多，因而生产准备时间可大大缩短。

数控机床的另一个特点是它的适应性强。它可以随着加工零件的改变，迅速地改变它的机能。这对于产量小、种类多、产品更新频繁、生产周期又要求短的飞机、宇宙飞船及类似产品研制过程中的高精度、复杂零件的加工，具有很大的优越性。另外，对于同系列中不同尺寸的零件加工，它不需要更换刀具和夹具，只要更换一根穿孔带就可以达到目的。因此，大大提高了机床的利用率。

但是，由于数控机床技术上较复杂、成本又高，所以在目前阶段较适用于单件、中小批量生产中精度要求高、尺寸变化大、结构形状比较复杂，或者在试制中需要多次修改设计的零件加工。

（3）数控机床的组成

数控机床一般由控制介质、数控装置、伺服系统、测量反馈装置和机床主体组成，其组成框图如图 14-2所示。

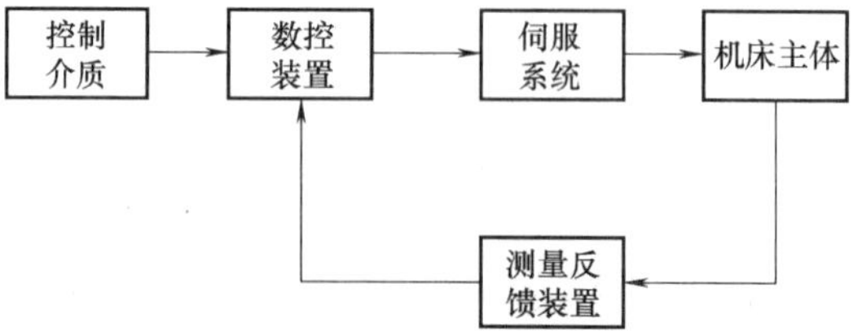

图 14-2 数控机床组成框图

1）控制介质

在人与数控机床之间建立某种联系的中间媒介为控制介质，又称为信息载体。控制介质用于记载各种加工零件的全部信息，如零件加工的工艺过程、工艺参数和位移数据等，以控制机床的运动。常用的控制介质有标准的纸带、磁带和磁盘等。

信息按规定的格式以代码的形式存储在纸带上。所谓代码，就是由一些小孔按一定规律排列的二进制图案。每一行代码可以表示一个十进制数、一个字母或一个符号。目前，国际上使用的单位代码有 EIA 代码和 ISO 代码。把穿孔带输入到数控装置的读带机，由读带机把穿孔带上的代码转换成数控装置可以识别和处理的电信号，并传送到数控装置中去。至此，完成了指令信息的输入工作。

2）数控装置

数控装置是数控机床的核心，由输入装置、控制器、运算器、输出装置等组成。其功能是接收输入装置输入的加工信息，经过数控装置的系统软件或逻辑电路进行译码、运算和逻辑处理后，发出相应的脉冲信号送给伺服系统。

3）伺服系统

伺服系统的作用是把来自数控装置的脉冲信号转换为机床移动部件的运动，使机床工作台精确定位或按预定的轨迹做严格的相对运动，最后加工出合格的零件。

伺服系统包括主轴驱动单元、进给驱动单元、主轴电动机和进给电动机等。一般来讲，数控机床的伺服驱动系统，要求有好的快速响应性能，以及能灵敏而准确地跟踪指令的功能。现在常用的是直流伺服系统和交流伺服系统，而交流伺服系统正在取代直流伺服系统。

4）测量反馈装置

测量反馈装置由检测元件和相应的电路组成，其作用是检测速度和位移，并将信息反馈回来，构成闭环控制系统。没有反馈装置的系统称为开环系统。常用的检测元件有脉冲编码器、旋转变压器、感应同步器、光栅和磁尺等。

5）机床主体

机床主体包换床身、主轴、进给机构等机械部件，此外还有一些配套部件（如冷却、排屑、防护、润滑等装置）和辅助设备（编程机和对刀仪等）。对于加工中心类数控机床，还有存放刀具的刀库、交换刀具的机械手等。数控机床上使用的刀具如图 14-3 所示。数控机床的主体结构与普通机床相比，在精度、刚度、抗振性等方面要求更高，尤其是要求相对运动表面的摩擦系数要小，传动部件之间的间隙要小，而且其传动和变速系统要便于实现自动化控制。

图 14-3　数控机床上使用的刀具

2. 数控机床电气故障如何检修？

答：数控机床控制系统的常见故障及检修方法见表 14-1。

表 14-1　数控机床控制系统的常见故障及检修方法

故障现象	可能原因	检修方法
在执行换刀指令时系统不动作。CRT 显示报警信号	换刀系统机械臂位置检测开关信号为“0”及“刀库换刀位置错误”。通过测试，可编程序控制器的输入信号和输出动作都正常，确定是操作不当。经观察，两次换刀的时间间隔小于规定值	修改设定值
CRT 无显示	1. 检查 CRT 接线和接插件后，如果有显示 2. 检查 CRT 接线和接插件后，如果仍无显示，则检查其输入。若有视频信号再检查 +24V 电源，如电源有问题 3. 检查 CRT 接线和接插件后，如果仍无显示则检查其输入。若有视频信号，再检查 +24V 电源，如电源正常 4. 检查 CRT 接线和接插件后，如果仍无显示，则检查其输入。若无视频信号，则更换 CRT 控制板。换板后，如果有显示 5. 检查 CRT 接线和接插件后，如果仍无显示，则检查其输入。若无视频信号，则更换 CRT 控制板。换板后，如果仍无显示	1. 接触不良 2. 检修 +24V 电源 3. CRT 单元故障 4. CRT 控制板坏 5. 主板故障

（续）

故障现象	可能原因	检修方法
纸带机不能正常输入信息	1. “纸带”方式设定有误 2. 纸带机供电异常 3. 纸带损坏或装反	1. 检查更正或重新设定 2. 检查并接好电源 3. 修复后重新安装
步进电动机失步	升降频曲线不合适，或速度设置过高	修改升降频曲线，降低速度
车螺纹乱牙	I_0 脉冲无输入或 I_0 接反	检查 I_0 信号接法
显示时有时无或抖动、漂移	由于变频器干扰引起	检查系统接地是否良好，是否采用屏蔽线
加工零件的尺寸不对	1. 自动回零功能不正常 2. 自动回零功能正常，但直线插补功能不正常 3. 自动回零功能正常，直线插补功能正常，但圆弧插补功能不正常 4. 自动回零功能正常，直线插补功能正常，圆弧插补功能正常，但刀补功能不正常 5. 自动回零功能正常，直线插补功能正常，圆弧插补功能正常，刀补功能正常，但自动换刀功能不正常 6. 自动回零功能正常，直线插补功能正常，圆弧插补功能正常，刀补功能正常，自动换刀功能正常，但回零循环功能不正常	1. 自动回原点功能障碍 2. 直线插补功能障碍 3. 圆弧插补功能障碍 4. 刀补功能障碍 5. 自动换刀功能障碍 6. 回零循环功能障碍
某数控铣床纵向拖板反向进给失常	1. 将插头 XF 与 XL、XH 与 XL 同时交换后，如果纵向拖板进给正常 2. 将插头 XF 与 XL、XH 与 XL 同时交换后，如果纵向拖板进给不正常，则将 XH 与 XL 复原，YM 与 XM 交换接线后，如果纵向拖板进给不正常 3. 将插头 XF 与 XL、XH 与 XL 同时交换后，如果纵向拖板进给不正常，则将 XH 与 XL 复原，YM 与 XM 交换接线后，如果纵向拖板进给正常	1. 故障转移至横拖板，位置板等控制部分故障 2. Y 轴电动机组件或机械故障 3. 故障转移至横拖板、Y 速度单元坏
电池报警	电池电压低于允许值	更换电池
CRT 无扫描，不亮	1. 交流供电电源异常 2. 熔断器烧毁 3. 显像管灯丝不亮 4. ±12V 或 ±5V 直流电源异常	1. 恢复供电 2. 更换熔断器 3. 确认无误后，更换 CRT 4. 更换开关电源
CRT 无图像，但其他工作正常	显示部分损坏	更换 CRT 控制板
空气断路器跳闸	1. 关断电源，按复位开关，再合电源。如果空气断路器不再跳闸 2. 关断电源，按复位开关，再合电源。如果空气断路器还跳闸，则检查速度控制板二极管模块。如果损坏短路 3. 关断电源，按复位开关，再合电源。如果空气断路器还跳闸，则检查速度控制板二极管模块。如果正常，则检查与之相关的电解电容器。如果损坏短路	1. 无故障，继续工作 2. 更换二极管模块 3. 更换电解电容器

（续）

故障现象	可能原因	检修方法
空气断路器跳闸	4. 关断电源，按复位开关，再合电源。如果空气断路器还跳闸，则检查速度控制板二极管模块。如果正常，则检查与之相关的电解电容器。如果没有漏电或短路，则跳过空气断路器接通电源，如果系统工作正常 5. 关断电源，按复位开关，再合电源。如果空气断路器还跳闸，则检查速度控制板二极管模块。如果正常，则检查与之相关的电解电容器。如果没有漏电或短路，则跳过空气断路器接通电源，如果系统工作仍不正常	4. 更换空气断路器 5. 伺服单元故障
显示 NOT READY	1. 有报警信号 2. 存储器工作不正常	1. 按报警信号处理 2. 将存储器初始化，再输入系统参数
CRT 有显示，但不能执行 JOG 操作	1. 主机板报警 2. 系统参数设定有误	1. 按报警信号处理 2. 检查更正或重新设定
CRT 只能显示位置画面	MDI 控制板故障	更换 MDI 控制板

3. 可编程序控制器的特点是什么？

答： 可编程序控制器（PLC）是一种数字运算的电子系统，专为工业环境下应用而设计。它采用可编程序的存储器，用来在内部存储执行逻辑运算、顺序控制、定时、计数和算术运算等操作的指令，并通过数字式、模拟式的输入和输出，控制各种类型的机械或生产过程。可编程序控制器及其有关外围设备，都应按易于与工业控制系统联成一个整体，易于扩充的原则设计。可编程序控制器的外形如图 14-4 所示。

早期的可编程序控制器是为取代继电器控制线路，采有存储程序指令完成顺序控制而设计的，它仅有逻辑运算、定时、计数等顺序控制功能，用于开关量控制。现在的可编程序控制器不仅能进行逻辑控制，还可以进行数值运算、数据处理，具有分支、中断、通信及故障自诊等功能。

可编程序控制器把计算机技术与继电器控制技术很好地融合在一起，最新发展的可编程序控制器还直接把数字控制技术加进去，并可以与监控计算机联网，因此它的应用几乎涉及所有的工业企业。

可编程序控制器有以下特点：

① 可靠性高，抗干扰性强。

② 编程简单，使用方便。

③ 通用性好，扩展方便，功能完善。

④ 体积小，能耗低。

⑤ 维修方便，工作量小。

4. 怎样组成可编程序控制器？

答： 可编程序控制器有许多品种和类型，但其基本组成相同，主要由中央处理器（CPU）、存储器、输入输出接口、电源及编程器等组成，如图 14-5 所示。

（1）中央处理器（CPU）

中央处理器（CPU）是可编程序控制器的核心，它在生产厂家预先编制的系统程序控制下，通过输入装置读入现场输入信号并按照用户程序进行执行处理。根据处理结果通过输出装置实现输出控制。CPU 的性能直接影响可编程序控制器的性能。

图 14-4　可编程序控制器的外形

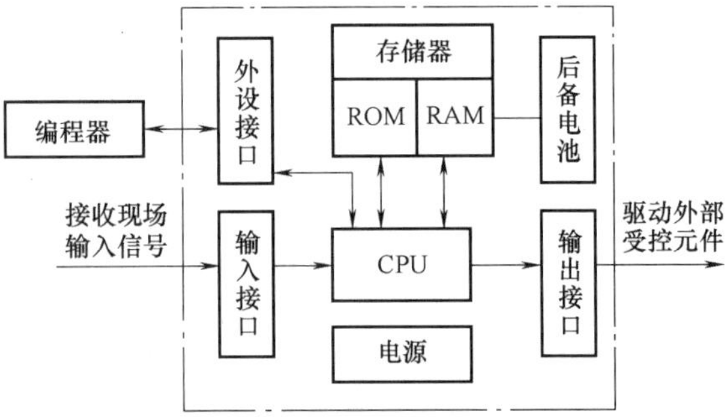

图 14-5　可编程序控制器的组成

(2) 存储器

可编程序控制器内的存储器按用途可分为系统程序存储器和用户程序存储器。系统程序存储器存放系统程序，该程序已由生产厂家固化，用户不能访问和修改。用户程序存储器存放用户程序和数据。用户程序是用户根据控制要求进行编写的。

(3) 输入输出 (I/O) 接口

输入输出接口是可编程序控制器和现场输入输出设备连接的部分，输入输出接口有数字量（开关量）输入输出单元、模拟量输入输出单元。根据输入输出点数可将可编程序控制器分为小型、中型、大型3种。小型可编程序控制器的 I/O 点数在 256 点以下，中型可编程序控制器的 I/O 点数在 256 点到 2048 点之间，大型可编程序控制器的 I/O 点数在 2048 点以上。

(4) 电源

电源部件将交流电源转换成 CPU、存储器、输入输出接口工作所需要的直流电源。

(5) 编程器

编程器是可编程序控制器的重要外围设备，利用编程器进行可编程序控制器程序编程、调试检查和监控，还可以通过编程器来调用和显示可编程序控制器的一些内部状态和系统参数。编程器通过通信端口与 CPU 联系，完成人机对话连接。编程器上有编程用的各种功能键和显示器，以及编程、监控转换开关。编程器有简易编程器和智能编程器两类。

5. 可编程序控制器的控制系统组成及其等效电路如何画？

答：图 14-6 所示是交流电动机正、反转继电器控制电气线路图。

图 14-6 中 SB_0、SB_1、SB_2 分别是停止按钮、正转按钮、反转按钮，KM_1、KM_2 分别是正转接触器、反转接触器。

图 14-7 所示是交流电动机正、反转可编程序控制器控制电气线路图。图 14-7 主电路与图 14-6 相同，在此未画出。

图 14-7 中 SB_0、SB_1、SB_2 与图 14-6 继电器控制电气线路中一样分别是停止按钮、正转按钮、反转按钮，KM_1、KM_2 是正转接触器、反转接触器。

可编程序控制器控制系统组成及其等效电路如图 14-8 所示。

由图 14-8 可知，可编程序控制器控制系统等效电路由输入部分、内部控制部分、输出部分三部分组成。输入部分是系统的输入信号，常用的输入设备如按钮开关、限位开关等，输出部分是系统的执行部件，常用的输出设备如继电器、接触器、电磁阀等。可编程序控制器内部控制部分是将输入信号采入后，根据编程语言（如梯形图）所组合控制逻辑进行处理，然后产生控制信号输出驱动输出设备工作。梯形图类似于继电器控制原理图，如图 14-7b 所示，但两者元件符号（如常开触点、常闭触点、线圈等）画法不同，如图 14-9 所示。

6. 可编程序控制器的常见故障怎样检修？

答：(1) CPU 故障

CPU 出现故障，可编程序控制器将不能正常工作。主要故障点是 CPU 没有插好或松动，系统监控或

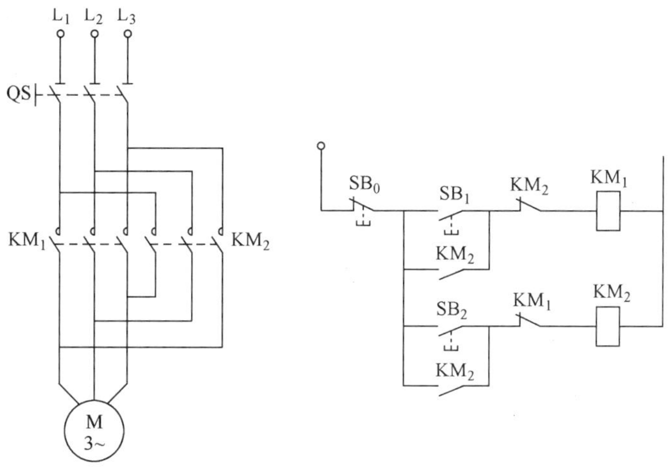

a)　　　　　　b)

图 14-6　交流电动机正、反转继电器控制电气线路

a）主电路　b）控制电路

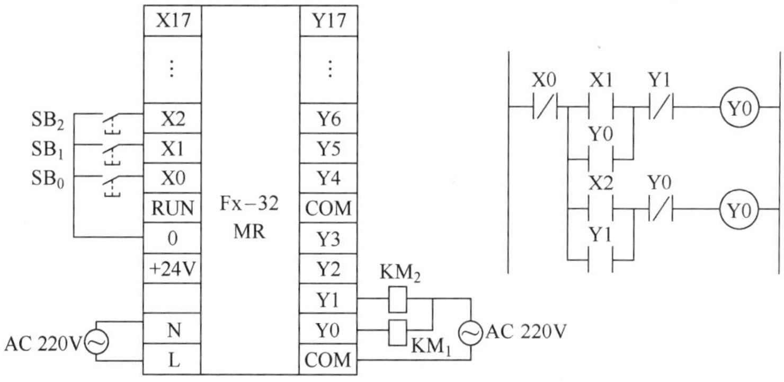

a)　　　　　　b)

图 14-7　交流电动机正、反转可编程序控制器控制电气线路

a）可编程序控制器外部接线图　b）梯形图

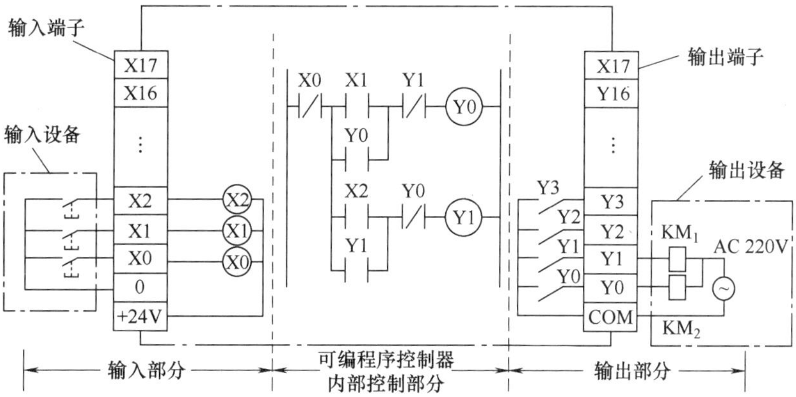

图 14-8　可编程序控制器控制系统组成及其等效电路

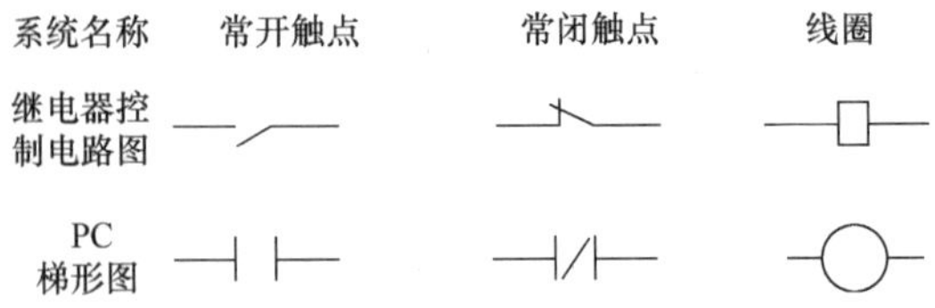

图 14-9　梯形图和继电器控制原理图元件符号

支持程序损坏，或者系统监控程序存储器损坏。

（2）电源故障

可编程序控制器的电源有几种，如5V、12V、24V等。它们都是由可编程序控制器内部产生的，有时某一电源不正常工作，或电源部分电气元器件损坏，将直接影响可编程序控制器的正常工作，应及时将电源修好。

（3）输出板上的继电器触头黏连

由于某些原因，使输出板上继电器触头黏连，有的可编程序控制器由于输出显示发光二极管和输出继电器不是选用同一回路，所以，这样的问题就不容易被发现，必须借助电工仪表的测量来发现。

（4）输出板上的继电器损坏

对于某些可编程序控制器，输出点为无过电流保护装置，所以有时由于设备的某些故障，造成输出板继电器烧坏。这时，有的可编程序控制器观察输出点发光二极管也不能发现这问题，必须借助于电工仪表的测量来发现。

（5）输入点损坏

主要是输入板应用的集成电路损坏，不能正常接收外部的输入信号。有的可编程序控制器虽然显示的输入发光二极管正常，但实际内部的输入点已经损坏，直观上不容易发现问题，这时只有用编程器监视运行，才能发现这一故障。